E-Book inside.

Mit folgendem persönlichen Code
können Sie die E-Book-Ausgabe
dieses Buches downloaden.

70185-r65p6-
x8a02-9luv1

Registrieren Sie sich unter
www.hanser-fachbuch.de/ebookinside
und nutzen Sie das E-Book
auf Ihrem Rechner*, Tablet-PC
und E-Book-Reader.

Der Download dieses Buches als E-Book unterliegt gesetzlichen Bestimmungen bzw. steuerrechtlichen Regelungen, die Sie unter www.hanser-fachbuch.de/ebookinside nachlesen können.

* Systemvoraussetzungen: Internet-Verbindung und Adobe® Reader®

Florian Horsch

3D-Druck für alle

Florian Horsch

3D-Druck für alle

Der Do-it-yourself-Guide

2., aktualisierte und erweiterte Auflage

HANSER

Der Autor: *Florian Horsch,* Bayreuth

MIX
Papier aus verantwortungsvollen Quellen
FSC® C013736

Alle in diesem Buch enthaltenen Informationen wurden nach bestem Wissen zusammengestellt und mit Sorgfalt getestet. Dennoch sind Fehler nicht ganz auszuschließen. Aus diesem Grund sind die im vorliegenden Buch enthaltenen Informationen mit keiner Verpflichtung oder Garantie irgendeiner Art verbunden. Autor und Verlag übernehmen infolgedessen keine Verantwortung und werden keine daraus folgende oder sonstige Haftung übernehmen, die auf irgendeine Weise aus der Benutzung dieser Informationen – oder Teilen davon – entsteht, auch nicht für die Verletzung von Patentrechten, die daraus resultieren können.

Ebenso wenig übernehmen Autor und Verlag die Gewähr dafür, dass die beschriebenen Verfahren usw. frei von Schutzrechten Dritter sind. Die Wiedergabe von Gebrauchsnamen, Handelsnamen, Warenbezeichnungen usw. in diesem Werk berechtigt also auch ohne besondere Kennzeichnung nicht zu der Annahme, dass solche Namen im Sinne der Warenzeichen- und Markenschutz- Gesetzgebung als frei zu betrachten wären und daher von jedermann benützt werden dürften.

Bibliografische Information der deutschen Nationalbibliothek:

Die Deutsche Nationalbibliothek verzeichnet diese Publikation in der Deutschen Nationalbibliografie; detaillierte bibliografische Daten sind im Internet unter *http://dnb.d-nb.de* abrufbar.

Gesamtlektorat: Julia Stepp
Sprachlektorat: Kathrin Powik, Lassan
Herstellung: Andrea Reffke
Umschlagrealisation: Stephan Rönigk
Titelillustration: Luís Manuel Romão Favas, Caldas da Rainha, Portugal, *http://luisfavas.com*
Satz: Kösel Media GmbH, Krugzell
Druck und Bindung: Kösel, Krugzell
Printed in Germany
ISBN 978-3-446-44261-0
E-Book-ISBN 978-3-446-44282-5
www.hanser-fachbuch.de

Für Uwe Wagner & Enno Rey

Inhalt

Vorwort

Liebe Leserinnen, liebe Leser,

bevor ich selbst das Wort ergreife, möchte ich Ihnen jemanden vorstellen, der schon Jahrzehnte vor der aktuellen Begeisterungswelle für den 3D-Druck das große Potential dieser Technologie erkannt und mit seinem Unternehmen maßgeblich die bisherigen Entwicklungen geprägt hat.

Dr. Hans J. Langer, Gründer und CEO der EOS GmbH (Foto: © EOS GmbH)

Es ist mir eine große Freude und Ehre das Wort an Dr. Hans J. Langer, einen der Pioniere des 3D-Drucks, übergeben zu dürfen:

»Als Gründer und CEO der EOS GmbH heiße ich Sie als eines der deutschen Pionierunternehmen im Bereich des industriellen 3D-Drucks herzlich willkommen in dieser faszinierenden Welt. Wir beschäftigen uns seit mittlerweile 24 Jahren mit additiven Schichtbauverfahren, die die Grenzen konventioneller Fertigungsverfahren neu ausloten. Bei unseren Kunden entstehen aus Kunststoff- und Metallpulvern bereits heute Anwendungen für die Luft- und Raumfahrt, die Medizin, die Automobilindustrie, den Werkzeugbau oder den Lifestyle-Bereich, die konventionell nicht denk- und herstellbar wären. Solche hochwertigen Produktionstechnologien werden nun – in Form der 3D-Drucker für den Hausgebrauch – Stück für Stück auch für die breite Masse zugänglich gemacht. Das vorliegende

Buch macht für Sie greif- und umsetzbar, wie Sie selber Dinge erdenken, designen, und herstellen können. Dabei bedienen Sie sich einer Technologie, die die Herangehensweise an Design und Produktion grundlegend verändert. Konstruktion und Design bestimmen die Fertigung, nicht umgekehrt. Die damit neu gewonnenen Freiheiten eröffnen nahezu unendliche Möglichkeiten, setzen gleichzeitig aber auch die Bereitschaft voraus, sich auf etwas ganz Neues einzulassen und es zu erlernen. Für uns ist es schön, zu beobachten, wie sich derzeit eine stetig wachsende 3D-Druck-Maker-Szene entwickelt! Werden wir jedoch deshalb alle zum Designer oder gar zum Selbstversorger? Druckt demnächst jeder von Ihnen seine eigenen Tassen, statt sie zu kaufen, oder stellt Luxusuhren in der heimischen Garage her? Wir denken nein. Aber über den einzelnen Hausgebrauch hinaus ermöglicht die Technologie auch die Entstehung von Mini-Fabriken – sogenannten *Factories around the corner* – in denen individualisierte Produkte am PC entworfen, Aufträge im Netz akquiriert, die georderten Waren schließlich in Garagen und Kellern gefertigt und dann versendet werden. Damit ermöglicht Innovation Entrepreneurship im Kleinen und neue Geschäftsmodelle. Ein neuer Unternehmergeist macht bisher Undenkbares denkbar, und der Einzelne kann mit greifbaren Dingen Geld verdienen. Wenn die Stückzahlen wachsen, und Sie doch nicht mehr daheim produzieren wollen, so können Sie die Daten des herzustellenden Teils an Fertigungszentren geben – und treffen dort nicht selten wieder auf industrielle 3D-Drucker aus dem Hause EOS.«

Dr. Hans J. Langer
Gründer und CEO, EOS GmbH, Technologie- und Marktführer im Bereich der additiven Fertigung auf Basis von Kunststoff- und Metallwerkstoffen (www.eos.info)

... wie Sie sehen, gibt es viele Seiten des 3D-Drucks zu entdecken und nicht jeder glaubt an die große Heimanwender-Revolution – eher an eine Revolution des Kleinunternehmertums, die findigen Bastlern und Start-ups Zugang zu ungeahnten Fertigungsmöglichkeiten eröffnet. Diese Einschätzung teile und lebe ich.

Ebenso glaube ich jedoch auch an die Revolution im heimischen Wohnzimmer, und werde mein Bestes tun, Ihnen das nötige Rüstzeug an die Hand zu geben, um selbst Teil dieser Bewegung zu werden. Ich glaube fest daran, dass in jedem ein Maker schlummert, der nur geweckt werden muss. Schon bald werden auch Sie Ihre Ideen auf dem eigenen 3D-Drucker verwirklichen können, und die kindliche Freude spüren, die einen beim ersten Druck überkommt. In Form der 3D-Druck-Dienstleister werden Sie aber auch von den Hochleistungsmaschinen Gebrauch machen, die Herr Dr. Langer und sein Team schon seit 1989 in Deutschland entwickeln und herstellen. In diesen Fabriken der Zukunft, aber auch in Ihren eigenen vier Wänden, wird ab heute Geschichte geschrieben. Ihre Ideen werden schon bald zum Leben erweckt!

Ich wünsche Ihnen viel Spaß beim Lesen und Ausprobieren.

Ihr Florian Horsch

Einführung

3D-Druck für alle? Ja, Sie haben richtig gehört. Egal, welches Vorwissen Sie bereits mitbringen – dieses Buch wird Ihnen zeigen, wie Sie erfolgreich als Heimwerker 2.0 durchstarten. Es wird Ihnen ein zuverlässiger Reisebegleiter bei Ihrem Einstieg in die faszinierende Welt des 3D-Drucks sein.

Ich möchte Sie auf eine Reise der unbegrenzten Möglichkeiten mitnehmen. Es geht in das Land der dritten Dimension. Anfassen und selbst Ausprobieren ist ausdrücklich erwünscht! Dieses Buch wird Ihnen den roten Teppich zur Welt der selbsterschaffenen Objekte ausrollen. Viel Spaß und gute Reise!

Mit besten Grüßen aus der Wagnerstadt Bayreuth: Herzlich willkommen in der bunten Welt des 3D-Drucks! Was diese Figuren des Künstlers Ottmar Hörl mit 3D-Druck zu tun haben, erfahren Sie in Abschnitt 5.2 (Foto: © Simeon Johnke[1]).

1 Simeon Johnke, Fotograf aus Nürnberg: *http://www.simeonjohnke.de/*

Was erwartet Sie?

Wir beginnen unsere Reise mit einem kompakten Schnelleinstieg in den 3D-Druck. In Kapitel 1 erfahren Sie, wie die Technologie funktioniert, und was sich alles mit 3D-Druck realisieren lässt. In Kapitel 2 zeige ich Ihnen diverse Möglichkeiten auf, wie Sie an druckbare 3D-Modelle gelangen: Vom Download über die Gestaltung eigener 3D-Modelle bis zum 3D-Scanning ist alles mit dabei. In Kapitel 3 stelle ich Ihnen die unterschiedlichen Druckverfahren im Detail vor und verschaffe Ihnen einen Überblick über die möglichen Handlungsoptionen. Egal, ob Sie sich für einen eigenen Drucker, einen Dienstleister oder ein FabLab entscheiden – ich zeige Ihnen, was es dabei zu beachten gilt. In Kapitel 4 folgen umfangreiche Praxistipps zu den gängigsten 3D-Druckern. Zahlreiche Übungsbeispiele garantieren, dass Sie das Gelernte praktisch nachvollziehen können. Kapitel 5 besteht ausschließlich aus Übungen, in denen Sie zahlreiche Gelegenheiten bekommen werden, selbst aktiv zu werden.

Was packen Sie ein?

Neben Ihrer Begeisterungsfähigkeit und Kreativität sind folgende Werkzeuge auf unserer gemeinsamen Reise hilfreich:

- Stift und Papier für Notizen und offene Fragen
- Computer (Mac, Windows oder Linux)
- Internetzugang
- Smartphone oder Tablet (Apple iOS oder Android-basierte Systeme)
- Optional:
  - Maus mit Scrollrad
  - Digitalkamera
  - 3D-Drucker
  - 3D-Scanner

Bevor Sie nun in Panik ausbrechen und in den nächstbesten Elektronikfachmarkt rennen – warten Sie noch kurz, denn: *»Sie sind ja nicht blöd.«*

So wie dieses Buch Sie Schritt für Schritt an die Materie heranführen wird, können Sie sich schrittweise überlegen, welches Equipment für Sie sinnvoll ist und welches nicht. Mein Anliegen ist es, auch Leuten ohne 3D-Drucker Möglichkeiten aufzuzeigen, wie sie günstig an eigene Ausdrucke gelangen – zum Beispiel in sogenannten *FabLabs*, *Hackerspaces* oder auf Bestellung bei speziellen 3D-Druck-*Dienstleistern*.

Wo hole ich Sie ab?

Um jedem gerecht zu werden, setze ich keine besonderen Vorkenntnisse voraus. Wir fangen langsam an, steigern uns aber kontinuierlich und reißen gegen Ende auch einige experimentelle Themen an, sodass selbst fortgeschrittene 3D-Druck-Anwender noch neue Erkenntnisse aus diesem Buch ziehen können.

Reisehinweise

Bevor wir unsere Reise beginnen, erlauben Sie mir noch einige grundlegende Hinweise:

- Legen Sie alle noch vorhandenen Berührungsängste ab! Ich habe es in unzähligen Bastelstunden nicht geschafft, auch nur einen einzigen 3D-Drucker grundlegend zu zerstören. Haben Sie also keinen zu großen Respekt vor der Technik. Wenn dann doch mal was kaputt geht, sind Ersatzteile schnell gedruckt ...
- Es gilt auch einige sicherheitsrelevante Dinge zu beachten. Lesen Sie hierzu bitte aufmerksam die Infoboxen in den jeweiligen Kapiteln.
- 3D-Druck kann jeder! Einfacher Zugang zur Herstellung eigener Ideen ist eines der zentralen Versprechen des 3D-Drucks. Lassen Sie sich also nie etwas anderes erzählen. Mit genügend Geduld und Interesse wird jeder zum Ziel kommen.
- Geht nicht, gibt's nicht! Lassen Sie sich bitte nie, weder von Profis aus der Industrie oder dem handwerklich begabten Bekannten, sagen, was im 3D-Druck möglich oder unmöglich ist. The sky is the limit - und selbst dort wird 3D-Druck die Grenzen verschieben.

Die Flugzeuge der Zukunft werden laut einer Airbus-Zukunftsstudie stark von der 3D-Druck-Technik profitieren (Foto: © Airbus, Quelle: *http://www.airbus.com/innovation/future-by-airbus/* [16MWUWN]).

- Sharing is caring! Wer Wissen teilt, kommt weiter. Die aktuell aufkommende Begeisterung für 3D-Druck wurde nicht von großen Unternehmen erzeugt.[2] Sie wurde von leidenschaftlichen Bastlern, Programmierern und Kreativen in Form von etlichen 3D-Druck-Projekten gemeinschaftlich erschaffen. Seien Sie Teil dieser Communities, und teilen Sie Ihre Erkenntnisse! Im Gegenzug steht Ihnen ein nahezu unerschöpflicher Wissenspool zur Verfügung. Über das ganze Buch verteilt, und insbesondere in Kapitel 4, werden Sie dazu weitere Informationen finden.

2 ... auch wenn das ein oder andere Unternehmen dies in einem anderen Licht darstellen will. Lassen Sie sich nicht blenden!

Wegweiser

Infoboxen

Dies ist eine allgemeine Infobox, die weiterführende Informationen, zum Beispiel ein Experteninterview, enthält.

Diese Box erfordert Ihre volle Aufmerksamkeit. Sie enthält wichtige Hinweise und Warnungen.

Diese Box enthält nützliche Praxistipps.

Diese Box enthält Übungen, in denen Sie sich selbst die Finger schmutzig machen können.

Schriftauszeichnung

- Fachbegriffe sind bei der ersten Nennung *kursiv* geschrieben, besondere Hinweise **fett**.
- Anweisungen, die Sie auf der Tastatur EINGEBEN oder KLICKEN sollen, sind in Versalien dargestellt.
- Die häufig eingesetzten Fußnoten enthalten Quellen, weiterführende Links und kurze Erläuterungen.[3]
- Links sind kursiv dargestellt und im E-Book auch direkt anklickbar.

Kurzlinks und QR-Codes

- Kurzlinks: Hinter den Weblinks finden Sie in eckigen Klammern einen Code, der Sie ohne unnötig langes Abtippen zum gleichen Ziel führt. Geben Sie diesen Code einfach hinter dem Link *bit.ly/* ein.
  Ein Beispiel: *https://plus.google.com/116416453568555193309/* [GPlusFlo]
  Bei Eingabe von *bit.ly/GPlusFlo* gelangen Sie ganz unkompliziert auf mein Google+-Profil und sparen sich so einige Zeichen bei der Eingabe.
- QR-Codes, die schwarz-weißen Codes, die Sie vielleicht aus der Werbung kennen, können mithilfe eines Smartphones und der passenden App abfotografiert werden und ersparen so das lästige Abtippen eines Links.

Videos im Internet

Wenn Sie auf einem Bild ein Abspielsymbol sehen, finden Sie in der Bildunterschrift den passenden Link, der Sie zum Video auf YouTube oder Vimeo führt.

3 Test bestanden! So sehen meine geliebten Fußnoten aus.

Die Augment App – Ihr Buch in 3D!

Jetzt wird es richtig spannend: Mithilfe der kostenlosen *Augment App* können Sie alle Fotos und Bilder im Buch, die in der unteren linken oder rechten Ecke das rote Augment-Symbol enthalten, auch dreidimensional sehen.

Das Vorgehen ist sehr einfach:

1. Installieren Sie sich die Augment App auf Ihrem Apple iOS oder Android-basierten Smartphone oder Tablet.
   - Google Play für Android: *http://bit.ly/augment-android*
   - Apple App Store für iOS: *http://bit.ly/augment-ios*
2. Starten Sie die App, und nutzen Sie die Einführung, um sich mit den Funktionen vertraut zu machen.
3. Klicken Sie auf BEST OF → SCAN.
   - Richten Sie Ihre Kamera auf eines der Bilder mit dem roten Augment-Symbol aus, z. B. auf einer der nächsten Seiten.
   - Ein 3D-Modell wird automatisch geladen und kann durch Drehung des Buchs von allen Seiten auf Ihrem Smartphone oder Tablet begutachten werden.
   - Das Foto an sich fungiert als sogenannter *Tracker*, Sie müssen es also innerhalb des Sichtfelds der Kamera behalten.

Et voilà! Das ist doch eine schöne Sache, die das Pariser Start-up da für uns programmiert hat, oder? So lassen sich 3D-Modelle interaktiv begutachten. Inwiefern wir diese Technik auch in der Druckvorbereitung nutzen können, erfahren Sie in einem Extrabeitrag auf der Webseite zum Buch.

Wenn Ihnen das alles zu schnell ging, gucken Sie sich unter *http://bit.ly/augment-help* einfach mein Demo-Video an.

Kleiner Tipp: Auch das Buchcover birgt ein Geheimnis. Die Augment App wird Ihnen die Lösung präsentieren …

Webseite zum Buch

Auf der Webseite zum Buch finden Sie viele weiterführende Informationen: *http://3dprintingbook.de*

Dazu zählen unter anderem:

- Aktuelle Neuigkeiten aus dem Bereich 3D-Druck
- Anmeldung zum Newsletter: *http://news.3dprintingbook.de*
- Downloadmaterial zu den Übungen aus dem Buch (Beispieldateien, Druckeinstellungen etc.) und zusätzliche Praxisbeispiele
- Linksammlungen
  - YouTube-Playliste zum Buch, mit allen Videos, die im Buch empfohlen werden: *http://bit.ly/youtube-clips*
  - Thingiverse-Sammlung zum Buch, mit allen 3D-Modellen, die besprochen werden: *http://bit.ly/thingiverse-list*
- Feedback & Errata: Hier haben Sie die Möglichkeit, Anregungen, Kritik und Lob loszuwerden. Außerdem können Fehler im Text oder unverständliche Passagen gemeldet werden. Diese werden dann online korrigiert und in der nächsten Auflage berücksichtigt. Alternativ können Sie mir auch jederzeit eine E-Mail an *book@mailbox.org* schicken.

Neuigkeiten rund ums Buch finden Sie darüber hinaus auch auf Facebook *(http://fb.3dprintingbook.de)* und Google+ *(http://plus.3dprintingbook.de)*.

Ihr Reiseleiter

Jetzt hätte ich fast vergessen, mich Ihnen vorzustellen! Holen wir das noch schnell in einem kleinen Steckbrief (siehe S. 7) nach.

Übrigens: Eine Bauanleitung zur batteriebetriebenen Rucksackversion meines Ultimakers, die Sie auf dem Bild auf S. 7 sehen, finden Sie unter *https://www.youmagine.com/designs/mobile-ultimaker-rucksack* [1golAGK].

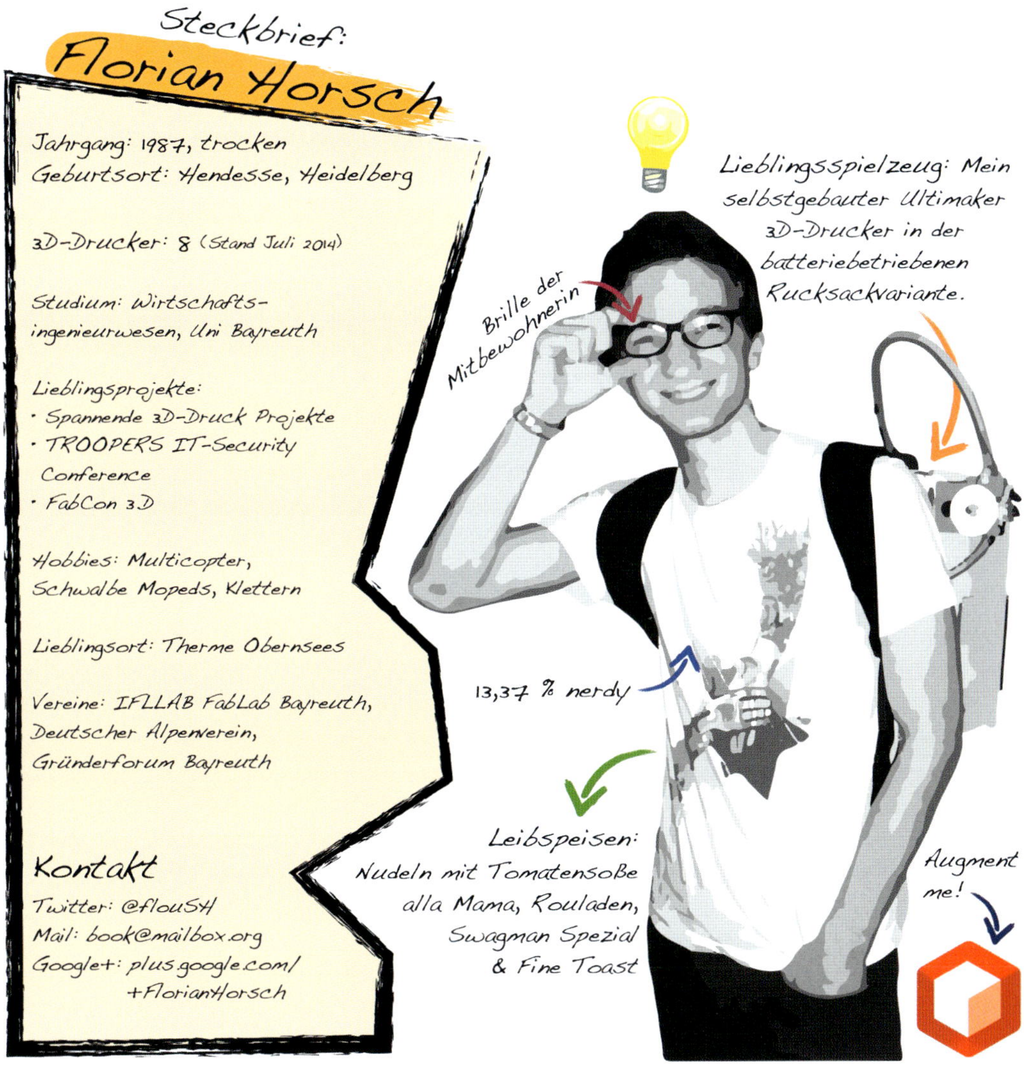

Persönliche Danksagungen

Mein innigster Dank gilt meiner Familie, insbesondere meinen Eltern Juliane und Werner Horsch, die mich immer unterstützen und mir vieles in die Wiege gelegt haben. Ein großer Dank gebührt meiner Falken-WG (Aktive und Alumni), also Sonja Noll, Josepha Hilmer, Louisa Louis Kirsch und Vincent Budéus. Ebenso danken möchte ich dem unermüdlichen Dr. Stephan Weiß und meiner allerliebsten Phyllis Messalina Gilch für ihre große Hilfe in den letzten Monaten. Ihr habt mich alle am Leben gehalten.[4]

4 Zum Beispiel durch regelmäßige Essenslieferungen, wie zum Beispiel hier: *https://plus.google.com/116416453568555193309/posts/ewosGRFLLVh* [1bFzHla].

Zwei Menschen, die – vielleicht ohne es zu wissen – viel in meinem Leben beeinflusst haben, habe ich dieses Buch gewidmet. Ich danke Uwe Wagner, der mir im jüngsten Alter ein großartiger Lehrer an meinem ersten Computer und Lötkolben war und bis heute immer ein offenes Ohr für mich hat. Ich verbeuge mich vor Enno Rey, der mir in den letzten Jahren kein besserer Mentor hätte sein können. Ich danke euch beiden zutiefst.

An dieser Stelle will ich auch meiner Lektorin Julia Stepp zu diesem Werk gratulieren. Ich bewundere Ihre große Ausdauer und Geduld mit mir. Ich danke Frau Stepp und dem Carl Hanser Verlag für die Initiative und das mir entgegengebrachte Vertrauen.

Inhaltlich haben zu diesem Buch viele Menschen einen großen Teil beigetragen. Ich danke herzlichst Dr. Hans J. Langer für das Vorwort und meinen Interviewpartnern Dr. Adrian Bowyer, Joris Peels, Erik de Bruijn, Dr. Markus Bagh, Alexander Oster, Asher Nahmias und David Braam. Ein herzliches Dankeschön geht an Professor Hörl und seine Frau Cornelia Regner-Hörl für den freundlichen Kontakt bezüglich der Verwendung der Wagner-Skulptur. Außerdem bin ich sehr dankbar für die vielen Fotos, die mir zur Verfügung gestellt wurden. Unübertroffen bleibt der Einsatz von Dr. Stephan Weiß hinter seiner fleckigen Kamera, mit der alle Fotos ohne anderslautende Quellenennung gemacht wurden. Um grande abraço com muita gratidão vai para Portugal para o meu amigo Luís Favas[5], für die schöne Titelillustration. Ich danke außerdem Kathrin Powik für die schnelle Korrektur meiner kommafreien Texte.

Da dieses Buch im Rahmen meiner Bachelorarbeit entstanden ist, geht ein großer Dank an den Lehrstuhl für Umweltgerechte Produktionstechnik unter der Leitung von Prof. Dr.-Ing. Rolf Steinhilper an der Universität Bayreuth und insbesondere an meinen hilfsbereiten Betreuer Alexander Nagel.

Ohne die stetigen Aufmunterungen, Ideen und Tipps meiner engsten Freunde hätte ich es wohl nicht durchgehalten! Ich danke euch für eure treue Freundschaft: Sebastian Walter Junior, Manuel Seifried, Malte Borchert, Marcel Mahler, Eva Gradl und Mariella Kraus. Ein besonderer Dank gebührt meinem Cousin und Bruder im Herzen Christian Heckmann.

Viel Unterstützung erhielt ich außerdem aus Erfurt von Happiness Officer Ulrike Hemmann und ihrer tanzenden Hälfte Diana Keucher, den Schweizer Mannhart-Brüdern, Ludger Herget, dem Gründerforum Bayreuth e. V. und Elias Soybaba. An dieser Stelle will ich auch meinem Berater Oswald Walter Senior für die lehr- und hilfreichen Treffen danken. Genauso will ich unserem »Man of Bayreuth« Christian Wedlich für seine unkonventionelle Hilfe in vielen buchfremden Bereichen danken, was mir in stressigen Phasen viel Zeit erspart hat.

Stets hilfsbereit standen mir meine Freunde aus der 3D-Druck-Community zur Seite, insbesondere mein »Onkel« Paul Candler, Ian Spring, Daniel Ljungstig und seine Swedish House Mafia mit Anders und Olle, Gregor Luetolf, das gesamte Ultimaker Team und viele mehr.

Ein großes Dankeschön geht an alle Leserinnen und Leser, die die erste Auflage so positiv wahrgenommen und rezensiert haben. Besonders ausführliche und wertvolle Verbesserungsvorschläge kamen von Bernadette Schweng und Mark Gobald.

Bei einem Projekt dieser Größe werde ich sicherlich jemanden vergessen haben, aber ihr könnt euch meiner ewigen Dankbarkeit sicher sein.

Es war hart, aber gut. Thank you for believing.

5 Luís ist freiberuflicher Illustrator aus Portugal: *http://luisfavas.com/*

Danksagungen an die Community

»If I have seen further it is by standing on the shoulders of giants.« (Sir Isaac Newton)

»Zwerge auf den Schultern von Riesen«: Manuskript-Ausschnitt (ca. 1410) aus der Lessing J. Rosenwald Sammlung, Library of Congress (Quelle: *http://archive.org/details/EncyclopedicManuscriptContainingAllegoricalAndMedicalDrawings* [1ckNbIH])

Meine eigenen Verdienste in der 3D-Druck-Welt sind an einer Hand abzuzählen. In diesem Buch will ich aber nicht nur mein Wissen teilen, sondern auch Botschafter für die Verdienste anderer sein. Unzählige talentierte Menschen haben in der 3D-Druck-Community über die letzten Jahre Großartiges geleistet. Einige will ich namentlich hier erwähnen.

Hinweis: Diese Liste ist per Definition unvollständig. Sie spiegelt nur mein Sichtfeld in die Community wider. In der noch jungen 3D-Druck-Bewegung trägt jeder seinen Teil zum gemeinsamen Fortschritt bei, und täglich bringen sich neue Talente mit viel Engagement ein. Bitte schreiben Sie mir, wenn ich jemand wichtigen vergessen habe.

Name	Webseite	Anmerkung
Adrian Bowyer	*http://adrianbowyer.net/*	Initiator des RepRap-Projekts
David Braam	*https://www.ultimaker.com/*	Entwickler von Cura
Erik de Bruijn, Martijn Elserman & Siert Wijnia	*https://www.ultimaker.com/*	Erfinder des Ultimaker und Gründer von Ultimaker B.V.
Paul Candler	*http://bit.ly/paulcandler*	Entwickler der legendären Ultra Quality netfabb Engine-Profile
colorFabb Team	*http://colorfabb.com/*	Filament-Experten aus den Niederlanden
Jonathan Dummer	*http://kisslicer.com/*	Entwickler von KISSlicer
Dave Durant	*http://davedurant.wordpress.com/*	Community-Mitglied der ersten Stunde und Skeinforge-Guru
faberdashery Team	*http://www.faberdashery.co.uk/*	Filament-Experten aus England
Gina Häußge	*http://octoprint.org/*	Entwicklerin von OctoPrint

Name	Webseite	Anmerkung
Dr.-Ing. Martin Henschke & Angelo Malaguarnera	*http://www.dr-henschke.de/* bzw. *http://www.max3dshop.de/*	Köpfe hinter dem RADDS Board und vielen anderen Geniestreichen
Nils Hitze	*http://www.3ddinge.de/*	3D-Druck-Evangelist und Organisator der Make Munich
Gary Hodgson	*http://garyhodgson.com/*	RepRap-Enthusiast und Co-Autor des RepRap-Magazins
Richard „RichRap" Horne	*http://richrap.com/*	Einer der experimentierfreudigsten RepRap-Community-Mitglieder
Kliment, caru & midopple	*https://github.com/kliment/Sprinter*	Entwickler der Sprinter-Firmware
Bernhard Kubicek	*http://bernhardkubicek.soup.io/*	Erfinder des UltiController und aktiver Entwickler einiger Firmware-Add-ons
Roland Littwin	*http://www.repetier.com/*	Repetier-Entwickler
Vik Oliver	*http://diamondage.co.nz/*	RepRap Core Team und Filament-Experte
Alexander Oster	*http://www.netfabb.com/*	Entwickler der netfabb-Software
Rachel Park	*http://3dprintingindustry.com*	Die bezaubernde Grande Dame der Branche und Chefredakteurin von 3D Printing Industry <3
Dipl.-Ing. Kai Parthy	*http://cc-products.de*	Erfinder und Filament-Zauberer
Enrique Perez	*http://fabmetheus.blogspot.de/*	Entwickler von Skeinforge
Josef Jo Průša	*http://josefprusa.cz/*	RepRap Core Developer
Alessandro Ranellucci & Team	*http://slic3r.org*	Entwickler von Slic3r
RepRap Community	*http://reprap.org*	Wichtigste Community im 3D-Druck-Bereich
Johann Rocholl	*https://github.com/jcrocholl*	Entwickler des Rostock- und Kossel-3D-Druckers
Joris van Tubergen	*http://rooiejoris.nl*	Künstler und Protospace-Labmanager
Ultimaker Community	*http://umforum.ultimaker.com*	Meine erste Liebe! Diese Community hat mich gefesselt.
Anja van West	*http://www.3ders.org/*	Gründerin und Chefredakteurin von 3ders.org
Whosawhatsis	*http://whosawhatsis.com/*	Maker und 3D-Druck-Enthusiast
Erik van Zalm	*https://github.com/ErikZalm*	Entwickler von Marlin
$your_name_here		Alle fleißigen Mitglieder der 3D-Druck-Bewegung

1 3D-Druck kompakt: Ein Schnelleinstieg in die Technologie

In diesem Kapitel starten wir unsere Reise in die faszinierende Welt des 3D-Drucks. Um Sie fit für Ihre Maker-Karriere zu machen, werde ich Sie zunächst einmal mit den Basics der 3D-Druck-Technologie vertraut machen. Sie werden erfahren, wie die Technologie funktioniert, welche Einsatzmöglichkeiten sie jetzt schon bietet, und welche Chancen sie für die Zukunft bereithält. Sie werden Ihr erstes eigenes 3D-Modell modellieren, ein solides Verständnis für den schichtweisen Aufbau im 3D-Druck entwickeln und einen kurzen Überblick darüber erhalten, welchen Entwicklungsweg die Technologie in den letzten 30 Jahren bereits genommen hat. Abgerundet wird das Kapitel mit einigen Anwendungsbeispielen, die Sie hoffentlich dazu animieren werden, selbst Teil der 3D-Druck-Community zu werden. Sind Sie bereit? Dann kann es ja losgehen ...

1.1 Was ist eigentlich 3D-Druck?

Die Assoziationen mit dem Begriff 3D-Druck sind vielzählig. Wenn man das Thema zur Sprache bringt, begegnen einem die interessantesten Vorstellungen, was solch ein 3D-Drucker ist und kann. Hier sind einige meiner persönlichen Favoriten:

- Ein Drucker, der »Wackelbilder« erstellt (Bild 1.1): Der korrekte Fachbegriff hierfür ist *Lentikularbild* bzw. *-druck*. Es handelt sich dabei um ein Bild, das mittels optischer Linsen oder Prismen einen dreidimensionalen Eindruck erzeugt. Die Technik wurde 1908 von Gabriel M. Lippmann ins Leben gerufen.[1]

1 Ausführliche Informationen zur Funktionsweise von Lentikularbildern finden Sie unter *http://de.wikipedia.org/wiki/Linsenraster-Bild* [1ghb04h].

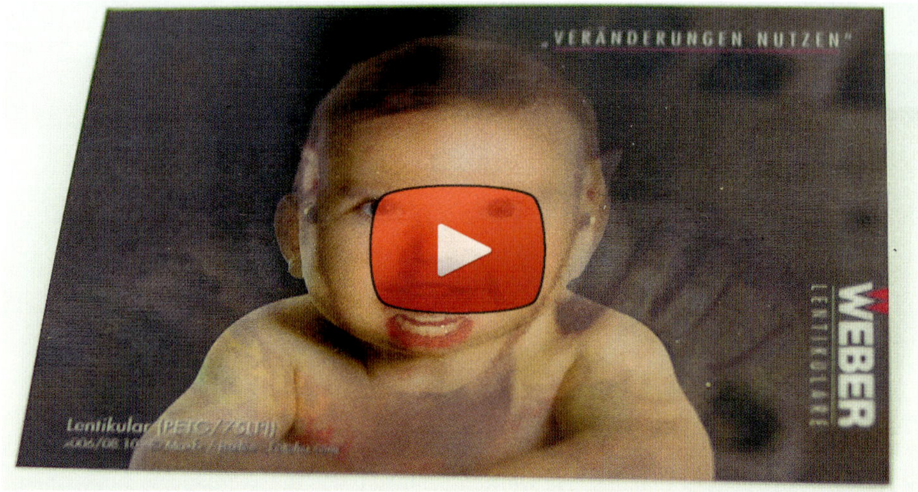

Bild 1.1 Eines der beliebten »Wackelbilder« (Lentikularbilder): Welches Motiv sich hinter der hier gezeigten Karte verbirgt, erfahren Sie unter *http://youtu.be/SdwHiSS0l_g* [1huTuqS].

- Ein Drucker, der Texte erhaben drucken kann, zum Beispiel auf hochwertigen Werbebroschüren oder Visitenkarten (Bild 1.2): Auch hierbei handelt es sich nicht um einen 3D-Drucker, sondern um das *Prägedruckverfahren*, welches in der farblosen Variante, der sogenannten *Blindprägung*, bereits zwischen dem 1. und 4. Jahrhundert Anwendung fand.[2]

Bild 1.2 Der Prägedruck fand oft auf Grußkarten Anwendung. Heute sind die Prägungen auch auf Visitenkarten populär (Foto © Uwe Mahler, Privatsammlung).

2 Mazal, Otto: *Einbandkunde. Geschichte des Bucheinbandes* (Band 16 der Reihe *Elemente des Buch- und Bibliothekswesens*). Ludwig Reichert Verlag 1997, S. 6f. Siehe auch: *http://de.wikipedia.org/wiki/Blindpr%C3%A4gung* [15Qa1FW]

- Ein Drucker, der dreidimensionale Objekte, wie zum Beispiel Tassen, mit Bildern bedrucken kann (Bild 1.3): Hier wäre der Begriff 3D-Druck an sich sehr passend, tatsächlich handelt es sich jedoch um das 1968 von Wilfried Philipp entwickelte *Tampondruckverfahren*, das großflächig zur Bedruckung gebogener Oberflächen eingesetzt wird.[3]

Bild 1.3 Eine bedruckte Tasse aus der NICHTLUSTIG-Kollektion[4] (Tassendesign: © Joscha Sauer)

All diese Ideen sind logisch hergeleitet, doch um einen 3D-Drucker handelt es sich in keinem dieser Fälle. Wenn man nun mit ein wenig Epos in der Stimme darüber aufklärt, dass ein 3D-Drucker nicht etwa die Beschriftung einer Tasse, sondern *die Tasse selbst* druckt, blickt man in erstaunte und freudig begeisterte Gesichter.

Die häufigen Fehlinterpretationen zeigen, dass der Begriff 3D-Drucker alles andere als selbsterklärend zu sein scheint. Ein Begriff wie *Objektersteller* würde vermutlich leichter zu verstehen geben, um was es sich bei dieser Maschine handelt. Aber auch das würde der Verwunderung der Öffentlichkeit, dass es Maschinen gibt, mit denen man nahezu jeden Gegenstand auf Knopfdruck herstellen kann, keinen Abbruch tun. Außerdem suggeriert der Begriff *Drucker* genau die für den 3D-Druck relevanten Eigenschaften:

- Erzeugung oder Vervielfältigung von Druckgütern
- Nutzung eines Verbrauchsmaterials
- Digitale Vorlage der Druckdaten

Hier werden schon die ersten Überschneidungen deutlich. Auch die Erschwinglichkeit und der Automatisierungsgrad von 2D-Druckern lassen deutliche Parallelen zum wachsenden Heimanwendermarkt von 3D-Druckern erkennen.

3 Weitere Informationen zum Tampondruck finden Sie unter *http://de.wikipedia.org/wiki/Tampondruck* [18HSFt3].

4 Die legendären Comics von Joscha Sauer für Menschen mit besonderem Humor *http://www.nichtlustig.de/*.

Bild 1.4 Luther ganz aus dem Häuschen: Einer der größten Profiteure des Buchdrucks fragt sich, was er alles mit einem 3D-Drucker anfangen könnte. (Male Models: der Erfurter Stadtführer Matthias Gose und Christian Fothe, Messe Erfurt, Foto: © Baui)

Auf einer eher philosophisch angehauchten Ebene finde ich den Vergleich zwischen konventionellen 2D-Druckverfahren und den, im Vergleich noch jungen, 3D-Druckverfahren noch sehr viel spannender. Es drängt sich die Frage auf, ob 3D-Drucker unsere Zivilisation und ihre kulturelle Entwicklung so entscheidend prägen werden, wie es ab Mitte des 15. Jahrhunderts der Buchdruck getan hat. Konkreter gefragt: Was passiert, wenn jeder Mensch über Herstellungskapazitäten verfügt und nicht mehr von großen Konsumgüterherstellern abhängig ist? Die viel beschworene *dritte industrielle Revolution* lässt grüßen! Mehr dazu erfahren Sie in Abschnitt 1.4.

Eine Frage der Dimension

Wir bleiben erst einmal bei den Basics und stellen uns die simple Frage:

> *»Wie schreibt man einen Brief?«*

Die Antwort lautet:

> *»Man nehme Stift und Papier, schreibe seinen Text und fertig ist der Brief.«*

Oder etwas moderner:

> *»Man startet sein bevorzugtes Textbearbeitungsprogramm, tippt seinen Text ein, klickt auf den Druck-Button und fertig ist der Brief.«*

So weit kennt das jeder noch. Nun bewegen wir uns in die dritte Dimension und fragen uns:

> *»Wie stellt man eine Tasse her?«*

Eine klassische Antwort würde lauten:

> *»Man startet den Drehtisch, formt einen Klumpen Ton und brennt das Ergebnis im Ofen. Fertig ist die Tasse!«*

Eine Antwort unter Einbeziehung der 3D-Druck-Technik könnte lauten:

> *»Man startet seine Konstruktionssoftware und erstellt eine Tasse anhand von Formeln, rotationssymmetrischen Linien, primitiven Grundformen, Freiformen oder einer Kombination all dieser Techniken. Danach wird das neu erstellte 3D-Modell im STL-Format exportiert und in*

die Slicing-Software geladen. Dort bestimmt man Schichtstärken, Drucktemperaturen und Geschwindigkeiten sowie eine Vielzahl weiterer Parameter. Das 3D-Modell wird in der Software in dünne, zweidimensionale Schichten zerlegt und in Form von Maschinen-Codes gespeichert. Der erzeugte Code wird nun an den 3D-Drucker übertragen. Dort wird Schicht für Schicht Material (abhängig von dem verwendeten Verfahren) aufeinander aufgetragen, bis die Form der Tasse vollendet ist.«

Für Neueinsteiger mag die letzte Antwort etwas verwirrend klingen.[5] Fachbegriffe sind absichtlich noch nicht weiter erläutert. Nachdem Sie nun möglicherweise verwirrter als zu Beginn sind, fangen wir am besten noch mal von vorne an – und zwar mit einer ersten Übung, über die wir uns dem Thema 3D-Druck auf ganz praktische Weise nähern.

Keine Angst!

Lassen Sie sich jetzt bloß nicht von der vorangegangenen Kurzdefinition der 3D-Druck-Technik abschrecken. Ziel der Definition war es, die Komplexität des Prozesses anzudeuten. Wie so oft lässt sich auch der 3D-Druck in einfache Teilschritte zerlegen ...

1.2 Vom 3D-Modell zum Schichtmodell

Bevor man überhaupt etwas drucken kann, braucht man zuallererst einmal ein digitales 3D-Modell. Der einfachste Weg ist es, vorgefertigte Daten zu verwenden, die Sie sich aus dem Internet herunterladen können. Doch dies läuft der Grundidee des 3D-Drucks, der völlig freien Umsetzung eigener Ideen, eigentlich zuwider. Viel schöner ist es, wenn man sich sein 3D-Modell selbst designen kann. Man sollte jedoch nicht verschweigen, dass einem das Bedienen von 3D-Software nicht unbedingt in den Schoß fällt. Allein zu diesem Thema wurden etliche Bücher verfasst, insofern dürfen Sie nicht erwarten, dass ich Ihnen im Rahmen dieses Buchs die ganze Welt der 3D-Modellierung bis hin zum letzten Mausklick erkläre. Stellen Sie sich also auf eine Vielzahl von ergänzenden Tutorials und Übungsstunden ein. Aber eines vorab: Jede Minute, die Sie in den Ausbau Ihrer 3D-Modellierungsfähigkeiten investieren, wird sich auszahlen!

Genug der Vorrede – fangen wir mit einer kurzen Übung an, um sicherzustellen, dass niemand über dem Buch einschläft.

5 Und selbst Profis müssen zugeben, dass einige Dinge im 3D-Druck noch einfacher werden sollten!

1.2.1 Übung 1: Schnelleinstieg in die 3D-Modellierung

Übung 1: Unser erstes 3D-Modell

Zusammenfassung: Vom Kreis über den Zylinder zur Tasse

Ziel: Erste Schritte im 3D-Zeichenprogramm SketchUp Make wagen und eine einfache Tassenform erstellen

Verwendete Hardware: Computer

Verwendete Software: SketchUp Make

Hilfreiche Werkzeuge: Maus mit Scrollrad

Wichtige Links:

- *http://sketchup.com*
- *http://www.sketchup.com/learn* [19Tb8nl]

Bild 1.5 So oder so ähnlich wird in wenigen Minuten Ihr erstes 3D-Modell aussehen.

Download und Installation der 3D-Software SketchUp Make

1. Laden Sie sich *SketchUp Make* unter *http://sketchup.com* herunter.
   - Eine deutsche Version ist verfügbar. Wählen Sie hierzu DEUTSCH als Webseitensprache aus. Ich werde im Folgenden die englische Version verwenden (mehr dazu in der nächsten Infobox).
   - Wählen Sie beim Verwendungszweck PERSONAL PROJECTS aus, um die kostenlose SketchUp Make-Version herunterzuladen. Bei kommerzieller Verwendung empfiehlt sich der Kauf der *SketchUp Pro*-Version. Lassen Sie sich nicht verwirren: Beim Download der SketchUp Make-Version bekommen Sie für die ersten acht Stunden alle Funktionen der SketchUp Pro-Version zur Verfügung gestellt.

- Ob Sie Ihre Daten und Interessen weitergeben wollen, überlasse ich selbstverständlich Ihnen. Die Eingabe von *nein@danke.de* oder die Auswahl von OTHER führt nach der Bestätigung der Lizenzvereinbarung auch zum Download.

2. Installieren und starten Sie die Software.

PRAXISTIPP: Sollte Ihnen in der folgenden Anleitung etwas unklar sein, sehen Sie sich am besten die Einführungsvideos unter *http://www.sketchup.com/learn* an. Dort werden die Funktionen wesentlich ausführlicher erklärt. Mit ein wenig Experimentierfreude sollten Sie aber auch mit der hier geschilderten Vorgehensweise zum Ergebnis kommen.

Eine Tasse 3D-Latte, bitte! Die Erstellung Ihres ersten 3D-Modells

3. Wählen Sie unter TEMPLATE die Vorlage *Product Design & Woodworking – Millimeters* aus. Diese eignet sich für unser Vorhaben am besten. Bestätigen Sie mit START USING SKETCHUP.

4. Drücken Sie C, um das *Kreis*-Werkzeug anzuwählen (Bild 1.6).
   - Bewegen Sie den Mauszeiger in die Mitte des Achsenkreuzes und klicken Sie die linke Maustaste, sobald ein gelber Punkt (mit der Beschriftung *Origin*) erscheint.
   - Geben Sie *40mm* ein, um einen Radius von 40 mm zu erzeugen. Sie müssen dafür nicht in das *Radius*-Feld klicken, sondern können einfach lostippen.
   - Bestätigen Sie den Vorgang mit der ENTER-Taste. Sie haben nun einen Kreis mit 80 mm Durchmesser erzeugt. Bisher ganz einfach, oder? Wenn dennoch ein Problem auftrat, versuchen Sie es einfach noch mal. Sie können jederzeit einzelne Schritte durch die Tasten STRG + Z bei Windows bzw. CMD + Z bei Mac OS X rückgängig machen.
   - **Hinweis:** Fällt Ihnen auf, wie eckig unser Kreis ist? Sie können die Anzahl der Elemente verändern, aus denen ein Kreis in SketchUp berechnet wird. Für 100 Kreissegmente geben Sie z. B. direkt nach der Erstellung eines Kreises *100s* ein und bestätigen dies mit der ENTER-Taste.
   - Nun ist ein guter Zeitpunkt, um die Navigation im dreidimensionalen Raum zu üben. Mit den *Orbit-* (Taste O), *Pan-* (Taste H) und *Zoom*-Werkzeugen (Taste Z) gibt es eine Vielzahl von Möglichkeiten, im Raum zu navigieren. Am besten probieren Sie es selbst aus. Sollten Sie den Überblick verlieren, können Sie über STRG + 7 bei Windows bzw. CMD + 7 bei Mac OS X in die Standardansicht zurückspringen. Übrigens: Das Zoomen lässt sich auch bequem mithilfe des Scrollrads an Ihrer Maus bewerkstelligen.

Bild 1.6 Das Erstellen eines Kreises

Do you speak English?

Ihnen wird aufgefallen sein, dass auf den Screenshots (oder sollte ich sagen: »Bildschirmfotos«?) die englische Version der verwendeten Software zu sehen ist. Das liegt zum einen daran, dass von neuen Programmen oft nur englische Versionen verfügbar sind. Zum anderen liegt es an meiner persönlichen Überzeugung, dass eine einheitliche Sprache die mehrheitlich internationale Diskussion mit anderen 3D-Druck-Fans enorm vereinfacht, und wir uns deshalb mit den jeweiligen Fachtermini vertraut machen sollten.

Ich werde jedoch immer darauf hinweisen, wenn deutsche Versionen verfügbar sind. Es sollte für Sie dann ein Leichtes sein, die Begriffe über die entsprechenden Symbole oder Funktionalitäten richtig zuzuordnen.

5. Im nächsten Schritt wollen wir nun aus dem zweidimensionalen Kreis einen dreidimensionalen Zylinder formen. Hierzu wählen Sie über die Taste P das *Push/Pull*-Werkzeug aus (Bild 1.7).
   - Bewegen Sie das Werkzeug über die Kreisfläche, und klicken Sie diese mit der linken Maustaste einmal an.
   - Bewegen Sie nun den Mauszeiger nach oben. Sie sehen jetzt, wie der Zylinder aus der Fläche herausgezogen (= *pull*) wird.
   - Wie in Schritt 4 wollen wir den Vorgang jetzt noch bemaßen. Dafür geben Sie einfach *100 mm* ein und bestätigen dies mit der ENTER-Taste. Sie haben jetzt einen Zylinder mit 80 mm Durchmesser und einer Höhe von 100 mm vor sich stehen.

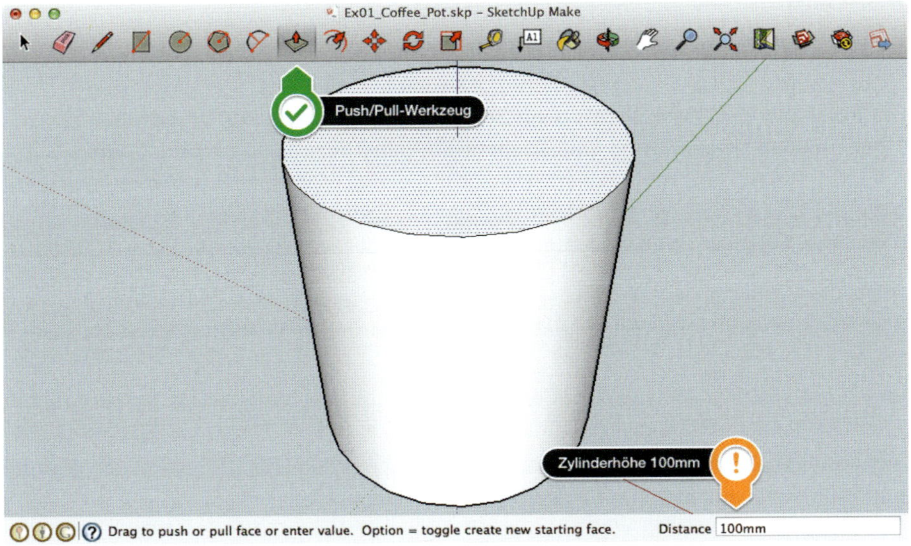

Bild 1.7 Aus dem Kreis wird mithilfe des Pull-Werkzeugs ein Zylinder.

6. Jetzt müssen wir den Zylinder nur noch aushöhlen. Hierzu nutzen wir eine Kombination aus zwei Werkzeugen. Wählen Sie über die Taste F das *Offset*-Werkzeug aus (Bild 1.8).
   - Klicken Sie mit der linken Maustaste auf die Oberseite des Zylinders.
   - Bewegen Sie nun den Mauszeiger in Richtung des Kreismittelpunkts. Sie sehen einen Abdruck der Kreislinie - dies wird die Innenseite Ihrer Tasse.
   - Geben Sie *5mm* ein. Anschließend bestätigen Sie mit der ENTER-Taste.

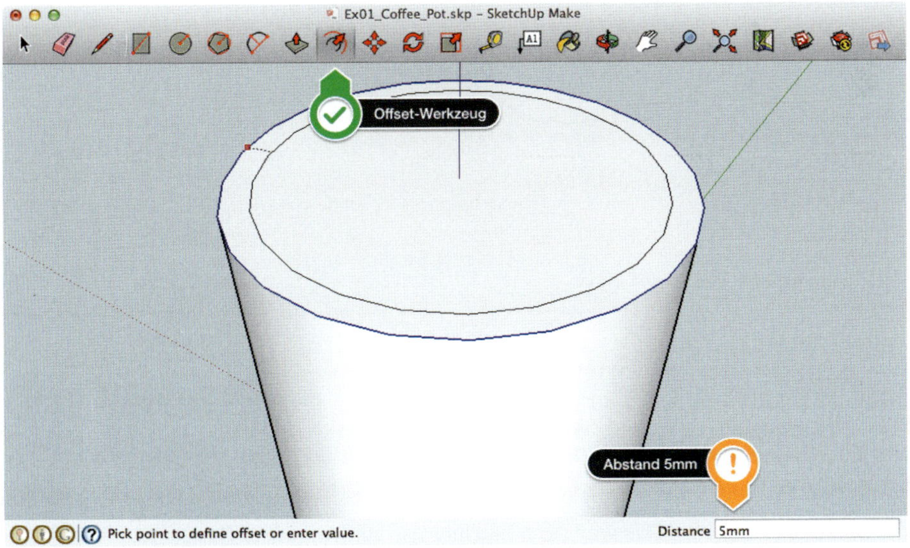

Bild 1.8 Das Offset-Werkzeug orientiert sich an bereits vorhandener Geometrie.

Viele Wege führen nach Rom

Anstatt des *Offset*-Werkzeugs hätten Sie auch das *Kreis*-Werkzeug (Taste K) wählen und, nachdem Sie mit dem *Select*-Werkzeug (LEERTASTE) die Oberseite markiert haben, vom Oberflächenmittelpunkt aus einen Kreis mit dem Radius *35 mm* zeichnen können. Wie so oft bei der 3D-Modellierung können die Werkzeuge beliebig kombiniert werden. Am Ende kommt man immer zum gleichen Ergebnis – teilweise aber mit unterschiedlichem Aufwand!

7. Wählen Sie nun wieder das *Push/Pull*-Werkzeug aus. Drücken Sie dazu einfach die Taste P (Bild 1.9).
   - Mit einem LINKSKLICK auf den kleinen Kreis und einer Mausbewegung nach unten höhlen Sie den Zylinder aus.
   - Durch die Eingabe von *95mm* und eine Bestätigung mit der ENTER-Taste haben Sie nun einen Becher mit einem 5 mm dicken Rand und Boden erzeugt.

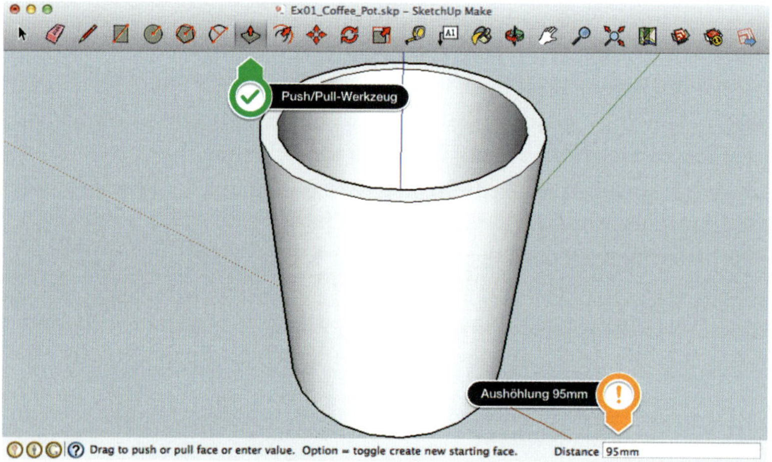

Bild 1.9 Ihr erster eigener 3D-Becher ist fertig!

Röntgenblick gefällig?

Unter VIEW → FACE STYLE → X-RAY können Sie sich eine Extraportion Überblick in SketchUp verschaffen. Die Modelle werden in dieser Ansicht transparent dargestellt. So können wir zum Beispiel auch die Innenseite des Bechers betrachten.

8. Und damit sind wir fertig! Das war doch gar nicht so schwer, oder? Das fertige Modell finden Sie auch im Downloadbereich unter *http://3dprintingbook.de*. Falls Sie Ihre eigene

Kreation für einen späteren 3D-Ausdruck speichern möchten, benötigen Sie das *SketchUp STL-Plug-in*[6]. Nach der Installation speichern Sie das Plug-in über FILE → EXPORT STL.

Darf es etwas mehr sein? Feintuning des 3D-Modells

Der Becher könnte bei genauerem Hinsehen noch einen Henkel und die ein oder andere Verzierung vertragen. Daher ein paar Tipps für besonders ambitionierte Leser:

1. Aktivieren Sie die große Werkzeugpalette über VIEW → TOOLS PALETTES → LARGE TOOL SET. So stehen Ihnen noch mehr Werkzeuge zur Verfügung.
2. Versuchen Sie mit dem *Arc*- (Taste A), dem *Offset*- (Taste F), dem *Line*- (Taste L) und dem mächtigen *FollowMe*-Werkzeug (Taste nicht belegt, suchen Sie einfach in der großen Werkzeugpalette) einen Henkel zu montieren:
   Hinweis: Achten Sie darauf, dass alle Flächen, die mit dem *FollowMe*-Werkzeug bearbeitet werden sollen, auch geschlossen sein müssen. Nutzen Sie das *Line*-Werkzeug, um eventuelle Lücken zu schließen. Falls Ihnen diese Tipps nicht genügen sollten, können Sie sich die Hilfevideos unter *http://www.sketchup.com/learn* ansehen.
3. Falls Sie eine Schrift aufbringen wollen, hilft Ihnen folgendes Tutorial von Joshua Castro weiter: *http://www.youtube.com/watch?v=AK_aQYHZZ1U* [1adseKS].

1.2.2 Übung 2: Das 3D-Druckverfahren – Schicht für Schicht zum Erfolg

Herzlichen Glückwunsch zu Ihrer ersten digitalen Tasse! Anstelle einer Tasse hätten Sie selbstverständlich auch jede andere beliebige Form modellieren können. Egal ob Ersatzteile einer kaputt gegangenen Maschine, ein Last-Minute-Geschenk für einen Freund oder Bauteile für das eigene Hobby – alles ist möglich. Nur unsere, vielleicht etwas eingerostete, Kreativität kann uns noch im Weg stehen.

Kaffee oder Tee kann man aus unserer digitalen Tasse im Moment jedoch noch nicht trinken, zumindest nicht ohne die Elektronik des eigenen Laptops zu gefährden. Um sie nutzen zu können, müssen wir sie erst noch ausdrucken. Wenn wir jetzt noch einmal den Vergleich zum 2D-Tintenstrahldrucker oder -Laserdrucker ziehen, scheint das weitere Vorgehen bis zum fertigen Endprodukt kinderleicht zu sein: Wir klicken einfach auf DRUCKEN und schon halten wir die fertige Tasse in unseren Händen. Stopp! Ganz so schnell geht es leider nicht. Es gilt noch eine Vielzahl von Unklarheiten zu beseitigen. Dazu zählen folgende Fragen:

- In welchem Datei-Format muss das 3D-Modell vorliegen?
- Muss das 3D-Modell noch weiter aufbereitet werden, bevor es druckbar ist?
- Wo kann ich drucken? Benötige ich überhaupt einen eigenen 3D-Drucker?
- Welches Material verwende ich zum Drucken?
- Mit welchem 3D-Drucker bzw. Druckverfahren kann ich welches Material verarbeiten?

6 Das SketchUp STL-Plug-in im Extension Warehouse *http://extensions.sketchup.com/en/content/sketchup-stl* [1e2FeGb].

- Welche Einstellungen gibt es, um die Qualität und die Eigenschaften des Drucks zu verändern?
- Wie kann ich das Druckergebnis weiterverwenden oder nachbearbeiten?

Wir müssen uns also Schritt für Schritt, oder besser *Schicht für Schicht*, an die Antworten herantasten. Doch bevor wir uns um Details wie Dateiformate, notwendige Vorarbeiten, verfügbare Materialien und mögliche Nachbearbeitungen kümmern, will ich Ihnen erst einmal erklären, wie die 3D-Druck-Technologie funktioniert.

Das 3D-Druckverfahren an sich arbeitet nicht wirklich dreidimensional, sondern je Arbeitsschritt zweidimensional. Erst die Aneinanderreihung mehrerer dieser Schritte führt zu einem Aufbau in der dritten Dimension. Klingt kompliziert? Ist es eigentlich gar nicht, sofern man verstanden hat, dass im 3D-Druck alles aus Schichten besteht.

Um dieses Verständnis zu stärken, kommen wir nun zu unserer zweiten Übung.

3D-Druck – ein Schichtverfahren

Übung 2: Fruchtige Pause

Zusammenfassung: Die 3D-Druck-Welt besteht aus vielen Scheiben.

Verwendete Hardware: Obst oder Gemüse, z. B. eine Birne

Hilfreiche Werkzeuge: Ein scharfes Messer und ein Schneidebrett

Ziel: Auf spielerische Weise Verständnis für das 3D-Druckverfahren schaffen – und darüber hinaus: Stärkung des Lesers, sowohl körperlich wie auch geistig

Bild 1.10 Eine Birne hoch über Bayreuth: Was hat sie mit 3D-Druck zu tun?

1. Besorgen Sie sich ein Stück Obst oder Gemüse Ihrer Wahl. Aufgrund der interessanten Form habe ich mich für eine Birne entschieden.
2. Schneiden Sie die Birne von der Kelchöffnung bis zum Stiel in Scheiben (ca. 5 mm dick). Die einzelnen Scheiben sollen unsere Schichten im 3D-Druck repräsentieren.

Bild 1.11 Slicing done! Die Birne ist in ihre Schichten zerlegt.

Schichthöhe

Beim 3D-Druck werden die 3D-Modelle virtuell in Schichten zerlegt. Die *Schichthöhe* (= *layer height*), also die Höhe der einzelnen Schichten, hat hier gravierenden Einfluss auf die Qualität des Druckergebnisses. Mit dünneren Schichten erhalten Sie eine feinere Oberflächenqualität. Wie in unserer kleinen Birnen-Übung würde dadurch jedoch die benötigte Zeit zum Zerlegen (= *slicing time*), und noch wichtiger, die Zeit für den Zusammenbau – also die Druckzeit (= *build time*) – steigen.

3. Machen Sie das Schneidebrett leer. Das leere Brett fungiert nun als unser *Druckbett* (= *print bed*).
4. Jetzt bauen wir unsere Birne wieder auf – handgemachter 3D-Druck sozusagen! Hierzu legen Sie die unterste Schicht der Birne auf das Druckbett. Stapeln Sie die weiteren Scheiben der Reihe nach auf.

Schicht für Schicht entsteht so eine Birne – genial einfach, oder? Nun haben Sie hoffentlich ein grundlegendes Verständnis dafür entwickelt, wie der schichtweise Aufbau beim 3D-Drucken funktioniert. Was noch gesagt werden sollte: Mit Essen spielt man nicht, zumindest nicht, ohne es später genüsslich zu vernaschen. Guten Appetit!

Die erste Schicht

Wenn die Birne zu sehr wackelt und Sie Probleme haben, die Scheiben übereinander zu stapeln, nehmen Sie einfach die unterste Schicht aus dem Stapel, um eine stabilere Grundlage zu erhalten.

Interessanterweise ist die Haftung (= *adhesion*) und Stabilität der ersten Schicht auch beim 3D-Druck ungemein wichtig. In der Praxis steht hier eine Vielzahl nützlicher Hilfsmittel zur Verfügung.

Bild 1.12 Handgemachter 3D-Druck: Schicht für Schicht entsteht eine Birne.

1.2.3 Die Schicht – Ihr Freund und Feind

Fassen wir zusammen: Mit einem 3D-Drucker kann man beliebige Objekte herstellen. Eine digitale Vorlage muss in Form eines 3D-Modells erstellt werden und anschließend von einer speziellen Software (dem sogenannten *Slicer*) in dünne Schichten zerlegt werden. Diese Schichtdaten werden dann in einem 3D-Drucker interpretiert und der Reihe nach aus einem Material aufeinander aufgetragen, bis der Gegenstand fertiggestellt ist.

Vom Prinzip her ist das ganze erstaunlich einfach. Das große Potential, aber auch die vielen kleinen technischen Herausforderungen, stecken im Detail.

Die Schicht, Ihr Freund: Große Designfreiheit

Widmen wir uns zuerst den positiven Seiten. Durch den schichtweisen Aufbau genießen Sie im 3D-Druck eine enorme Freiheit beim Design Ihrer 3D-Modelle. Konventionelle Verfahren, wie das *Fräsen* und *Drehen*, arbeiten subtraktiv.[7] Ausgangspunkt des Herstellungsprozesses ist hierbei ein Materialblock, der durch entsprechende Werkzeuge abgetragen wird – so lange bis der gewünschte Körper übrig bleibt. Neben den dabei anfallenden Spänen, die zwar als Abfall recycelt werden können, gibt es einen weiteren Nachteil. Dadurch, dass die Werkzeuge von außen an den Materialblock herangeführt werden und je nach Ausführung nur über einen begrenzten Bewegungsspielraum verfügen, können manche Geometrien in diesem Verfahren schlichtweg nicht hergestellt werden.

Beim sogenannten *Spritzgießen*[8], dem gängigsten Verfahren, wenn es um die Herstellung von Kunststoffkomponenten in großen Stückzahlen geht, werden für einen effizienten Betrieb einige Einschränkungen in Kauf genommen. Da der Spritzguss auf hohlen Formen (im Fachjargon schlicht *Werkzeuge* genannt) basiert, muss immer darauf geachtet werden, dass man die Teile nach dem Einspritzen des Kunststoffs auch wieder auswerfen kann. Es müssen also auch hier Abstriche bei der Designfreiheit gemacht werden.

Um meine Botschaft deutlich zu machen und nicht unnötig tief in die Details konventioneller Verfahren[9] einzusteigen, werde ich ein Beispiel heranziehen, dass ganz sicher nicht mit subtraktiven Verfahren oder typischen Spritzgussverfahren an einem Stück herstellbar ist: Das sagenumwobene *Mystery-Modell*.

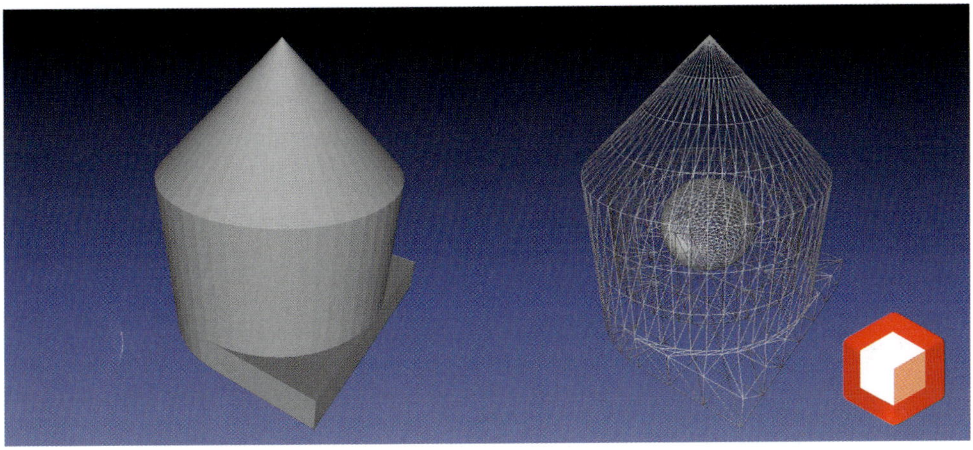

Bild 1.13 Das Mystery-Modell

Das Mystery-Modell mutet von außen ein bisschen wie eine kleine Hütte oder ein Silo an. Die große Überraschung verbirgt sich im Inneren des zylindrischen Mittelteils. Der ist nämlich, wie man in der transparenten Drahtgitteransicht in Bild 1.13 oder per Augment App[10] erkennen kann, hohl und beinhaltet eine Kugel.

7 Alle subtraktiven (= trennenden) Verfahren im Überblick *http://de.wikipedia.org/wiki/Trennverfahren_(Fertigungstechnik)* [1964BW6].

8 Ausführliche Informationen zum Spritzgießen finden Sie unter *http://de.wikipedia.org/wiki/Spritzguss* [15fkpVb].

9 Dank moderner 5-Achsen-Fräsen und intelligentem Werkzeugbau im Spritzguss ist auch bei den konventionellen Verfahren einiges möglich.

10 In der Einführung dieses Buchs finden Sie weitere Informationen zur Nutzung der Augment App (*http://augmentedev.com/*).

Jedem dürfte einleuchten, dass man dieses 3D-Modell nicht in einem Stück durch eines der bereits erwähnten Verfahren herstellen kann. Hier kommt die sogenannte *generative Fertigung* (= *Additive Manufacturing*) ins Spiel. Also genau das, was ich auf den letzten Seiten etwas lapidar als *3D-Druck* bezeichnet habe. Anstelle eines subtraktiven Vorgehens tritt das aufbauende Schichtverfahren in Kraft, welches ganz neue Möglichkeiten bezüglich der Designfreiheit und abbildbarer Geometrien mit sich bringt (Bild 1.14).

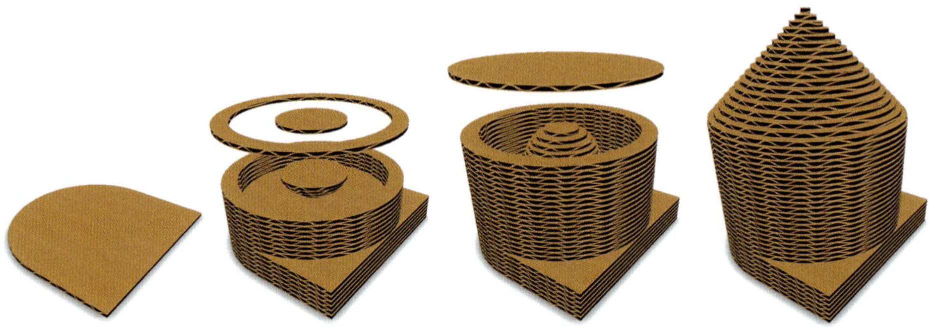

Bild 1.14 Die generative Fertigung nimmt dem Mystery-Modell seinen Zauber.

Komplexe, geometrische Figuren stellen kein Problem mehr dar. Die Kugel im Inneren des Mystery-Modells wird gleichzeitig mit der Außenhülle Schicht für Schicht hergestellt. Durch den schrittweisen Aufbau können geschlossene oder schwer zugängliche Innenräume beliebig ausgestaltet werden. Ganz schön cool, oder?

App-Empfehlung: 123D Make

Inhalt: Kurzvorstellung einer tollen Bastel-App mit 3D-Druck-Bezug

Verwendete Hardware: iPhone, iPad oder Computer

Verwendete App: Autodesk 123D Make

Hilfreiche Werkzeuge: Maus

Wichtige Links: *http://www.123dapp.com/make*

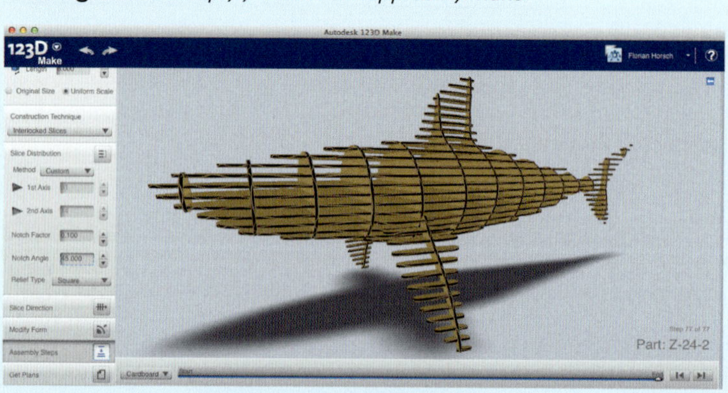

Bild 1.15 123D Make: Steckpuzzles selbst herstellen

Die Visualisierungen des Mystery-Modells in Bild 1.14 wurden mit *123D Make* von Autodesk erstellt. Das Programm ist eigentlich nicht für die Verwendung im 3D-Druck gedacht, eignet sich aber hervorragend, um den schichtweisen Aufbau zu verdeutlichen. Darüber hinaus kann man mit der kostenlosen Software kinderleicht eigene Steckpuzzles und Faltmodelle aus 3D-Modellen erstellen.

Installieren Sie sich die Software einfach mal und spielen damit herum! Die Pläne können ausgedruckt und in Handarbeit oder per Lasercutter geschnitten werden. Selbst die Aufbauanleitung wird automatisch generiert.

Aber funktioniert 3D-Druck wirklich so einfach wie im Schichtmodell dargestellt? Aus welchem Material werden eigentlich die Schichten hergestellt, und wie werden sie technisch ausgebracht? Sie haben es geahnt – ganz so unkompliziert ist es auch wieder nicht!

3D-Drucker ist nicht gleich 3D-Drucker. Es gibt eine ganze Palette von Verfahren, die den Schichtaufbau technisch vollkommen unterschiedlich lösen. Die fünf wichtigsten werden Ihnen ausführlich in Kapitel 3 vorgestellt. Bis dahin soll uns vorerst der Hinweis genügen, dass man, je nach Verfahren, neben diversen Kunststoffen auch Metalle und sogar Keramik in ihnen verarbeiten kann. Alle Verfahren haben den schichtweisen Aufbau gemeinsam. Wir müssen uns daher auch mit der grundlegenden Problemstellung dieser Vorgehensweise auseinandersetzten.

Die Schicht, Ihr Feind: Überhänge und Oberflächenqualität

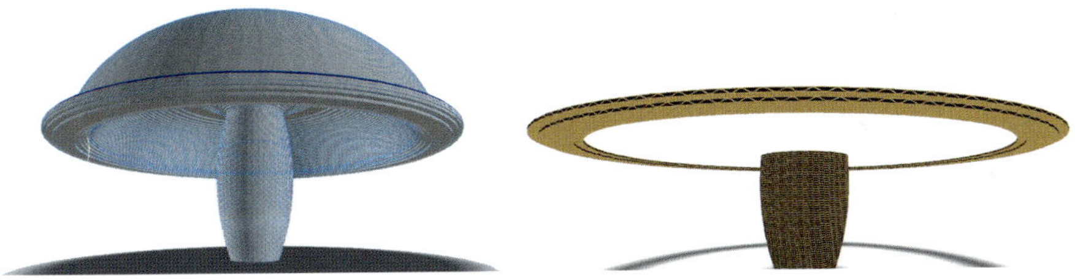

Bild 1.16 Die Überhangsproblematik: Wo soll sich der Schirm des Pilzes aufstützen?

Stellen Sie sich vor, dass wir einen Pilz ausdrucken möchten. Wir fangen unten am Stiel an und bauen Schicht für Schicht in Richtung Himmel auf. Auf halber Höhe kommt es dann auf einmal zum Problem. Die ersten Schichten des weit ausladenden Hutes haben keine unterliegenden Schichten, auf denen man sie ablegen könnte (Bild 1.16). Der Drucker müsste also in die Luft drucken. Es handelt sich hierbei um sogenannte Überhänge (= *overhangs*), die einem im 3D-Druck regelmäßig Kopfzerbrechen bereiten. Je nach Verfahren bereiten Sie nämlich kleinere oder gerne auch mal größere Unannehmlichkeiten. Aber keine Angst, jeder Überhang kann durch ein wenig Sachverstand und Übung zufriedenstellend bewältigt werden. Das verfahrensspezifische Fachwissen hierfür erhalten Sie in Kapitel 3, praktische Übungen folgen in Kapitel 4 und 5.

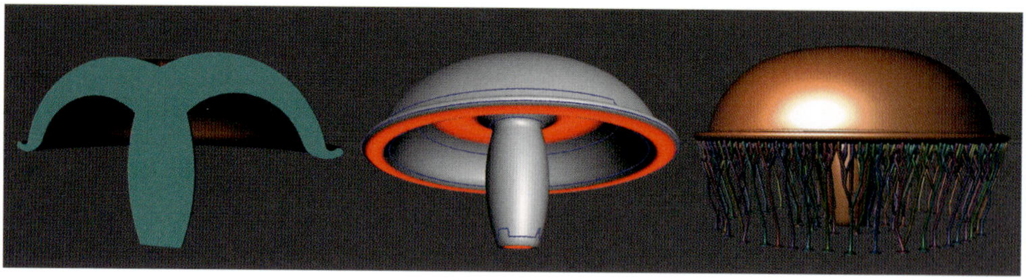

Bild 1.17 links: Pilz im Querschnitt, Mitte: Überhänge in Rot markiert, rechts: Supportstrukturen, die den Pilz stützen

An dieser Stelle soll es erst einmal nur um die Schärfung Ihrer Sinne gehen. Ab heute werden Sie mit anderen Augen durch die Welt gehen und jedes Objekt gedanklich auf 3D-Druckbarkeit überprüfen. Ihr Blick wird Gegenstände in Ihrer Umwelt zur besseren Übersicht im Profil zerschneiden, auf starke Überhänge hin untersuchen und nach Bedarf fiktive Stützstrukturen, den sogenannten *Support*, einziehen (siehe Bild 1.17). Sie werden spielerisch ein Gespür dafür entwickeln, wie man ein Druckobjekt intelligent im Druckraum ausrichtet, um Support zu sparen, oder wie man sogar ganz auf ihn verzichten kann. Diese Aufgabe nimmt Ihnen später nur in den wenigsten Fällen die Software ab.

Ein weiterer Nachteil des schichtweisen Aufbaus sind die Schichten selbst. Denn sie sind, je nachdem wie dick sie gedruckt wurden, mit dem bloßen Auge sichtbar. Je nach Verfahren und Leistungsfähigkeit des 3D-Druckers werden sie typischerweise zwischen 0,01 und 0,4 Millimeter dünn aufgetragen. Insbesondere bei Schrägen (vgl. Bild 1.18) wird bei Schichthöhen jenseits der 0,1-Millimeter-Schwelle ein *Treppenstufeneffekt* deutlich sichtbar. Einerseits machen sich sehr dünne Schichthöhen zwar durch bessere Oberflächenqualität positiv bemerkbar, sie vervielfachen aber auch die benötigte Druckzeit. Die Formel hierzu ist einleuchtend: Jede Schicht benötigt eine bestimmte Zeit. Wenn Sie ein 3D-Modell bei gleichbleibender Größe anstatt mit 0,2 mm dünnen Schichten auf einmal mit noch dünneren Schichten von 0,1 mm drucken möchten, verdoppelt sich die Anzahl der benötigten Schichten und somit auch die Druckzeit.

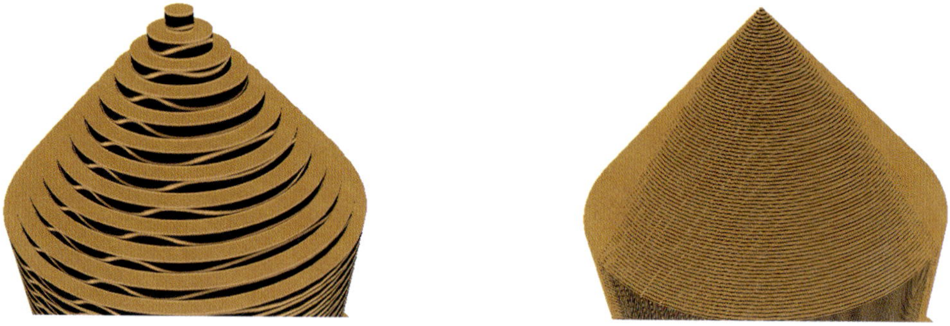

Bild 1.18 rechts: 0,05 mm Schichthöhe, links: Der Treppenstufeneffekt ist klar zu erkennen (0,35 mm Schichthöhe).

Das Kleine Einmaleins des 3D-Drucks ist hiermit beendet. Wenden wir uns nun der Entstehungsgeschichte der ersten 3D-Druckverfahren zu, die viel weiter zurückreicht als Sie vielleicht vermuten würden.

MATAERIAL – Ein wahrhaftiger 3D-Drucker

Ist Ihnen eigentlich aufgefallen, dass wir es durch den schichtweisen Aufbau gar nicht mit richtigen 3D-Druckern zu tun haben? Bei genauer Betrachtung werden ja ausschließlich zweidimensionale Schichten übereinander gelegt, bis sich etwas Dreidimensionales daraus ergibt. In der Fachliteratur ist daher auch manchmal von einem 2.5D-Verfahren die Rede.[11]

Mit dem *MATAERIAL*-Konzept[12] hat ein Forscherteam des Institute for Advanced Architecture of Catalonia (IAAC) im Mai 2013 eindrucksvoll ein vollwertiges 3D-Druckverfahren vorgestellt (Bild 1.19). Ähnlich ausgerichtete Ansätze machen von Zeit zu Zeit die Runde im Internet.

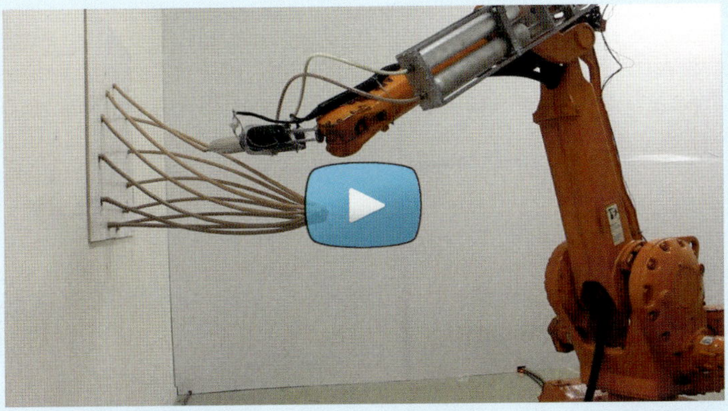

Bild 1.19 Der Abschied vom 2D-Schichtmodell ist sehenswert: *https://vimeo.com/55657102* [17dqDI6] (Foto: © MATAERIAL)

Das *Freeform-3D*-Projekt von Brian Harms und seinem Team ist zum Beispiel noch experimenteller und druckt mithilfe eines Roboterarms Harze in ein mit Haargel gefülltes Becken.[13] Die ersten visuellen Eindrücke solcher Projekte lassen Vorfreude auf die Zukunft aufkommen. Eine Kommerzialisierung der neuen Ansätze steht noch aus.

Wie man auch mit einfachen Mitteln wirklich dreidimensional drucken kann, zeigt Joris van Tubergen mit seinen kreativen Software-Add-ons *Wave* und *Skew*: http://youtu.be/j40gCYFXdm8 [19u9KDC]

11 Gebhardt, Andreas: *Generative Fertigungsverfahren. Rapid Prototyping - Rapid Tooling - Rapid Manufacturing.* Carl Hanser Verlag 2007, S. 11

12 Weitere Informationen und Videos finden Sie auf der *MATAERIAL*-Projektwebseite *(http://www.mataerial.com/)*.

13 Weitere Informationen zum Freeform-3D-Projekt finden Sie unter *http://www.3ders.org/articles/20130725-freeform-3d-printing-with-an-undo-function.html* [GG5YAF].

1.3 Wie alles begann – die Entstehungsgeschichte des 3D-Drucks

Durch die immer größer werdende mediale Aufmerksamkeit, die der 3D-Druck seit einigen Jahren weltweit erfährt, könnte man meinen, dass es sich um eine brandneue Technik handelt.[14] Das stimmt aber gar nicht. Der erste 3D-Drucker wurde bereits 1983 von Charles W. Hull erfunden.[15] Es handelte sich dabei um einen sogenannten *Stereolithographie-Drucker*, bei dem flüssige Photopolymere durch UV-Licht, Schicht für Schicht ausgehärtet werden. Charles »Chuck« Hull ist heute noch stellvertretender Vorstandsvorsitzender und CTO (Chief Technology Officer) der, von ihm im Jahre 1968 mitgegründeten, 3D Systems Corporation (DDD).

Neben der Stereolithographie existieren weitere Druckverfahren, die durch Branchengrößen wie Stratasys Ltd. (SSYS, gegründet 1989), EOS GmbH[16] (gegründet 1989) und Objet Geometries Ltd. (gegründet 1999) entwickelt und vertrieben werden. Die Entstehungsgeschichte des, für industrielle Anwendungen sehr wichtigen, *Selektiven Lasersinterverfahrens* (*SLS*), bei dem ein Laser stellenweise Kunststoffpulver verfestigt, ist ausführlich auf der Webseite der University of Texas at Austin dokumentiert, wo die Pioniere dieses Verfahrens beheimatet sind.[17] Nur zwei Jahre nach Fertigstellung der ersten kommerziell angebotenen SLS-Anlage, der sogenannten *Sinterstation 2000*, brachte 1994 auch die deutsche EOS GmbH mit der *EOSINT P 350* eine eigene Anlage auf den Markt. Durch stetige Weiterentwicklungen war es mit einer Variante des Verfahrens, dem sogenannten *Direkten Metall-Laser-Sinterns* (*DMLS*), auch bald möglich, metallische Pulver zu verarbeiten.

Bild 1.20 FDM-Maschinen für die Industrie: Die aktuelle Produktpalette der Fortus-Serie mit einem maximalen Bauvolumen von 914 × 610 × 914 mm (Foto: © Stratasys)

Zur gleichen Zeit ging die amerikanische Stratasys Ltd. an die Börse und baute Schritt für Schritt ihre dominierende Stellung im Bereich *Fused Deposition Modeling* (*FDM*) aus. In dem

14 Das Interesse der breiten Masse am Thema 3D-Druck wird über Google Trends besonders gut sichtbar: *http://www.google.com/trends/explore?q=3dprinting* [19tUc2N].

15 Firmenhistorie von 3D Systems: *http://www.3dsystems.com/30-years-innovation* [1bN2NBQ].

16 Deren Gründer und CEO, Dr. Hans J. Langer, hat sich im Vorwort bereits zu Wort gemeldet.

17 Ausführlicher Bericht über die Entstehung des SLS-Verfahrens: *http://www.me.utexas.edu/news/2012/0712_sls_history.php* [19tUoPm].

in diesem Buch vorrangig behandelten Verfahren wird ein Kunststoffdraht aufgeschmolzen und durch eine heiße Düse in dünnen Bahnen nebeneinander ausgebracht. Das dazugehörige Patent *US5121329*, in dem das Verfahren 1989 beschrieben wurde, lief im Oktober 2009 aus und eröffnete so einen bis dahin nicht vorstellbare Vielfalt an neuen Akteuren in diesem Bereich.

1.3.1 Das RepRap-Projekt – die Wiege des heimischen 3D-Drucks

Aber woher kam das plötzliche Interesse einer aktiven Entwicklergemeinschaft für diese Technik? Einige Jahre, bevor das eben erwähnte wichtige Patent auslief, beschrieb Dr. Adrian Bowyer[18], damals Dozent an der University of Bath, in seinem Aufsatz »Wealth without money«[19] die Idee, eine Maschine zu bauen, die sich selbst vervielfältigen kann und so kostengünstige Herstellungskapazitäten für jeden zugänglich macht. Das klingt spannend, oder? Der Plan sah vor, bis auf wenige Standardkomponenten, wie Schrauben, Motoren und ein Netzteil, nur Teile zu verwenden, die von der Maschine auch selbst hergestellt werden können. So sollten möglichst geringe Eintrittsschwellen sichergestellt werden. Die Idee des RepRap (= *replicating rapid prototyper*) war geboren! Ganz entscheidend ist bis heute die unentgeltliche Weitergabe des gesammelten Wissens, insbesondere der Baupläne der Entwicklungen, im Rahmen sogenannter *Open Source Hardware*-Lizenzen[20].

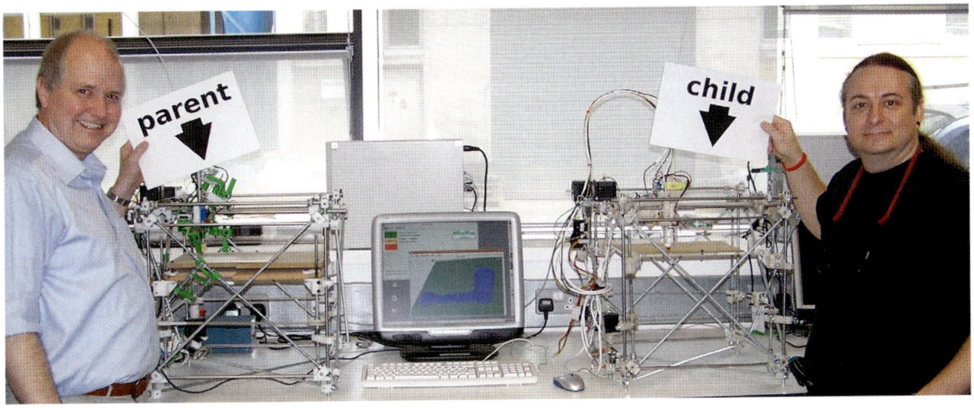

Bild 1.21 Dr. Adrian Bowyer (links) und Vik Olliver (rechts) präsentieren stolz den ersten erfolgreich druckenden Ableger des Ur-RepRap Darwin (Foto: © Adrian Bowyer).

Jeder kann in der offenen Gemeinschaft (= *community*), die sich maßgeblich im Internet organisiert, an der Weiterentwicklung teilhaben, Erkenntnisse teilen und anderen Mitgliedern dabei helfen, Teile für deren eigenen RepRap herzustellen. In diesem sehr flexiblen und evo-

18 Private Webseite von Dr. Adrian Bowyer, CEO der RepRap Professional Ltd.: *http://adrianbowyer.net/*

19 Der Aufsatz »Wealth without money« (2004), also »Wohlstand ohne Geld«, gilt als das Manifest der RepRap-Community: *http://reprap.org/wiki/BackgroundPage* [19sulhu].

20 Ausführliche Informationen zu Open Source Hardware finden Sie unter *http://de.wikipedia.org/wiki/Freie_Hardware* [17arWT1].

lutionären Entwicklungsprozess entstanden in kurzer Zeit immer neue Modelle, wie zum Beispiel der *RepRap Mendel* und der *RepRap Huxley*[21]. Einer der führenden Köpfe des Projekts, der Niederländer Erik de Bruijn, bescheinigte der RepRap-Community in seiner Master Thesis über Open Source-Entwicklung aus dem Jahr 2010 jährliche Wachstumsraten von über 600 %.[22]

Beflügelt durch das immer größer werdende Interesse an günstiger 3D-Druck-Technik und dem Auslaufen des als prohibitiv wahrgenommenen Grundlagenpatents, kam es Anfang 2009 zu der Gründung von MakerBot Industries – einem rasant wachsenden Unternehmen für kostengünstige 3D-Drucker, das Mitte 2013 für bis zu 604 Millionen US-Dollar von Stratasys Ltd. übernommen wurde.[23] In nur knapp drei Jahren nach der Gründung wurden über 22 000 *MakerBot*-Drucker aus drei Generationen an Kunden in aller Welt ausgeliefert. Anfangs wurden noch Bausätze, im späteren Verlauf aber auch fertig aufgebaute 3D-Drucker, zu Preisen von unter 3000 Euro angeboten.

Bild 1.22 Die ursprünglichen MakerBot Gründer (von links nach rechts): Adam Mayer, Zach Smith und Bre Pettis mit ihren Cupcake 3D-Druckern (Foto: © MakerBot Industries)

2011 gründete ein weiterer einflussreicher RepRap-Mitstreiter Ultimaking Ltd. Erik de Bruijn und seinem Team gelang es mit ihrem 3D-Drucker *Ultimaker* ein hochwertiges Produkt auf den Markt zu bringen, das auch durch die Mithilfe der engagierten Nutzer-Community neue Maßstäbe im Niedrigpreissektor setzte.

21 Einen aktuellen Stammbaum aller RepRaps finden Sie unter *http://reprap.org/wiki/RepRap_Family_Tree* [GCVVfp].

22 De Bruijn, Erik: *On the viability of the Open Source Development model for the design of physical objects. Lessons learned from the RepRap Project.* University of Tilburg 2010 (siehe auch *http://thesis.erikdebruijn.nl/master/MScThesis-ErikDeBruijn-2010.pdf* [19tUPt9]).

23 Eine gigantische Übernahme, die das große Potential, aber auch den ausgeprägten Hype, der Branche widerspiegelt *http://www.forbes.com/sites/kellyclay/2013/06/19/3d-printing-company-makerbot-acquired-in-604-million-deal/* [GG6O0u].

Bild 1.23 Das Ultimaker-Team: Siert Wijnia, Martijn Elserman und Erik de Bruijn (Foto: © Ultimaker B.V

Monat für Monat werden neue 3D-Drucker vorgestellt. So entsteht eine bunte Mischung von Hobbybastlern, Start-ups und alt eingesessenen Spielern auf dem Markt, die wir in Kapitel 3 und 4 weiter unter die Lupe nehmen werden.

Ein Pionier im Interview – Erik de Bruijn

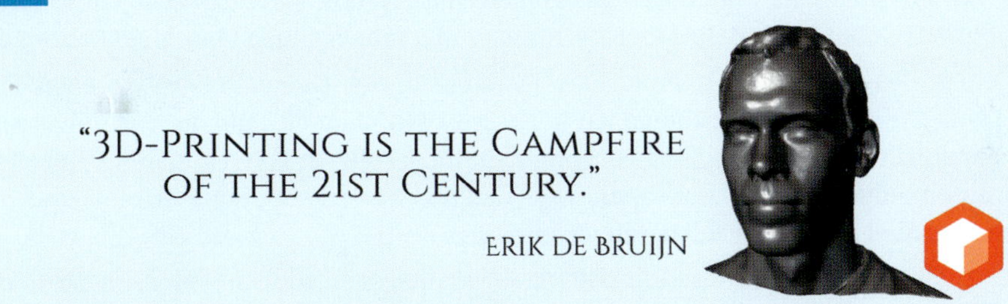

Bild 1.24 Mein Lieblingszitat des Ultimaker-Mitgründers Erik de Bruijn (Quelle des 3D-Modells: *https://www.youmagine.com/designs/erik-s-head* [1ckGrKL])

Mit der Aussage »*3D-Druck ist das Lagerfeuer des 21. Jahrhunderts*« beschreibt Erik das Phänomen, das auftritt, wenn man irgendwo einen 3D-Drucker vorführt. Eine Traube von Menschen versammelt sich um die wundersamen Maschinen und erfreut sich an ihren flinken Bewegungen, fast als ob man sich durch den bloßen Anblick wärmen könnte. Erik spielt damit aber auch auf die große soziale Komponente des gemeinsamen Bastelns und Erfindens an.

Erik, wann hast du dich zum ersten Mal mit 3D-Druckern beschäftigt, und warum hast du gleich einen eigenen gebaut?

Als ich 2008 von dem RepRap-Projekt hörte, wusste ich sofort, dass ich auch einen bauen musste! Nicht nur weil ich damit Dinge herstellen konnte, von denen ich zuvor nur geträumt hatte, sondern auch weil ich in einer Community mit anderen leidenschaftlichen Tüftlern zusammenarbeiten konnte. So etwas war damals nur aus der Softwareentwicklung bekannt. Das gemeinsame Forschen erweitert deine kreativen Möglichkeiten in neue Dimensionen.

Was motiviert dich täglich, an 3D-Druckern weiterzuentwickeln?

Dabei zuzusehen, wie Menschen jeder Altersklasse, insbesondere Kinder, das erste Mal einen Ultimaker betrachten und benutzen. In ihre Augen zu sehen, wenn sie anfangen sich all die neuen Möglichkeiten auszumalen, ist etwas ganz Besonderes für mich und unglaublich motivierend. Das erinnert mich an das Gefühl, als ich zum ersten Mal den 3D-Druck entdeckte. Zu sehen, wie sich etwas direkt vor den eigenen Augen aufbaut, hat auch für mich heute noch nichts von seiner Magie eingebüßt.

1.3.2 Sharing is caring – der Gemeinschaftsgedanke der 3D-Druck-Community

Täglich wird in den Communities der Drucker Hersteller und in Initiativen wie der RepRap Community 3D-Druck-Geschichte geschrieben. Überall auf der Welt entwickeln ambitionierte Gruppen von Menschen an allem, was das gemeinsame Hobby vorwärts bringt – von verfeinerter Software über neue Materialien bis hin zu vollkommen neuen Maschinenkonzepten.

Anhand eines Beispiels will ich Ihnen das Potential dieser Community-getriebenen Entwicklung verdeutlichen: Kurz nachdem ich Mitte 2011 mit meinem Team an der Universität unseren ersten Ultimaker in Empfang genommen hatte, lernte ich einen anderen Ultimaker-Nutzer aus der Nähe von London kennen. Paul Candler war wie ich ein vollkommener 3D-Druck-Neuling, aber er steckte voller Tatendrang.

Doch die Anfänge waren schwer: Die Software war langsam und im Vergleich zu heute grottenschlecht. Der Drucker hatte noch kleinere konstruktive Schwächen, und es gab schlichtweg keine Erfahrungswerte, wie man ordentliche Drucke aus dem selbst zusammengebauten Holzkasten herausbekommt. Selbst das Ultimaker-Team war so damit beschäftigt, die hohe Nachfrage in den Griff zu bekommen, dass wenig Zeit für die Weiterentwicklung übrig blieb.

Bild 1.25 Paul Candlers 3D-Klon[24] betrachtet einen Meilenstein der DIY-3D-Druck-Community: Die Starwars-Figur Yoda, aus hauchdünnen 20 Mikrometer Schichten gebaut (Foto: © Paul Candler, Quelle des 3D-Modells: *http://www.thingiverse.com/thing:10650* [16N1X9U]).

Trotzdem hatte Paul und mich das 3D-Druck-Fieber gepackt. Wir saßen über Wochen von morgens bis abends am Drucker, kommunizierten über Chats und Videokonferenzen, tauschten uns mit Softwareentwicklern aus und kamen so langsam aber stetig vorwärts. Uns stand kein Vorwissen in diesem Bereich im Weg, und genau das war unser Vorteil. Der Branchenstandard bei sehr viel teureren 3D-Druckern des gleichen Verfahrens waren damals Schichthöhen von 0,2 Millimeter. Davon wussten wir aber nichts, und da uns die deutlich sichtbaren Schichten störten, und wir durch die frei konfigurierbare Software keinen Beschränkungen unterlagen, tippten wir nach Belieben immer kleinere Werte in die Einstellungen und freuten uns über immer feinere Ausdrucke. Bei einer bestimmten Schichthöhe war aber auf einmal Schluss! Die Qualität nahm bei noch kleineren Werten wieder ab. Wir ließen nicht locker und fanden nach kurzer Suche heraus, dass die verwendete Software einen wichtigen Parameter auf zwei Nachkommastellen rundete. Ein Telefonat später hatten wir schon eine überarbeitete Beta-Version mit vier Nachkommastellen in unserem Besitz und druckten in einer bisher nie dagewesenen Qualität, in der von uns genutzten Verfahrensklasse, allerdings zu einem Kostenpunkt, der nur einen Bruchteil der Profimaschinen ausmachte. Paul verfeinerte die Einstellungen und stellte Sie nach langen Testläufen, die uns wieder einige Kilogramm Druckmaterial kosteten, der Community zur Verfügung.

Bild 1.26 Nur etwas für Geduldige – links: Meine Testkörper, Mitte und rechts: Erste Früchte der mühsamen Arbeit

24 Mithilfe der Augment App können Sie Paul dreidimensional sehen. Seinen wohl genährten Bauch beschreibt er selbst immer als den »härtesten Überhangstest der 3D-Druck-Szene«. Bei Google+ finden Sie Paul Candler unter *https://plus.google.com/109855661722495312523/* [paulcandler].

So kam es, dass die Ultimaker-Community bereits im Herbst 2011 mit Schichthöhen von gerade einmal 40 µm[25] druckte, die einem Fünftel des Branchenstandards entsprachen. In einem Test trieb Paul das Spiel noch weiter und druckte den in Bild 1.25 abgebildeten Yoda aus gerade mal 20 µm dünnen Schichten. Zur Veranschaulichung: Bei einer Gesamthöhe von circa 6 cm ergibt das 3000 zu druckende Einzelschichten. Der Ausdruck dauerte damals fast 15 Stunden.

Diese kleine Anekdote steht als ein Beispiel für den Pioniergeist und die unermüdliche Entwicklungsleistung von vielen, welche die 3D-Druck-Community auszeichnen. Ich hoffe, Sie dadurch ein klein wenig inspiriert zu haben. Wie Sie sehen, kann man sehr weit kommen, wenn man als Anfänger mit viel Selbstvertrauen in das Thema einsteigt und sein vielleicht noch fehlendes Fachwissen als Stärke ansieht. Sollten Sie Ihre dabei gewonnenen Erfahrungen dann noch frei mit anderen teilen, handeln Sie im gleichen Geist wie eine Vielzahl von 3D-Druck-Wegbereitern vor Ihnen und werden neue Freundschaften in der Community schließen können.

1.4 Quo vadis? Wohin die Reise geht ...

Dass man mit 3D-Druck nicht nur harmlose Gegenstände herstellen kann, zeigten schockierende Berichte über 3D-gedruckte Waffenmagazine. Auf einmal wollte die halbe Welt wissen, ob und wie man Waffen auf den kostengünstigen 3D-Druckern herstellen kann. Der Amerikaner Cody Wilson zeigte im Mai 2013 mit seiner *Liberator-Pistole*, dass genau dies möglich war.[26] Aufgeregte Politiker brachten sich in Stellung, Polizeibehörden vieler Länder prüften die Qualität der Waffe, und einige Verschwörungstheoretiker witterten bereits eine breit angelegte Kampagne, mit der man den aufkommenden Trend der 3D-Drucker im Keim ersticken wolle, um die Bürger als unmündige Konsumenten von Massengütern zu erhalten.

Die 3D-Druck-Community reagierte teils amüsiert, teils aber auch sichtlich genervt (vgl. Bild 1.27). Nachdem sich die anfängliche Aufregung gelegt hatte, und die Downloadmöglichkeit von der offiziellen Webseite *Defense Distributed*[27] auf Anordnung des US State Departments gelöscht worden war, blieb für alle, die zum ersten Mal vom 3D-Druck gehört hatten, die folgende Frage im Raum stehen: *»Was kann man sonst noch mit 3D-Druckern herstellen?«*

Das ist eine gute Frage. Insbesondere, wenn man vor hat, sich selbst einen 3D-Drucker anzuschaffen. Hat man seinen eigenen Drucker erst einmal in Betrieb genommen und sich an den ersten unnützen Plastikfiguren satt gesehen, geht es dem ein oder anderen wie dem NEON-Redakteur Tobias Moorstedt:

25 1000 Mikrometer (µm) sind 1 Millimeter (mm). Daher sind 40 µm = 0,04 mm.

26 Die ersten Meldungen mit einem Beispielvideo der Liberator-Pistole verbreiteten sich wie ein Lauffeuer im Internet: *http://arstechnica.com/gadgets/2013/05/3d-printed-handgun-available-for-download-after-successful-test-firings/* [1e2Hj4M].

27 Die ursprünglich unter DEFCAD.org verfügbaren 3D-Modelle der Waffe sind nun gesperrt worden. Übrig geblieben ist lediglich die Initiative von Cody Wilson: *http://defdist.org/*

Bild 1.27 Eine deutliche Antwort auf die oft als lästig empfundene Debatte um 3D-druckbare Waffen in Form eines druckbaren Infoschilds von Matt Connelly (Quelle: *http://www.thingiverse.com/thing:92003* [17Kk8uD]).

> *»Der Replicator 2 [Anmerkung des Autors: Ein populärer 3D-Drucker] steht wie eine Frage im Raum: Und was willst du jetzt machen? Ich habe keine Ahnung. [...] Ich denke darüber nach, ob diese Fantasielosigkeit ein Symptom unserer Überflusskultur ist.«*[28]

Tobias Moorstedt hat nicht ganz unrecht, mit dem, was er sagt. Wir sind träge geworden – mich eingeschlossen! Nur die wenigsten unter uns besitzen eine Routine, selbst kreativ tätig zu werden. Originelle Ideen werden oft nicht eigenständig umgesetzt. Lieber sucht man in dem schier endlosen Angebot des Marktes nach *passgenauen* Lösungen, oder nach dem, was man dafür hält. Bekommt man nun Zugang zu einem 3D-Drucker, ist es fast so, als ob man mit der neu gewonnenen Freiheit noch nicht umzugehen wüsste.

Aber damit kann jetzt Schluss sein! Der 3D-Drucker ist ein mächtiges Werkzeug in Ihren Händen, das nach viel Aufmerksamkeit verlangt. Irgendwann überwindet jeder die anfängliche Schockstarre und druckt ein erstes selbst kreiertes Teil. Es ist ein magischer Moment, egal wie simpel das 3D-Modell auch war. Wenn wir den Experten Glauben schenken dürfen, sind wir Teil einer ganzen Bewegung, die Speerspitze eines Trends, der mehr Menschen wieder zum Produzenten machen wird. Die Rede ist von der dritten industriellen Revolution.

1.4.1 Ist eine dritte industrielle Revolution zu erwarten?

Die erste industrielle Revolution, die ihren Anfang in der zweiten Hälfte des 18. Jahrhunderts in Großbritannien nahm, ist eine der bekanntesten historischen Entwicklungen, die jedem Schulkind im Geschichtsunterricht begegnet und unsere Zivilisation massiv geprägt hat.

28 Tobias Moorstedt: »Die Märchenmaschine« (NEON-Magazin, Ausgabe 07/2013).

Circa ein Jahrhundert später nahm die zweite industrielle Revolution ihren Lauf. Ob es dabei um den Durchbruch der Massenherstellung oder doch eher um den Fokus auf Forschung und Entwicklung innerhalb der Betriebe ging, daran scheiden sich die Geister.[29] Einig ist man sich aber darin, dass sich seit dem 18. Jahrhundert einiges verändert hat, das man unter dem Begriff der zweiten industriellen Revolution zusammenfassen kann.

Seit einiger Zeit spricht man nun auch über den Vormarsch der dritten industriellen Revolution. Mit seinem Buch *The Third Industrial Revolution*[30] beschrieb Jeremy Rifkin 2011 unter dem Begriff der *Demokratisierung der Produktion* die Vision einer Welt, in der die Herstellung von maßgeschneiderten Produkten durch lokale 3D-Druck-Fabriken wieder näher an die Kunden geführt wird, oder in der diese durch eigene Drucker in jedem Haushalt gleich selbst zum Hersteller werden. In das gleiche Horn bläst der ehemalige *Wired*-Chefredakteur Chris Anderson in seinem Buch *Makers: The New Industrial Revolution*[31], sowie das renommierte Magazin *Economist*, das seit Anfang 2012 immer wieder euphorische Beiträge[32] zu dem Thema verfasst hat.

Viel skeptischer steht Terry Gou, Chef der Foxconn Electronics Inc., dem weltweit größten Auftragsfertiger von Elektronik- und Computerteilen, dem 3D-Druck gegenüber. Er erteilt der erwarteten dritten industriellen Revolution eine Absage und lehnt sich mit dem skurrilen Versprechen, seinen Nachnamen rückwärts zu schreiben, für den Fall, dass er mit seiner Einschätzung falsch läge, weit aus dem Fenster:

> *»3D printing is a gimmick. If it really is that good, then I'll write my surname ›Gou‹ backwards.«*[33]

Ihm zufolge ist der 3D-Druck für die Massenfertigung ungeeignet und birgt keinen echten kommerziellen Wert. Und genau hier liegt möglicherweise der grundlegende Denkfehler des umstrittenen Unternehmers[34]! Es geht eben nicht um die massenhafte und wiederholte Herstellung ein und desselben Produkts. Der 3D-Druck punktet bei hochindividuellen Teilen, gerade bei kleinen Stückzahlen. Dass Sie dieses Buch in der Hand halten und sich mit der möglichen Umsetzung eigener Ideen beschäftigen, ist der beste Beweis dafür, dass die Revolution bereits in vollem Gange ist. Und es ist anzunehmen, dass ihre Natur zumindest nicht ausschließlich eine technische ist:

> *»The 3D printer is not a technological revolution, but a social revolution. It gives individuals the ability to manufacture their own products. That is a revolution«.*
> (Chris Anderson, in Bezug auf Terry Guo[35])

29 Die verschiedenen Ansichten zur zweiten industriellen Revolution: *http://de.wikipedia.org/wiki/Zweite_industrielle_Revolution* [1a3zxDD]

30 Rifkins, Jeremy: *Die dritte industrielle Revolution. Die Zukunft der Wirtschaft nach dem Atomzeitalter.* Campus Verlag 2011

31 Andersons, Chris: *Makers. Das Internet der Dinge: die nächste industrielle Revolution.* Carl Hanser Verlag 2013

32 Der viel beachtete erste Artikel des *Economist* zur dritten Industriellen Revolution *http://www.economist.com/node/21553017* [1b0pTnx].

33 Die Aussagen von Terry Gou auf der Webseite der South China Morning Post *http://www.scmp.com/news/china/article/1269451/3d-printing-gimmick-says-foxconn-boss* [1a3zOq5].

34 Hintergrundartikel zu Terry Gou *http://www.tagesanzeiger.ch/wirtschaft/unternehmen-und-konjunktur/Fast-ein-moderner-Henry-Ford/story/13107902* [GG7Olh].

35 Chris Anderson kommentierte Gous Aussagen wie folgt *http://www.3ders.org/articles/20130712-chris-anderson-terry-gou-definition-of-3d-printing-is-too-narrow.html* [17KljKk].

Aber auch technisch würde ich nicht ausschließen wollen, dass die 3D-Druck-Verfahren in ihrer präzisesten und zuverlässigsten Form in Fabriken vermehrt ihren Platz finden werden, und dass das sogenannte *Additive Manufacturing* vollkommen neue Produkte ermöglichen wird.

Ein kleiner Vergleich ...

Wer hätte vor der Einführung der Apple MacBooks im Unibody-Design[36] gedacht, dass man solche Produkte mit einem zeitintensiven Verfahren, wie dem Fräsen, in millionenfacher Ausführung herstellen kann?

Bild 1.28 Das MacBook Air war zu seiner Einführung 2008 das erste Consumer-Gerät mit einem aufwendig, aus einem Stück Aluminium, gefrästen Gehäuse (Foto: © Apple).

Die Wenigsten! Und genau so schätze ich persönlich die Lage beim 3D-Druck ein: Sobald ein Unternehmen das Verfahren innerhalb eines definierten Prozesses zufriedenstellend in den Griff bekommt, werden wir auch vermehrt 3D-gedruckte Konsumgüter auf dem Markt sehen.

Wir können also nur gespannt sein, wann Terry »Uog« Guo die eigenen Foxconn-Fabriken umrüsten wird.

Filmtipp: In der Dokumentation *Objectified* von Gary Hustwit spricht Jonathan Ive, Chef-Designer bei Apple, ausführlich über die Schwierigkeiten bei der Überführung eines Prozesses aus der Forschung in die Massenproduktion, und geht dabei insbesondere auf das Unibody-Gehäuse ein. Ein Muss für jeden, der sich für Produktdesign und moderne Fertigung interessiert!

36 Apple führte 2008 das Unibody-Design ein, bei dem das Gehäuse aus einem soliden Block Aluminium gefräst wird *http://de.wikipedia.org/wiki/Unibody-Design* [GGGDWQ].

Bild 1.29 Neben »Helvetica« und »Urbanized« ist »Objectified« *(http://www.objectifiedfilm.com)* ein weiterer Kunstgriff des Filmemachers Gary Hustwit (Logo: © Gary Hustwit).

1.4.2 3D-Druck im Einsatz – was bereits möglich ist ...

Um Ihnen einen Eindruck zu vermitteln, in welch vielfältigen Bereichen unserer Industrie und Gesellschaft 3D-Druck bereits im Einsatz ist, möchte ich Ihnen zum Abschluss dieses Kapitels einen bunten Querschnitt durch die letzten zwei Jahre des 3D-Drucks zeigen. Anstatt die einzelnen Projekte in starre, technische Kategorien zu unterteilen, will ich jedes Projekt mit einem passenden Adjektiv verknüpfen. Die zahlreichen Anwendungsbeispiele sollen Ihnen die unendlichen Möglichkeiten des 3D-Drucks deutlich machen, sie sollen Bilder von zukünftigen Produkten in Ihrem Kopf projizieren und der Zündstoff für neue, kreative Ideen sein ...

3D-Druck ist ... schnell

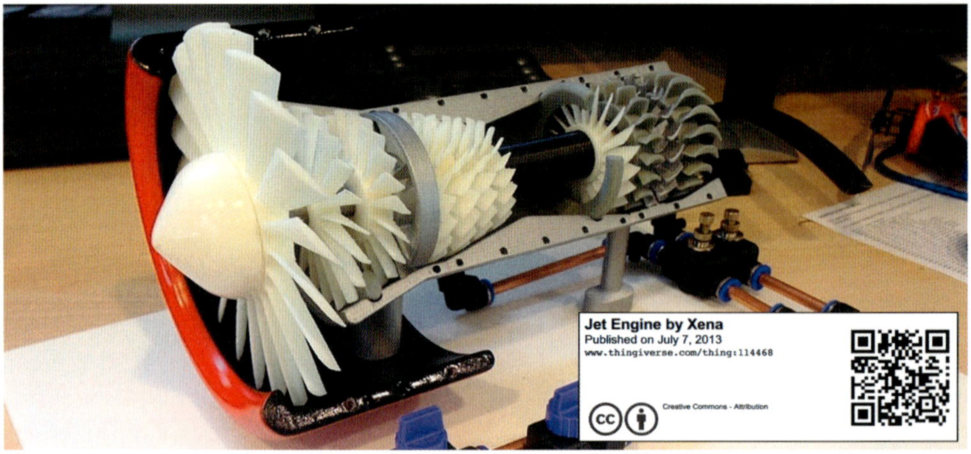

Bild 1.30 Dieser Prototyp eines Flugzeugtriebwerks wird durch Druckluft sogar voll beweglich. Die gesamte Druckzeit liegt sicher bei 2 bis 3 Tagen, aber 3D-Druckverfahren sind immer noch um Welten schneller und günstiger als alle anderen Verfahren. Im industriellen Bereich spricht man deshalb auch von Rapid Prototyping (Foto: © dxhacksaw, Modell: Gerry Hamilton, *http://www.thingiverse.com/thing:114468* [18HYE0Y]).

3D-Druck ist ... modisch

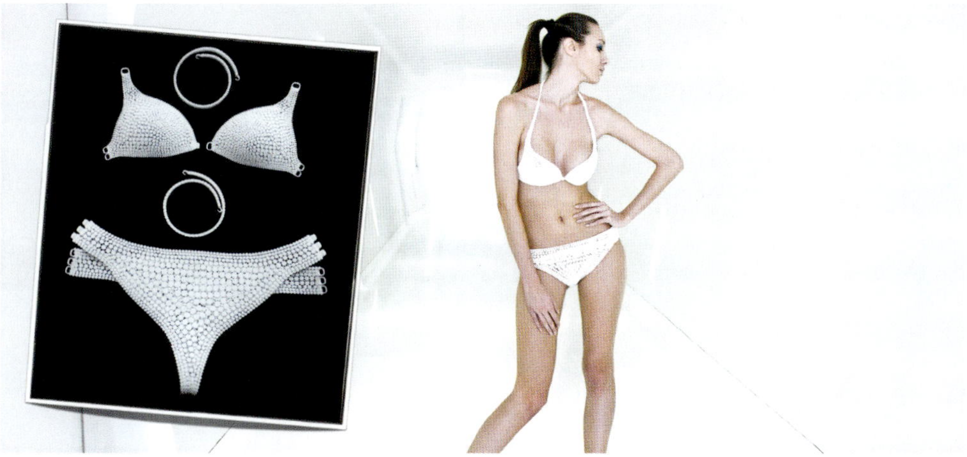

Bild 1.31 Der Bikini N12 von Mary Huang und Jenna Fizel ist vollständig 3D-gedruckt.[37] Aus einer Vielzahl von winzigen Elementen entsteht ein flexibles Nylongewebe. Selbst die Verschlüsse wurden gedruckt! (Foto: © Continuum Fashion).

3D-Druck ist ... galaktisch

Bild 1.32 Die europäische Weltraumbehörde ESA plant auf einer kommenden Mission, ganze Raumstationen aus Monderde zu drucken (Foto: © ESA/Foster + Partners, Quelle: *http://www.esa.int/Our_Activities/Technology/Building_a_lunar_base_with_3D_printing* [1ckINcJ]).

37 Erhältlich im Shapeways-Shop von Continuum Fashion: *https://www.shapeways.com/n12_bikini* [1huZwl0].

3D-Druck ist ... hilfreich

Bild 1.33 Mein 3D-Druck-Freund Ian Spring modellierte und druckte seiner blinden Freundin Orthia Barke zur besseren Orientierung ein Modell des gemeinsamen Gartens (Foto: © Ian Spring).

3D-Druck ist ... architektonisch

Bild 1.34 Häusermodelle sind die Paradedisziplin vieler 3D-Drucker. Wäre es nicht verlockend, gleich ein ganzes Haus zu drucken? (© DUS Architects)

3D-Druck ist ... skalierbar

Bild 1.35 Von der Vision zum fertigen Drucker: Mit der Größe eines Seefrachtcontainers zählt der Kamermaker *(http://www.kamermaker.com/)* zu einem der größten 3D-Drucker der Welt (© DUS Architects).

3D-Druck ist ... beweglich

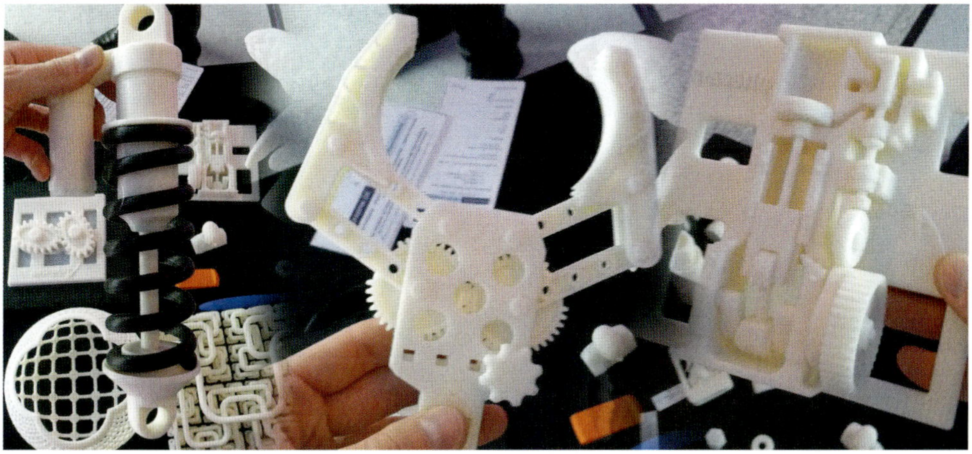

Bild 1.36 Durch den schichtweisen Aufbau können ganze Baugruppen auf einmal gedruckt werden. Alle Objekte im Bild sind voll funktionsfähig und wurden jeweils in einem zusammenhängenden Druckauftrag hergestellt. Großartige Beispiele zum Selbstausdrucken finden Sie im Portfolio des französischen 3D-Drucker-Ladens Le FabShop: *http://www.thingiverse.com/LeFabShop/* [lefabshop]. (3D-Modell: © alphacam)

3D-Druck ist ... leicht

Bild 1.37 Spezielle Füllstrukturen machen 3D-gedruckte Bauteile besonders leicht und widerstandsfähig. Wie Sie Ihre eigenen Ideen zum Fliegen bringen, erfahren Sie in Abschnitt 5.6 (Foto: © Hype Cask).

3D-Druck ist ... ambitioniert

Bild 1.38 Ivan Sentch träumt von einem eigenen Aston Martin DB4 und druckt sich deshalb 2500 perfekt geformte Kacheln, aus denen er in einem weiteren Schritt die Karosserie nachbaut. Den aktuellen Fortschritt können Sie unter *http://www.replicadb4.com/* nachlesen (Foto links: © Ivan Sentch, Foto rechts: © flickr.com, User: Sicnag).

3D-Druck ist ... bunt

Bild 1.39 Die Zeiten von nur vier Standardfarben sind vorbei! Eine Vielzahl von Materialien und Farbtönen stehen zur Auswahl, und an mehrfarbigen Druckverfahren wird fleißig gearbeitet[38] (Foto: © Messe Erfurt/Christian Seeling).

3D-Druck ist ... günstig

Table 2. Components and total economic costs for selected open-source designs that are printable on a RepRap compared to high and low retail costs.

Product	Thing:	Mass (g)	kWh	Cost of Plastic	Cost of Electricity	Total RepRap Cost	Total Retail Cost Low	Total Retail Cost High	Percent Change Low	Percent Change High
iPhone 5 dock	33338	46.2	0.28	$1.62	$0.03	$1.65	3.56	$29.99	-116	-1,718
iPhone 4 dock	6931	19.5	0.1	$0.68	$0.01	$0.69	$16.99	$39.99	-2,347	-5,660
iPhone 5 case (custom)	43279	7.5	0.04	$0.26	$0.00	$0.27	$20.00	$56.00	-7,385	-20,858
Jewelry Organizer	45003	19.63	0.08	$0.69	$0.01	$0.70	$9.00	$104.48	-1,192	-14,902
Garlic Press	38854	45.01	0.26	$1.58	$0.03	$1.61	$5.22	$10.25	-225	-538
Caliper	48413	6.37	0.05	$0.22	$0.01	$0.23	$6.08	$7.88	-2,557	-3,344
Wall Plate	47956	15.7	0.07	$0.55	$0.01	$0.56	$2.30	$22.07	-312	-3,857

Bild 1.40 Beim Vergleich von 20 gedruckten Testobjekten haben Forscher der Michigan Technological University mögliche Einsparungen von bis zu 1900 US-Dollar gegenüber den Ladenpreisen nachgewiesen (Tabelle: © Joshua Pearce, Quelle: *http://www.mtu.edu/news/stories/2013/july/story93519.html* [19sx2ji]).

38 Die abgebildeten Modelle beinhalten Arbeiten von *cyclone, fantasygraph,* FabLab Maastricht, Tom Cushwa, Jordan Miller, *Dizingof,* Michael Joyce, Ola Sundberg, Pedro und nochmals *Dizingof* (von links nach rechts).

3D-Druck ist … lebensrettend

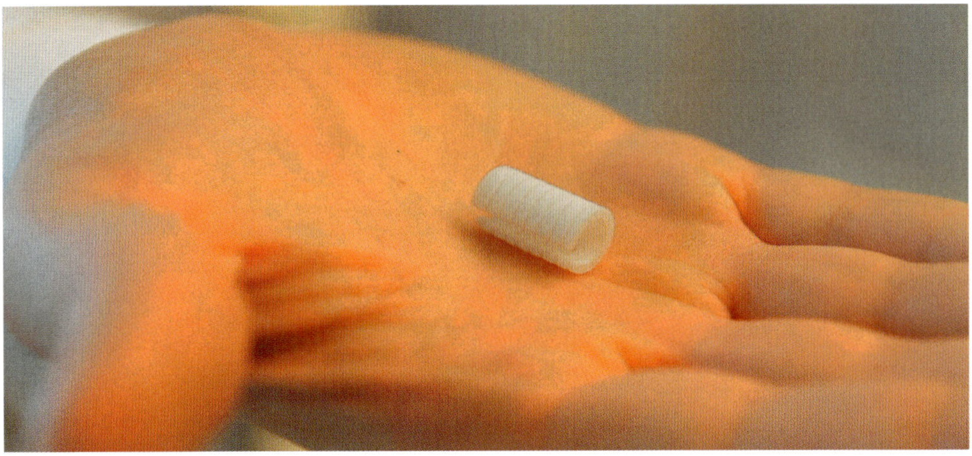

Bild 1.41 Dr. Glenn Green und sein Kollege Prof. Scott Hollister bewahrten mit einer winzigen biokompatiblen Schiene die Luftröhre eines Babys vor dem Kollaps (Foto: © University of Michigan, Quelle: *http://www.materialise.com/cases/baby-s-life-saved-with-groundbreaking-3d-printed-device* [17dvd2M]).

3D-Druck ist … effizient

Bild 1.42 Start-ups können durch den Einsatz von 3D-Druckern eigenständig produzieren und schnell auf Änderungen reagieren. Teile des Gehäuses des privaten Cloud Servers von Protonet sind auf diese Weise hergestellt (Foto: © Protonet GmbH, Quelle: *http://www.protonet.info/*).

3D-Druck ist ... einzigartig

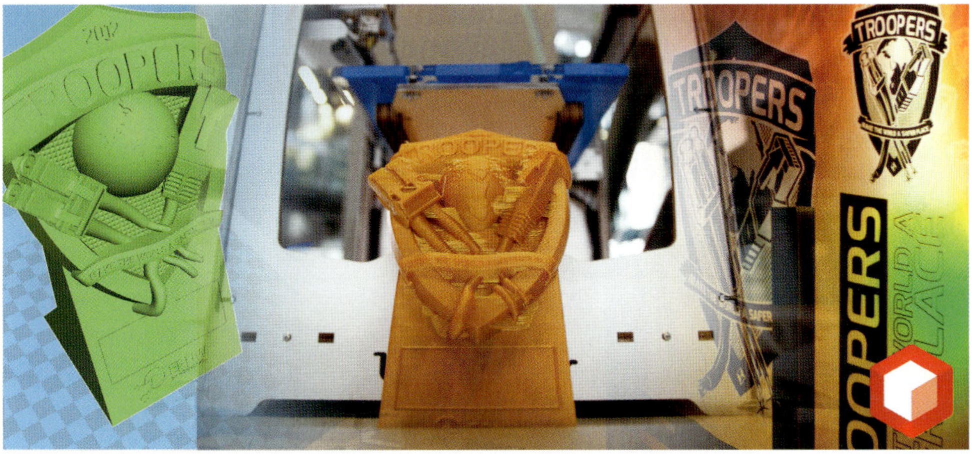

Bild 1.43 Ob Losgröße 1 oder 100 – für den 3D-Drucker macht das keinen Unterschied! Daher kann man für jeden Anlass individuell produzieren, zum Beispiel einen Siegerpokal für IT-Security-Konferenz TROOPERS (Foto: © Dolf Veenvliet, Quelle: *https://www.troopers.de/, 3D-Modell: http://macouno.com*).

3D-Druck ist ... umweltfreundlich

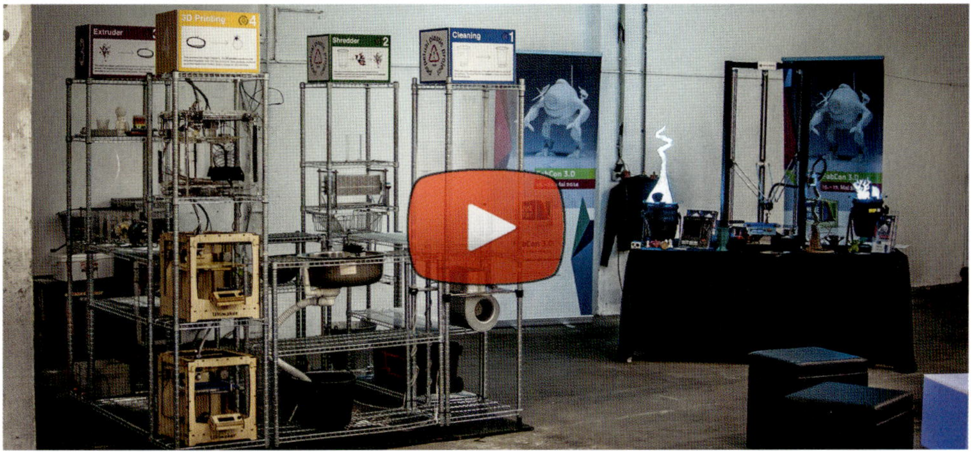

Bild 1.44 Das Perpetual Plastic Project des Künstlerkollektivs Better Future Factory zeigt, wie man aus weggeworfenen Trinkbechern neue Gegenstände herstellt. Ein Video zur Anlage finden Sie unter *http://youtu.be/slsGhuZVT7Q* [GCWKVN] (Foto: © HypeCask).

3D-Druck ist ... mobil

Bild 1.45 Die Open Source Cube Factory ist eine mobile und in sich geschlossene Mini-Fabrik mit eigener Stromversorgung. Nähere Informationen zur Recycling-Einheit und zum 3D-Drucker finden Sie unter *http://cubefactory.org/* (Foto: © Bernd Muschard & Sharmaine Mannan).

3D-Druck ist ... politisch

Bild 1.46 Die Trillerpfeife der Demokratie hatte ich anlässlich einer Demo gegen Rechts modelliert und ausgedruckt. Das Besondere: Ähnlich wie beim Mystery-Modell wurde die Kugel der Pfeife direkt ins Gehäuse gedruckt (3D-Modell: *http://www.thingiverse.com/thing:27819* [15QdWTn]).

Weitere Inspirationsquellen

Abschließend möchte ich Sie noch auf zwei interessante Artikel hinweisen. In seinem Fachartikel »3D printing and its applications« (*http://www.rtejournal.de/ausgabe10/3562* [19sxgH0]) erklärt Professor Andreas Gebhardt die Sinnhaftigkeit des 3D-Drucks anhand der Maslowschen Bedürfnishierarchie. Uneingeschränkt lesenswert!

Der Franzose Jérémie François, ein sehr aktives Ultimaker-Community-Mitglied, vertritt in seinem Blog voller Überzeugung die Meinung »Make it yourself: It can be better than what the industry sells you« (*http://www.tridimake.com/2013/08/make-it-yourself-it-can-be-better.html* [1bN810o]). Auf der FabCon 2014 hat Jérémie einen Vortrag zu diesem Thema präsentiert: *http://youtu.be/6wdgV2CI47c* [tridimake].

Weitere, tagesaktuelle Inspirationsquellen werde ich Ihnen in Form verschiedener Branchenwebseiten in Abschnitt 4.1.2.4 vorstellen.

2 Das 3D-Modell – die unverzichtbare Grundlage Ihres Druckprojekts

Nachdem wir uns in Kapitel 1 einen groben Überblick über die bunte Welt des 3D-Drucks verschafft haben, soll es in diesem Kapitel darum gehen, wie wir zum 3D-Modell, der unverzichtbaren Grundlage unseres Druckprojekts, gelangen. Wir werden uns mit der Beschaffung, Individualisierung und Erstellung von dreidimensionalen Inhalten beschäftigen. Ganz nach dem Motto »Viele Wege führen nach Rom« werde ich verschiedene Möglichkeiten aufzeigen, die zum Ziel führen. Gezeigt werden soll die große Vielfalt an Inhalten und deren Bezugsquellen: Vom einfachen Download bereits vorgefertigter Gegenstände über die Modellierung eigener 3D-Daten bis hin zur Erfassung bestehender Designs durch 3D-Scanning ist alles mit dabei. Aber wo es Möglichkeiten gibt, lauern auch Gefahren. Daher widmen wir uns zu Beginn dieses Kapitels erst einmal den rechtlichen Aspekten im Umgang mit eigenen und fremden 3D-Daten.

2.1 Exkurs: Rechtliche Aspekte des 3D-Drucks

Es gibt eine Vielzahl von Plattformen, auf denen Nutzer ihre eigenen Designs hochladen können, um sie anderen zur Verfügung zu stellen. Die Verwendung der Designs ist meistens vollkommen unentgeltlich. Aber kostenfrei heißt nicht automatisch pflichtenfrei!

Exkurs zu rechtlichen Aspekten

In den folgenden Abschnitten erhalten Sie einige Informationen zu möglichen Lizensierungsmodellen eigener und fremder 3D-Modelle sowie Expertenrat rund um das Thema *Urheberrecht* und *Markenschutz*. Selbst wenn man sich in Bezug auf eigene Modelle nicht mit dem (für viele oft leidigen) Thema auseinandersetzen will, sollte man gerade im Umgang mit fremden Daten dennoch grundlegend Bescheid wissen. Es wird auch nicht weh tun ...

Die Creative-Commons-Lizenz

Bevor Sie eine Datei drucken, sollten Sie sich mit der ausgestellten Lizenz kurz auseinandersetzen. Auf vielen Plattformen finden sich meist unmittelbar bei der Downloadmöglichkeit weitere Informationen zu diesem Thema.

Ein oft verwendetes Modell sind die Lizenzen der *Creative Commons* (*CC*)-Initiative. Durch die Beantwortung einiger weniger Fragen kann der Lizenzgeber deutlich machen, welche Rechte er anderen an den eigenen Designs einräumen will und welche nicht. Auf der Nutzerseite wird durch eine einfache Symbolsprache schnell erkennbar, welche Nutzung erlaubt ist.

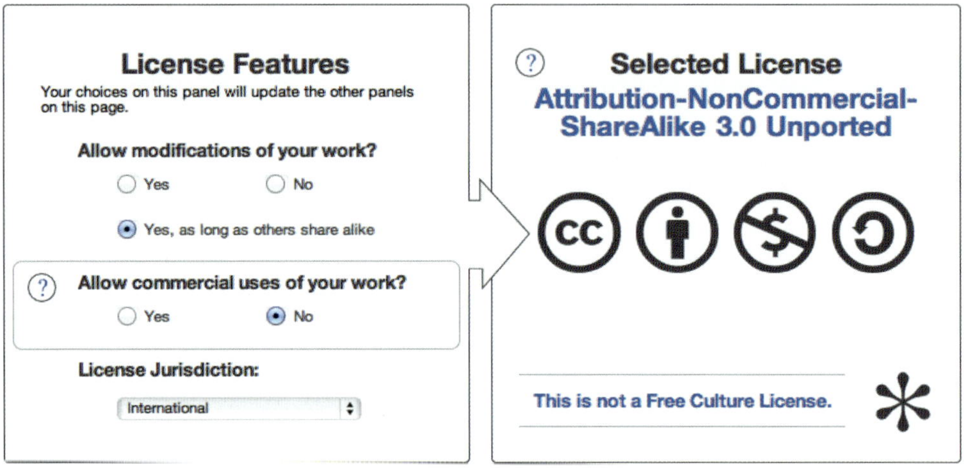

Bild 2.1 Beispielhafte Nutzung des Lizenzen-Konfigurators (siehe *http://creativecommons.org/choose/* [16rFhcZ])[1]

Auf der Webseite *http://creativecommons.org* finden Sie den Lizenzen-Konfigurator, in dem Sie die Rechte an dem zu teilenden Modell individuell einstellen können. Die Fragen und möglichen Antworten lauten:

- *»Möchten Sie Abwandlungen und Bearbeitungen Ihres Werkes bzw. Inhaltes erlauben?«*
  - JA oder NEIN
  - JA, SOLANGE ANDERE UNTER DENSELBEN BEDINGUNGEN WEITERGEBEN (unter der gleichen oder einer kompatiblen Lizenz)
- *»Möchten Sie kommerzielle Nutzungen Ihres Werkes erlauben?«*
  - JA oder NEIN
- *Rechtsgültigkeit der Lizenz*
  - INTERNATIONAL oder länderspezifische Varianten

Bei Beantwortung der Fragen erscheinen automatisch die passenden Symbole, die der Allgemeinheit schnell die eigenen Intentionen mitteilen. So steht das *CC*-Symbol in Bild 2.1 beispielsweise für die Creative-Commons-Lizenz und die kleine Figur für die geforderte Namens-

1 Das Formular ist unter *http://creativecommons.org/choose/?lang=de* [17MFSWF] auch in deutscher Sprache verfügbar.

nennung (= *Attribution*), d. h., bei Verwendung eines 3D-Modells muss immer der Lizenzgeber genannt werden. Das durchgestrichene Dollarzeichen zeigt der Außenwelt, dass der Lizenzgegenstand nicht kommerziell (= *non-commercial*) genutzt werden darf, und der kreisförmige Pfeil steht für die Verpflichtung, eigene Modifikationen/Abwandlungen unter der gleichen Lizenz (= *Share Alike*) anderen zugänglich zu machen.

Bei einem 3D-Modell, das der *CC BY-NC-SA 3.0*-Lizenz (kurz für: *Attribution-NonCommercial-ShareAlike 3.0 Unported*) unterliegt, sind zum Beispiel folgende Punkte zu beachten:

- Der Schöpfer des Werkes muss genannt werden.
- Eine kommerzielle Nutzung ist untersagt (z. B. der Verkauf eines Drucks oder des Modells), private Nutzung ist aber erlaubt.
- Sie dürfen das Modell verändern, müssen es dann aber auch unter der gleichen Lizenz anderen zur Verfügung stellen.
- Es gilt die internationale Variante (= *Unported*) der Creative-Commons-Lizenz.

Eigentlich ganz einfach, oder? Für ein faires Zusammenspiel vieler Designer, Konstrukteure, Bastler und 3D-Druck-Begeisterter ist ein solches Lizenzmodell unerlässlich. Natürlich besteht keine Sicherheit darüber, ob sich jeder an die Spielregeln hält und inwiefern eine solche Lizenz rechtlich durchsetzbar[2] ist. Weiterführende Informationen liefert das Whitepaper »What's the Deal with Copyright and 3D Printing?«[3] von Michael Weinberg.

Lizenzverstoß mit Folgen

Der 3D-Künstler Asher Nahmias, besser bekannt als *Dizingof*, erlangte mit seinen ikonischen Darstellungen mathematischer Formeln (sogenannte *Math Art*) und seiner großzügigen Bereitstellung aller Daten unter der CC BY-NC-ND 3.0-Lizenz (also: Namensnennung erforderlich, kommerzielle Verwendung und Abwandlungen verboten) große Beliebtheit und Bekanntheit in der 3D-Druck-Gemeinschaft.

Als er aber zum wiederholten Male[4] mit ansehen musste, wie seine Designs von großen 3D-Druckerherstellern, wie Stratasys Ltd. oder 3D Systems Corporation, bei Messeauftritten und in Werbematerialien der Unternehmen ohne seine namentliche Nennung kommerziell verwendet wurden, entschloss er sich zu einem drastischen Schritt: Die Löschung aller seiner öffentlich verfügbaren Designs. Eine deutliche Nachricht an die Unternehmen mit großer Strahlkraft für die ganze Branche – leider aber nicht ohne negative Auswirkungen auf seine vielen Fans. Zwischenzeitlich sind jedoch wieder ausgewählte Modelle über seine Webseite *http://3dizingof.com* verfügbar.

2 Mia Garlick, ehemalige Leiterin der Creative-Commons-Rechtsabteilung, äußerte sich hierzu positiv in einem Blogpost vom März 2006: *http://creativecommons.org/weblog/entry/5830* [1affGTk]

3 Whitepaper What's the Deal with Copyright and 3D Printing?, Michael Weinberg: *http://www.publicknowledge.org/Copyright-3DPrinting* [196narz]

4 Verärgerter Tweet von Dizingof am 6. Juni 2013: *https://twitter.com/dizingof/status/342747803363201024* [16MXJPv]

Die CC0-Lizenz

Alternativ zu den oben erwähnten Varianten der Creative-Commons-Lizenzen gibt es auch noch die *CC0*-Lizenz, bei der alle Rechte in den öffentlichen Besitz übergehen. Ist es nicht ein schöner Gedanke, sein eigenes Schaffen der ganzen Welt ohne irgendwelche Einschränkungen zur Verfügung zu stellen? Im entsprechenden Kontext (z. B. gemeinsame Weiterentwicklung von Hobbyprojekten oder im Non-Profit-/Bildungssektor) kann das oft einen großen Nutzen haben – gerade wenn man sich wünscht, dass auch kommerzielle Akteure das Gebiet mitgestalten und auf bereits geleistete Arbeit aufsetzen können. Trotzdem sollten Sie auch in diesem Fall Ihr Werk entsprechend kennzeichnen, z. B. mithilfe des Lizenzgenerators auf *http://creativecommons.org/choose/zero/*.

Zusammenfassend will ich folgende Empfehlungen abgeben:

- Aus **Lizenznehmersicht** (beim Druck fremder Modelle):
  - Verschaffen Sie sich einen Überblick, welche Rechte Ihnen eingeräumt werden, aber auch welche Pflichten damit einhergehen (z. B. Nennung eines Designers). Akzeptieren Sie aber in jedem Fall den Wunsch des Rechteinhabers.
  - Falls Sie keine Lizenz vorfinden, oder diese unklar formuliert ist: Fragen Sie einfach nach. Das kostet ja bekanntlich nichts (außer ein bisschen Ihrer Zeit), und in der Regel freuen sich die Ersteller über Interesse an Ihren Werken.
  - Kontaktieren Sie den Ersteller, wenn Sie gerne ein Modell in einer Form nutzen würden, die Ihnen die Lizenz verbietet. Oft gibt es eine individuelle Lösung, bei der man sich entstehende Gewinne zum Beispiel teilt. Schließlich stellt sich durch die Nutzung oft auch ein Werbeeffekt für den Designer ein.

Thingitag

Eine einfache Möglichkeit, fremde Modelle in ausgedruckter Form zu kennzeichnen und Betrachtern alle wichtigen Informationen mitzuteilen, ist der *Thingitag*.

Bild 2.2 Der Thingitag (Foto: © *whosawhatsis,* Quelle: *http://www.thingiverse.com/whosawhatsis* [17djVvB])

Ein automatisch generiertes Schildchen (siehe Bild 2.2) liefert alle wichtigen Informationen: Name des Werkes, Name des Erstellers, Lizenzierung und einen Link zum 3D-Modell in Form eines QR-Codes[5]. Einfach ausdrucken, ausschneiden und am gedruckten Objekt befestigen!

Die Idee des 3D-Druck-Pioniers *whosawhatsis* kam so gut an, dass die Funktion jetzt standardmäßig auf der Content-Plattform[6] *http://thingiverse.com* direkt unterhalb der Lizenzierungsinformation abrufbar ist (siehe GIVE A SHOUT OUT). Unter *http://www.thingiverse.com/thing:103839* [1bMUaY4] finden Sie sogar eine 3D-druckbare Variante.

- Aus **Lizenzgebersicht** (Bereitstellung eigener Modelle für andere):
  - Treffen Sie leicht verständliche Aussagen zur Lizenzierung Ihrer Modelle. Die Creative-Commons-Lizenz ist hier nur eine von vielen Möglichkeiten – sicher aber nicht die schlechteste.
  - Wenn Sie kein Interesse an einer exklusiven Kommerzialisierung haben bzw. nicht zwingend im Zusammenhang mit dem Gegenstand genannt werden wollen, aber anderen im Umgang mit den Daten größtmögliche Freiheit lassen möchten, ziehen Sie die CC0-Lizenz in Betracht.
  - Geben Sie den Nutzern auch klare Informationen darüber, wie man auf Sie verweisen soll (= *Attribution*). Hilfreich ist neben dem Namen unter anderem auch die eigene Webseite, das eigene Twitterprofil, eine E-Mail-Adresse oder ganz klassisch Anschrift und Telefonnummer.
  - Wenn Sie Interesse daran haben, sich selbst als Designer in der Community zu profilieren, markieren Sie Ihre Modelle mit einem sichtbaren Wasserzeichen im 3D-Modell (siehe Bild 2.3), oder auf zugehörigen Abbildungen.
    Hinweis: Es gibt auch Möglichkeiten, unsichtbare Wasserzeichen in 3D-Modellen zu verankern[7]. Informieren Sie sich hierzu in der Dokumentation Ihrer bevorzugten Modellierungs-Software.
  - Falls Sie Ihre Rechte an einem Modell nicht gewahrt sehen, mahnen Sie die betroffenen Nutzer zu mehr Rücksicht und Sorgfalt. Oft ist fehlende Sensibilität für die Thematik, nicht aber böser Wille, der Grund eines Verstoßes.

5 QR-Codes können mithilfe von geeigneten Smartphone-Apps abfotografiert und gelesen werden. Somit können lange Webseiten-Adressen ohne lästiges Abtippen übertragen werden.

6 Was eine Content-Plattform ist, erfahren Sie in Abschnitt 2.2.

7 Oliver Benedens: »Wasserzeichen für Polygon basierte 3D Modelle«. In: Schumacher, Markus/Steinmetz, Ralf (Hrsg.): *Sicherheit in Netzen und Medienströmen.* Springer Verlag 2000, S. 191–201 (siehe auch *http://link.springer.com/content/pdf/10.1007/978-3-642-58346-9_17.pdf* [17dkmpE]).

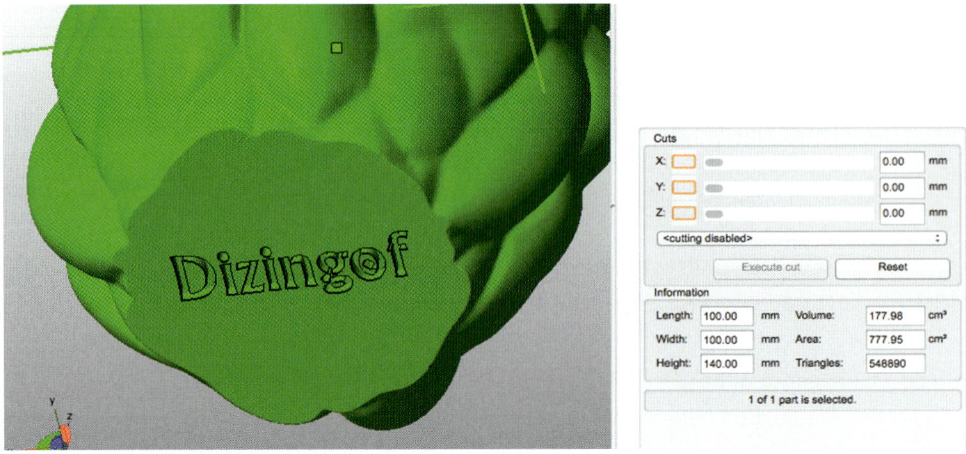

Bild 2.3 Sichtbares Wasserzeichen im Boden der Dragon Egg Vase von Dizingof

Sie haben nun einige Informationen dazu erhalten, wie man als Modellersteller eigene Daten teilen kann, ohne ungewollt einen Freibrief zu erteilen, bzw. worauf man als Modellnutzer achten sollte, um die Rechte anderer zu wahren. Dass der 3D-Druck noch weit mehr Anknüpfungspunkte zu gesetzlichen Regelungen kennt als die Lizenzierung der Modelle, sollte jedem klar sein. Sollten Sie an tiefer gehenden Fragestellungen rund um das Urheber-, Marken- und Patentrecht interessiert sein, empfehle ich Ihnen die Lektüre des Interviews mit Rechtsanwalt Dr. Markus Bagh, LL. M. in der nachfolgenden Infobox.

Expertenrat: Interview mit Rechtsanwalt Dr. Markus Bagh, LL. M., Prinz & Partner, München

Welche einzelnen Phasen des 3D-Drucks sind in rechtlicher Hinsicht bedeutsam?

In rechtlicher Hinsicht sind insbesondere vier Phasen zu unterscheiden, nämlich

- das *Scannen des Objekts*,
- das *Bereitstellen der 3D-Daten zum Abruf*,
- der *Abruf der 3D-Daten durch den Nutzer* (einschließlich der Speicherung), sowie schließlich
- der *3D-Druck des Objekts* selbst.

Gibt es eine rechtliche Leitlinie, die es beim 3D-Druck zu beachten gilt?

Es gilt der Grundsatz, dass beim 3D-Druck zu *privaten Zwecken* regelmäßig weite Freiräume bestehen können, während bei einem *gewerblichen Angebot* Vorsicht geboten ist.

Welche Rechtsgebiete können beim 3D-Druck eine Rolle spielen?

Beim 3D-Druck geht es stets um die Reproduktion von Gegenständen. Daher sind insbesondere urheberrechtliche, markenrechtliche, designrechtliche sowie patentrechtliche Fragestellungen bedeutsam. Auch können wettbewerbsrechtliche Probleme – insbesondere aufgrund einer Nachahmung von Waren eines Mitbewerbers – relevant werden.

Wann könnte beim 3D-Druck eine Urheberrechtsverletzung vorliegen?

Das Urheberrecht schützt allein Werke, das heißt *persönliche geistige Schöpfungen*. Das Gesetz setzt damit eine gewisse Schöpfungshöhe, also ein Gestaltungsniveau voraus, bevor es Urheberrechtsschutz gewährt. Denkbar wäre hier, dass etwa eine Skulptur – mithin ein Werk der bildenden Künste – mittels des 3D-Drucks ohne Zustimmung des Urhebers vervielfältigt wird. Auch können Möbelstücke als Werke der angewandten Kunst Urheberrechtsschutz genießen. Hier wäre eine Reproduktion zu gewerblichen Zwecken ohne Einwilligung des Rechtsinhabers urheberrechtswidrig.

Wann könnte beim 3D-Druck eine Markenverletzung vorliegen?

Der eindeutigste Fall einer Markenverletzung ist regelmäßig das Anbringen einer fremden Marke, etwa eines Logos, auf dem Produkt selbst. Jedoch können auch dreidimensionale Formen, wie etwa der Urtyp des VW Käfers, als 3D-Marke geschützt sein. Der Vertrieb eines verkleinerten 3D-Modells könnte auch ohne Wiedergabe des Herstellerlogos eine Markenrechtsverletzung begründen.

Wann könnte beim 3D-Druck eine Geschmacksmusterverletzung, also eine Verletzung eines Designrechts, vorliegen?

Das Designrecht spielt beim 3D-Druck eine besondere Rolle. So ist die Gestaltung einer Vielzahl von Produkten des alltäglichen Gebrauchs – seien es Sonnenbrillen, Stifte oder Mobiltelefone – durch das Geschmacksmusterrecht geschützt. Vor diesem Hintergrund kann bereits die Reproduktion eines Kugelschreibers zu gewerblichen Zwecken eine Geschmacksmusterverletzung darstellen, die u. a. Unterlassungs- und Schadensersatzansprüche auslösen kann.

Wann könnte beim 3D-Druck eine Patentverletzung vorliegen?

Das Patentrecht schützt Erfindungen auf dem Gebiet der Technik. Dabei verbietet das Patentrecht unter anderem, ohne Zustimmung des Patentinhabers ein Erzeugnis, das Gegenstand des Patents ist, herzustellen, anzubieten oder in den Verkehr zu bringen. Gerade bei der Reproduktion eines technischen Erzeugnisses wäre hier mithin zu prüfen, ob möglicherweise Patentschutz besteht.

Wie verhält es sich in den einleitend erwähnten Phasen des 3D-Drucks?

Werden mit dem 3D-Druck gewerbliche Zwecke verfolgt, ist bei jeder einzelnen Phase Vorsicht geboten. So kann bereits der Scan eines urheberrechtlich geschützten Werkes eine Urheberrechtsverletzung begründen. Das Bereitstellen der Daten (also der Upload) könnte etwa das Anbieten eines Geschmacksmusters darstellen, der Bezug der 3D-Daten könnte, wenn es sich beispielsweise um ein urheberrechtlich geschütztes Werk handelt, eine Vervielfältigungshandlung begründen, und der Druck selbst – insbesondere der Vertrieb – ist im Hinblick auf sämtliche angesprochenen Rechtsgebiete problematisch.

Gibt es bereits gerichtliche Urteile aufgrund einer Schutzrechtsverletzung durch 3D-Druck?

Der 3D-Druck gewinnt mit seinen rasant wachsenden Einsatzmöglichkeiten zunehmend an Bedeutung. Gerichtliche Entscheidungen dazu gibt es zwar noch nicht, jedoch wurden bereits kostenträchtige Abmahnungen von Rechteinhabern versendet. Da die Einsatzmöglichkeiten des 3D-Drucks immer vielfältiger werden, wird wahrscheinlich die erste gerichtliche Entscheidung nicht mehr lange auf sich warten lassen.

Haben Sie einen Praxistipp für alle diejenigen, die als Ersteller von 3D-Modellen gewerblich tätig werden wollen?

Wichtig ist, dass sich Ersteller von 3D-Modellen mit dem rechtlichen Rahmen auseinandersetzen, in dem sie sich bewegen. Dies fängt bei der Konzeption von allgemeinen Geschäftsbedingungen an, die einen entsprechenden Haftungsausschluss bei einem *printing on demand* nach Kundenwünschen vorsehen sollten. Auch möchte ich Erstellern von 3D-Modellen anraten, mögliche rechtliche Freiräume, etwa im Bereich von Zubehör- und Ersatzteilartikeln, auszuloten. Denn eines ist meines Erachtens nach sicher: 3D-Druck beinhaltet nicht nur Risiken, sondern bietet große Chancen. ■

Das Interview mit Herrn Bagh dürfte Ihnen einen guten Überblick über die für den 3D-Druck relevanten Rechtsgebiete und Fragestellungen gegeben haben – und falls noch Fragen offen sind, liegt Ihnen nun auch eine gute Adresse vor, an die Sie sich hinsichtlich einer Rechtsberatung wenden können. Denn schließlich wollen wir selbst keine Volljuristen werden, sondern uns mit 3D-Modellen beschäftigen.

■ 2.2 Content-Plattformen – die Verwendung bestehender Modelle

Die einfachste Variante, um an druckbare Daten zu kommen, ist das Herunterladen bereits vorhandener 3D-Daten von sogenannten *Content-Plattformen*. Durch die Verwendung fertiger Modelle können Sie sich direkt dem eigentlichen 3D-Druck widmen. Zwar liegt gerade im individuellen Modellieren der große Reiz und Spaß, andererseits macht es wenig Sinn, ein bestimmtes Ersatzteil immer wieder aufs Neue zu erstellen. Die Content-Plattformen haben somit eine klare Daseinsberechtigung. Die Idee, bereits vorhandene Daten zu teilen, bildet das Fundament der meisten Content-Plattformen, und somit lautet die Devise: »Sharing is caring«[8].

8 Ein populäres Motto, welches auch gerne im Zusammenhang mit der aufkommenden Shareconomy, also einer neuen Kultur des Teilens, diskutiert wird (vgl. *http://www.bitkom.org/de/presse/8477_75237.aspx* [1b0gWe7]).

Die Funktionsweise und der Funktionsumfang aller hier vorgestellten Content-Plattformen ähneln sich sehr. Nachdem Sie sich ein kostenloses Profil angelegt haben, können Sie meist Ihre eigenen Dateien hochladen, beschreiben und mit Beispielfotos Ihres Meisterwerks versehen.

Über eine Suchfunktion können Sie die Kreationen anderer durchsuchen. Oft helfen hier Kategorien, Schlagworte (= *tags*) und automatisch generierte Zusammenstellungen. Insbesondere diese automatischen Zusammenstellungen sind eine große Hilfe bei der Suche in den teilweise weit über 100 000 Teile umfassenden Sammlungen. So kann man zum Beispiel über die *Popular*- bzw. *Trending*-Seite auf den meisten Plattformen die beliebtesten Designs im Überblick sehen. Durch Kategorien wie *New*, *Latest* oder *Recently added* findet man schnell Neuzugänge.

Auf der Übersichtsseite des jeweiligen 3D-Modells findet sich neben der Beschreibung auch eine Vorschau der Datei oder sogar Fotos eines fertigen Ausdrucks. Neben der Downloadfunktion gibt es meist noch die Möglichkeit, Feedback in Form eines Kommentars zu hinterlassen. Ein Blick in die bereits laufende Diskussion lohnt sich, finden sich hier doch häufig Tipps zu den optimalen Druckeinstellungen oder besonders geeigneten Materialien für den Ausdruck.

Zum Download stehen dann in der Regel eine oder mehrere *STL*-Dateien bereit – ein De-facto-Standard, der es uns ermöglicht, dreidimensionale Datensätze herstellerübergreifend auszutauschen. Was es mit diesem Format auf sich hat, erfahren Sie in Abschnitt 2.3.1. Sie können sich schon mal auf einige Schmerzen gefasst machen, die uns dieses Format noch bereiten wird. Am besten, Sie halten also Schokolade oder andere Aufmunterungsmittel bereit.

Mit etwas Glück befinden sich neben den *STL*-Daten auch die Quelldaten im Downloadbereich. Vorausgesetzt, Sie besitzen die richtige Software, können Sie dann am Design selbst noch Änderungen vornehmen. Auch dieses Thema behandeln wir später noch ausführlicher (siehe Abschnitt 2.4).

2.2.1 Content-Plattformen im Überblick

Zunächst einmal möchte ich Ihnen eine Übersicht über die beliebtesten Content-Plattformen geben (Tabelle 2.1).

Tabelle 2.1 Übersicht populärer Content-Plattformen (nach meiner persönlichen Einsatzhäufigkeit sortiert)

Name	Webseite	Firma/ Institution	Objekte (circa)	Bemerkung
Thingiverse	*http://thingiverse.com*	MakerBot Industries	400 000 (nicht alle öffentlich)	Fokus liegt auf 3D-druckbaren Objekten
YouMagine	*https://www.youmagine.com*	Ultimaker B.V.	> 3500	Fokus liegt auf 3D-druckbaren Objekten; qualitativ sehr hochwertige Designs
GrabCAD	*http://grabcad.com*	GrabCAD	> 480 000	Fokus liegt auf dem Austausch von professionellen CAD-Daten

Tabelle 2.1 Übersicht populärer Content-Plattformen *(Fortsetzung)*

Name	Webseite	Firma/ Institution	Objekte (circa)	Bemerkung
Trimble 3D-Warehouse	*https://3dwarehouse.sketchup.com/*	Trimble/Google Inc.	k. A.	Fokus liegt auf 3D-Gebäuden, die in Google Earth angezeigt werden
Autodesk 123D Gallery	*http://www.123dapp.com/Gallery*	Autodesk Inc.	>160 000	Ergebnisarchiv der Autodesk 123D-Produkte
treasure island	*http://treasure.is*	Pirate3D	im Aufbau	Fokus liegt auf 3D-druckbaren Objekten
shapeking	*http://www.shapeking.com*	shapeking/Sebastian Karpp	im Aufbau	Fokus liegt auf 3D-druckbaren Objekten
yeggi	*http://www.yeggi.com*	yeggi/Sebastian Karpp	>130 000	Suchmaschine, plattformübergreifend
My Mini Factory	*http://www.myminifactory.com*	Instant Makr Ltd.	im Aufbau	Fokus liegt auf 3D-druckbaren Objekten
TurboSquid	*http://www.turbosquid.com*	TurboSquid	>470 000	kostenpflichtige Modelle, oft nicht für 3D-Druck geeignet
Archive3D	*http://archive3d.net*	Archive3D	> 35 000	oft nicht für 3D-Druck geeignet, Lizenzierung unklar
GB3D Type Fossils	*http://www.3d-fossils.ac.uk*	JISC GB3D Type Fossils-Online-Projektgruppe	im Aufbau	3D-Modelle von Fossilien aus britischen Sammlungen
NASA 3D Resources	*http://nasa3d.arc.nasa.gov/models*	NASA	im Aufbau	3D-Modelle aus dem Weltraum – vom Mondgestein bis zum Satelliten ist alles dabei

Es gibt noch eine Vielzahl weiterer 3D-Content-Plattformen, teilweise mit ganz anderen Schwerpunkten als 3D-Druck. Ein Großteil dieser 3D-Modelle lässt sich aber dennoch drucken. Auf *www.hongkiat.com* finden Sie eine umfangreiche Übersicht[9] weiterer Webseiten mit 3D-Modellen: Von offiziellen Modellen der NASA-Raketen, über aufwendige Architekturmodelle, bis hin zu Modellen aus dem Gaming-Bereich – für jeden ist etwas dabei.

9 60 weitere Sammlungen von 3D-Modellen finden Sie unter *http://www.hongkiat.com/blog/60-excellent-free-3d-model-websites/* [1adomcN].

Eine Frage des Vertrauens

Wenn Sie Ihre 3D-Modelle auf einer Content-Plattform im Internet veröffentlichen, stellt sich auch immer die Frage, wie die betreffende Firma oder Institution mit Ihren Daten umgeht. Besonderes Augenmerk sollte hier auf die Allgemeinen Geschäftsbedingungen (AGB) bzw. bei englischen Webseiten auf die *Terms of Use* (TOS) gelegt werden. Gerade in jungen Unternehmen geht das schnell: Geschäftsmodelle verändern sich, Besitzverhältnisse verschieben sich, und auf einmal befinden sich Ihre Daten nicht mehr in Ihrem alleinigen Besitz.

Bis heute spalten sich zum Beispiel an den Nutzungsbedingungen von *http://www.thingiverse.com/*[10] die Geister. Deutlich sichtbar wird das an den Aufrufen einiger Nutzer, die Plattform (samt der eigenen Daten) zu verlassen. Mehr Informationen zum Hintergrund finden Sie auf der Webseite der Initiative *Occupy Thingiverse*[11] (*http://www.thingiverse.com/thing:30808* [15Q9B2j]).

Letzten Endes liegt die Verantwortung jedoch beim Nutzer, der sich informiert halten muss und im Notfall auch durch einen Plattformwechsel seiner Stimme Gehör verschaffen sollte.

2.2.2 Beispiel: Die Content-Plattform Thingiverse

Neben der sicherlich berechtigten Kritik gehört *www.thingiverse.com*, vielleicht auch aufgrund fehlender, gleichwertig ausgestatteter Alternativen, immer noch zu den kreativsten Orten des Internets. Insbesondere in der *Popular*-Kategorie[12] reiht sich eine geniale Idee neben die andere (Bild 2.4). Die Besitzer ganz unterschiedlicher 3D-Drucker wetteifern regelrecht um die spektakulärsten, schönsten und zukunftsweisendsten Modelle. Das Motto lautet ganz klar: »Geht nicht, gibt's nicht«.

10 Terms of Use von Thingiverse: *http://www.thingiverse.com/legal*

11 Occupy Thingiverse initiiert durch Josef Průša: *http://www.thingiverse.com/thing:30808* [15Q9B2j], Hintergrundbericht: *http://hackaday.com/2012/09/20/makerbot-occupy-thingiverse-and-the-reality-of-selling-open-hardware/* [15Q9HHs]

12 Die *Popular*-Kategorie von Thingiverse.com: *http://www.thingiverse.com/popular*

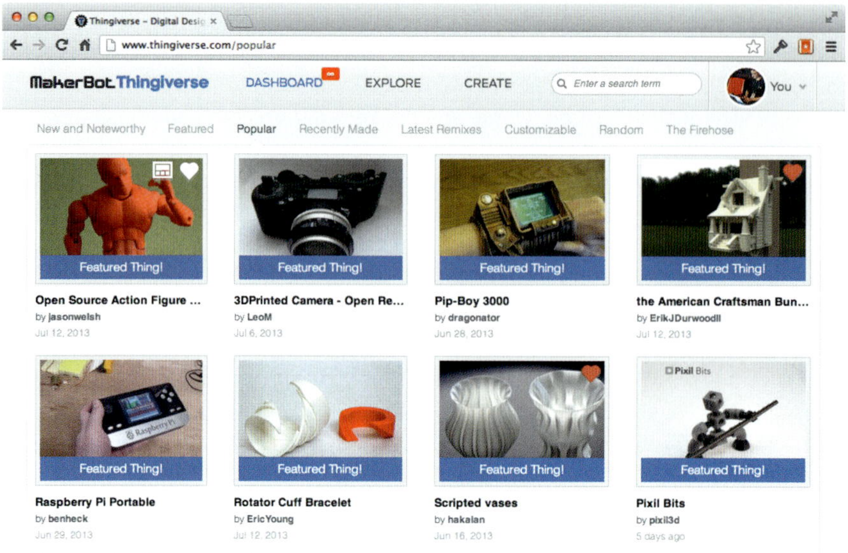

Bild 2.4 Einer der kreativsten Orte im Internet: Die Popular-Kategorie bei Thingiverse *(http://www.thingiverse.com/popular)*

Im Folgenden will ich Ihnen eine kleine Auswahl von Projekten vorstellen, um diese Aussage visuell eindrücklich zu belegen (Bild 2.5 bis Bild 2.12).

Bild 2.5 Einfach zu drucken, schwer zu heben für Model Sophia: Der Bag Holder von *ivanseidel* (Quelle des Modells: *http://www.thingiverse.com/thing:26767* [1bB3nWI])

Bild 2.6 Ein guter Zuhörer – die vaas met oor von Joris van Tubergen (© Joris van Tubergen, Quelle: *http://www.thingiverse.com/thing:20665* [16rHtRH])

Gute Vorsätze

Um die eigene Kreativität anzuheizen, aber auch die eigenen Fähigkeiten mit der entsprechenden Software weiter auszubauen, hatte sich der niederländische Künstler und 3D-Druck Experte Joris van Tubergen Anfang 2013 einen Vorsatz gefasst: Jede Woche einen neuen Becher zu designen und online zu veröffentlichen. Die wunderschönen Kreationen aus der Weekly Cup-Serie finden Sie unter *http://www.thingiverse.com/joris/designs* [1bMXlyR].

Bild 2.7 Kreativität am laufenden Band – ein kleiner Ausschnitt der Weekly Cup-Kollektion (Foto: © Joris van Tubergen)

Ganz ähnlich machte es auch Richard Horne, in der Szene besser bekannt als *RichRap*. Im Rahmen der #30daysofcreativity[13] probierte er 30 Tage in Folge

13 Mehr Informationen zur #30daysofcreativity-Kampagne finden Sie unter *https://twitter.com/createstuff* [1e2EoJp].

allerlei Neues rund um den 3D-Druck aus. Die teilweise sehr experimentellen Ergebnisse finden Sie unter *http://richrap.blogspot.de/2012_06_01_archive.html* [1adpsFt].

Bild 2.8 Scrap-ART[14] – Druckreste zu Kunst verbacken: #30daysofcreativity-Abschlussprojekt von Richard Horne (Foto: © Richard Horne/RichRap)

Jetzt sind Sie dran! Wie würde Ihr Vorsatz im 3D-Druck aussehen?

Bild 2.9 Das voll bewegliche iPhone Gear Case von Quentin Torgerson (Quelle: *http://www.thingiverse.com/thing:65810* [18HRZUI])

14 Die Scrap-ART-Anleitung auf Thingiverse.com: *http://www.thingiverse.com/thing:23245* [1faVmlH].

Bild 2.10 Ein 28-teiliges ferngesteuertes Segelflugzeug von *Walt* (Quelle: *http://www.thingiverse.com/thing:56147* [GCUU77])

Bild 2.11 Die voll funktionsfähige Analogkamera Open Reflex von Léo Marius[15] (Quelle: *http://www.thingiverse.com/thing:113865* [16MZBHS])

15 Ein ausführliches Interview mit dem Designer finden Sie unter *http://blog.sculpteo.com/2013/08/01/discover-the-designer-behind-the-first-3d-printed-slr-camera/* [15fixfd].

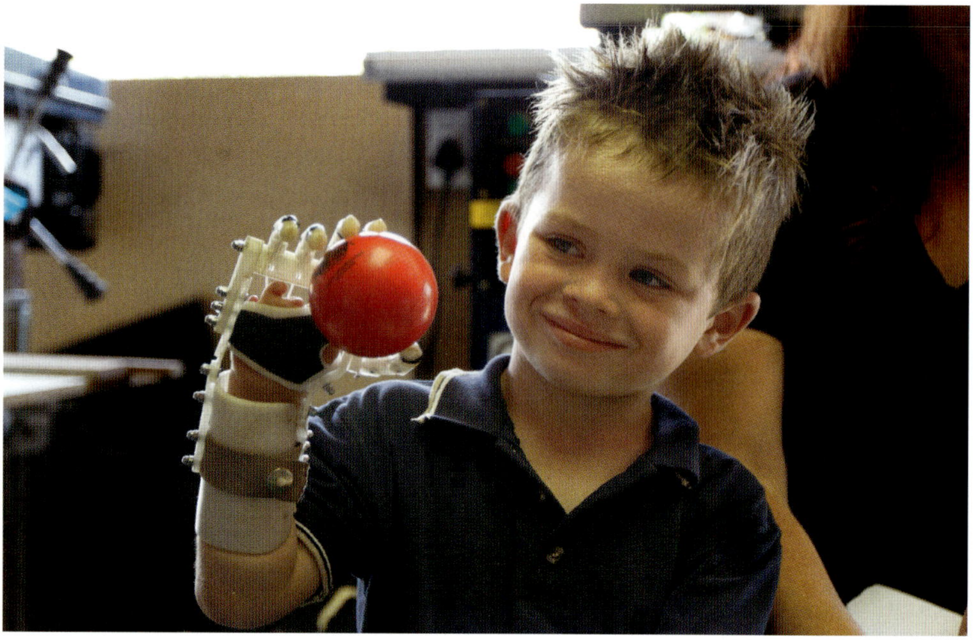

Bild 2.12 Die Robohand, eine 3D-druckbare Handprothese von Richard van As und Ivan Owen (Quelle: *http://www.thingiverse.com/robohand/designs* [roboH])

Diese Beispiele (Bild 2.5 bis Bild 2.12) zeigen lediglich eine Momentaufnahme meiner persönlichen Favoriten. Jeden Tag kommen unzählige neue Designs, Varianten bekannter Designs und bisher unbekannte Modellierungs- und Drucktechniken hinzu. Content-Plattformen wie Thingiverse, YouMagine und GrabCAD sind also neben der offensichtlichen Funktion als öffentliches Ersatzteillager auch eine großartige Inspirationsquelle für neue Projekte.

Ein Blick in die Zukunft

Die Idee des *Thing Tracker Network* ist einfach, aber auch zukunftsweisend. Gary Hodgson, ein sehr aktives Mitglied der RepRap-Community, will die Fülle an immer neuen Content-Plattformen leichter durchsuchbar machen. Durch einen standardisierten Datensatz für jedes Modell kann ein sogenannter *Tracker* die Projekte plattformübergreifend finden. Aktuell fehlt dem Projekt noch die nötige Unterstützung durch größere Plattformen. Weitere Informationen finden Sie jedoch schon unter *http://thingtracker.net*.

Mit dem *Githubiverse Template*[16] bietet Gary Hodgson die Möglichkeit, eigene 3D-Modelle auf *Github*, einer beliebten Plattform zur gemeinsamen Code-Entwicklung, anzubieten. Für den einen oder anderen Entwickler unter Ihnen ist dies sicherlich eine reizvolle Angelegenheit. Weitere Informationen finden Sie unter *http://garyhodgson.com/reprap/2012/09/githubiverse-a-github-pages-template-for-3d-printing-projects/* [1a3wpYt].

16 Githubiverse-Projekt auf Github.com: *https://github.com/garyhodgson/githubiverse-template* [1faVRT0].

2.3 Customizer – die Anpassung bestehender Modelle

Bei der großen Vielfalt an vorhandenen 3D-Modellen wäre es äußerst praktisch, wenn man diese mit wenigen Klicks den eigenen Bedürfnissen anpassen könnte. Leider ist dies aufgrund des schon erwähnten *STL*-Formats oft nicht möglich. Daher wollen wir uns zunächst mit den Eigenschaften und Einschränkungen dieses Formats beschäftigen, um uns im Anschluss die sogenannten *Customizer*, eine mögliche Lösung für diese Problematik, genauer anzuschauen.

2.3.1 Exkurs: Das STL-Format

Dass sich mit dem *STL*-Format ein De-facto-Standard für den 3D-Druck etabliert hat, ist rückblickend etwas verwunderlich. Es existiert nämlich gar kein hochoffizieller Standard. Noch verwunderlicher: Die Abkürzung STL wird je nach herangezogener Literatur als *S*tandard *T*ransformation *L*anguage, *S*urface *T*esselation *L*anguage, *S*tandard *T*riangulation *L*anguage oder auch *ST*ereo*L*ithography definiert. Eigenartig für einen »Standard«, oder?

Das *STL*-Format wurde 1989 eingeführt. Sein großer Erfolg entstand durch den Bedarf an einer einheitlichen Schnittstelle für die damals aufkommenden 3D-Drucker. Durch eine kompakte und öffentlich zugängliche Schnittstellendefinition konnte das Format weitflächig implementiert werden und wurde bis heute, trotz diverser Schwächen, nicht grundlegend ersetzt.[17]

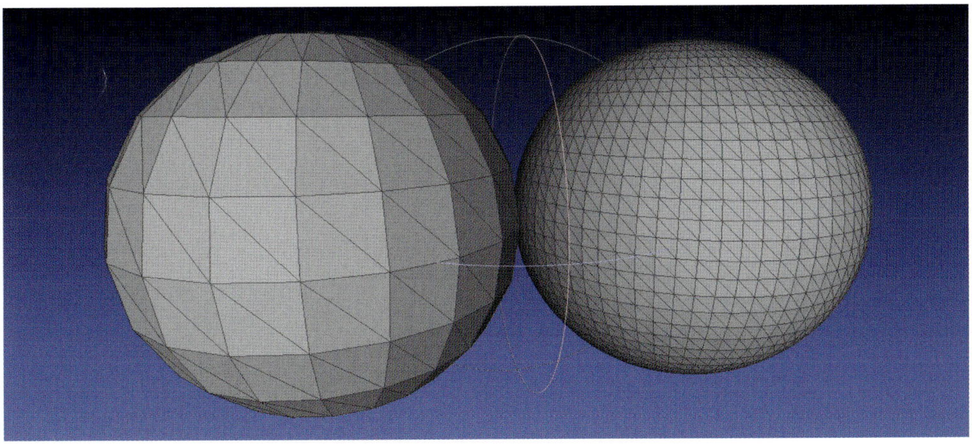

Bild 2.13 Zwei Kugeln im STL-Format – bestehend aus 360 Dreiecken (links) bzw. 4760 Dreiecken (rechts)

17 Eine Zusammenfassung der technischen Spezifikation des *STL*-Formats finden Sie unter *http://www.ennex.com/~fabbers/StL.asp* [19tSGh7].

Wenn Sie Daten im *STL*-Format speichern, wird die interne Logik des Quellformats verworfen[18] und die Oberfläche des Modells in eine Vielzahl von Dreiecken zerlegt. Wie in Bild 2.13 zu sehen, wird auf diese Weise aus einer perfekten Kugel ein durch Dreiecke gekacheltes Objekt. Die Qualität der Annäherung an die ursprüngliche Form hängt maßgeblich von der Anzahl der Unterteilungen ab. Je mehr Dreiecke verwendet werden, umso präziser gelingt die Annäherung. Beim Export gilt es, die Einstellungen diesbezüglich zu beachten und entsprechend der Anforderungen anzupassen.

Einfache Bearbeitungsschritte wie das Drehen, Skalieren und Schneiden von 3D-Modellen im *STL*-Format fallen durch die Dreiecke besonders leicht und können durch Programme wie netfabb Studio Basic[19] oder MeshLab[20] vorgenommen werden. Mit diesen Programmen können auch Reparaturen und Optimierungen am Dreieck-Netz (dem sogenannten *mesh*) vorgenommen werden. Außerdem können eine Vielzahl anderer 3D-Dateiformate[21] eingelesen und weiterverarbeitet werden.

Expertenrat: Interview mit dem STL-»Bezwinger« Alexander Oster

Alexander, wie kamst du dazu, dich beruflich so intensiv mit der Verarbeitung von 3D-Daten auseinanderzusetzen?

Wir beschäftigen uns schon sehr lange mit 3D-Druck. Unsere ersten Versuche dazu starteten wir im Jahr 1998, als wir im Keller eine Stereolithographieanlage bauten und in Betrieb nahmen. Diese funktionierte auch tatsächlich, war aber von einem industriellen Einsatz noch ein ganzes Stück entfernt. Die Entwicklung unserer netfabb-Desktopanwendung begann im Sommer 2007.

Das STL-Format definiert in drei Sätzen:

Das *STL*-Format besteht aus einer beliebigen Liste von Dreiecken im Raum. Damit kann man sehr viele Arten von Flächenformen detailliert beschreiben, aber für den 3D-Druck sind natürlich speziell die Oberflächen von geschlossenen Körpern relevant. Die Hauptproblematik im Alltag besteht nun genau darin, dass nur eine kleine Teilmenge der vorkommenden Datensätze diese Vorgabe zu 100% erfüllt.

Was magst du besonders am STL-Format?

Das Format ist sehr einfach. Die Spezifikation ist in einer halben Seite beschreibbar und in einem Nachmittag programmiertechnisch umgesetzt. Ein Entwickler von 3D-Druckern hat zu viele andere Herausforderungen zu meistern, als dass er sich auf das Eingabeformat konzentrieren kann. Daher wurde in der Vergangenheit stets *STL* bevorzugt, und so hat es sich durchgesetzt.

18 Es gehen zum Beispiel alle Informationen zu verschiedenen Materialien und Bemaßungen einzelner Details im Modell verloren.

19 netfabb Studio Basic (*http://www.netfabb.com/de/basic.php* [1962rpu]) ist eine abgespeckte kostenlose Version der mächtigeren netfabb Private- und netfabb Professional-Lösungen.

20 MeshLab (*http://meshlab.sourceforge.net* [16rlQQh]) ist eine sehr umfangreiche Open Source Software für den Umgang mit polygonbasierten Modellen.

21 Unter *http://code.kuederle.com/3dformats* [1b0krRG] finden Sie weitere 3D-Dateiformate im Überblick.

Bild 2.14 Dipl.-Math. Alexander Oster, CEO netfabb GmbH (Foto: © netfabb GmbH)

Was sind die großen Probleme im Umgang mit STL-Daten?

Das Format ist sehr einfach. Es beschreibt nur eine unzusammenhängende Liste von Dreiecken. In der Praxis fehlen oft wichtige Informationen wie Skalierungsfaktoren, Oberflächenbeschaffenheit, Wanddicken, Farb- oder Krümmungsinformationen. Hinzu kommen strukturelle Probleme wie Designfehler, Ungenauigkeiten bei Konvertierungen, numerische Rundungseffekte, fehlende Scanbereiche, offene Flächen ohne Volumen etc.

Ist eine automatische Reparatur möglich, oder wird immer manuelle Nacharbeit nötig sein?

Es kommt immer darauf an, was man unter Reparatur versteht. Man kann natürlich in eine *STL*-Datei stets ein bestimmtes Verhalten des Druckers hineininterpretieren. Vermischen sich allerdings Designfehler mit geometrischen Effekten, so ist es oft sehr schwierig, die eigentliche Intention des Designers zu erraten. Schlechte Druckvorlagen sind beim 2D-Druck schon oft ein Problem (z. B. in der Farbkorrektur), aber in der dritten Dimension noch ein ganzes Stück komplizierter.

Sind Alternativen zum STL-Standard absehbar?

Ja und nein. Es gibt Ansätze von Standardisierungsorganisationen, wie der *ASTM*[22], ein verbessertes Format zu etablieren (*AMF*) sowie eine Spezifikation von Microsoft für deren native 3D-Druckerunterstützung in Windows 8.1 *(3MF)*. Beide Ansätze sind jedoch vergleichsweise aufwendig umzusetzen, und gerade durch die Einfachheit des *STL*-Formates wird uns dieses noch eine ganze Weile erhalten bleiben.

22 Die ASTM ist die American Society for Testing and Materials, eine internationale Institution für Standardisierungen. Weitere Informationen finden Sie unter *http://de.wikipedia.org/wiki/ASTM_International* [17doeXJ].

Das *STL*-Format ist ein Format, in dem zugunsten der Kompatibilität mit allen weiterverarbeitenden Programmen, softwarespezifische Eigenschaften und Informationen nicht mehr vorhanden sind und das 3D-Modell ausschließlich durch Dreiecke dargestellt wird[23]. Im Workflow von 2D-Druckern gibt es ein, seiner Funktion nach, ganz ähnliches Format, das Ihnen bestens bekannt sein dürfte: Das *Portable Document Format*, kurz *PDF*. Während ein *Word*-Textdokument leicht zu editieren ist, aber nicht auf jedem Betriebssystem genau gleich aussieht, lässt sich ein *PDF*-Dokument plattformübergreifend betrachten und ausdrucken, aber eben nur sehr umständlich bearbeiten.

In den Einschränkungen bei den Bearbeitungsmöglichkeiten, sowohl beim *STL*-Format als auch bei den schon bekannten *PDF*-Dokumenten, liegt also ein Vorteil bezüglich der Interoperabilität. Wir können uns darauf verlassen, dass andere die Daten genauso ansehen und weiterverarbeiten können, wie wir selbst. Allerdings gehen die individuellen Bearbeitungsfunktionen der erstellenden Software verloren.

Schutzfunktion

Der Verlust sämtlicher Bearbeitungsfunktionen kann auch Vorteile haben. Gerade im Kontakt mit Kunden oder Geschäftspartnern ist es oft gar nicht vorgesehen, Dateien mit vollen Möglichkeiten auszuliefern. Vielmehr soll nur das Endprodukt in Form eines 3D-Modells (als *STL*-Datei) – oder in der 2D-Welt zum Beispiel in Form eines fertigen Vertrags (als *PDF*-Datei) – übergeben werden.

Ähnlich wie bei digitalen Audiodateien die Bitrate über die Tonqualität entscheidet, kann auch beim *STL*-Format über die Anzahl der Dreiecke eine Qualitätsabstufung stattfinden.[24]

Die einzige Lösung, alle Bearbeitungsfunktionen zu erhalten, besteht darin, neben der *STL*-Datei auch die ursprüngliche Quelldatei weiterzugeben. Wenn Sie sicherstellen möchten, dass andere den maximalen Nutzen aus Ihren Veröffentlichungen ziehen können (in Form von einfach zugänglichen Modifikationen), ist dieser Schritt immer ratsam.

Falls Sie Änderungen an einer fremden Quelldatei vornehmen möchten, ist das nur möglich, wenn folgende Kriterien erfüllt sind:

- Sie verfügen über die entsprechende Software, mit der die spezielle Quelldatei editiert werden kann. Das ist, bei Paketpreisen von mehreren Tausend Euros für professionelle Lösungen, oft eine Kostenfrage.
- Die entsprechende Software ist für Ihr Betriebssystem erhältlich. Leider ist es immer noch so, dass viele führende CAD-Systeme nur für Microsoft Windows erhältlich sind[25].

23 Mit viel Handarbeit ist es mit der Open Source-Software Blender möglich, Änderungen an STL-Daten vorzunehmen.

24 Diese, für den Benutzer oft ärgerliche Eigenschaft, machen sich einige 3D-Programme zunutze, um einen Unterschied zwischen einer kostenlosen und kostenpflichtigen Version herzustellen.

25 Besserung ist natürlich, auch durch den 3D-Druck-Hype, in Sicht! Einige Hersteller entwickeln an Mac OS X und Linux-Varianten ihrer Software (vgl. z. B. *http://usa.autodesk.com/products/mac-compatible-products* [18HTwdf]). Alternativ lässt sich auf leistungsfähigen Computern die Software in einer virtuellen Windows-Umgebung betreiben.

- Sie haben die nötigen Kenntnisse für die entsprechende Software. Jede 3D-Software verfolgt verschiedene Konzepte bei der Erstellung dreidimensionaler Objekte und Formen. Daher ist es schwierig, jede Anwendung auf hohem Niveau bedienen zu können.

2.3.2 Beispiele für Customizer

Auf der einen Seite existieren also sehr starre und nur schwer modifizierbare *STL*-Dateien, auf der anderen Seite modifizierbare Quelldaten der jeweiligen Software-Lösungen, die aber deren Besitz und das nötige Wissen zur Bedienung voraussetzen. Es fehlt die Mitte – einfach anpassbare 3D-Objekte, die ohne zusätzliche Software auf eigene Anforderungen hin optimiert werden können.

Zum Glück gibt es die sogenannten Customizer, die man vermehrt auf den Content-Plattformen, aber auch in Form von dezidierten Web-Applikationen findet. In einem Customizer ist ein vorgegebenes 3D-Modell, zum Beispiel ein Schlüssel, in seiner Grundform bereits vorhanden. Die Details wie Größe, Beschriftung und der sogenannte Bart können bequem innerhalb Ihres Web-Browsers per Schieberegler und Eingabefelder eingestellt werden. Das Modell ist also in Teilen individualisierbar, ohne dass Sie eine neue Software besitzen oder sich in besonderem Maße damit auskennen müssten.

Anhand der folgenden Beispiele wird Ihnen das Prinzip hoffentlich schnell deutlich.

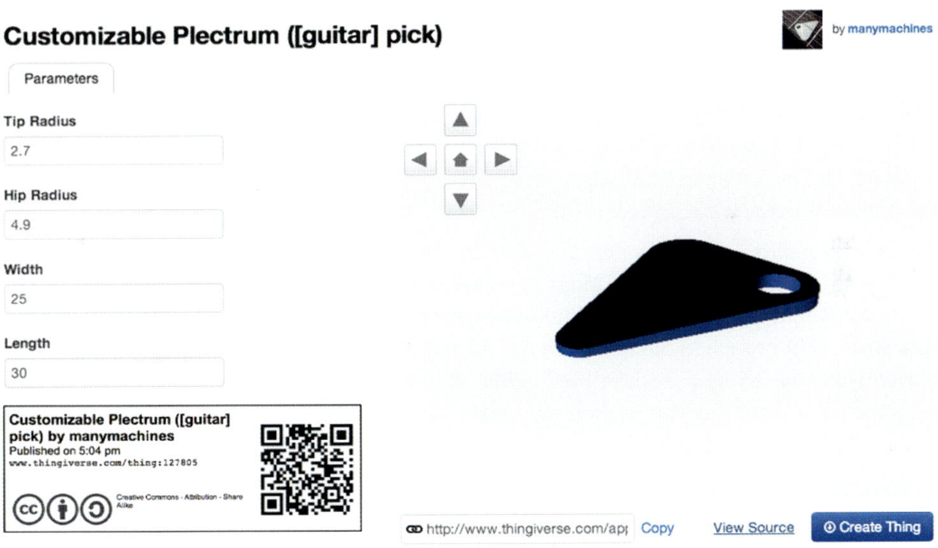

Bild 2.15 Das Customizable Plectrum von *manymachines* (Quelle: *http://www.thingiverse.com/thing:127805* [17aqsYR])

Bild 2.15 zeigt den Traum eines jeden Gitarrenspielers: Ein Plektrum, ganz nach den eigenen Wünschen! Von der Kantenlänge bis zu den Radien der Rundungen ist alles innerhalb von wenigen Sekunden einstellbar. Nach der Eingabe der Maße genügt ein Klick auf CREATE THING, um die eigene Variante zu generieren. Danach dauert es noch einige wenige Minuten, bis das Objekt auf den Servern der Content-Plattform fertiggestellt ist. Optional können Sie sich per E-Mail darüber informieren lassen.

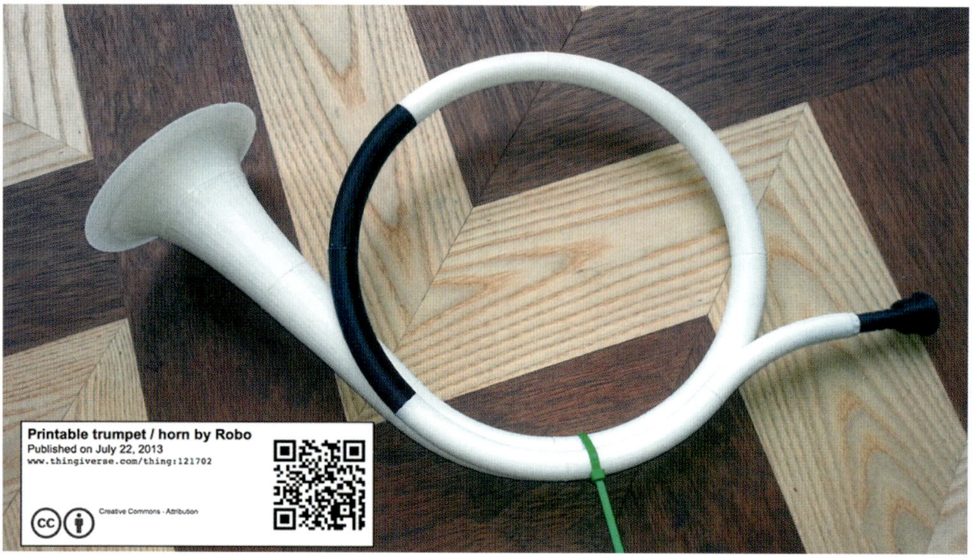

Bild 2.16 Die Printable Trumpet von Wouter Robers, Username: *Robo* (Quelle: *http://www.thingiverse.com/thing:121702* [1faWBYc])

Wir bleiben musikalisch und wenden uns dem nächsten Beispiel, der ersten druckbaren Trompete zu (Bild 2.16). Auch hier sind über den Customizer einfache Änderungen an diversen Durchmessern und Winkeln der Trompetenöffnung möglich. So lässt sich der Ton der Trompete den eigenen Vorstellungen anpassen. Eine kleine Live-Einlage finden Sie unter *http://youtu.be/edo-HsMKzas* [16rJe1a].

Als Letztes möchte ich Ihnen den UK Key Duplicator, Ihren ganz persönlichen Schlüsseldienst, vorstellen (Bild 2.17). Mit einer geeigneten Schließanlage und ein bisschen Geschick bei der Einstellung der passenden Einkerbungen ist es ein Kinderspiel, eigene Schlüssel zu replizieren. Nun brauchen Sie nur noch darauf hoffen, dass der eigene Plastikausdruck nicht abbricht und im Schloss stecken bleibt. Die *STL*-Daten der Customizer können bei Dienstleistern auch in anderen Materialien ausgedruckt werden. Mehr zu den unzähligen Möglichkeiten erfahren Sie in Kapitel 3.

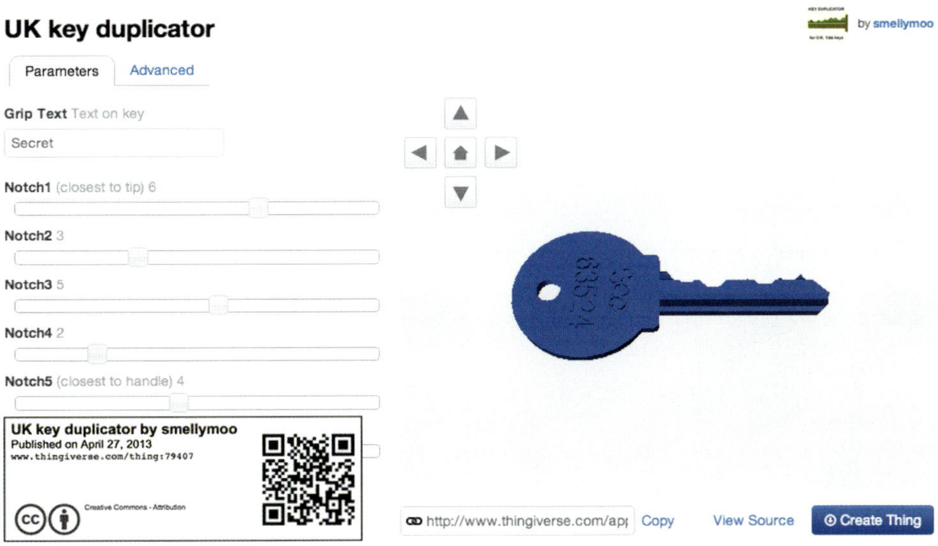

Bild 2.17 Der UK Key Duplicator von *smellymoo* (Quelle: *http://www.thingiverse.com/thing:79407* [19tTaUj])

Exporteinstellungen beachten!

Gerade bei sicherheitsrelevanten Objekten, wie einem Hausschlüssel, ist natürlich zu beachten, dass Sie die Exporteinstellungen entsprechend anpassen und gegebenenfalls die automatische Veröffentlichung deaktivieren (Bild 2.18).

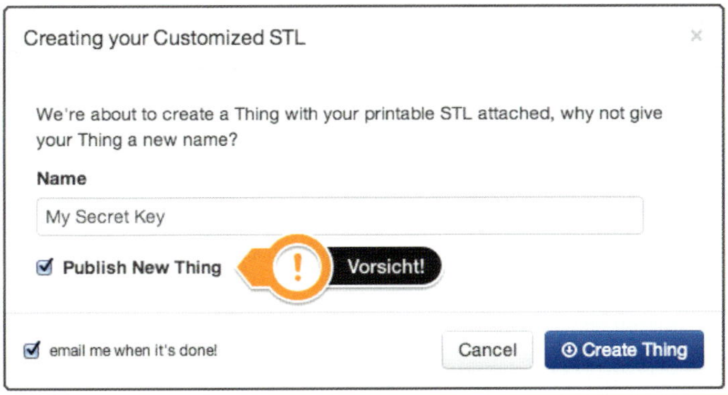

Bild 2.18 Deaktivierung der Funktion PUBLISH NEW THING auf Thingiverse

Auch bei der Lizenzierung werden Ihre Standardeinstellungen (YOU → SETTINGS → THING SETTINGS (DEFAULT LICENSE) auf Thingiverse) automatisch übernommen. Sie können sowohl die Veröffentlichung wie auch die Lizenzeinstellungen pro Objekt nachträglich verändern.

2.3.3 Übung 3: Plätzchen aus dem Customizer

Ein Customizer, mit dem sich fast jeder anfreunden kann, ist der *Cookie Caster* von dreamforge. Innerhalb weniger Minuten können Sie damit Ihre persönliche Ausstechform für Plätzchen (= *cookie cutter*) erstellen.

Die Handhabung des Cookie Casters möchte ich anhand eines kleinen Übungsbeispiels demonstrieren.

Bild 2.19 Das schmackhafte Ergebnis 3D-gedruckter Plätzchenformen meiner backfreudigen Mitbewohnerin Josepha Hilmer (Quelle: *http://www.thingiverse.com/thing:38665* [1adsUzO])

Übung 3: Die 3D-Bäckerei – von der Form zum Förmchen

Ziel: Erstellung eines individuellen Plätzchenausstechers mithilfe eines Customizers

Verwendete Hardware: Computer

Verwendeter Customizer: Cookie Caster

Hilfreiche Werkzeuge: Maus oder Touchpad

Wichtige Links: *http://cookiecaster.com*

Cookie Caster im Einsatz

1. Das Schöne an den meisten Customizern ist, dass keine zusätzliche Software benötigt wird. In Einzelfällen muss noch ein kleines Plug-in nachgeladen werden. Im Fall des Cookie Casters geht es glücklicherweise ohne. Führen Sie nun folgende Schritte aus:
   - Öffnen Sie einen Internet-Browser Ihrer Wahl.
   - Navigieren Sie zu *http://cookiecaster.com*.
   - Sobald die Seite geladen ist, klicken Sie auf DRAW YOUR CUSTOM COOKIE CUTTER. **Hinweis:** Falls eine Fehlermeldung erscheint, sollten Sie sich die neueste Version Ihres Browsers besorgen.
   - Klicken Sie auf das kleine Bild-Symbol mit der Beschriftung TRACE und anschließend auf FIND AN IMAGE.
     Hinweis: Alternativ können Sie natürlich auch ein geeignetes Bild von Ihrem Computer hochladen. Drücken Sie hierzu auf UPLOAD AN IMAGE. Wir nutzen diese Funktion erst einmal nicht.

2. Sie sollten sich nun in der Suchmaske befinden. Nutzen Sie die Google-Bildersuche *(http://images.google.de)* oder eine andere Suchmaschine für Bilder. Eingetippte Suchbegriffe werden mögliche Vorlagen für unseren Plätzchenausstecher liefern.
   - Wählen Sie einen geeigneten Suchbegriff. Ich will versuchen, das Stadtteilwappen meiner geliebten Heimat Hendesse (mundartliche Bezeichnung für den Heidelberger Stadtteil Handschuhsheim) zu verarbeiten.
   - Bestätigen Sie Ihre Eingabe mit einem Klick auf INSPIRE ME! (Bild 2.20).
   - Wählen Sie eine Grafik aus dem Suchergebnis aus. Maße, Symbole und Grafiken mit einer klaren Kontur eignen sich besonders gut. Mir fällt die Auswahl mit dem Wappen daher leicht.

Bild 2.20 Suchmaske des Customizers Cookie Caster

3. Im Folgenden wählen wir das MAGIC TRACE-Werkzeug (Zauberstab-Symbol) aus, um den Rand unseres Ausstechers automatisiert erkennen zu lassen.
   - Klicken Sie mit dem ausgewählten Werkzeug in das Symbol oder auf die zu erkennende Kante (Bild 2.21). Im Fall des Stadtteilwappens ist das der Handschuh.
   Hinweis: Wenn Ihnen das Ergebnis nicht gefällt, klicken Sie einfach noch einmal an eine andere Stelle. Die Ergebnisse variieren oft ein bisschen. Wenn sich die von Ihnen ausgewählte Form nicht automatisiert erkennen lässt, finden Sie in der nachfolgenden Infobox einen hilfreichen Praxistipp.

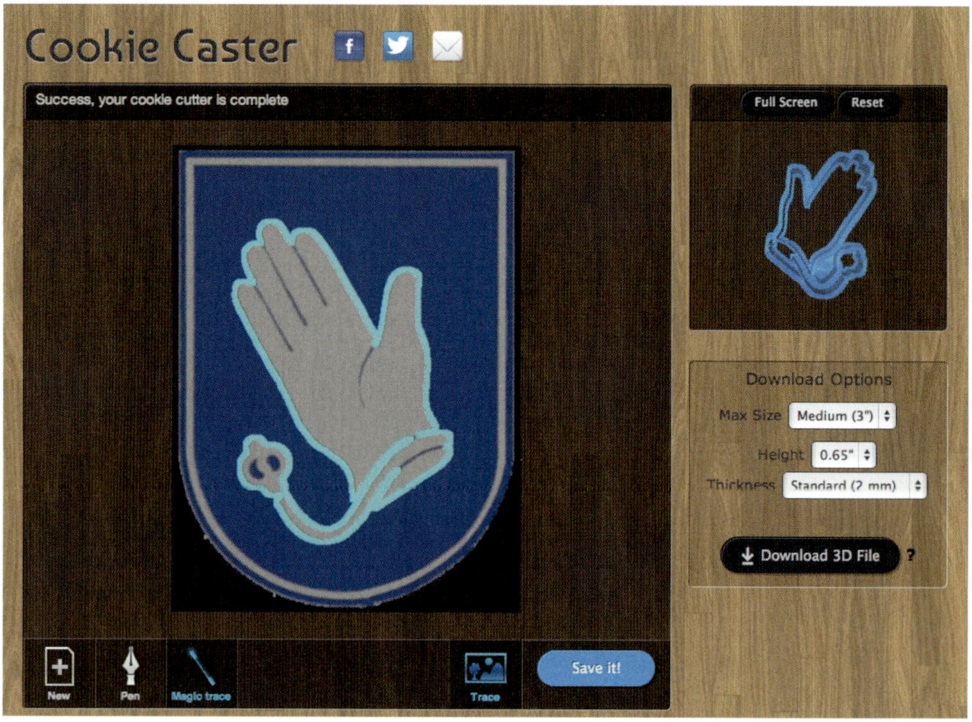

Bild 2.21 Das MAGIC TRACE-Werkzeug im Einsatz: Durch nur einen Klick wird die Kontur erkannt.

4. Sobald Sie mit der Form zufrieden sind, können Sie das Ergebnis über die DOWNLOAD OPTIONS als *STL*-Datei exportieren (Bild 2.21).
   - Über die Einstellungen MAX SIZE, HEIGHT und THICKNESS lassen sich die Größe, Ausstecherhöhe und Dicke definieren.
   - Größe und Höhe lassen sich auch in einem späteren Schritt leicht verändern. Was die Dicke anbelangt, hat sich die Einstellung THIN oder EXTRA THIN als gut geeignet erwiesen.
   - Durch einen Klick auf DOWNLOAD 3D-FILE erhalten Sie das fertige 3D-Modell.

Optimale Suchparameter

Nicht jede Grafik kann durch das MAGIC TRACE-Werkzeug erkannt werden, deshalb sollten Sie sich möglichst geeignete Vorlagen suchen. Oft ist es hilfreich, die englische Übersetzung eines Suchbegriffs zu verwenden, um den Suchraum zu vergrößern. Mit weiteren Suchbegriffen lässt sich die Auswahl auf möglichst kontrastreiche Grafiken einschränken. Hierfür eignen sich:

- `bw` (kurz für: *black and white*)
- `logo`
- `symbol`
- So erhalten Sie zum Beispiel für den Suchbegriff `butterfly bw` sehr schnell eine Vielzahl von geeigneten Vorlagen (Bild 2.22).

Bild 2.22 Durch clevere Suchbegriffe kann die Auswahl sinnvoll eingegrenzt werden (hier: schwarz-weiße Schmetterlinge).

Hinweis: Auf der Suche nach schönen Motiven sollten Sie die bereits erwähnten rechtlichen Beschränkungen (insbesondere das Markenrecht) nicht vollkommen außer Acht lassen. Nicht jede große Firma freut sich über die kreative Verwendung ihres Logos durch Privatleute[26].

5. Als Alternative zur automatischen Erkennung können Sie über das PEN-Werkzeug (Federhalter-Symbol) per Hand eigene Formen erzeugen bzw. anspruchsvolle Grafiken nachzeichnen (Bild 2.23).

- Markante Punkte können durch blaue Eckpunkte vorgezeichnet werden.
- Zwischen jeweils zwei Eckpunkten entsteht ein gelber Rundungspunkt. Dieser kann genutzt werden, um Rundungen zwischen zwei Eckpunkten abzubilden.
- Am besten probieren Sie es einfach mal selbst aus.

26 Die peinliche Abmahnwelle eines Outdoor-Ausstatters gegen diverse Bastler: *http://www.spiegel.de/netzwelt/netzpolitik/pfoten-markenrecht-jack-wolfskin-mahnt-bastler-wegen-tatzen-mustern-ab-a-655890.html* [1bN13IV].

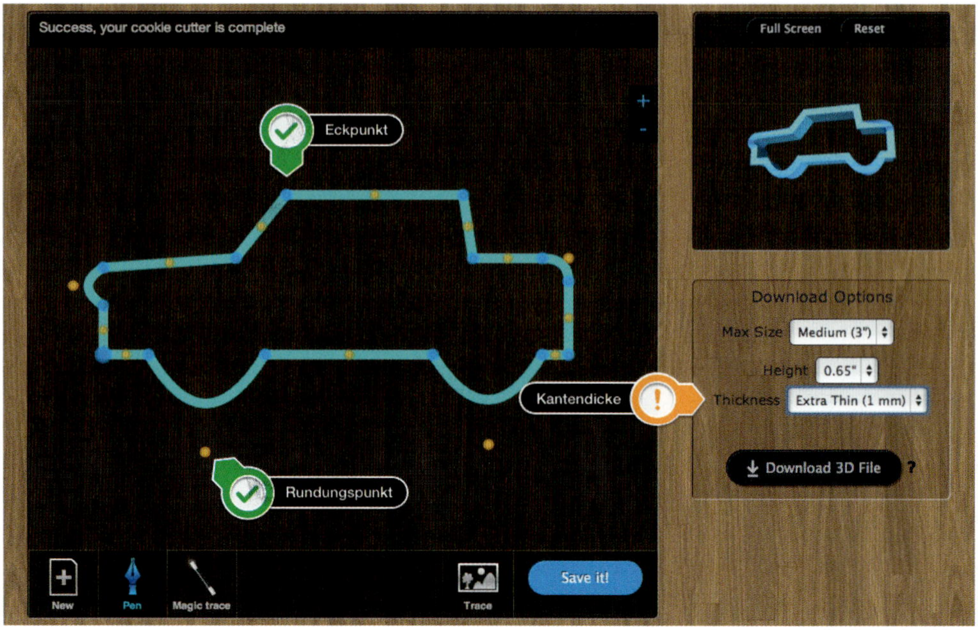

Bild 2.23 Durch eine Handvoll Eckpunkte und einige Rundungen lassen sich kinderleicht schöne Formen erzeugen. Ich hoffe, dass mein Auto erkennbar ist.

Der Cookie Cutter Customizer – die Alternative zum Cookie Caster

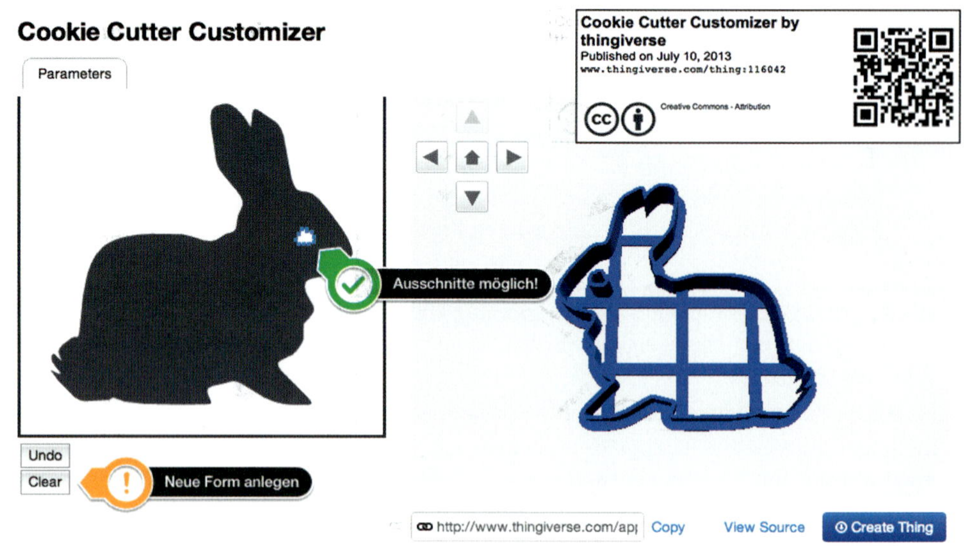

Bild 2.24 Der Cookie Cutter Customizer von Thingiverse ermöglicht auch Ausschnitte innerhalb einer Form (Quelle: *http://www.thingiverse.com/thing:116042* [1a3xfV8]).

Manchmal ist es wichtig, innerhalb der Form Ausschnitte vornehmen zu können (z. B. Augen eines Tieres). Diese Option bietet der Cookie Caster leider nicht – der *Cookie Cutter Customizer* von Thingiverse (siehe Bild 2.24) hingegen schon. Im Gegenzug fehlt diesem Customizer die automatische Erkennung von Linien sowie die Möglichkeit, Grafiken als Vorlage im Hintergrund zu nutzen.

1. Öffnen Sie den Customizer über *http://www.thingiverse.com/thing:116042* [1a3xfV8].
2. Durch einen Klick auf OPEN IN CUSTOMIZER starten Sie die Anwendung.
3. Mit einem Klick auf CLEAR löschen Sie die Hasenvorlage und können nun Ihre eigenen Ideen malen.
4. Nachdem die Hauptform angezeigt wird, können Sie beliebig viele Ausschnitte aus dem Inneren vornehmen. Korrekturen erfolgen über UNDO.
5. Durch einen Klick auf CREATE THING wird die *STL*-Datei erstellt.

Einen Schritt weitergedacht ...

... haben der Designer Ralf Holleis und sein damaliges Team im Coburg Designlab: Anstatt sich um Plätzchenausstecher zu scheren, bauten sie den *UNFOLD Claystruder*[27] nach (eigentlich für die Verarbeitung von Keramik konzipiert) und druckten mit Teig die Kekse direkt im 3D-Drucker (Bild 2.25).

Bild 2.25 Kekse drucken, ganz ohne Ausstecher (Foto: © Ralf Holleis)

Weitere Informationen und Fotos finden Sie auf *http://ralfholleis.com/*, unter anderem auch das *VRZ 2 BELT*-Fahrrad, welches an zentralen Stellen 3D-gedruckt wurde.

Die Idee, Pasten, Keramik oder Teig zu drucken, verfolgen wir in Abschnitt 5.8 weiter.

27 UNFOLD Claystruder 1.1: *http://www.thingiverse.com/thing:3604* [19tTAtW].

Zusammenfassend lässt sich sagen: Der Cookie Caster von dreamforge und der Cookie Cutter von Thingiverse ermöglichen es, eigene Designideen auf schnelle Weise in die richtige Form zu bringen. Mit der fertigen *STL*-Datei halten wir aber immer noch keinen benutzbaren 3D-Ausdruck in unserer Hand. Bevor wir Kekse naschen können, müssen wir uns also noch ein bisschen gedulden.

2.3.4 Digitale Töpferei im Customizer

Bevor wir das Thema Customizer beenden, möchte ich Ihnen noch ein besonders innovatives Beispiel vorstellen: Die App *Let's Create! Pottery*, mit der sich digitale Töpfereien erstellen lassen (Bild 2.26). Es macht einfach unglaublichen Spaß, mit den Händen im (virtuellen) Ton zu spielen!

Bild 2.26 Das ausgedruckte Ergebnis einer Runde Let's Create! Pottery

App-Empfehlung: Digitale Töpferei – ganz ohne schmutzige Hände

Inhalt: Kurzvorstellung einer innovativen App mit 3D-Druck-Bezug

Verwendete Hardware: Smartphone (iOS oder Android), Tablet oder Computer

Verwendeter Customizer: Let's Create! Pottery

Hilfreiche Werkzeuge: Ihre Finger

Wichtige Links: *http://www.potterygame.com*

Die polnische Entwicklerschmiede Infinite Dreams Inc. hat mit der App Let's Create! Pottery ein neues Spielformat geschaffen. Der Nutzer töpfert im Auftrag fiktiver Kunden Vasen aus Ton – mit seinen bloßen Händen am Smartphone oder Tablet. Später wurde durch eine Zusammenarbeit mit dem 3D-Druck-Dienstleister *Sculpteo* (was genau ein solcher Dienstleister macht, erfahren Sie in Abschnitt 3.2.1) der Ausdruck der eigenen Designs ermöglicht.

Die App ist für *iOS*- und *Android*-basierte Smartphones und Tablets verfügbar[28]. Neben der kostenpflichtigen Vollversion gibt es auch eine Lite-Variante zum Testen. Leider verfügt diese nicht über die 3D-Druck-Funktionalität.

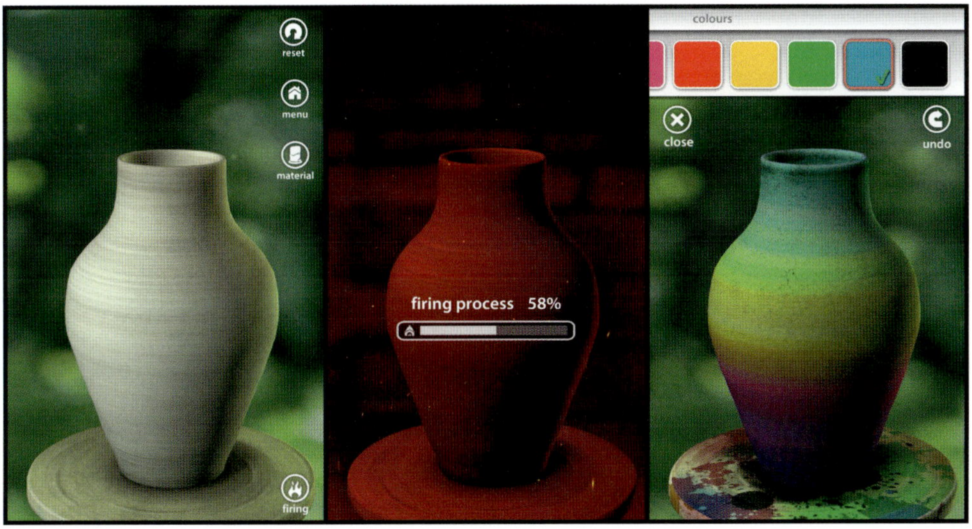

Bild 2.27 Schritt 1: Formen, Schritt 2: Brennen und Schritt 3: Anmalen

Im ersten Schritt ziehen Sie einen Tonklumpen durch die Finger in die Länge und formen ihn (Bild 2.27). Sobald Sie mit dem Ergebnis zufrieden sind, wird die Vase gebrannt. In weiteren Schritten ist es möglich, aus einer Vielzahl von Farben, Mustern und Verzierungen (z. B. Henkel und Deckel) zu wählen. Teil des Spieleprinzips ist es, dass man sich diese Möglichkeiten der Verschönerung erst verdienen muss, indem man Vasen entsprechend bestimmter Vorgaben nachgestaltet.

Durch Druck auf den PRINT-Knopf (Symbol ganz unten in Bild 2.28) gelangen Sie schließlich in den Shopbereich, in dem Sie zwischen den drei möglichen Größen *small*, *medium* oder *large* wählen können. Im letzten Schritt wird das Design auf die Sculpteo-Webseite geladen und mit einem Preis versehen. Die Preise sind recht üppig. Für eine 10 cm hohe Vase müssen Sie circa 45 Euro zuzüglich Versandkosten zahlen. Wenige Tage nach der Bestellung bekommen Sie die eigene Vase in einer schönen Holzbox (Bild 2.26) geliefert.

28 Weitere Varianten existieren für Mac OS X, Symbian, Nintendo DS sowie Nintendo Wii. Diese profitieren aber oft nicht von der intuitiven Bedienung durch ein Touchdisplay. Ob die 3D-Druck-Funktionalität vorhanden ist, wurde nicht überprüft.

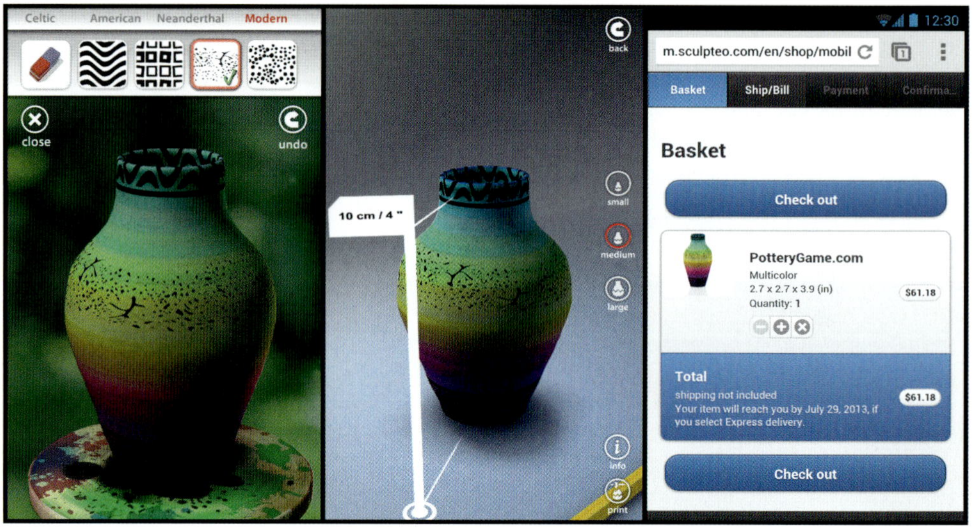

Bild 2.28 Schritt 4: Verzieren, Schritt 5: Größe wählen und Schritt 6: Bezahlen

Alles in allem bietet die App Let's Create! Pottery die praktische Möglichkeit, 3D-Modelle auf einfache Weise zu erstellen und diese auch ohne eigenen Drucker ausdrucken zu lassen.

Damit beende ich meine Ausführungen zu den Customizern. Die Vorteile der kleinen Helferlein liegen, denke ich, auf der Hand: Mithilfe der Customizer können wir ein vorgegebenes Modell in vielerlei Hinsicht den eigenen Ansprüchen anpassen, doch stoßen wir hier irgendwann auch an unsere Grenzen. Um wirklich einzigartige und neuartige Designs kreieren zu können, werden wir uns in Abschnitt 2.4 den professionellen 3D-Softwarelösungen zuwenden. Wem das zu schnell geht, der kann gerne noch eine Praxisübung einlegen. In Abschnitt 5.1 finden Sie eine Übung zu einem Ring-Customizer – mit umfassender Anleitung vom Design bis hin zum fertigen Ausdruck.

2.4 Zeichnen in der dritten Dimension – die Erstellung eigener Modelle

Nachdem wir bei den Content-Plattformen und Customizern nur mit fertigen bzw. veränderbaren Modellen gearbeitet haben, widmen wir uns jetzt der Königsklasse – den vollwertigen *3D-Modellierungs- und Konstruktionslösungen*.

Auch in diesem Bereich gibt es keine »Eine-für-Alles-Lösung«. Jede Software hat ihre besonderen Schwerpunkte und Stärken. Es gibt spezielle Lösungen für Hobbyisten, Designer, Architekten, und Konstrukteure. Dementsprechend sind alle Preiskategorien, von kostenlos bis zu mehreren Tausend Euro, vertreten. Was die Bedienbarkeit angeht, stehen ebenfalls verschiedenste Varianten zur Auswahl – von intuitiv einsetzbaren Benutzeroberflächen bis hin zu hochkomplexen grafischen Oberflächen oder kahlen mathematischen Editoren. Die Erfahrung sagt: Niemand braucht sie alle, aber fast keinem reicht eine einzige Software.

Deshalb werde ich Ihnen im Folgenden verschiedene Programme mit ihren jeweiligen Eckdaten, Vor- sowie Nachteilen vorstellen. In Form von Übungen werden Sie einige der Programme auch selbst austesten können.

Am Ende dieses Abschnitts sollten Sie eine Vorstellung haben, welche Software sich für Ihr Projekt eignet, und wo es sich lohnt, weitere Zeit zu investieren. Wenn Sie 3D-Modellierungs- oder Konstruktionslösungen wirklich beherrschen wollen, sollten Sie sich auf viele Übungsstunden einstellen. Leistungsfähige Sonderfunktionen liegen oft in Untermenüs versteckt, sind nur durch Tastenkombinationen erreichbar oder erst in cleverer Kombination verschiedener Werkzeuge anwendbar. Aber die Arbeit lohnt sich auf jeden Fall!

Motivationsschub: Eine Frage an den 3D-Designer Asher Nahmias (Dizingof)

Asher, wann hast du dein erstes 3D-Modell erstellt und was war es?

Ich hatte schon immer Ideen und Konzepte im Kopf, die ich umsetzen wollte, aber nicht herstellen konnte. Als ich 2009 von einem 3D-Druck-Dienstleister hörte, begann ich sofort, meine erste Kreation zu designen: Ein winziges Ladegerät am Schlüsselbund für mein iPhone. Nichts besonderes, aber eine sehr coole Lösung für das nervige Problem leerer Batterien auf Reisen.

Es ist ein überwältigendes Gefühl, eine Idee in der Hand zu halten, die gerade noch in deinem Kopf war. Durch 3D-Druck kannst du fast alles herstellen.

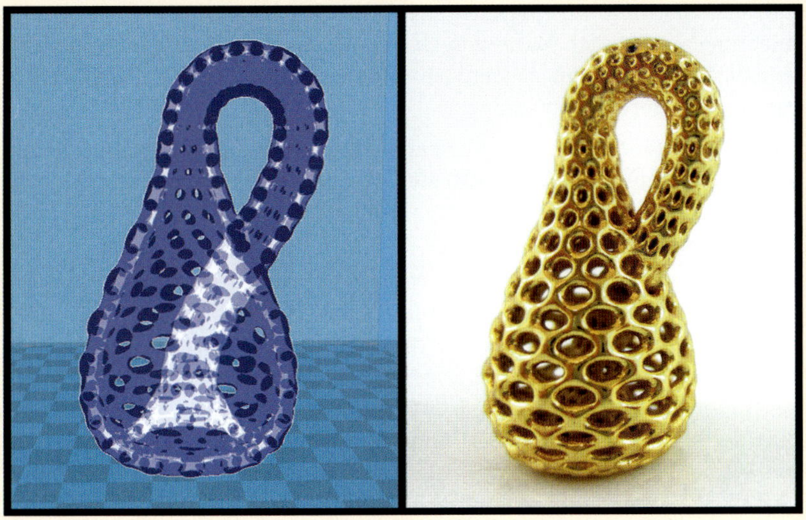

Bild 2.29 Dizingof's bekannteste Kreation, die gelochte Klein Bottle: Die Außenseite ist von der Innenseite nicht zu unterscheiden[29] (Foto: © i.materialise).

29 Mathematisch korrekter ist eine Kleinsche Flasche eine nicht-orientierbare Fläche. Details finden Sie unter *http://de.wikipedia.org/wiki/Kleinsche_Flasche* [1b0lPDV].

Heutzutage bin ich bekannt für meine *Math Art*-Designs, die auf komplexen mathematischen Formeln beruhen. Sie werden in Edelstahl, Stahl, Bronze oder Edelmetallen 3D-gedruckt.

Meine kostenlos veröffentlichten Designs sind offenbar sehr populär in der 3D-Druck-Community. Man findet glückliche Maker überall in den Weiten des Internets und in jeder Ecke der Welt[30], die meine Designs auf ihren 3D-Druckern zu Hause ausdrucken. Ein beeindruckendes Phänomen![31]

Ich veröffentliche meine Designs auf meiner Webseite *http://www.3Dizingof.com*.

Hinweis: Asher stellt Ihnen eine digitale Kopie der in Bild 2.29 abgebildeten Klein Bottle zur Verfügung. Den Download-Link und Hinweise zum Ausdruck erhalten Sie in Abschnitt 5.5.

Das Interview mit Asher Nahmias zeigt: Irgendwann fängt jeder einmal klein an. Das wichtige ist, dass man am Ball bleibt. Man sollte seine Zeit jedoch auch nicht mit einem Modellierungsansatz verschwenden, der nicht der eigenen Denkweise entspricht oder so gar nicht zur selbstgesetzten Aufgabenstellung passt.

2.4.1 Übersicht gängiger 3D-Modellierungs- oder Konstruktionslösungen

Die große Vielfalt an Softwarelösungen für Einsteiger sinnvoll zusammenzustellen, ist keine leichte Aufgabe. Einerseits will ich Ihnen eine kompakte Auswahl an Möglichkeiten präsentieren, andererseits aber auch keine vorgefertigte Meinung aufdrängen[32]. Das Ergebnis ist eine umfangreiche Liste, der aus meiner Sicht wichtigsten Programme, die ich in drei Anwendungsbereiche gegliedert habe:

- **Sculpting** (Bildhauerei-Lösungen): Aus einer Art digitalem Ton können Objekte geformt werden. Diese sehr intuitive Art der 3D-Modellierung ist besonders für die Erstellung von Figuren, Charakteren und anderen Wesen geeignet. Für technische Bauteile würde man diese Lösung nicht einsetzen.
- **Design** (Freiform-3D-Modellierung): Hierbei handelt es sich um den großen Bruder des Sculptings. Mit einem wesentlich größeren Werkzeugarsenal ausgestattet, lässt sich mit diesen Programmen sehr viel genauer arbeiten. Oberflächen können zum Beispiel bis auf das Polygon genau bearbeitet werden. Über die eigentliche Modellierung hinaus ist hier oft ein sogenanntes *Rendering* möglich, bei dem man einzelne Bilder oder ganze Animationen[33] besonders aufwendig berechnen lässt und so auch fotorealistische Szenen am Computer erzeugen kann. Gerade organische Formen sind in der 3D-Modellierung kein Problem.

30 Suchergebnisse zu »Dizingof« auf flickr: *http://www.flickr.com/search/?q=dizingof* [1faXyQd].

31 Das Interview habe ich selbst übersetzt.

32 Mein Wissen in diesem Bereich ist nicht allumfassend, und ich konnte auch nur einen Teil der Programme über längere Zeit persönlich testen.

33 Viele dieser Programme eignen sich auch zur Erstellung ganzer Animationsfilme.

Auch das Thema der Oberflächenbebilderung, die sogenannten *Texturen*, ist in der Freiform-3D-Modellierung stark ausgeprägt. Für technische Bauteile kann man diese Programme verwenden, sie sind aber oft nicht dafür optimiert.

- **Konstruktion** (3D-CAD-Lösungen): Das sogenannte *Computer Aided Design* (CAD) ist ein weit gefasster Begriff, der von technischen 2D-Zeichenprogrammen bis hin zu Layout-Programmen für elektronische Schaltungen alle rechnergestützten Konstruktionsverfahren reicht. Bei den 3D-CAD-Systemen geht es um die Erstellung dreidimensionaler technischer Lösungen. Im Gegensatz zur Freiform-3D-Modellierung und dem Sculpting muss im 3D-CAD immer alles ordentlich bemaßt sein. Hierzu geht man bei der Konstruktion oft von zweidimensionalen Zeichnungen aus, die erst in einem Folgeschritt in die dritte Dimension extrudiert werden[34]. Mehrere extrudierte Körper bilden ein Bauteil, und viele Bauteile bilden eine Baugruppe. So lässt sich zum Beispiel bei der Konstruktion einer Flugzeugturbine alles – von der kleinsten Schraube bis hin zu großen Turbinenrädern – erfassen. Es ergeben sich somit auch umfassende Möglichkeiten, die konstruierten 3D-Modelle in detaillierten Teilelisten aufzuschlüsseln oder in rechnergestützte Simulationsverfahren zu überführen. Gesondert in der Übersicht aufgeführt sind 3D-CAD-Lösungen für architektonische Konstruktionen.

Innerhalb der drei großen Gliederungspunkte sortiere ich Ihre Wahlmöglichkeiten nach der Ausrichtung der Software (Einsteiger, Fortgeschrittene oder Profis) und gebe grundlegende Auskünfte zu der Kompatibilität mit Ihrem Betriebssystem sowie dem groben Preisniveau.

Preisniveau

Zu den komplett kostenlosen Programmen gesellen sich einige sogenannte Freemium-Geschäftsmodelle, bei denen grundlegende Funktionen kostenlos verfügbar sind, erweiterte Funktionen aber erst durch einen monatlichen Beitrag nutzbar werden. Die große Mehrheit der 3D-CAD-Programme ist im hochpreisigen Segment von über 1000 Euro je Lizenz bis hinauf zu fünfstelligen Beträgen für Industrielösungen vertreten. Niedrigpreisige Software im Konstruktionsbereich gibt es leider kaum.

Lassen Sie uns nun einen Blick auf die Übersicht werfen (Tabelle 2.2). Im Anschluss werde ich auf einige Punkte noch genauer eingehen.

Tabelle 2.2 Übersicht aller relevanten 3D-Modellierungs- und Konstruktionslösungen

Name	Hersteller/ Programmierer	Webseite	Ausrichtung	Preisniveau	Plattformunabhängigkeit[35]	Bemerkung
Sculpting (Bildhauerei-Lösungen)						
123D Sculpt	Autodesk Inc.	*http://www.123dapp.com/sculpt*	Einsteiger	Freemium	nur iPad	–
Leopoly	Leonar3Do International Inc.	*http://leopoly.com/*	Einsteiger	Freemium	ja, browserbasiert	wird in Abschnitt 2.4.4 vorgestellt

34 Vgl. Extrusion eines Kreises zu einem Zylinder in Übung 1, Abschnitt 1.2.1.

35 Plattformunabhängigkeit oder auch cross-platform compatibility beschreibt die Eigenschaft von Software, auf allen gängigen Betriebssystemen lauffähig zu sein (siehe *http://de.wikipedia.org/wiki/Plattformunabh%C3%A4ngigkeit* [16rJOfw]).

Tabelle 2.2 Übersicht aller relevanten 3D-Modellierungs- und Konstruktionslösungen *(Forts.)*

Name	Hersteller/ Programmierer	Webseite	Ausrichtung	Preisniveau	Plattformunabhängigkeit[35]	Bemerkung
Sculpt GL	Stéphane Ginier	*http://stephaneginier.com/sculptgl/*	Fortgeschrittene	kostenlos, Open Source	ja, browserbasiert	wird in Abschnitt 2.4.4 vorgestellt
Sculptris	Pixologic Inc.	*http://pixologic.com/sculptris/*	Fortgeschrittene	kostenlos	nur Windows und Mac OS X	**Meine Empfehlung (siehe auch Zusatzübung auf der Website zum Buch)**
ZBrush	Pixologic Inc.	*http://pixologic.com/zbrush/*	Profis	circa $ 800	nur Windows und Mac OS X	großer Bruder von Sculptris
Design (Freiform-3D-Modellierung)						
123D Creature	Autodesk Inc.	*http://www.123dapp.com/creature*	Einsteiger	Freemium	Nur iPad	–
Blender	Stichting Blender Foundation	*http://www.blender.org/*	Fortgeschrittene bis Profis	kostenlos, Open Source	ja	**Meine Empfehlung (siehe auch Zusatzübung auf der Website zum Buch)**
3ds Max	Autodesk Inc.	*http://www.autodesk.de/*	Profis	hochpreisig, diverse Versionen	nur Windows	Fokus auf Animationen und Renderings
Maya	Autodesk Inc.	*http://www.autodesk.de/*	Profis	hochpreisig, diverse Versionen	nur Windows	Fokus auf Animationen und Renderings
Cinema 4D	MAXON Computer GmbH	*http://www.maxon.net/*	Profis	hochpreisig, diverse Versionen	nur Windows und Mac OS X	Fokus auf Animationen und Renderings
Konstruktion (3D-CAD-Lösungen)						
Tinkercad	Autodesk Inc.	*https://tinkercad.com/*	Einsteiger	Freemium	ja, browserbasiert	sehr einfach zu bedienen (siehe Übung 9 in Abschnitt 5.3)

Tabelle 2.2 Übersicht aller relevanten 3D-Modellierungs- und Konstruktionslösungen *(Forts.)*

Name	Hersteller/ Programmierer	Webseite	Ausrichtung	Preisniveau	Plattformunabhängigkeit[35]	Bemerkung
123D Design	Autodesk Inc.	*http://www.123dapp.com/design*	Einsteiger	Freemium	ja, browserbasiert und offline Windows und Mac OS X	etwas mächtiger als der kleine Tinkercad-Bruder (siehe Übung 10 in Abschnitt 5.4)
Sketch Up Make	Trimble Navigation Ltd.	*http://www.sketchup.com/*	Einsteiger bis Fortgeschrittene	kostenlos	nur Windows und Mac OS X	wird in Übung 1, Abschnitt 1.2.1 vorgestellt
Free CAD	FreeCad Community	*http://freecadweb.org/*	Fortgeschrittene	kostenlos, Open Source	ja	eines der wenigen CAD-Programme für Linux
Cubify Invent/ Design	Geomagic/ 3D Systems Corporation	*http://www.alibre.com/*	Einsteiger bis Fortgeschrittene	ca. $ 50/200	nur Windows	ehemals Alibre Design Personal (PE)
Design-Spark Mechanical	Electrocomponents plc	*http://www.designspark.com/*	Einsteiger bis Fortgeschrittene	kostenlos	nur Windows	neue Softwareinitiative eines großen Elektronik-Distributors
Geomagic Design	Geomagic/ 3D Systems Corporation	*http://www.alibre.com/*	Fortgeschrittene	hochpreisig, diverse Versionen	nur Windows	ehemals Alibre Design PRO bzw. EXP
Rhinoceros	Robert McNeel & Associates	*http://www.rhino3d.com/*	Fortgeschrittene bis Profis	hochpreisig, diverse Versionen	nur Windows und Mac OS X in Entwicklung	Fokus auf flächenbasiertem Produktdesign
Inventor	Autodesk Inc.	*http://www.autodesk.de/*	Fortgeschrittene bis Profis	hochpreisig, diverse Versionen	nur Windows	sehr populär, kostenlose Bildungsversion verfügbar
SolidWorks	Dassault Systèmes SolidWorks Corp.	*http://www.solidworks.de/*	Fortgeschrittene bis Profis	hochpreisig, diverse Versionen	nur Windows	sehr populär, günstigere Bildungsversionen verfügbar

Tabelle 2.2 Übersicht aller relevanten 3D-Modellierungs- und Konstruktionslösungen *(Forts.)*

Name	Hersteller/ Programmierer	Webseite	Ausrichtung	Preisniveau	Plattformunabhängigkeit[35]	Bemerkung
Creo	PTC Inc.	*http://www.ptc.com/*	Fortgeschrittene bis Profis	hochpreisig, diverse Versionen	nur Windows	kostenlose Elements-Version verfügbar
Solid Edge	Siemens Industry Software GmbH & Co. KG	*http://www.plm.automation.siemens.com/*	Profis	sehr hochpreisig, diverse Versionen	nur Windows	vornehmlich in der Industrie im Einsatz
NX	Siemens Industry Software GmbH & Co. KG	*http://www.plm.automation.siemens.com/*	Profis	sehr hochpreisig, diverse Versionen	nur Windows und Mac OS X	vornehmlich in der Industrie im Einsatz
CATIA	Dassault Systèmes	*http://www.3ds.com/*	Profis	sehr hochpreisig, diverse Versionen	nur Windows	vornehmlich in der Industrie im Einsatz
Konstruktion (3D-CAD-Lösungen mit Schwerpunkt Architektur)						
Sketch Up Pro	Trimble Navigation Ltd.	*http://www.sketchup.com/*	Einsteiger bis Fortgeschrittene	ca. $ 600	nur Windows und Mac OS X	großer Bruder der kostenlosen Make-Version
ARCHICAD	GRAPHISOFT SE	*http://www.graphisoft.de/archicad/*	Fortgeschrittene bis Profis	hochpreisig, diverse Versionen	nur Windows und Mac OS X	–
Revit	Autodesk Inc.	*http://www.autodesk.de/*	Profis	hochpreisig, diverse Versionen	nur Windows	–

Erläuterungen zu Tabelle 2.2

Im *Sculpting- und 3D-Modellierungsbereich* fällt es leicht, Empfehlungen abzugeben. Mit *Sculptris* steht eine sehr leistungsfähige und kostenlose Software zur Verfügung, die Sie für lange Zeit zufrieden stellen wird. Wer darüber hinaus noch weitere Anforderungen hat, bekommt aus der gleichen Entwicklerschmiede mit *ZBrush* den großen kommerziellen Bruder der Software.

Im Bereich der *3D-Modellierung* sticht der Open Source entwickelte Community-Liebling *Blender* hervor. Die Software ist kostenlos und als eine der wenigen Programme aus der Übersicht in Tabelle 2.2 wirklich plattformunabhängig einsetzbar. Neben der eigentlichen Modellierung sind auch Reparaturen von bereits bestehenden Modellen möglich. Das mächtige Softwarepaket bedarf einer längeren Einarbeitung. Aufgrund der großen Beliebtheit finden Sie aber eine Vielzahl von Anleitungen im Internet und Buchhandel. Funktionen wie die eingebaute

Spiel-Engine sowie die umfangreichen Rendering- und Animationsmöglichkeiten spielen im 3D-Druck keine große Rolle, demonstrieren aber die universelle Einsetzbarkeit von Blender.

Eine Empfehlung in meinem Lieblingsbereich, den zur *Konstruktion* bestimmten 3D-CAD-Programmen, fällt wesentlich schwerer. Mit der kostenlosen Software *123D Design* und dem online-basierten *Tinkercad* gibt es schöne Lösungen für Einsteiger. Das bereits in Übung 1 (Abschnitt 1.2.1) vorgestellte *SketchUp Make* kann bei richtigem Einsatz auch für etwas größere Projekte genutzt werden. Mit wenigen Ausnahmen folgen danach direkt die hochpreisigen Softwarepakete der etablierten Hersteller, die oft nicht unter 1000 Euro zu haben sind[36]. Die beliebten Einsteiger-Lösungen von Alibre werden seit der Übernahme von 3D Systems[37] unter dem neuen *Cubify Design*-Label verkauft. Inwiefern sich das Softwarepaket auch noch an Besitzer von 3D Systems-fremden 3D-Druckern richtet, ist unklar. Was fehlt, ist sozusagen das Blender der 3D-CAD-Konstruktion. Open-Source-Entwicklungen wie *FreeCAD* sind noch zu jung, um den Branchengrößen das Wasser reichen zu können. Abgespeckte Versionen der großen Softwarepakete werden in Einzelfällen vergünstigt oder im Fall von *PTC Creo Elements* sogar kostenlos angeboten[38]. Mit dem Unternehmen Electrocomponents[39] hat ein Außenseiter den Mangel an soliden Einsteigerlösungen erkannt und stellt sein *DesignSpark Mechanical* sogar kostenlos zur Verfügung. Nicht ganz ohne Eigeninteresse, denn es ist eine Integration des eigenen Elektroniksortiments vorgesehen, das sich dadurch besonders einfach in eigenen 3D-Modelle integrieren lässt. Dennoch läuft die Software aktuell nur auf Windows und wird sicher nicht die Bedürfnisse aller Nutzer befriedigen können.

Meine Empfehlung: Sobald Sie den Schuhen der Einsteigerlösungen entwachsen sind, testen Sie die wenigen kostenlosen, mittelpreisigen und sämtliche hochpreisigen Lösungen über die jeweiligen angebotenen Testversionen. Nur so können Sie sich ein Bild davon machen, inwiefern sich eine größere Investition in diesem Bereich für Sie lohnt.

Für Schüler, Studenten und Lehrkräfte entschärft sich die Thematik, da nahezu jeder Hersteller seine Softwarepakete zu massiv reduzierten Preisen in den Bildungssektor abgibt. Weitere Informationen hierzu finden Sie auf den Webseiten der Hersteller oder auf Nachfrage bei den IT-Verantwortlichen der Schulen und Universitäten.

Für Mac OS X- und Linux-Nutzer ist die Auswahl eingeschränkt, da die Mehrzahl der leistungsfähigen 3D-CAD-Lösungen nur auf Windows-basierten Systemen laufen. Eine Übersicht nativer Programme für Linux finden Sie auf der ubuntuuser-Webseite[40]. Einige Hersteller entwickeln zurzeit aber auch Portierungen der Windows-Programme auf andere Betriebssysteme. Als Notlösung kann bei einem ausreichend leistungsfähigen Computer auch Virtualisierung zum Einsatz kommen. Hierbei lässt sich eine Windows-Installation parallel auf Ihrem laufenden Mac- oder Linux-Computer nutzen[41].

36 Genaue Preise sind auf den Herstellerseiten oder über individuelle Anfragen in Erfahrung zu bringen. Alternativ sind einige Preise in folgender Liste vermerkt: *http://en.wikipedia.org/wiki/Comparison_of_CAD_editors_for_architecture,_engineering_and_construction_(AEC)* [GHeXSz].

37 Die Alibre-Übernahme erfolgte Mitte 2011 (siehe *http://www.3dsystems.com/press-releases/3d-systems-acquires-alibre* [GHf1le]).

38 Kostenlose Downloadmöglichkeit von Creo Elements/Direct Modeling Express 4.0: *http://de.ptc.com/products/creo-elements-direct/modeling-express/* [196ty22].

39 Electrocomponents plc ist einer der weltweit größten Elektronik-Distributoren, in Deutschland besser bekannt unter dem Name RS Components *(http://de.rs-online.com/)*.

40 Übersicht nativer Linux-CAD-Anwendungen: *http://wiki.ubuntuusers.de/CAD* [1ckEu0S].

41 Einen kompetenten Überblick über Virtualisierungsmöglichkeiten bietet lifehacker: *http://lifehacker.com/5714966/five-best-virtual-machine-applications* [GHfaoR].

Autodesk Student Community

In meinen Augen vorbildlich, positioniert sich Autodesk im Bildungssektor: Das komplette Softwareportfolio ist in allen verfügbaren Sprachen und Versionen als kostenloser Download für Studenten und Fakultätsangehörige verfügbar. Die Software darf laut Lizenzvereinbarung nur für Ausbildungszwecke und nicht für kommerzielle Zwecke genutzt werden. Dennoch bietet diese Initiative eine einzigartige Möglichkeit, Software im Wert von über 100 000 Euro unkompliziert nutzen zu können. Weitere Informationen finden Sie unter *http://students.autodesk.com/*.

Fazit: Sie müssen anfangen, zu experimentieren und selbst herausfinden, welche Software den eigenen Vorstellungen am besten entspricht. Nur so finden Sie irgendwann Ihre Lieblingssoftware. So manch einer hat seinen bevorzugten Ansatz zur Konstruktion allerdings auch im Spiel Minecraft[42] gefunden, das ich in der nachfolgenden Infobox vorstelle.

Minecraft: Konstruktion für kleine und große Kinder

Das Computerspiel Minecraft wird dem ein oder anderen Spieler unter Ihnen ein Begriff sein. Trotz – oder gerade wegen – seiner Grafik im Retrolook feiert es bis heute große Erfolge. Denn der Spieler kann aus den grob aussehenden Blöcken eine Welt in 3D erschaffen. Baustein für Baustein entstehen so Landschaften, Häuser oder Figuren.

Dass das Entwicklerteam rund um Markus Persson neben dem eigentlichen Spiel das einfachste Konstruktionsprogramm der Welt erschaffen hatte, wurde spätestens Anfang 2012 deutlich, als der Autodesk Mitarbeiter Eric Haines sein Hobbyprojekt *Mineways*[43] vorstellte.

Bild 2.30 Eine farbig ausgedruckte Minecraft-Welt (Foto: © Sebastian Draxler und Alexander Boden[44])

42 Alle wichtigen Informationen zum Kreativspiel finden Sie unter *http://de.wikipedia.org/wiki/Minecraft Die Version* [16rK8e3].

43 Ein Wortspiel aus Minecraft und Shapeways, einen 3D-Druckdienstleister über den Haines seine ersten Minecraft-Kreationen ausdrucken ließ.

44 Weitere wunderbare Minecraft-Ausdrucke finden Sie in der Flickr-Sammlung des Post-Apocalyptic Research Institute (*http://www.flickr.com/people/postapocalyptic/* [1ckEXA4]).

Über das Programm ist es auf einfache Weise möglich, die eigene *Minecraft*-Welt als 3D-Modell zu exportieren und selbst auszudrucken, beziehungsweise dies über einen Dienstleister erledigen zu lassen (Bild 2.30). Sie finden die Software, inklusive Beispielfotos und Anleitung, unter *http://www.realtime rendering.com/erich/minecraft/public/mineways/* [1bN2yqt]. Wer es noch bequemer mag, kann das Modell auch auf speziellen Minecraft Servern im Spiel drucken lassen. Alle Details hierzu finden Sie unter *http://www.print craft.org/*.

2.4.2 Parametrische Konstruktion mit OpenSCAD/CoffeeSCad

Ein weiterer Ansatz der 3D-CAD-Konstruktion ist die Nutzung von Parametern anstelle fester Bemaßungen. So entstehen parametrische Modelle mit vielen Abhängigkeiten, die im späteren Verlauf mit geringem Aufwand neuen Bedingungen angepasst werden können.[45]

Ein Beispiel: Anstatt einen Quader mit festen Seitenmaßen von 20 auf 60 auf 30 Millimetern auszustatten, vergeben wir in der Konstruktion einen Parameter je Seitenmaß. So entsteht eine A-, B- und C-Kante unseres Beispielquaders. Diese Parameter können aber auch voneinander abhängig sein. Um die Proportionen des Quaders aufrechtzuerhalten, könnte man also folgende Bedingungen aufstellen:

```
A = 20 mm
B = 3 * A
C = B / 2
```

Wenn man sich im späteren Konstruktionsprozess entscheidet, dass die A-Seite des Quaders anstelle der 20 nur 12,5 Millimeter haben soll, würde der ganze Quader und damit alle weiteren Abhängigkeiten von A, B und C entsprechend mitskalieren.

Der parametrische Konstruktionsansatz wird in jedem modernen CAD-Konstruktionsprogramm angeboten und kann auch bei den designlastigen 3D-Modellierungslösungen Anwendung finden. Es bleibt aber Aufgabe des Nutzers, diese Möglichkeiten auch sinnvoll in seinen Modellen zu nutzen.

45 Eine Entwicklungshistorie der CAD-Ansätze finden Sie unter *http://de.wikipedia.org/wiki/CAD#Entwicklung_der_Modellierungsverfahren* [GCVK3W].

OpenSCAD – CAD für Programmierer

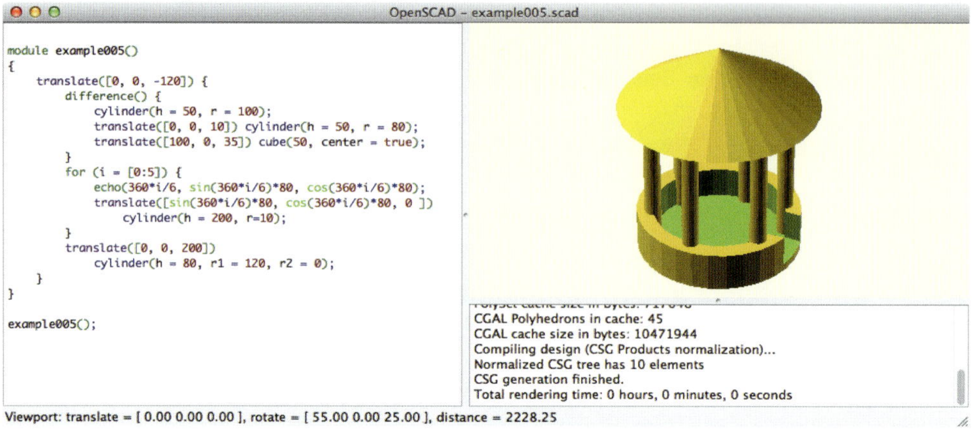

Bild 2.31 OpenSCAD in Aktion: Auf der linken Seite der Code, auf der rechten das fertige Ergebnis

Das als Open Source entwickelte 3D-CAD-Programm *OpenSCAD*[46] treibt den parametrischen Ansatz auf die Spitze. Nicht nur die Maße können parametrisch definiert werden, sondern auch die Formen, wie Quader, Kreise und deren Extrusionen, werden über Formeln angegeben und können so logisch miteinander verknüpft werden (Bild 2.31).

Für Programmierer ist das natürlich das Paradies, aber auch für Neueinsteiger kann Open SCAD eine gute Möglichkeit sein, sich Schritt für Schritt der 3D-Konstruktion zu nähern. Es gehört zum guten Ton eines Open-Source-Projekts, dass die Software auf allen Betriebssystemen läuft. Nach der Installation helfen eine große Menge an Übungen beim Einstieg in die Software.[47]

Wie einfach das Ganze sein kann, zeigt der OpenSCAD-Code für unseren Beispielquader (Bild 2.32).

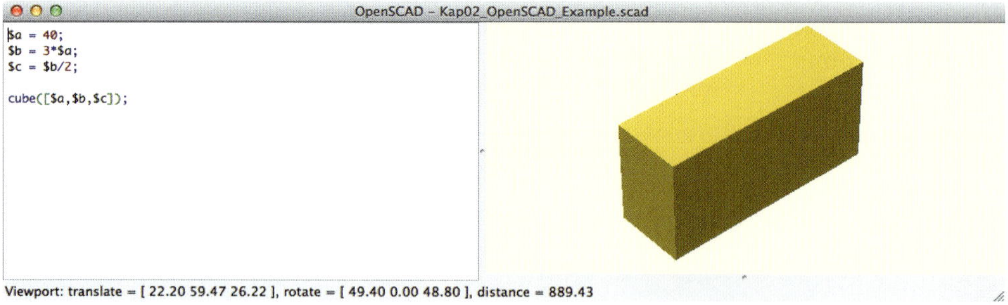

Bild 2.32 Parametrische Konstruktion mit OpenSCAD – noch verständlich, oder?

46 Die OpenSCAD-Projektwebseite mit kostenloser Downloadmöglichkeit finden Sie unter *http://www.openscad.org/*.

47 Die OpenSCAD Dokumentation biete einen guten Einstieg in die Software: *http://www.openscad.org/documentation.html* [196u3sN].

Die in Bild 2.32 dargestellten Parameter werden als Variablen[48] `$a`, `$b` und `$c` definiert und entsprechend meiner Vorgaben aus dem Beispiel miteinander verknüpft. Der Quader wird über die Grundfunktion `cube[size]` aufgerufen. Sobald auf der linken Seite eine passende Syntax eingegeben wurde, kann das Modell jederzeit über DESIGN → COMPILE (bzw. F5-Taste) auf der rechten Seite grafisch angezeigt werden. Wenn Sie das Ergebnis als *STL*-Datei exportieren möchten, wählen Sie DESIGN → COMPILE AND RENDER (bzw. F6-Taste) und anschließend DESIGN → EXPORT AS STL. Viel mehr ist es nicht! Versuchen Sie doch einmal mithilfe der Dokumentation, weitere Formen hinzuzufügen und andere Werte einzugeben.

CoffeeSCad – OpenSCAD to go

Der talentierte Webentwickler Mark Moissette[49] hat OpenSCAD browserkompatibel gemacht. Mit seinem Open-Source-Projekt *CoffeeSCad* ist es ohne Installationsaufwand möglich, direkt im Internetbrowser parametrisch zu konstruieren (Bild 2.33). Selbst große Baugruppen mit mehreren Bauteilen sind kein Problem. Anders als bei OpenSCAD wird die Skriptsprache *CoffeeScript*[50] verwendet.

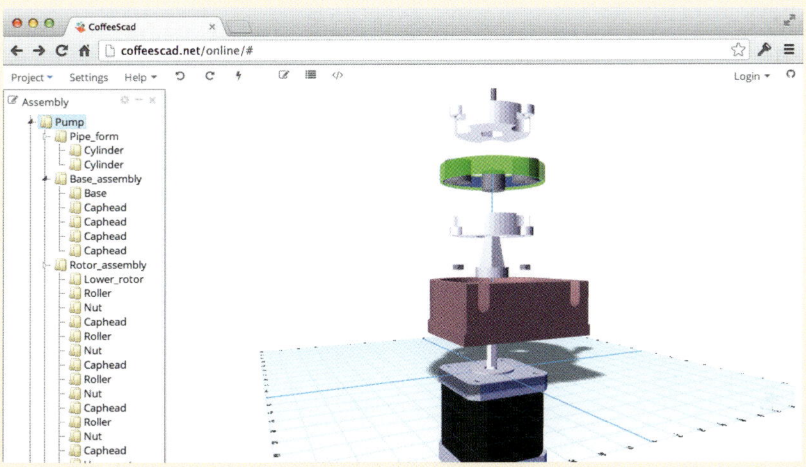

Bild 2.33 CoffeeSCad – fast wie OpenSCAD, nur in Ihrem Browser!

Durch quelloffene Projekte wie CoffeeSCad ist zu erwarten, dass zukünftig immer leistungsfähigere CAD-Konstruktionsapplikationen im Internet verfügbar sein werden. Jeder kann auf dieser Grundlage aufbauen und dadurch auf schnelle Weise eigene Geschäftsideen oder Webseitenkonzepte in Form von neuen Customizern und CAD-Werkzeugen im Browser umsetzen.

48 Variablen werden laut der OpenSCAD-Syntax mit einem Dollarzeichen markiert. Eine Kurzübersicht aller Befehle finden Sie unter *www.openscad.org/cheatsheet/* [GG6dvO].
49 Mark Moissette auf Google+: *https://plus.google.com/u/0/112899217323877236232/* [GHfrlq].
50 Die Projektwebseite der Skriptsprache CoffeeScript: *http://coffeescript.org/*

2.4.3 Sculpting mit Leopoly/SculptGL

In diesem Abschnitt möchte ich Ihnen die browserbasierten Möglichkeiten des Sculptings mit *Leopoly* und *SculptGL* vorstellen. Viel Spaß beim kneten!

App-Empfehlung: Leopoly/SculptGL – Knete im Browser

Inhalt: Kurzvorstellung webbasierter Modellierungs-Apps

Verwendete Hardware: Tablet oder Computer

Verwendete Web-Apps:

- Leopoly
- SculptGL

Hilfreiche Werkzeuge: Ihre Finger, Touchpad oder Maus

Wichtige Links:

- *http://leopoly.com/*
- *http://stephaneginier.com/sculptgl/*

Leopoly: Einfache Steuerung und eingeschränkte Freiheit

Das Bedienungskonzept bei *Leopoly* ist sehr intuitiv: Als Vorlage erhalten Sie eine kugelrunde Knetkugel, die Sie mit einer kleinen Auswahl an Modellierungswerkzeugen nach Belieben bearbeiten können. Die Werkzeuge sind den Möglichkeiten Ihrer Finger nachempfunden. Sie können also an der Knetkugel ziehen, drücken, formen und unebene Stellen glatt polieren (Bild 2.34).

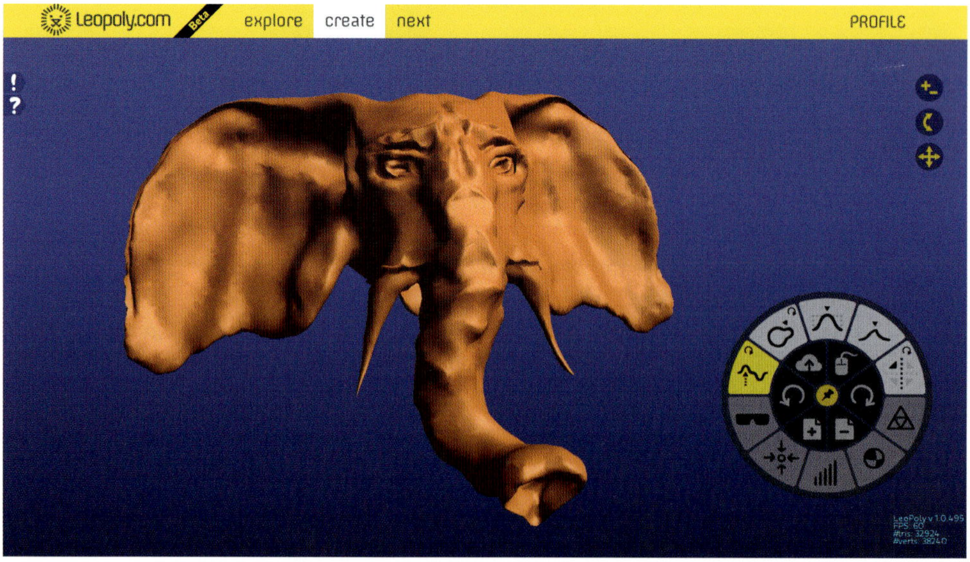

Bild 2.34 Leopoly – auch für Einsteiger gut geeignet (Quelle: *http://leopoly.com/view/?id=5575* [1faYBzK])

Jedes Wort zu dieser webbasierten Applikation ist zu viel. Sie sollten einfach Ihren Webbrowser starten und *http://leopoly.com/* selbst ausprobieren. Eine Anmeldung ist nicht vorausgesetzt, aber empfehlenswert, um die eigenen Designs speichern zu können.

Die wichtigsten Werkzeuge finden Sie in Bild 2.35 im Überblick. Zu beachten ist, dass manche Werkzeuge durch einen Klick auf den kleinen runden Pfeil in ihrer Wirkung umkehrbar sind. So wird zum Beispiel aus einem Pull-Werkzeug ein Push-Werkzeug. Besonders hilfreich ist das Spiegelwerkzeug, mit dem sich symmetrisch an der Knetkugel arbeiten lässt. Manche Werkzeuge, wie das Kanten-Werkzeug oder die Exportfunktion, sind nur in der kostenpflichtigen *LeopolyNEXT*-Version benutzbar.[51]

Falls die Webapplikation bei Ihnen nicht funktioniert, müssen Sie auf einen WebGL-fähigen Browser wechseln.[52]

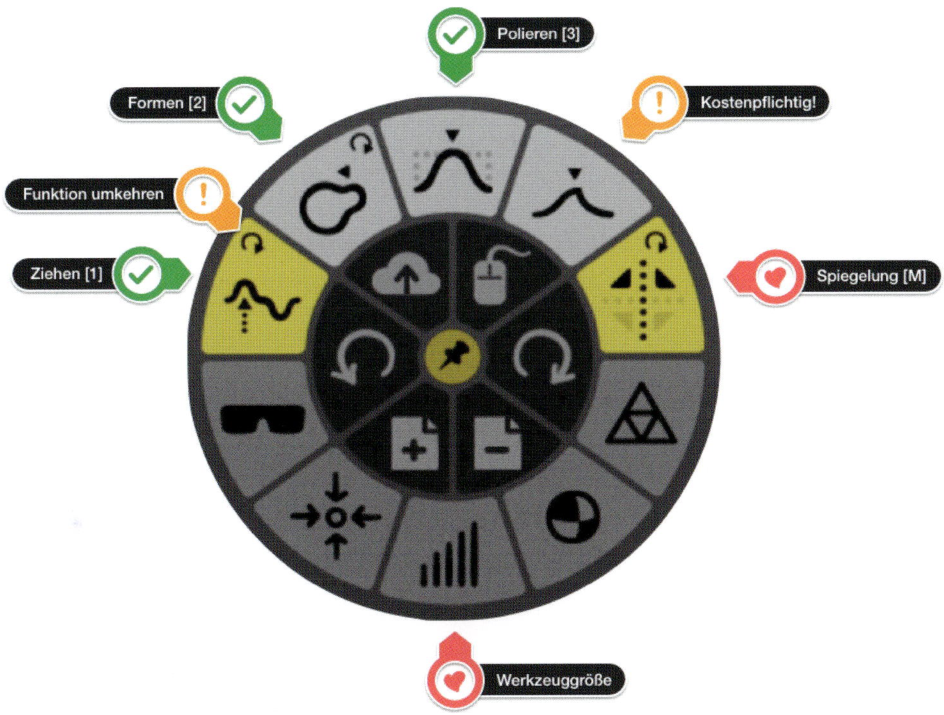

Bild 2.35 Durch ein übersichtliches Interface ist die Leopoly-Steuerung leicht zu bedienen.

Die Eigenkreationen sind nach dem Speichern automatisch öffentlich zugänglich und können von anderen weiterbearbeitet werden. Über 3D-Druck-Dienstleister können die Figuren auch ausgedruckt werden. Größtes Manko an der kostenfreien Version ist die fehlende Möglichkeit, die eigenen Knetspielereien auch als 3D-Modell exportieren zu können. Entweder, Sie

51 Weitere Informationen zu der kostenpflichtigen LeopolyNEXT-Version finden Sie unter *http://leopoly.com/next/* [GCVQbQ].

52 Zum Beispiel Google Chrome oder eine aktuelle Version von Mozilla Firefox. Weitere Informationen finden Sie unter *http://de.wikipedia.org/wiki/WebGL* [19sunGl].

entscheiden sich für die kostenpflichtige *NEXT*-Variante oder für die Open-Source-Software *SculptGL*, die ich im Folgenden vorstelle.

SculptGL: Umfangreiche Steuerung und volle Freiheit

Mit *SculptGL* hat Stéphane Ginier eine kostenlose Open-Source-Alternative[53] zu Leopoly geschaffen, die in ihrem Funktionsumfang sogar leistungsfähiger ist als der kommerzielle Mitbewerber. Die grafische Oberfläche ist leider nicht ganz so gut sortiert wie bei Leopoly. Die Werkzeuge lassen sich aber auch bequem über die Tasten 0 bis 9 anwählen. Auch die wichtige Spiegelfunktion (= *Symmetry*) ist in der rechten Seitenleiste anwählbar.

Auf der Exportseite zeigt sich SculptGL dagegen vorbildlich und erlaubt das Speichern im *STL*-, *OBJ*- und *PLY*-Format. Sogar ein Import und eine anschließende Bearbeitung dieser Dateitypen ist möglich. Am besten probieren Sie es einfach mal selbst, ganz ohne Anmeldung, unter *http://stephaneginier.com/sculptgl/* aus.

Wem diese Art der Modellierung gefällt, der findet auf der Webseite zum Buch eine umfangreiche Fortsetzung mit der Software *Sculptris*, die ich in der Online-Übung mit der mächtigen Software *Blender* kombiniere.

2.4.4 Übungen zur 3D-Modellierung und -Konstruktion – eine Übersicht

Auch auf die Gefahr hin, dass ich mich wiederhole: Gute 3D-Modellierung und -Konstruktion ist reine Übungssache. Sie werden also nicht daran vorbeikommen, sich ausgiebig mit diesen unendlich großen Lego-Baukästen auseinanderzusetzen, wenn Sie alle Funktionen optimal nutzen möchten. Dieses Buch kann nur den Grundstein Ihrer Karriere in der 3D-Modellierung und -Konstruktion legen. Über das Buch verteilt gibt es jedoch eine ganze Reihe von einführenden Übungen und App-Empfehlungen. Einige Übungen tauchten schon in diesem Kapitel auf, andere werden noch folgen. Eine Übersicht aller Übungen zeigt Tabelle 2.3.

Tabelle 2.3 Praxisnahe Buchinhalte mit Bezug zur 3D-Modellierung und -Konstruktion

Software/Webapplikation	Inhalt	Kapitel
SketchUp Make	Übung 1: Unser erstes 3D-Modell	Abschnitt 1.2.1
OpenSCAD/CoffeeSCad	Grundlagen der parametrischen Konstruktion	Abschnitt 2.4.2
Leopoly/SculptGL	Grundlagen des Sculptings	Abschnitt 2.4.3
Tinkercad	Übung 9: CD-Ständer u. weitere Last-Minute-Geschenke	Abschnitt 5.3
Autodesk 123D Design	Übung 10: Ersatzteil für den Haushalt drucken	Abschnitt 5.4
Blender und Sculptris	Online-Übung: Kreaturen erschaffen	*http://3dprintingbook.de*

53 Der Quellcode von SculptGL ist auf Github frei verfügbar: *https://github.com/stephomi/sculptgl* [18HWbDz].

Es liegt dann an Ihnen, sich in eine Software zu verlieben, Ihre Vorgehensweisen kontinuierlich zu verfeinern und immer aufwendigere Designs zu erstellen. Für alle in Tabelle 2.2 aufgeführten Programme gibt es umfangreiche Anleitungen, ganze Regale voller Bücher und – nicht zu unterschätzen – Videokurse auf diversen Videoplattformen im Internet.

Bild 2.36 Video über 3-Sweep: Die beeindruckende Arbeit eines israelischen Forscherteams (Quelle: *http://youtu.be/Oie1ZXWceqM* [15Uy0P9], © Ariel Shamir & Team)

Lassen Sie sich nie entmutigen! Und wenn es mal so gar nicht klappen will, drücken wir gemeinsam die Daumen und hoffen, dass die Software *3-Sweep*[54] der Entwickler an der Efi Arazi School of Computer Science schon bald Marktreife erlangt. Das Video aus Bild 2.36 zeigt eindrucksvoll, wie viel einfacher die uns heute bekannte Software noch werden könnte. Mit nur wenigen Mausklicks lässt sich so die Umwelt anhand von Fotos digitalisieren.

Das klingt schon verdächtig nach *3D-Scanning*. Im nächsten Abschnitt werden wir uns mit genau dieser Bezugsquelle für 3D-Daten beschäftigen.

2.5 3D-Scanning – die digitale Erfassung Ihrer Umwelt

Nach Content-Plattformen, Customizern und den von mir als Königsklasse beschriebenen 3D-Modellierungs- und Konstruktionslösungen beenden wir dieses Kapitel mit dem Themenbereich *3D-Scanning*. Der von mir bislang immer etwas stiefmütterlich behandelte Bereich zeigt bei näherer Betrachtung einen erheblichen Raum für Kreativität und geht weit über

54 Projektwebseite der von Tao Chen, Zhe Zhu, Ariel Shamir, Shi-Min Hu und Daniel Cohen-Or entwickelten 3-Sweep Software: *http://www.faculty.idc.ac.il/arik/site/3Sweep.asp* [19tUEOC].

bloße Kopien[55] bereits vorhandener Objekte hinaus. Durch immer leistungsfähigere, kostengünstigere und vielseitiger einsetzbare Technik wird 3D-Scanning zunehmend relevant für alle 3D-Druck-Interessierten.

Was ist 3D-Scanning?

Wie der Name schon sagt, handelt es sich hierbei um eine Software, Technik oder ein eigenständiges Gerät, das dreidimensional scannen kann. Anders als bei einem 2D-Scanner können nicht nur flache Gegenstände aufgenommen werden, sondern räumliche Objekte unserer Umwelt digitalisiert werden. Das Ergebnis ist ein 3D-Modell des gescannten Gegenstands.

Wie auch beim 3D-Druck gibt es eine Vielzahl möglicher Verfahren im Bereich 3D-Scanning. Ohne Sie mit einem vollkommen neuen Thema und vielen technischen Details vom 3D-Drucken abhalten zu wollen, stelle ich Ihnen im Folgenden die wichtigsten vier Verfahren in Ihren Grundzügen vor. Der besondere Fokus liegt hierbei auf den günstigsten Lösungen aus dem jeweiligen Bereich.

2.5.1 3D-Scanning durch Fotos

Haben Sie eine Digitalkamera oder eine einigermaßen leistungsfähige Fotofunktion in Ihrem Smartphone? Wenn ja, dann habe ich eine erfreuliche Nachricht für Sie: Sie besitzen bereits die nötige Hardware für das fotobasierte 3D-Scanning-Verfahren.

Bild 2.37 Autodesk 123D Catch: Zusammengesetzte Fotos ergeben ein druckbares 3D-Modell (Quelle: *http://www.123dapp.com/howto/catch* [18HWnCO]).

Mithilfe einer Software, wie dem kostenlosen *123D Catch*[56] von Autodesk, ist es möglich, mehrere Fotos automatisiert zu einem 3D-Modell zusammenfügen zu lassen (Bild 2.37). Alles,

55 ... und allen inhärenten rechtlichen Problemen solcher Kopien.
56 Autodesk 123D Catch erhalten Sie kostenlos unter *http://www.123dapp.com/catch* [17ascBl].

was Sie benötigen, sind mindestens 20 Fotos, die um das Objekt herum aufgenommen wurden. Wenn Sie aus einem anderen Winkel einen weiteren Umlauf starten, wird das Ergebnis besser. Durch die Farbinformationen in den Fotos erhalten Sie nicht nur ein einfarbiges 3D-Modell, sondern es werden auch passende farbige Texturen berechnet und erstellt.

Am einfachsten funktioniert 123D Catch mit der verfügbaren iPhone- und iPad-App.[57] Hier können Fotos direkt aus der App an Autodesk geschickt werden, um nach der serverseitigen Bearbeitung ein fertiges 3D-Modell zu erhalten. Etwas aufwendiger, aber auch mit mehr Einstellungsmöglichkeiten, läuft das Ganze auch über die Windows-Software oder alternativ für Mac OS X und Linux über die Autodesk-Webseite. Eine Übung mit allen Details zu 123D Catch und dessen Verwendung finden Sie in Abschnitt 5.2.

2.5.2 Übung 4: 3D-Scanning durch PrimeSense-Sensoren

Etwas anspruchsvoller, was die nötige Hardware anbelangt, wird es beim *PrimeSense*-basierten 3D-Scanning-Verfahren. Sie benötigen einen der Sensoren der israelischen Firma und eine passende Software, um loslegen zu können. Vom Unternehmen PrimeSense[58] haben Sie vielleicht noch nie gehört, aber mit großer Wahrscheinlichkeit haben Sie oder Ihre Freunde eine Xbox 360 Spielekonsole von Microsoft im Haushalt. Dann stehen die Chancen gut, dass einer der passenden *Kinect*-Sensoren[59] vorhanden ist, mit dem es möglich ist, durch Gesten die Spiele zu steuern. Eben dieser Kinect-Sensor beherbergt die Technik von PrimeSense und lässt sich hervorragend für schnelle 3D-Scans einsetzen (Bild 2.38).

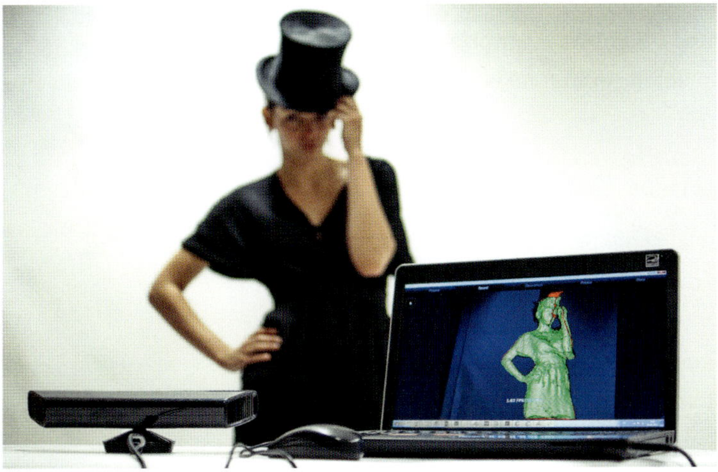

Bild 2.38 Links im Bild der Kinect-Sensor, mittig unser Model Uli und rechts die Skanect Software von Occipital Inc.

57 Die 123D Catch-iOS-Applikation erhalten Sie im App Store unter *https://itunes.apple.com/us/app/123d-catch/id513913018* [GCVYYK].

58 Seit PrimeSense Ende 2013 von Apple übernommen wurde, wird gemutmaßt, in welchem Produkt die Technologie ihre nächste Anwendung findet.

59 Seit Ende 2010 verkauft Microsoft die ursprünglich als Xbox 360 Add-on geplanten Sensoren (*http://de.wikipedia.org/wiki/Kinect* [1faZfx9]).

Einer Gruppe von Enthusiasten gelang es, schon wenige Tage nach dem Verkaufsstart, Treiber[60] zu entwickeln, die den Kinect-Sensor auch an Linux-, Mac OS X- und Windows-Computern nutzbar machten. Seitdem entwickelte sich eine Vielzahl von Softwarelösungen, mit denen es möglich ist, die eingebaute Tiefenkamera auch als 3D-Scanner zu verwenden. Microsoft erkannte die Bedürfnisse seiner Nutzer, lieferte mit *Kinect für Windows*[61] eine spezielle Entwicklervariante nach und ist seitdem um einen guten Kontakt zur Entwickler-Community bemüht[62]. Neben Microsoft bietet auch Asus mit der *Xtion*-Reihe und PrimeSense selbst mit der *Carmine*-Reihe kompatible Sensoren an.

Secondhand Kinect

Mein Spartipp: Für das eigene 3D-Scanning-Vergnügen habe ich über eBay eine gebrauchte Xbox 360 Kinect erworben und durch ein passendes Adapterkabel[63] ergänzt. So kommt man für deutlich unter 100 Euro zum gleichen Ergebnis wie mit der teureren *Kinect für Windows*-Variante und hat noch ein bisschen Geld übrig, um in eine gute 3D-Scansoftware zu investieren.

Sobald Sie in Besitz eines der Sensoren sind, müssen Sie nur noch eine Auswahl bezüglich der Software treffen. Microsoft bietet mit *Kinect Fusion* selbst eine 3D-Scansoftware für seine *Kinect für Windows* an.[64] Einen hervorragenden Testartikel zur großen Auswahl an kostenloser und kostenpflichtiger Dritthersteller-Software hat c't Redakteur Peter König in Ausgabe 13/13 des beliebten Computermagazins verfasst.[65]

Skanect – das Allroundtalent mit einfacher Bedienung

In der folgenden App-Empfehlung erfahren Sie am Beispiel der *Skanect*-Software, wie ein typischer Scanvorgang verläuft.

Übung 4: Skanect – 3D-Scannen in wenigen Minuten

Inhalt: Kurzvorstellung der *Skanect Pro*-Software

Verwendete Hardware:

- Computer
- *Kinect* oder kompatibler *PrimeSense*-Sensor

Verwendete Software:

- *Skanect Pro*, alternativ *Skanect Free*

Hilfreiche Werkzeuge: Eine ruhige Hand

Wichtige Links: *http://skanect.manctl.com/*

60 Sie finden die aktuellen Treiber auf der Webseite des Open-Source-Projekts OpenNI: *http://structure.io/openni* [1mCPWsw]

61 Die Produktseite der *Kinect für Windows: http://www.microsoft.com/en-us/kinectforwindows/* [1fT9rfb].

62 Es gibt sogar einen Microsoft for Kinect-Blog: *http://blogs.msdn.com/b/kinectforwindows/* [17aslEX].

63 Suchen Sie einfach auf eBay oder ähnlichen Portalen nach »Kinect + Netzteil«.

64 Sie finden Kinect Fusion im Kinect for Windows Developer Toolkit: *http://www.microsoft.com/en-us/kinectforwindowsdev/Downloads.aspx* [15Uyu7K].

65 Den Artikel »Berührungslos erfasst – 3D-Scansoftware für Kinect & Co.« können Sie unter *http://www.heise.de/ct/inhalt/2013/13/118/* [1ghhSyl] erwerben.

Skanect ist mit eingeschränkten Funktionalitäten als kostenlose Version verfügbar. Eine kommerzielle Nutzung und ein qualitativ hochwertiger Export der Scandaten ist aber nur mit der Pro-Version möglich. Die Software glänzt durch eine sehr einfache Benutzerführung in fünf einfachen Arbeitsschritten.

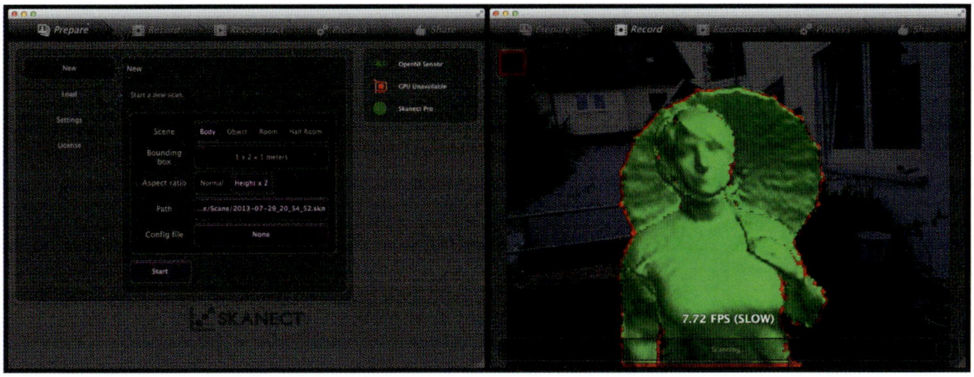

Bild 2.39 links: Vorbereitende Einstellungen, rechts: Der Aufnahmemodus

1. Stecken Sie Ihren *Kinect*- oder *PrimeSense*-kompatiblen Sensor an den USB-Anschluss an.
   - Starten Sie Skanect.
   - Falls der Sensor in der Anzeige nicht erkannt wird, müssen Sie den passenden Windows-Treiber von der Skanect-Webseite installieren.[66]
   - Auf Mac OS X-Systemen ist eine Installation der *Nvidia CUDA*-Treiber für eine erhöhte Leistung zu empfehlen. Der passende Link findet sich ebenfalls auf der Skanect-Webseite.
2. Im PREPARE-Schritt werden letzte Vorbereitungen getroffen. Neben der zu erfassenden Größe wird zwischen Personen, Objekten und Räumen als Szenentyp unterschieden (Bild 2.39).
3. Im RECORD-Schritt erfolgt die eigentliche Aufnahme (Bild 2.39).
   - Die zu scannende Person sollte vollkommen unbewegt vor Ihnen stehen oder sitzen.
   - Bewegen Sie sich langsam um die Person herum. Mehr Abstand zur Person führt oft zu besseren Ergebnissen. Zu schnelle Bewegungen können zum Abbruch führen. Übung macht auch hier den Meister, aber auch ein schneller Computer mit moderner Grafikkarte hilft ungemein.
   - Bei kleinen Objekten können Sie den Sensor auch auf einen Tisch stellen und das Objekt auf einem Drehteller rotieren. Zur besseren Orientierung hilft es, andere Objekte um den eigentlichen Scangegenstand herum aufzustellen.
   - Sie werden feststellen, dass eine gute Vorbereitung der Schlüssel zum Erfolg ist. Planen Sie Ihre Laufwege genau, um nicht über das Kabel zum Sensor zu stolpern. Ein mobiles Display am Sensor kann helfen und in Eigenregie angebracht werden.[67]

66 Windows-Treiber und Mac OS X-CUDA-Treiber finden Sie unter *http://skanect.manctl.com/download/* [16rL0zk].
67 Der DIY-Handscanner von Corey Kinard: *http://reconstructme.net/2013/09/17/diy-handheld-kinect-scanner-using-reconstructme-2/* [1mOffcN].

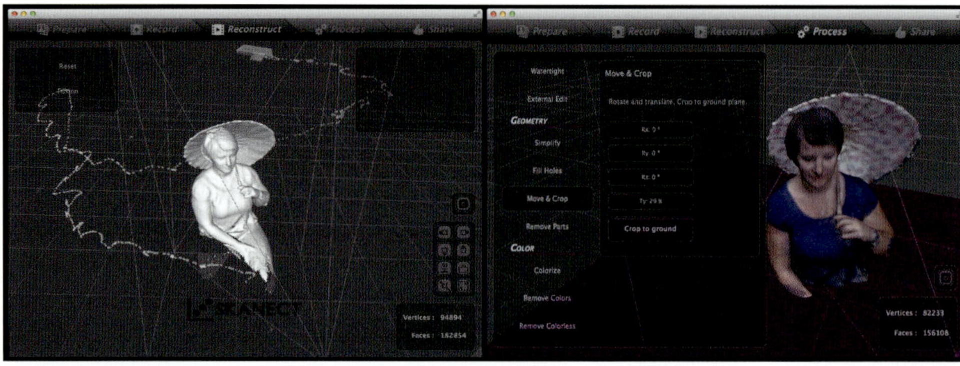

Bild 2.40 links: Nachberechnung über die RECONSTRUCT-Funktion, rechts: Überflüssige Bereiche per MOVE & CROP entfernen

4. Im RECONSTRUCT-Schritt kann der erfasste Raum nachträglich eingeschränkt und die gesammelten Sensordaten über eine leistungsfähige Grafikkarte nachberechnet werden (Bild 2.40). Dieser Schritt ist bei ordentlicher Vorarbeit nicht notwendig.

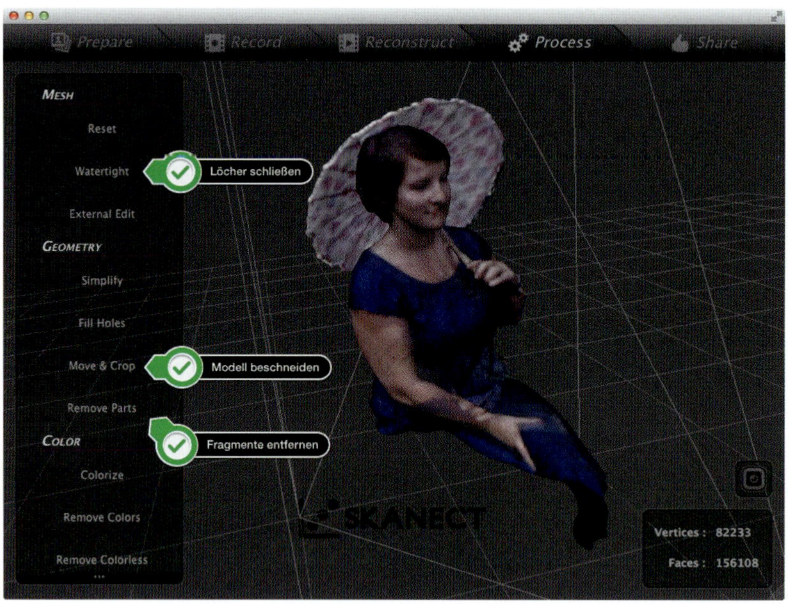

Bild 2.41 Der PROCESS-Modus bietet alle Funktionen, um den Scan zu einem druckbaren 3D-Modell zu verfeinern.

5. Im PROCESS-Schritt können verbleibende Fehler im Modell behoben werden (Bild 2.41).
   - Über die Funktion WATERTIGHT werden Löcher im Modell geschlossen.
   - Mit der Funktion MOVE & CROP lassen sich ungewünschte Randbereiche einfach entfernen.

- Fragmente, die sich nicht am Rand befinden, können über die REMOVE PARTS-Funktion entfernt werden.

6. Nun sind wir fast fertig! Über SHARE erfolgt der Export als 3D-Modell im *PLY*-, *OBJ*-, *STL*- oder *VRML*-Format. Außerdem kann das Modell direkt zu einem 3D-Druck-Dienstleister oder einer Content-Plattform geschickt werden.
   - Das vollfarbige Druckergebnis wird Ihnen in Abschnitt 3.2.1.2 nochmals begegnen.

Mit ein bisschen Übung dauert ein kompletter Scan von Anfang bis Ende weniger als fünf Minuten. Weitere Informationen und Videos zur Verwendung der einzelnen Funktionen finden Sie unter *http://skanect.manctl.com/support/* [GCW96q].

Kinect- und PrimeSense-Tuning

Es gibt Bestrebungen, den maximal erreichbaren Detailgrad der 3D-Scans durch ein paar einfache Tricks zu optimieren. Hierzu versuchte Tony Buser[68], Webentwickler bei MakerBot, der Kinect eine Lesebrille aufzusetzen, um so den Fokus zu verbessern. Dies führte zu einem beeindruckenden Detailreichtum, machte aber Probleme bei vollständigen 360°-Scans.[69]

Erst die Verwendung des aktualisierten *Carmine 1.09 PrimeSense*-Sensors führte zu einer Verbesserung bei Rundum-Scans.[70] Falls Sie also sowieso den PrimeSense-Sensor gekauft haben, könnte es sich lohnen, testweise eine günstige Lesebrille im Auftrag der Wissenschaft zu opfern und vor dem Sensor in Position zu bringen.

2.5.3 3D-Scanning durch Lichtschnitte

Im *Lichtschnittverfahren*[71] werden spezielle Laser eingesetzt, die einen linienförmigen Strahl ausgeben. Diese Linie erfasst das zu scannende Objekt. Eine Kamera nimmt das Objekt samt der Laserlinie auf. Das Objekt wird gedreht, und der Vorgang wiederholt sich. Der Computer berechnet dann anhand des Verlaufs der Linie mithilfe von Triangulation die Form des Objekts.

Die DAVID Vision Systems GmbH[72] zählte zu den Ersten, die diese Technik erschwinglich machten. Der Fokus liegt auch heute noch auf kostengünstigen Komplettlösungen für das 3D-Scanning. Noch heute bieten sie einen Teil ihrer Software für alle Nutzer kostenlos an.

68 Tony Buser (*https://twitter.com/tbuser* [GCW9Dn]) war einer der aktivsten Makerbot-Community-Mitglieder und arbeitet mittlerweile für den amerikanischen 3D-Drucker-Hersteller.
69 Kinect mit Lesebrille: *http://www.thingiverse.com/thing:126880* [1agdomM].
70 Details zur Verwendung des Carmine 1.09-Sensors: *http://reconstructme.net/2013/03/14/reconstructme-1-2-using-carmine-1-09-high-detail/* [1fT9SGj]
71 Näheres zum Lichtschnittverfahren erfahren Sie unter *http://de.wikipedia.org/wiki/Lichtschnitt* [GGFJK3].
72 Die Webseite der DAVID Vision Systems GmbH: *http://www.david-3d.com/*

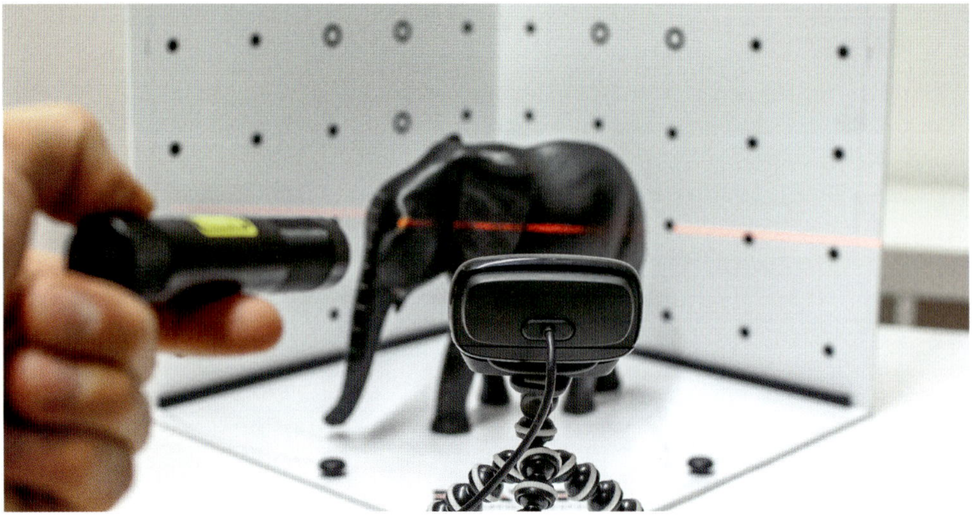

Bild 2.42 Das DAVID-Laserscanner-Starter-Kit (Version 2) im Einsatz

Das Starter-Kit bietet für knapp 500 Euro einen guten Einstieg in das Verfahren (Bild 2.42). Neben einem Linienlaser und einer Webcam wird auch ein Pappaufsteller mitgeliefert, an dessen Punktemuster sich die Kamera besser orientieren kann. Durch viel manuelle Arbeit entstehen so schon sehr detaillierte Scans von kleinen bis mittelgroßen Gegenständen. Optional können die Scans auch mit farbigen Texturen versehen werden. Scans aus unterschiedlichen Perspektiven können zur Verfeinerung durch die *Shape Fusion*-Funktionalität zu einem Modell vereint werden. Die zum Scannen notwendige Software ist in Teilen sogar kostenlos erhältlich, aber das Starter-Kit scheint ohnehin eine sinnvolle Zusammenstellung der benötigten Komponenten zu sein und bringt eine Vollversion gleich mit.[73]

Günstiger ist die Open-Source-/Open-Hardware-Entwicklung der Media Computing Group der RWTH Aachen. Das *FabScan*[74] getaufte Projekt soll für circa 100 Euro selbst herstellbar sein und bringt sogar einen automatisch drehenden Tisch mit, auf den das Objekt gelegt werden kann.

Für circa 950 Euro ist der *MakerBot Digitizer* in Deutschland erhältlich und verspricht, Objekte mit einer Höhe von bis zu 20 Zentimetern, innerhalb von circa 12 Minuten, in fertige 3D-Modelle zu verwandeln (Bild 2.43).

73 Kostenloser Download der DAVID-Laserscanner Free Edition: *http://www.david-3d.com/?section=Downloads* [1bN5fIK].

74 Die Dokumentation des FabScan finden Sie unter *http://hci.rwth-aachen.de/fabscan* [196w0Fw].

Bild 2.43 Der MakerBot Digitizer – mit zwei Lasern und einem automatischen Drehtisch gut ausgestattet (Foto: © MakerBot Industries)

Da das 3D-Scanning-Verfahren in seiner technischen Komplexität überschaubar ist, ist eine ganze Reihe an Konkurrenzprodukten in Entwicklung. Einen Ausblick auf zukünftige Entwicklungen erhalten Sie in Abschnitt 2.5.5.

2.5.4 3D-Scanning durch Streifenprojektion

Bild 2.44 Eine Kombination aus Projektor und Kamera – der DAVID SLS-1-Scanner im Einsatz (Foto: © DAVID Vision Systems GmbH)

Mit dem *Structured Light Scanning* (Streifenprojektion)[75] bietet die DAVID Vision Systems GmbH ein weiteres 3D-Scanning-Verfahren an. Anstelle der Laserlinie wird mit einem Video-Projektor eine Abfolge von Mustern auf das Objekt projiziert. Die Software kann so wesentlich schneller und genauer die Geometrie erfassen. Auch hier kann die kostenlose Software mit eigener Hardware verwendet werden. Alternativ kostet das passende *DAVID SLS-1*-Einsteigerset circa 2000 Euro (Bild 2.44).

2.5.5 Zukünftige Entwicklungen

In allen Verfahren des 3D-Scannings werden immer günstigere und leistungsfähigere Produkte entwickelt. Microsoft liefert bei der aktuellen Spielkonsolengeneration Xbox One mit dem Nachfolger des Kinect-Sensors eine komplett überarbeitete Eigenentwicklung aus.[76]

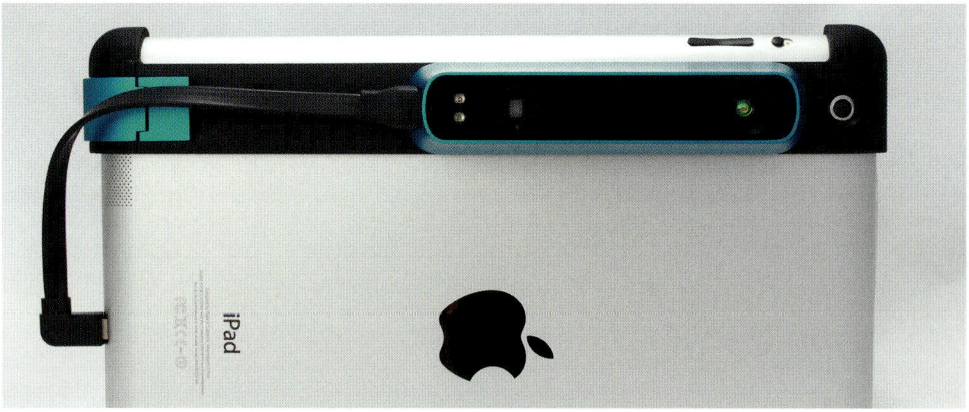

Bild 2.45 Der Structure Sensor wurde erfolgreich über die Crowdfunding-Plattform Kickstarter finanziert (Foto: © Occipital Inc.)

Auch PrimeSense entwickelt an immer kleineren Sensoren, die demnächst auch Einzug in mobile Endgeräte, wie Smartphones und Tablets, halten sollen. Ein erster Kandidat steht mit dem *Structure Sensor*[77] des amerikanischen Start-ups Occipital bereits in den Startlöchern (Bild 2.45). Mit einem etwas anderen Ansatz präsentiert sich das ebenfalls amerikanische Start-up Pelican Imaging[78]: Durch eine Anordnung mehrerer Kameras auf engstem Raum sollen neben 3D-Scanning-Möglichkeiten auch 3D-Videos und andere Spielereien in der nächsten Smartphone-Generation schon bald Realität werden.

75 Näheres zur Streifenprojektion erfahren Sie unter *http://de.wikipedia.org/wiki/Streifenprojektion* [1faZZCk].

76 Blogpost zur zweiten Version des Kinect Sensors: *http://blogs.msdn.com/b/kinectforwindows/archive/2013/05/23/the-new-generation-kinect-for-windows-sensor-is-coming-next-year.aspx* [1e2HiOb]. Der neue Sensor ist für circa 200 Euro auch für Computer erhältlich: *http://www.microsoft.com/en-us/kinectforwindows/* [kinectv2]

77 Der Structure Sensor wird möglicherweise den Anfang des mobilen 3D-Scannings markieren: *http://structure.io/*

78 Pelican Imaging sucht auf Seiten der Smartphone-Hersteller nach Kooperationspartnern: *http://www.pelicanimaging.com/*

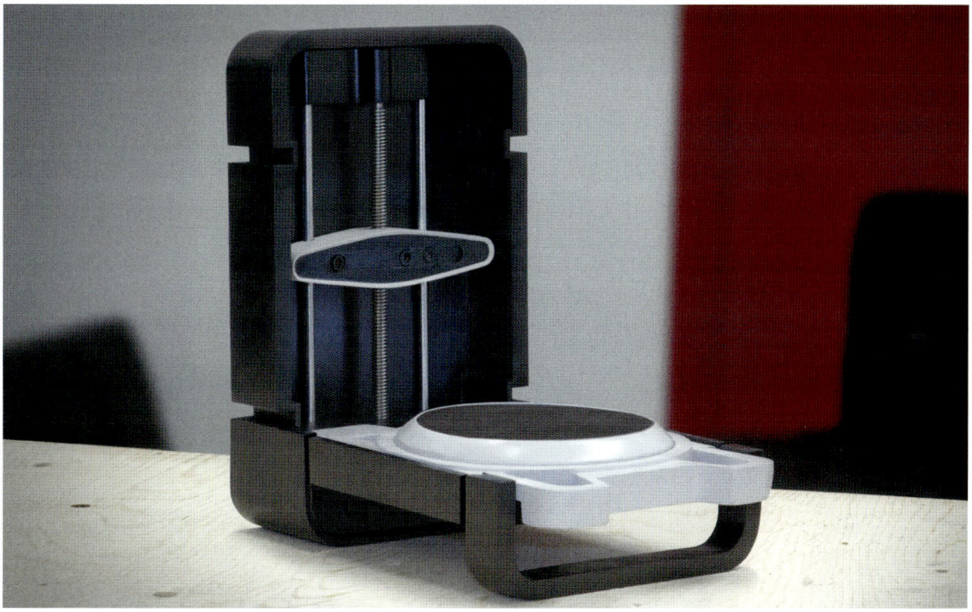

Bild 2.46 Der Matterform 3D-Scanner mit beweglichem Laser und Drehplatte: Durch das klappbare Design ist er sogar portabel und leicht zu verstauen (Foto: © Matterform Inc.).

Im Bereich der lichtschnittbasierten 3D-Scanner hat das kanadische Start-up Matter and Form mit dem *Matter and Form 3D-Scanner*[79] eine Komplettlösung für circa 550 Euro in der Entwicklung (Bild 2.46). Durch einen beweglichen Laser und eine HD-Kamera sind sogar maximale Höhen von 25 Zentimetern vollfarbig scannbar.

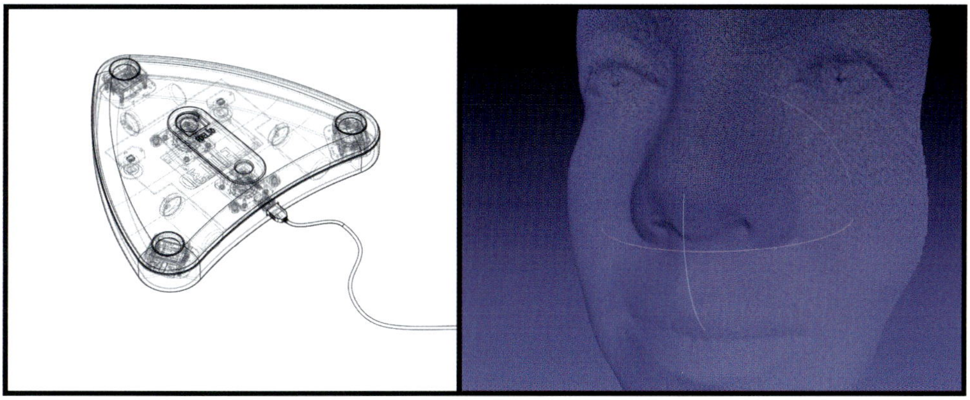

Bild 2.47 Der Fuel3D-Scanner – ein Handgerät mit beeindruckender Leistung (Foto: © Fuel3D Inc.)

79 Matterform Inc. *(http://www.matterform.net/)* entwickelt einen portablen 3D-Scanner.

Der *Fuel3D*-Scanner[80] ist das Produkt eines Forscherteams der Oxford University und wurde im September 2013 erfolgreich über Crowdfunding[81] finanziert (Bild 2.47). Das gleichnamige Start-up verspricht durch die Verwendung des Photometrieverfahrens[82] und diversen anderen technischen Raffinessen[83] bisher unerreichte Scanqualität in einem Preisbereich von unter 1400 Euro.

Wem die oft langwierigen Entwicklungsphasen der Crowd-finanzierten Projekte nicht schnell genug gehen, kommt im Bereich der handgeführten 3D-Scanner nicht am luxemburgischen Platzhirsch Artec Group[84] vorbei. Mit den drei Scannern *Eva Lite*, *Eva* und *Spider* lassen sich sehr präzise Scans anfertigen, die je nach Modellvariante auch vollfarbige Texturen beinhalten.

Trend: 3D-Fullbody-Scanner

Bild 2.48 Werden Sie selbst zur Actionfigur! Die fotorealistischen botscan-Modelle sind in Größen von 6 bis 35 cm erhältlich.

Immer populärer werden die Ganzkörper-3D-Scanner beziehungsweise die vielen schönen Ergebnisse, die man damit erzielen kann. In den oft runden oder igluförmigen Kabinen kann ein aufrecht stehender Mensch auf Knopfdruck gescannt werden. Je nach verwendetem Verfahren ist dies eine Sache von Minuten oder nur einem Bruchteil einer Sekunde.

Entsprechend veränderen sich auch die Möglichkeiten, die man hat: Bei einem Scanner, der eine halbe Minute benötigt, um über Tiefenkameras den Inhalt der Scankabine aufzunehmen, hat man es beispielsweise schwer, den eigenen hyperaktiven Hund zu scannen. Hier spielen die fotobasierten Ganzkörper-3D-Scanner mit ihren mehreren Dutzend Fotoapparaten ihr vol-

80 Die Webseite *(http://www.fuel-3d.com/)* von Fuel3D Inc. präsentiert beeindruckende Beispiel-Scandaten.

81 Das Fuel3D Kickstarter-Projekt: *http://www.kickstarter.com/projects/45699157/fuel3d-a-handheld-3d-scanner-for-less-than-1000* [15UzeKe].

82 Näheres zum Photometrieverfahren erfahren Sie unter *http://de.wikipedia.org/wiki/Photometrie* [1ckHxpT].

83 Technisches Whitepaper zum Fuel3D Scanner: *https://uk.fuel-3d.com/wp-content/uploads/2014/08/FUEL3D-Tech-Paper-A4.pdf* [FUEL3D].

84 Die Produkte der Artec Group (*http://www.artec3d.com/*) können Sie in Deutschland zum Beispiel über die Antonius Koester GmbH & Co. KG beziehen: *http://www.innovative-cad-cam-solutions.de/*

les Potential aus. Auf Knopfdruck werden alle Kameras gleichzeichtig ausgelöst und so lässt sich neben dem hyperaktiven Hund auch das zappeligste Baby oder der gekonnteste Sprung einer Ballerina dreidimensional ablichten.

Bild 2.49 Im futuristisch anmutenden botscan-Scanner sind diffizile Momentaufnahmen kein Problem (Foto: © botspot GmbH).

Nach der eigentlichen Aufnahme übernehmen leistungsstarke Computer und eine spezielle Software die Rechenarbeit, um aus den vielen einzelnen Fotos ein 3D-Modell zu generien. Je nach Hersteller und Qualität der Fotos kann das erhebliche Zeit in Anspruch nehmen. Ziel der Branche ist es selbstverständlich, diese Laufzeiten und eventuell benötigte manuelle Nacharbeiten zu reduzieren.

Sobald das Modell optimal für einen Ausdruck aufbereitet ist, wird es typischerweise auf einem ZPrinter im Three Dimensional Printing (3DP)-Verfahren (siehe Abschnitt 3.1.3) farbig ausgedruckt. Der Moment, wenn eine gescannte Person das eigene Abbild (die Presse spricht schon von 3D-Selfies) zum ersten Mal in den Händen hält, hat eine ganz eigene Magie. In keinem Spiegel kann man sich in vergleichbarer Weise von allen Seiten betrachten und selbst wahrnehmen.

Bei den bis zu sechsstelligen Beträgen, die für solche Komplettsysteme fällig werden, empfiehlt es sich für Privatanwender natürlich einen bereits vorhandenen Scanner in der Umgebung zu nutzen. Einige der entsprechend ausgerüsteten Ladengeschäfte sind in Abschnitt 4.1.2.2 aufgeführt. Deren Verbreitung wird erwartungsgemäß schnell zunehmen. Vielleicht hat schon bald jedes Fotostudio oder Einkaufszentrum einen entsprechenden Service im Angebot.

Wie Sie sehen, ist im 3D-Scanning-Markt einiges in Bewegung – nicht zuletzt durch den rasanten Aufstieg der 3D-Drucktechnik. In diesem Sinne werden wir uns auch im folgenden Kapitel von der Beschaffung dreidimensionaler Modelle abwenden und voll auf die Verfahren und Dienstleister im 3D-Druck konzentrieren.

3 Druckverfahren und Dienstleister – wie Sie die richtige Wahl für Ihr Druckprojekt treffen

Nach vielen grundlegenden Informationen zum 3D-Druck und einer ausführlichen Beschäftigung mit den Bezugsquellen dreidimensionaler Datensätze besitzen Sie nun das nötige Rüstzeug, um selbst aktiv zu werden. Jetzt geht es ans Eingemachte! Das Verständnis ist geschärft, die Druckdaten liegen bereit, aber mit welchem Druckverfahren ist eigentlich was möglich? Mit welchem Verfahren kann ich welches Material drucken? Wo liegen die verschiedenen Verfahren preislich? Und kann ich sie auch dann nutzen, wenn die Maschinen sündhaft teuer in der Anschaffung sind?

Diese Fragen interessieren Sie gar nicht?

Sie kennen die Antworten schon oder haben Ihren eigenen Drucker[1] vor sich stehen und somit Ihre Entscheidung bereits getroffen? Kein Problem! Überspringen Sie dieses Kapitel einfach und steigen Sie direkt in Kapitel 4 ein, das zahlreiche Praxistipps zum Do-it-yourself-Druck bereithält.

Sollten Sie doch an die Grenzen Ihres Druckers stoßen, können Sie jederzeit zurückblättern, sich über die anderen Verfahren informieren und die alternativen Möglichkeiten nutzen.

Für den Rest der Leserschaft gilt: Aufmerksam weiterlesen! Denn all diese Fragen werden nun beantwortet. Die Thematik ist etwas technik- und theorielastig, aber das ist ein notwendiges Übel[2], um Ihnen ein tieferes Verständnis über die verschiedenen Druckverfahren zu vermitteln. Erst dieses Verständnis wird es Ihnen ermöglichen, alle Spielarten des 3D-Drucks voll auszuschöpfen, die verfahrensspezifischen Problemstellungen zu erkennen und diesen entsprechend zu begegnen. Aufgelockert wird dieses Kapitel durch viele Fotos von Anwendungsbeispielen, die Vorfreude auf die ersten eigenen Ausdrucke erzeugen dürften.

1 Glückwunsch! Ein eigener Drucker ist eine gute Entscheidung. Auch wenn Sie dieses Kapitel zu großen Teilen überblättern, sollten Sie auf jeden Fall Abschnitt 3.2.1.4 lesen. Das könnte eine tolle Möglichkeit sein, mit Ihrem Drucker Geld zu verdienen ...

2 Es wird sicher auch welche unter Ihnen geben, die das spannend finden. Das hoffe ich zumindest!

3.1 Die wichtigsten Druckverfahren im Überblick

Lassen Sie uns mit einem Überblick über die wichtigsten Verfahren beginnen, denn: 3D-Druck ist nicht gleich 3D-Druck. Es existieren viele, vollkommen unterschiedliche, Verfahren. Die fünf wichtigsten werden wir uns im Folgenden gemeinsam ansehen.

Bei jedem Verfahren werde ich zu Beginn begriffliche Verwirrungen weitestgehend aus dem Weg räumen. Oft gibt es nämlich gleich mehrere Bezeichnungen und Abkürzungen für ein Verfahren. Einige von ihnen sind auch als Markennamen rechtlich geschützt, werden aber dennoch stellvertretend für alle Drucker dieser Gattung verwendet.[3]

Bild 3.1 Wie beim Klettern: Überhänge sind auch im 3D-Druck ein Problem, das es zu lösen gilt (Foto: Thomas Limmer in der Route Separate Reality im Yosemite National Park, © Johannes Ingrisch[4]).

Nachdem wir uns auf einen Begriff geeinigt haben, erkläre ich das jeweilige Verfahren anhand einer schematischen Darstellung und führe die integralen Funktionskomponenten der Drucker auf. Unter dem Stichwort Maschinenkonzepte stelle ich die am Markt verfügbaren Varianten der Geräte vor. Außerdem gehe ich gezielt auf die Problematik von steilen Über-

3 Ich werde in diesem Buch jeweils den Begriff nutzen, der Ihnen bei der weiteren Recherche die meisten relevanten Suchergebnisse bringt (also am geläufigsten ist), unabhängig vom rechtlichen Schutz oder der wissenschaftlichen Schärfe.

4 Johannes Ingrisch ist Mitglied des legendären Team Bayreuth und leidenschaftlicher Kletterfotograf: *http://www.johannesingrisch.de/*

hängen (vgl. Bild 3.1) im Modell ein, die bei fast allen Verfahren eine große Herausforderung darstellen, aber in anderen auch verblüffend einfach gelöst sind. Abschließend erfahren Sie, ob das Verfahren für den Einsatz in Ihrem Wohnzimmer geeignet ist oder welche Umstände dagegen sprechen.

Weiterführende Literatur

Als Referenzliteratur für dieses Kapitel diente mir das Buch *Generative Fertigungsverfahren*[5] von Prof. Dr.-Ing. Andreas Gebhardt. Als ausgewiesener Experte der additiven Fertigung forscht und lehrt Professor Gebhardt an der Fachhochschule Aachen im Bereich der Hochleistungsverfahren der Fertigungstechnik. Das Buch enthält ein Vielfaches der hier abgedruckten Informationen, insbesondere was die Varianten der Verfahren und deren technische Spezifikationen angeht.

Zusätzlich fließen viele Informationen meiner Teamprojektarbeit *Open Source Rapid Prototyping - Präzisionsmessungen anhand des Ultimakers* ein, die Ende 2011 in Zusammenarbeit mit meinen Freunden und damaligen Kommilitonen Eva Gradl, Mariella Kraus und Marcel Mahler am Lehrstuhl für Umweltgerechte Produktionstechnik der Universität Bayreuth entstanden ist. Diese steht zum kostenfreien Download auf *http://www.researchgate.net* zur Verfügung.[6]

Die grafischen Verfahrensübersichten sind angelehnt an die Abbildungen von Vladimir Kouznetsov, University of Northern Iowa (*http://www.uni.edu/~rao/rt/major_tech.htm* [19dbRQ4]).

3.1.1 Fused Deposition Modeling (FDM) – die computergesteuerte Heißklebepistole

Das für dieses Buch wichtigste Verfahren ist unter mehreren Bezeichnungen bekannt. Oft spricht man von *Fused Deposition Modeling* (*FDM*), frei übersetzt also von der Modellierung durch aufgeschmolzene Ablagerungen. Der Begriff ist jedoch durch die Firma Stratasys Ltd., dem Pionier dieses Verfahrens, geschützt. Deshalb wurde innerhalb der RepRap-Community der Begriff *Fused Filament Fabrication* (*FFF*) geprägt, um eine, rechtlich gesehen, unverfänglichere Nutzung zu ermöglichen. Alternativ bietet Gebhardt den Begriff *Fused Layer Modeling* (*FLM*) an. Wie man das Verfahren auch nennen mag – es geht immer um die Ausgabe (= *extrusion*) eines Materials durch eine heiße Düse (= *nozzle*).

5 Gebhardt, Andreas: *Generative Fertigungsverfahren. Rapid Prototyping - Rapid Tooling - Rapid Manufacturing.* 3., vollständig überarbeitete Auflage, Carl Hanser Verlag 2007. Mittlerweile ist bereits die vierte Auflage (ISBN 978-3-446-43651-0) im Handel erhältlich.

6 Teamprojektarbeit Open Source Rapid Prototyping – Präzisionsmessungen anhand des Ultimakers: *https://www.researchgate.net/publication/216448575_Open_Source_Rapid_Prototyping__Przisionsmessungen_anhand_des_Ultimakers* [19tZlla].

Das Verfahren – wie funktioniert es?

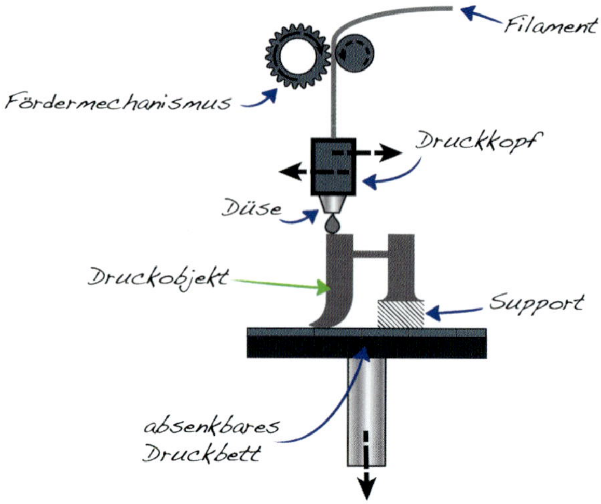

Bild 3.2 Übersicht: Das FDM-Verfahren (Illustration: © HypeCask)

Wie funktioniert *Fused Deposition Modeling*? Bre Pettis, CEO von Makerbot Industries (seit Juni 2013 Teil von Stratsys Ltd.[7]), antwortet auf diese Frage gerne mit folgender Umschreibung:

> *»It's basically like a hot-glue gun that uses the same kind of plastic used to make Legos.«*[8]

Und in der Tat, vielmehr als eine Art Heißklebepistole, die Kunststoff ausgibt, ist es auch nicht. Das Verbrauchsmaterial befindet sich in Form eines langen Drahts, dem sogenannten *Filament* auf einer Rolle. Das Filament wird durch eine Fördereinheit (= *filament feeder*) in den Druckkopf (= *hot end*) geschoben, dort eingeschmolzen und in Form dünner Kunststoffstränge auf einem Druckbett (= *print bed*) ausgebracht.

Der Druckkopf ist hierbei in einer Ebene durch mindestens zwei Motoren beweglich. Durch entsprechende Bewegungen wird ein zweidimensionales Bild auf das Druckbett aufgetragen. Die Aufschmelzung und Ausbringung durch die Düse des Druckkopfs wird, wie bereits erwähnt, als *Extrusion* bezeichnet. Bei dem zweidimensionalen Bild handelt es sich in der Regel nicht um eine vollständig gefüllte Fläche, sondern um eine Kontur mit einem einstellbaren Füllmuster (= *fill pattern*).

HINWEIS: Wenn Sie also im FDM-Verfahren einen geschlossenen Würfel drucken, wird dieser im Inneren typischerweise nicht vollständig ausgefüllt sein. So lässt sich Material und auch Gewicht sparen. Außerdem können durch cleveres Design zusätzliche konstruktive Vorteile ausgeschöpft werden.[9]

7 Eine der ersten Meldungen zur Übernahme von Makerbot Industries durch Stratasys Ltd. *http://makezine.com/2013/06/19/breaking-stratasys-to-acquire-makerbot/* [1b0wQF7].

8 Aus dem Artikel »How 3-D Printing Changes Everything« von Greg Emerson: *http://www.mainstreet.com/article/smart-spending/technology/how-3-d-printing-changes-everything?page=2* [17awyZe].

9 In Abschnitt 4.5.2 werden Sie einige verschiedene Füllmuster kennenlernen.

Bild 3.3 Die erste Schicht im FDM-Verfahren – links sind gut die einzelnen Kunststoffstränge zu sehen, rechts wird schon die zweite Schicht aufgebracht.

Um einen dreidimensionalen Aufbau zu erhalten, muss für die nächste Schicht der Druckkopf nach oben oder alternativ das Druckbett nach unten bewegt werden – typischerweise nur einen Bruchteil eines Millimeters. Dann wird auf die zugrunde liegende Kunststoffschicht die nächste Schicht aufgebracht. So entsteht Schicht für Schicht das gewünschte Objekt.

Die wichtigsten Komponenten im Überblick

Ein FDM-basierter 3D-Drucker setzt sich in seiner einfachsten Form aus folgenden Komponenten zusammen:

- Kunststoff-Verbrauchsmaterial (*Filament*)
- *Extruder*, der aus folgenden zwei Komponenten besteht:
  - Fördereinheit (*filament feeder*)
  - Druckkopf/Heizdüse (*hot end*)
- Bewegungssystem, dass sich in drei Richtungen (X, Y und Z) bewegen kann (= *X/Y/Z gantry*)
- Druckbett (*print bed*), auf dem der Druck aufgebaut wird
- Steuerungselektronik, die alle Komponenten miteinander verbindet

Maschinenkonzepte

Wie bereits angedeutet, gibt es beim genauen Aufbau eines FDM-basierten 3D-Druckers verschiedene Möglichkeiten. In manchen Modellen bewegt sich der Druckkopf nach oben, in anderen das Druckbett samt Druck nach unten, um Platz für die nächste Schicht zu machen. Auch in Bezug auf die Bewegung innerhalb einer Schicht sind verschiedenste Ansätze realisiert worden. Teilweise bewegt sich ausschließlich der Druckkopf, bei einigen Modellen wird das Bett in eine Richtung und der Kopf in die andere (um 90° versetzte) Richtung bewegt. Seltener sieht man heute noch Aufbauten, in denen der Druckkopf unbewegt bleibt und nur das Bett sich bewegt. Um Drucke mit mehreren Farben oder Materialien zu ermöglichen, werden bis zu drei Druckköpfe gleichzeitig bewegt. Vor- und Nachteile der verschiedenen Konzepte werden in Abschnitt 4.1 ausführlicher diskutiert.

Umgang mit steilen Überhängen

Abhängig von der Schichtstärke, dem verwendeten Filament, Geschwindigkeiten und Kühlstrategien können teilweise beeindruckend steile Überhänge ohne unterstützende Strukturen (= *Support*) erzeugt werden (siehe Bild 3.4).

Bild 3.4 Ohne Support gedruckt: Das Ohr des Stanford Bunny von Jordan Miller hat einen Winkel von circa 26° zur Horizontalen (Quelle: *http://www.thingiverse.com/thing:11622* [15UEpd9]).

Sobald aber der Überhang zu steil wird und der Druckkopf seinen Kunststoffstrang nur noch in die Luft legt, wird in der Regel der Support verwendet (siehe Bild 3.5). Hierbei handelt es sich um feine Strukturen, die starken Überhängen im Modell eine Auflagefläche bieten. Nach dem Druck müssen sie manuell entfernt werden. Sie brauchen also einen Zugang im 3D-Modell, um an den Support in Hohlräumen zu gelangen. Bei Verwendung eines zweiten Druckkopfes kann der Support aus einem löslichen Material, zum Beispiel aus Polyvinylalkohol (PVA), hergestellt werden, das nach dem Druck mit Wasser ausgewaschen wird[10].

10 Um keine falschen Hoffnungen zu erzeugen: Das Drucken mit PVA ist im Heimanwenderbereich noch sehr experimentell. In der Industrie ist das Thema »Support« durch proprietäre Materialien bereits zufriedenstellend gelöst.

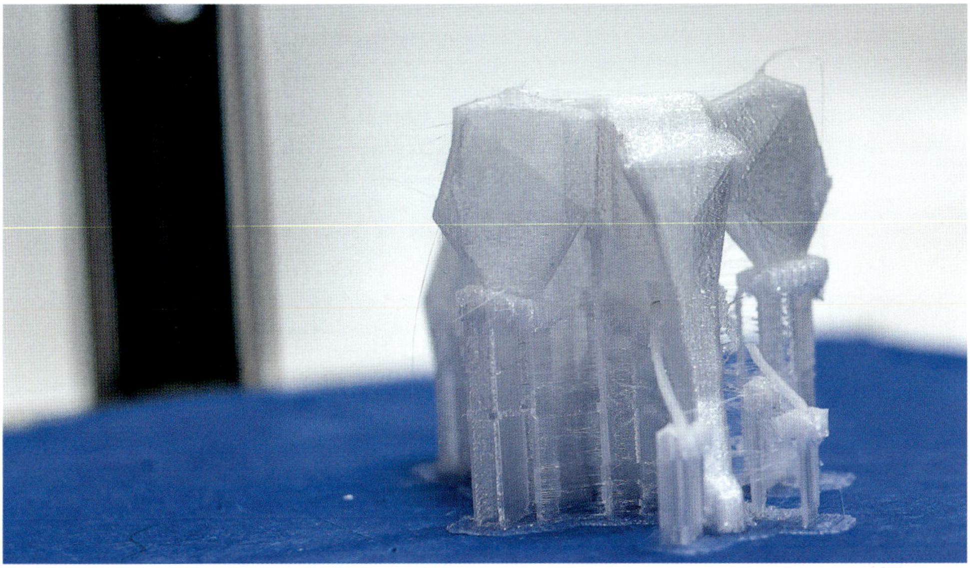

Bild 3.5 Support unter Ohren und Stoßzähnen - wer erkennt den Elefant? (Foto und Modell: © HypeCask)

Eignung für Privatanwender

Im Gegensatz zu den noch folgenden Verfahren, ist das *Fused Deposition Modeling* technisch auch für Laien bis in die Tiefe gut zu verstehen und beinhaltet keine Komponenten, die in besonderem Maße spezielle Schutzkleidung oder gesonderte Räumlichkeiten zwingend erforderlich machen würden. Insbesondere durch die geringe technische Komplexität und das eingangs bereits erwähnte Auslaufen eines wichtigen Schlüsselpatents, wurde dieses Verfahren auch für Privatanwender erschwinglich. Einsteiger-Geräte aus diesem Verfahren werden ab circa 300 Euro angeboten. Die Spitzenmodelle im Prosumer-Bereich erhalten Sie für 2000 bis 3200 Euro (Stand: Juli 2014).[11] Aus diesen Gründen ist den FDM-basierten Druckern auch das komplette Kapitel 4 gewidmet.

Impossible is Nothing

Während das FDM-Verfahren in der Industrie oft als reines *Prototyping*-Verfahren (also nicht für Endprodukte) genutzt wird, kann es sich in den Händen von ambitionierten 3D-Druck-Begeisterten schnell zu einem mächtigen Werkzeug entwickeln. Ich werde nicht müde, Ihnen wieder und wieder die gleiche Botschaft mit auf den Weg zu geben: **Nichts ist unmöglich!**

Ein großartiges Beispiel hierfür ist der Ausdruck von Community-Mitglied Peter Parnes[12] auf einem FDM-basierten 3D-Drucker von Ultimaker. Mit hauchdünnen Schichten von nur 0,06 Millimetern erreicht er ein Druckergebnis, welches man wesentlich teureren Verfahren zurechnen würde. Alles ist möglich ...

11 Ausführliche Informationen zu Geräten und Links zu aktuellen Preisübersichten erhalten Sie in Abschnitt 4.1 und 4.2.

12 Folgen Sie Peter Parnes auf Google+: *https://plus.google.com/104199731463622588564/posts* [17Ku4nK].

Bild 3.6 Filigraner Ausdruck des Kettenhemd-Armbands von Gian Pablo Villamil (Quelle: *http://www.thingiverse.com/thing:89931 [196D3Ow]*, Foto: © Peter Parnes)

Um Ihnen ein Gefühl zu geben: Die benötigte Druckzeit lag bei diesem Armband bei fast 7 Stunden. 3D-Druck ist nicht immer eine schnelle Angelegenheit, aber die Geduldigen werden mit den besten Ergebnissen belohnt.

Impressionen von FDM-basierten Drucken

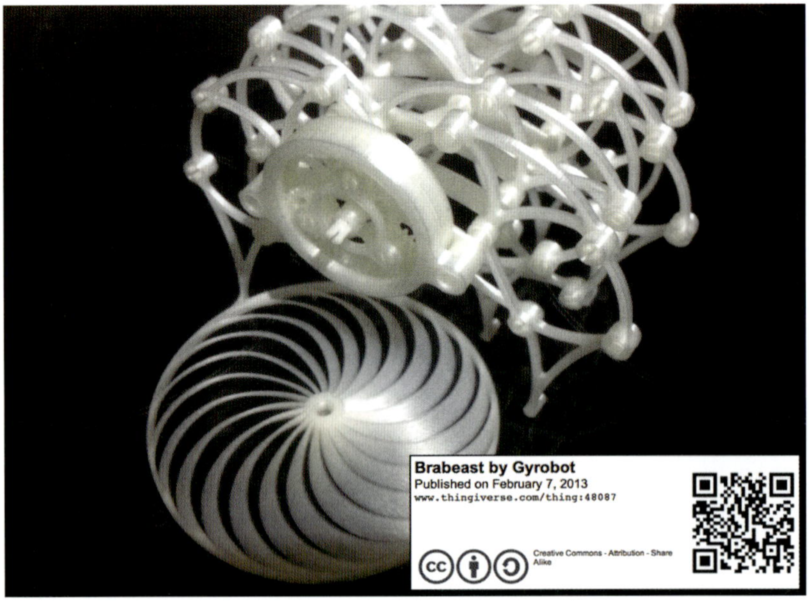

Bild 3.7 Das Brabeast[13] von Steve Wood bewegt sich durch einen Luftstrom und ist vollständig auf einem FDM-Drucker herstellbar[14] (Quelle: *http://www.thingiverse.com/thing:48087* [16N5jti]).

13 Inspiriert durch Theo Jansens Strandbeest *http://www.strandbeest.com/*.
14 Das optionale Planetengetriebe finden Sie unter *http://www.thingiverse.com/thing:56542* [196DfNU].

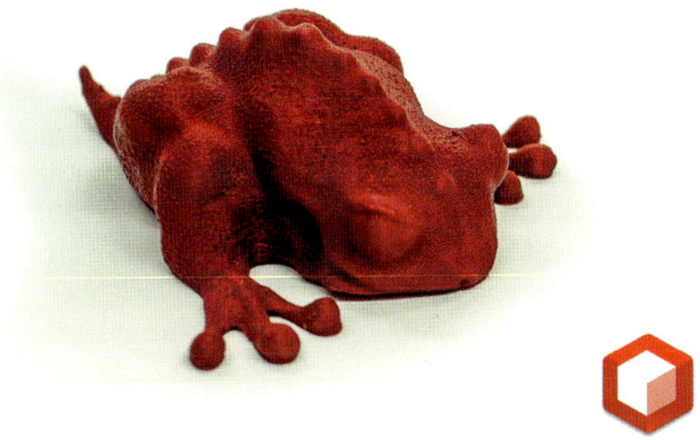

Bild 3.8 Die legendäre »Stinkekröte« meines Kollegen Dr. Stephan Weiß: Auch im FDM-Verfahren sind feine Details abbildbar.

3.1.2 Selektives Lasersintern (SLS) – Laser volle Kraft voraus!

Das *Selektive Lasersintern* (*SLS*) ist aufgrund der großen Materialauswahl und dem großen Spielraum abbildbarer Geometrien[15] ein flexibel einsetzbares Verfahren, welches industriell größere Bedeutung hat als die bereits behandelten FDM-Drucker. Im Unterschied zum klassischen Sinterverfahren, bei dem Stoffe in Pulverform unter Hitzeeinwirkung miteinander verbunden werden, geschieht dies beim *SLS*-Verfahren selektiv durch einen Laser. Es wird also nicht eine beliebige Menge Pulver auf einmal aufgeschmolzen, sondern nur dafür vorgesehene Teilbereiche. In Varianten des Verfahrens wird anstelle eines Lasers ein Elektronenstrahl oder Infrarotstrahler verwendet. Man spricht dann vom *Selektiven Sintern.*

Das Verfahren – wie funktioniert es?

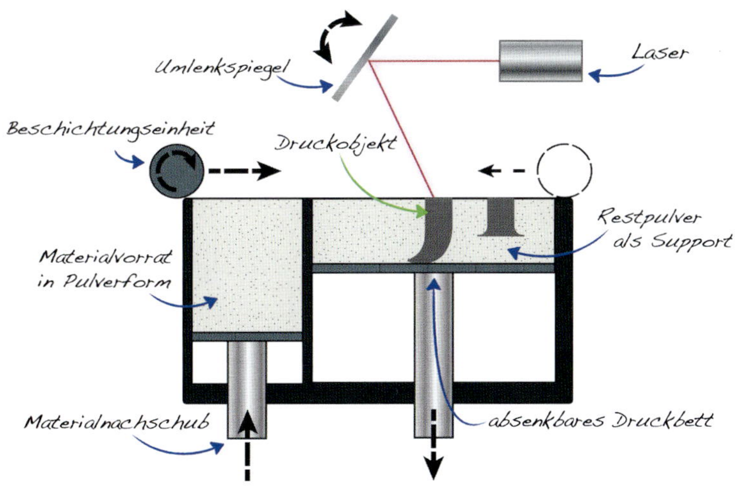

Bild 3.9 Das SLS-Verfahren im Überblick (Illustration: © HypeCask)

15 Das 3D-Modell der Kröte finden Sie hier: *http://www.thingiverse.com/thing:227512* [1rYsf1A]

Das Druckmaterial wird beim SLS-Verfahren in Pulverform verarbeitet. Eine dünne Schicht Pulver wird von der Beschichtungseinheit auf dem Druckbett ausgebracht. Der Laser (oder eine alternative Energiequelle) wird nun punktgenau auf einzelne Stellen dieser Pulverschicht ausgerichtet, um die erste Schicht der Druckdaten abzubilden. Hierbei wird das Pulver, je nach Material, an- oder aufgeschmolzen (gesintert) und verfestigt sich anschließend wieder durch geringfügiges Abkühlen um nur wenige Grad Celsius. Der gesamte Druckraum ist nämlich, knapp unterhalb der gewünschten Schmelzpunkte, aufgeheizt. So muss die Energiequelle nur eine geringe Temperaturdifferenz zum Schmelzpunkt überbrücken. Das nicht an- oder aufgeschmolzene Pulver bleibt um die gesinterten Bereiche herum liegen.

Bild 3.10 Schattenhaft sind die gesinterten Bereiche einer Schicht zu erkennen (Foto: © scope for design).

Nachdem eine Schicht verfestigt ist, senkt sich das Druckbett um den Bruchteil eines Millimeters ab. Die Beschichtungseinheit fährt nun über das abgesenkte Druckbett und bringt die nächste Schicht Pulver aus. Anschließend wird selektiv die zweite Schicht der Druckdaten durch den Laser (oder eine andere Energiequelle) gesintert. So wiederholt sich der Prozess bis, je nach Größe des 3D-Modells, aus Hunderten oder Tausenden von Schichten der Druck fertiggestellt ist. Bevor der Druck aus dem großen Pulverblock (= *Pulverkuchen*) entnommen werden kann, muss er, oft über Stunden, vollständig und gleichmäßig auskühlen.

Kurze Videopause

Zusammenfassung: Ein grandioses Werbevideo

Ziel: Eine kleine, wohlverdiente Pause im trockenen Theorieteil

Wichtige Links:

http://youtu.be/qJuTMOY7U1k [1fb5HV1]

Gönnen Sie sich eine kurze Pause und schauen Sie sich den Unternehmensfilm des 3D-Druck-Dienstleisters Shapeways[16] an. Zu Beginn sehen Sie das

16 Mehr zum Thema 3D-Druck-Dienstleister erfahren Sie in Abschnitt 3.2.1.

SLS-Verfahren in Aktion, direkt im Anschluss dann das Entpacken des Pulverkuchens.

Bild 3.11 Ein Pulverkuchen-Ausschnitt aus dem Shapeways-Video »3D-Printing & the Culture of Creativity« (Quelle: *http://youtu.be/qJuTMOY7U1k* [1fb5HV1])

Neben den inspirierenden Aussagen einiger 3D-Designer sticht in besonderem Maße die Frage der kleinen Tochter von Bernat Cuni[17] hervor. Sie stellt sie ihrem Vater jedes Mal, wenn sich ein neuer Gegenstand im Raum befindet: *»Have you bought it, or have you made it?«* Der Unterschied zwischen gekaufter Massenware und einem selbst erstellten 3D-Objekt hat etwas Magisches – nicht nur für Kinder ...

Die wichtigsten Komponenten im Überblick

Eine Selektive Sintermaschine besteht aus folgenden integralen Komponenten:

- Pulverförmiges Verbrauchsmaterial – verfügbar sind diverse Kunststoffe, Metalle, Sand und Keramiken
- Energiequelle – je nach Verfahrensvariante ein Laser, Elektronenstrahl oder Infrarotstrahler
- Vorrichtung, um den Laser oder den Elektronenstrahl punktgenau zu steuern bzw. eine Maske für den Infrarotstrahler zu generieren
- Beheizter Bauraum, der bei einigen Varianten auch inertisiert[18] wird
- Absenkbares Druckbett
- Beschichtungseinheit, die das Pulver gleichmäßig in dünnen Schichten ausbringt
- Aufwendige Steuerungselektronik, die alle Komponenten miteinander verbindet

17 Bernat Cuni ist 3D-Designer und 3D-Druck-Experte. Anfang 2011 gründete er *http://cunicode.com/*.

18 Bei der Inertisierung wird im Bauraum eine Stickstoffatmosphäre geschaffen, die das Pulver reaktionsärmer macht und so gegen Oxidation schützt.

Maschinenkonzepte

Je nach zu druckendem Material werden unterschiedliche Maschinen angeboten. Diese unterscheiden sich in einer Vielzahl von Parametern, wie zum Beispiel mögliche Baugrößen, abbildbarer Detailgrad, Aufbaugeschwindigkeiten und natürlich Kosten. Die Anlagen passen auf keinen Schreibtisch – in den kleinsten Varianten sind sie so groß wie ein Kühlschrank, die Topmodelle eher so groß wie ein kleines Kühlhaus.

Bild 3.12 Ein Druck wird aus dem Pulverkuchen entnommen (Foto: © Shapeways Inc.).

Neben der Selektiven Sintermaschine werden separate Anlagen zur Pulverbefüllung, Siebung und zum Entpacken des Pulverkuchens benötigt. Darüber hinaus werden, je nach Material, noch Öfen und spezielle Nachbearbeitungstische zur Aufbereitung der gedruckten Teile eingesetzt.

Umgang mit steilen Überhängen

Das Schöne am Selektiven Sinterverfahren ist der elegante Umgang mit Überhängen und in sich verwobenen Geometrien. Dadurch, dass pro Schicht das ungesinterte Pulvermaterial einfach liegen bleibt, bietet es natürlich in der nächsten Schicht eine Auflage für eventuell auftretende Überhänge.

Es kann also eine Vielzahl von Modellen in vollkommen verschiedenen Orientierungen im Bauraum angeordnet werden. Gerade bei Dienstleistern ist das gängige Praxis, um die Maschinen in jedem Druckauftrag maximal ausnutzen zu können (siehe Bild 3.13). Das macht auch Sinn, denn nicht gesintertes Material, das einmal in einem Bauprozess involviert war, ist nur noch teilweise wiederwendbar.

HINWEIS: Bei hohlen Innenräumen eines 3D-Modells gilt es zu beachten, ein Abflussloch für das nicht gesinterte Pulver im Design vorzusehen. Ansonsten bleibt das Pulver im Inneren eingeschlossen.

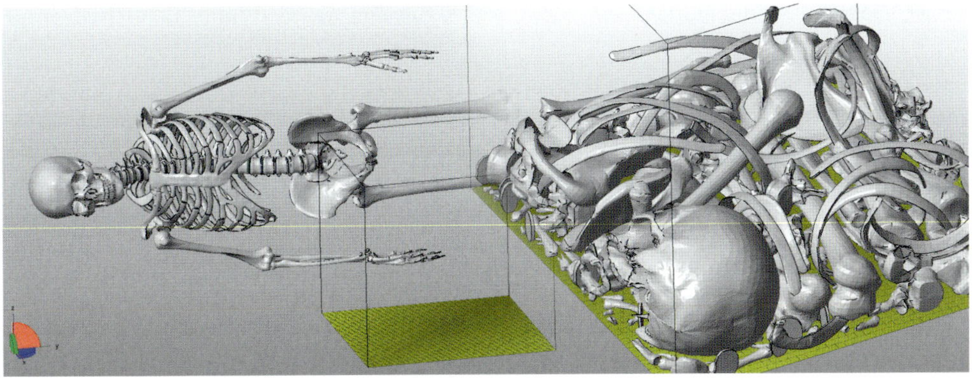

Bild 3.13 Die Automatic Packing-Funktion[19] von netfabb: Maximale Druckraumausnutzung durch clevere Anordnung der Teile (Bild: © netfabb GmbH)

In den Varianten des Selektiven Sinterns, die Metallpulver verarbeiten, werden dennoch Stützstrukturen verwendet, um eine möglichst hohe Genauigkeit zu gewährleisten und einem Materialverzug entgegenzuwirken. Die Supportstrukturen müssen nach dem Druck manuell entfernt werden. Sobald Metallpulver zum Einsatz kommen, wird dies oft als *Selective Laser Melting (SLM)* bezeichnet. Wie bei den anderen Verfahren versucht aber auch in diesem Bereich jeder Hersteller die eigenen Entwicklungen unter einem eigenen Namen am Markt zu etablieren. So spricht zum Beispiel der erfolgreiche deutsche Hersteller Concept Laser von *LaserCUSING*.[20]

Eignung für Privatanwender

Mit Maschinenkosten von mehreren Hunderttausend Euro schließt sich die Privatanwendernutzung aus. Selbst wenn die Kosten niedriger lägen, gibt es viele technische Anforderungen an die Produktionsumgebung, die im Wohnzimmer nicht zu erfüllen sind. Die zu verarbeitenden Pulverkörnchen sind durch ihre geringe Größe von nur 20 bis 100 µm mit Vorsicht zu genießen. Emissionen in Form von ultrafeinen Partikeln (*UFP*) sind lungengängig und sollten nicht eingeatmet werden. Daher sind aufwendige Abzugsanlagen und Schutzmasken, insbesondere beim Entpacken, gängige Praxis in der Industrie.

Aber heißt das, dass Sie als Privatanwender keinen Zugriff auf diese leistungsfähige Technik haben? Natürlich nicht. Denn für diesen Fall gibt es eine Vielzahl von Dienstleistungsunternehmen. Ihre Aufträge werden von diesen entgegengenommen, ausgedruckt und Ihnen zugesandt (siehe Abschnitt 3.2.1). Auch für kleine Unternehmen mit dem Bedürfnis nach einer eigenen SLS-Maschine gibt es einen attraktiven Newcomer am Markt. Der dänische blueprinter[21] nutzt eine Variante namens *Selective Heat Sintering (SHS)*, die dem SLS-Verfahren sehr ähnlich ist. Anstelle eines Lasers wird eine linienförmige Ansammlung von kleinen Heizelementen genutzt, um das Nylonpulver zu verschmelzen. Der Preis liegt mit unter 20 000 Euro

19 Ein Video zur Funktionalität finden Sie unter *http://www.netfabb.com/automatic_packing.php* [196DNDn].

20 Die oberfränkische Concept Laser GmbH (*http://www.concept-laser.de*) ist auf metallverarbeitende Industrie-3D-Drucker spezialisiert. Über die ambitionierten Wachstumspläne können Sie hier mehr erfahren: *http://3dprinting industry.com/2014/07/30/concept-laser-building-future-now-new-huge-assembly-facility* [laserCUS]

21 Das gleichnamige innovative Unternehmen aus dem Norden erreichen Sie unter *http://blueprinter.dk*.

für ein maximales Bauvolumen von 200 × 160 × 140 mm deutlich unter dem Niveau der SLS-Maschinen.

Erste Experimente, die Technik mit noch einfacheren Mitteln im Hobbybereich zu betreiben, finden bereits vereinzelt statt. So wird im *CandyFab Project*[22] ebenfalls auf Keramik-Heizelemente zurückgegriffen, um statt des üblichen Kunststoffpulvers Zucker Schicht für Schicht aufzuschmelzen. Mindestens genauso kreativ hat sich der Künstler Markus Kayser[23] der Thematik angenommen. In seinem *Solar Sinter Project* wird mithilfe der Sonne Wüstensand selektiv gesintert. Das Projektvideo (*https://vimeo.com/25401444* [1ckQLm8]) ist auf jeden Fall sehenswert.

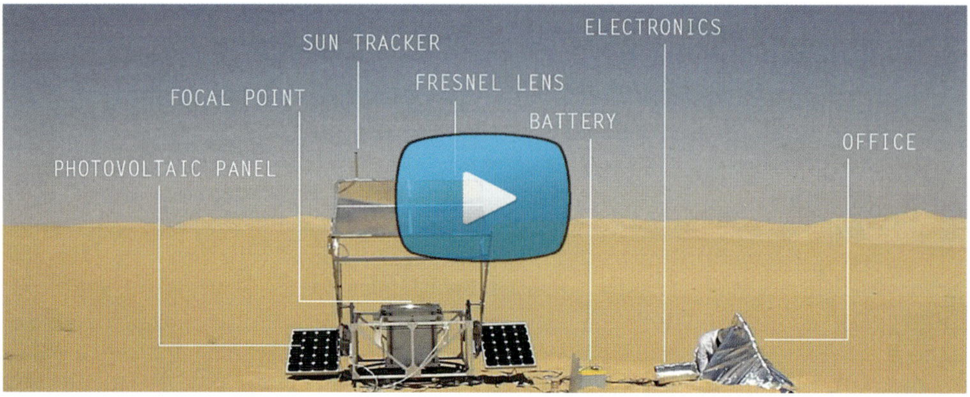

Bild 3.14 Genial! Das Solar Sinter Project (Bild: © Markus Kayser)

Impressionen von SLS-basierten Drucken

Bild 3.15 Ein filigraner Druck – die CHARACTER Lamp[24] (Foto: © scope for design)

22 Das CandyFab Project beschäftigt sich mit einem Drucker, der dreidimensionale Zuckerobjekte herstellen kann. Die Pläne und weitere Informationen finden Sie unter *http://www.candyfab.org/*

23 Nachdem Markus Kayser 2010 bereits den Sun Cutter (*http://www.markuskayser.com/work/sun-cutter/* [1adEUkZ]), einen solarbetriebenen Lasercutter entworfen hatte, war die dritte Dimension wohl nur der nächste logische Schritt.

24 Individualisierte Versionen der Lampe sind auf *http://www.scopefordesign.de/* erhältlich.

Bild 3.16 Der Detailreichtum kennt auch Grenzen: Fabby Fabulous[25] mit leichten Blessuren an seinen Antennen, trotz liebevoller Verpackung

2014 – Das Jahr des DIY-Sinterns?

Anfang 2014 liefen eine Vielzahl wichtiger Grundlagenpatente[26] im Bereich der Selektiven Sintermaschinen aus und stehen somit jedem, auch zur kommerziellen Nutzung, zur Verfügung.

Das Verfahren bleibt für Bastler aus dem Hobbybereich, gerade in Bezug auf gesundheitliche Gefahren, weiterhin schwer zu handhaben. Dennoch könnte durch neue Angebote am Markt das hohe Preisniveau massiv unter Druck geraten.

Es könnte sich aber auch herausstellen, dass noch aktive Patente nachträglicher Verbesserungen, eine sinnvolle Nutzung der dann offenen Grundlagen weiterhin unmöglich machen. Die beiden Anwälte Paul Banwatt und Haran Aruliah beschäftigen sich mit diesem Thema ausführlich in ihrem Blog *Law in the Making*[27].

3.1.3 Three Dimensional Printing (3DP) – Inkjet-Bindemittel auf Pulver

Sprachlich wird es beim *Three Dimensional Printing*-Verfahren (*3DP*) etwas verwirrend. Zu allgemein mutet der Verfahrensname an. Man fragt sich, wie man jetzt noch zwischen dem 3D-Druck-Verfahren im Allgemeinen und dem hier thematisierten 3DP-Verfahren unterschei-

25 Das Maskottchen der FabCon 3.D-Messe von Frederik Brückner *http://www.thingiverse.com/thing:88635* [1bOymHs] bzw. *http://blog.prdct-dsgn.de/* [GGLDL9].

26 Einen Überblick über wichtige Patente geben John Hornick und Dan Roland unter *http://3dprintingindustry.com/2013/12/29/many-3d-printing-patents-expiring-soon-heres-round-overview* [3dpatent].

27 Einen interessanten Blogpost zu Patenten im FDM, SLS und SLA-Bereich finden Sie unter *http://lawitm.com/post-one-part-one-patents-and-3d-printing/* [19u0eQT].

den soll. Gebhardt löst dies dadurch, dass er beim Überbegriff gar nicht von 3D-Druck beziehungsweise 3D-Printing spricht, sondern wissenschaftlich präziser von *Generativen Fertigungsverfahren*. Nun ist es aber so, dass in den Medien und den Communities der Begriff 3D-Druck ganz allgemein für alle Verfahren verwendet wird, bei denen am Ende ein schönes dreidimensionales Objekt herausfällt, ohne dass man zuvor Formen anfertigen musste. Die Verwirrung ist perfekt!

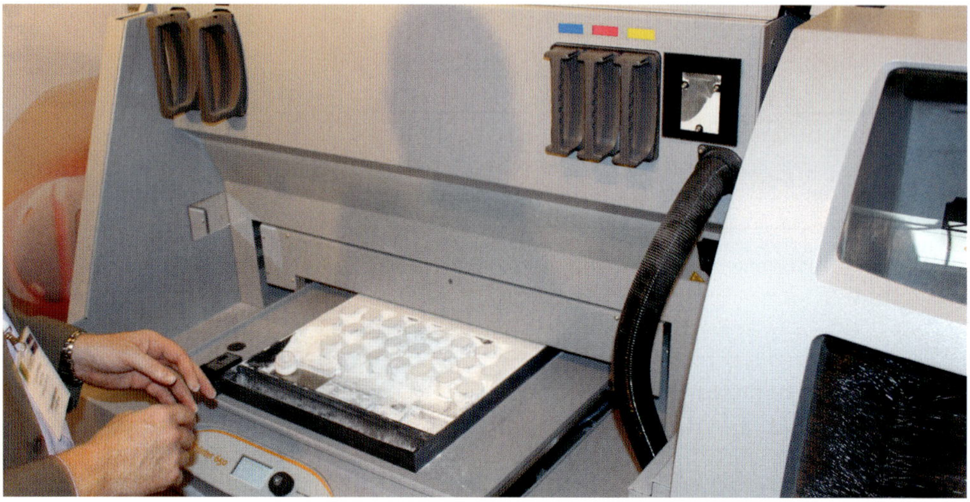

Bild 3.17 Z-Corp-Anlage: Der ZPrinter 650 im Einsatz auf der TCT Show (Foto: © Daniel Ljungstig/ *http://3dverkstan.se*).

Bis Anfang 2012 hätte man umgangssprachlich noch von dem *Z-Corp*-Verfahren sprechen können, benannt nach der Z-Corporation, die das Verfahren maßgeblich hin zur kommerziellen Reife entwickelt hatte und den Bereich aktuell dominiert. Das Unternehmen wurde dann aber von der 3D Systems Corporation aufgekauft, und somit ist das markentypische *Z* nur noch im Produktnamen wiederzufinden (siehe Bild 3.17).

Am geeignetsten ist der Verweis auf die zugrunde liegende Technik: Das *Inkjet*-Verfahren, also die Ausgabe einer Flüssigkeit über einen Druckkopf – ganz ähnlich wie in einem gewöhnlichen Tintenstrahldrucker. Belassen wir es also beim Begriff *Inkjet 3D Printing* und widmen uns dem Verfahren an sich.

Das Inkjet 3D Printing-Verfahren funktioniert sehr ähnlich wie das Selektiven Sinterverfahren, doch anstelle einer gerichteten Energiequelle verfährt ein Druckkopf über das Pulver. Dieser gibt winzig kleine Tröpfchen von Bindemitteln auf die zugrunde liegenden Pulverschichten ab. Es handelt sich um einen kalten Prozess, bei dem nichts an- oder aufgeschmolzen wird. Ansonsten läuft der Druckprozess gleich ab: Eine Schicht feines Pulver wird ausgebracht. Diese wird selektiv an den gewünschten Stellen durch das Bindemittel verklebt. Das Bindemittel durchdringt hierbei auch jeweils die aktuelle Schicht und verbindet sich mit der darunter liegenden. Ein Mechanismus senkt das Druckbett um einen Bruchteil eines Millimeters ab und bringt eine neue Schicht des Pulvers auf. Der Vorgang wiederholt sich, bis das Objekt, eingebettet im umliegenden Pulver, Schicht für Schicht, vollständig zusammengeklebt wurde.

Das Verfahren – wie funktioniert es?

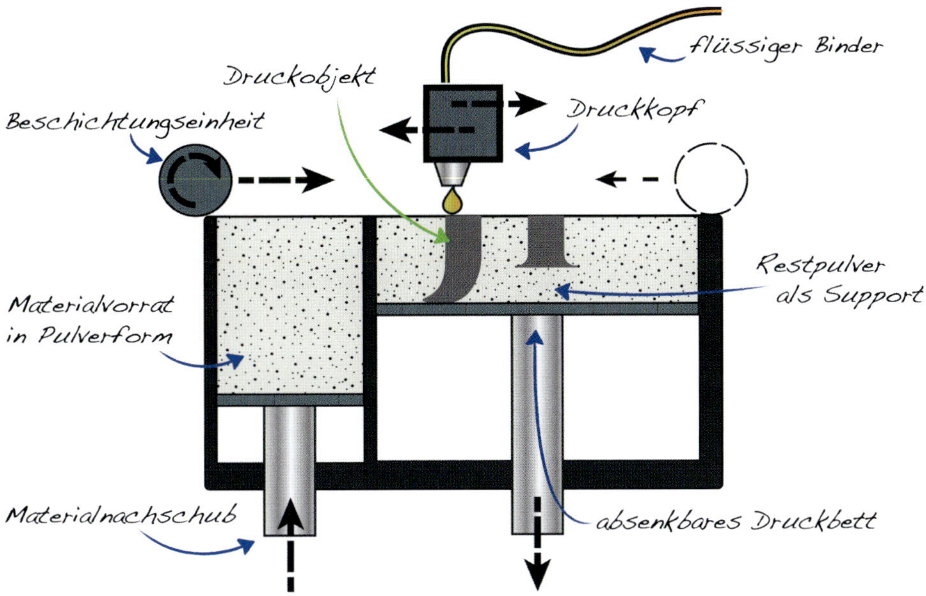

Bild 3.18 Das Inkjet 3D Printing-Verfahren im Überblick (Illustration: © HypeCask)

HINWEIS: Nach dem Druck sind die Objekte, je nach verwendetem Pulver und Binder, oft nur gering mechanisch belastbar und porös. Durch Infiltration mit Epoxidharzen oder Wachs werden sie verfestigt.

Die wichtigsten Komponenten im Überblick

Das Inkjet 3D Printing-Verfahren besteht aus folgenden integralen Komponenten:

- Pulverförmiges Verbrauchsmaterial: In den Druckern der Z-Serie sind diverse Materialien auf Stärke- und Gipsbasis, Keramik- und proprietäre Composite-Mischungen verfügbar. In Anlagen anderer Hersteller werden auch Metalle, Edelmetalle, Stoffe für die Zahnmedizin und eine Vielzahl von Spezialmischungen für den industriellen Formenbau in Pulverform genutzt.
- Ein oder mehrere Druckköpfe
- Vorrichtung, um den oder die Druckköpfe punktgenau über der Pulverschicht zu steuern
- Absenkbares Druckbett
- Beschichtungseinheit, die das Pulver gleichmäßig in dünnen Schichten ausbringt
- Aufwendige Steuerungselektronik, die alle Komponenten miteinander verbindet
- Anlagen zur Nachbearbeitung und Infiltration mit geeigneten Harzen oder Wachs

Maschinenkonzepte

Die Bandbreite an Nutzungsmöglichkeiten geht im Inkjet 3D Printing-Verfahren aufgrund der Materialvielfalt weit auseinander. Während die Geräte der Z-Serie hauptsächlich für den Bau von Anschauungsmodellen gedacht sind, werden Anlagen der deutschen voxeljet AG auch im industriellen Formenbau eingesetzt.

Bild 3.19 Das Success Kid[28] – ein Internet-Liebling: Die dreidimensionale Variante stammt von Ryan Kittleson[29]. Der Ausdruck wurde von einem 3D-Druck-Dienstleister angefertigt.

HINWEIS: Ein Vorteil des Inkjet 3D Printing-Verfahrens wurde bisher noch nicht erwähnt: Das Bindemittel kann bei den Druckern der Z-Serie beliebig eingefärbt werden. Es stehen im Druckvorgang 16,7 Millionen Farben zur Verfügung. Damit sind die *ZPrinter* eines von aktuell zwei verfügbaren Verfahren, die vollfarbige 3D-Drucke liefern können (siehe Bild 3.19).

Bei den wesentlich größeren voxeljet-Anlagen spielt eine Einfärbung keine Rolle (Bild 3.20). Besonderes Augenmerk wird auf große Bauvolumen von bis zu 4 × 2 × 1 Metern gelegt. So können auch riesige Formen und Teile für Industrieanwendungen und ambitionierte Projekte hergestellt werden.

Um den Ansprüchen der industriellen Fertigung gerecht zu werden, hat voxeljet ein sehr interessantes Konzept realisiert. Der *VXC800* ist der erste kontinuierlich arbeitende 3D-Drucker (Bild 3.21). So wurde durch innovative Neuanordnung der Komponenten sichergestellt, dass kontinuierlich Teile gedruckt werden können. Während auf der einen Seite neue Schichten

28 Sammy Grinner als Success Kid ist eines der bekanntesten Internet Memes: *http://knowyourmeme.com/memes/success-kid-i-hate-sandcastles* [196j0Sa].

29 Erfolg für den eigenen Schreibtisch: *https://www.shapeways.com/model/736420/success-kid.html* [GCYP3V].

entstehen, können auf der anderen Seite der Anlage bereits fertiggestellte Drucke entnommen werden. Inwiefern solche Ansätze zur Produktivitätssteigerung auch in anderen 3D-Druck-Verfahren bald Anwendung finden können, bleibt abzuwarten.

Bild 3.20 VX4000 – einer der größten 3D-Drucker der Welt: Das Druckbett fährt die tonnenschweren Drucke auf Schienen aus der Maschine (Foto: © voxeljet AG).

Bild 3.21 Der 3D-Drucker VXC800 – 3D-Druck am laufenden Band: Das innovative Prinzip erschließt sich am einfachsten über ein Video (*http://youtu.be/maO3XxB1imU* [1bNhnJv], Foto: © voxeljet AG).

Umgang mit steilen Überhängen

Das Verfahren arbeitet in diesem Bereich analog zu den Selektiven Sinterverfahren. So dient auch im Inkjet 3D Printing-Verfahren das umliegende, nicht gebundene Pulver, als Support für darüber liegende Schichten. Dies erleichtert den Umgang mit komplexen Formen.

HINWEIS: Bei hohlen Innenräumen eines 3D-Modells muss ein Abflussloch für das nicht gebundene Pulver im Design vorgesehen sein. Ansonsten bleibt das Pulver im Inneren eingeschlossen.

Impressionen von 3DP-basierten Drucken

Bild 3.22 Ein riesiges Replikat[30] des historischen Karl-Liebknecht-Portals, mit bis zu 1,5 × 1 × 1 Meter großen Einzelteilen (Foto: © voxeljet AG)

Eignung für Privatanwender

Der Betrieb von Druckern der Z-Serie ist in normalen Räumen ohne zusätzliche Abzugsanlagen möglich. Es werden auch Systeme angeboten, in denen die Säuberungsstation bereits im 3D-Drucker untergebracht ist. Die Kosten der Inkjet 3D Printing-Anlagen schließen derzeit einen Betrieb durch Privatpersonen jedoch nahezu aus. Die kleinsten Maschinen sind für knapp unter 20 000 Euro zu haben. Industrielösungen können weit über 100 000 Euro kosten.

30 Warum das Karl-Liebknecht-Portal im ehemaligen Staatsgebäude der DDR in Berlin kopiert wurde, können Sie unter *http://www.voxeljet.de/case-studies/case-studies/denkmal-kopie/* [1bBcHtH] nachlesen.

Die Nutzung des Verfahrens ist aber über Dienstleister möglich. Sogar die Nutzung der Spezialmaschinen der voxeljet AG wird als Dienstleistung angeboten. Der Betrieb dieser gigantischen Industrieanlagen ist selbstverständlich nicht im eigenen Wohnzimmer möglich – zum einen aus platztechnischen Gründen, zum anderen weil die verwendeten proprietären Binder und Spezialharze zur Infiltration der Druckergebnisse während der Verarbeitung gesundheitlich bedenklich sind.

Auch beim *Inkjet 3D Printing* gilt also: Alles kein Problem! Die Dienstleister haben die Geräte in ihren Fabriken stehen und bieten Drucke zu bezahlbaren Preisen an. Über Umwege kommt also auch dieses Verfahren für Privatanwender infrage.

3.1.4 Stereolithographie (SLA) – Es werde Licht

Das *SLA*-Verfahren, benannt nach dem *Stereo Lithography Apparatus* der 3D Systems Inc., gilt als das älteste 3D-Druck-Verfahren. Es wurde bereits 1984 durch Chuck Hall patentiert und in Form des SLA-1-Druckers Ende 1987 der Weltöffentlichkeit vorgestellt. Beim Begriff *SLA* handelt es sich um ein eingetragenes Markenzeichen, er wird aber oft auch stellvertretend für alle *Stereolithographie*-Verfahren genutzt. Je nach Variante und Hersteller existieren noch einige ähnlich klingende Begrifflichkeiten.

Anstelle eines Kunststoffdrahts oder Druckmaterials in Pulverform kommen beim *Stereolithographie*-Verfahren flüssige Harze, sogenannte Photopolymere, zum Einsatz. Sie werden schichtweise durch UV-Strahlung verhärtet und erzeugen so dreidimensionale Objekte.

Das Verfahren – wie funktioniert es?

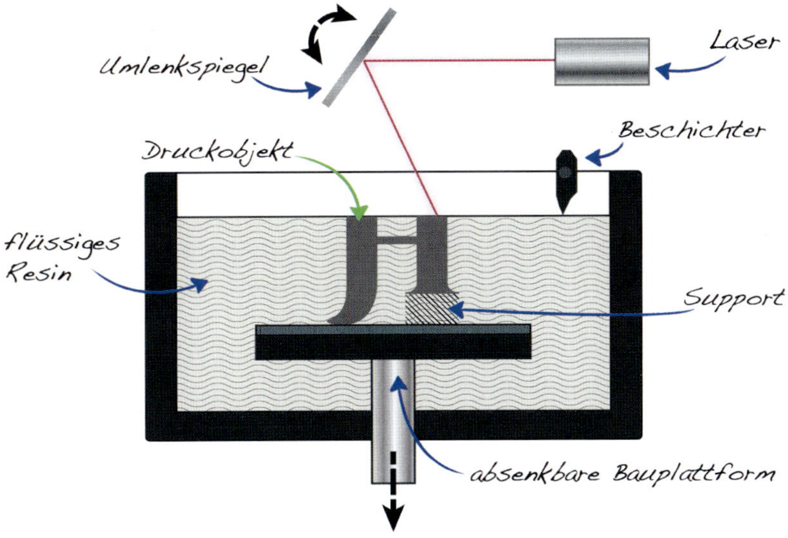

Bild 3.23 Das SLA-Verfahren im Überblick (Illustration: © HypeCask)

Das flüssige Epoxidharz (= *resin*) befindet sich einem Becken, in dem auch die Bauplattform versenkt liegt. Ein Laserstrahl wird durch Spiegel so gelenkt, dass die erste Schicht nachgezeichnet wird. Der Strahl durchdringt die dünne, über der Bauplattform befindliche, Harzschicht und verfestigt sie durch Photohärtung (= *curing*). Nachdem eine Schicht vollendet ist, senkt sich das Druckbett um eine Schichtstärke ab. Ein Beschichtungsmechanismus verteilt die nächste Schicht flüssiges Harz gleichmäßig über die bereits verfestigte Grundlage. Der Prozess wiederholt sich, bis das fertige Modell vollständig, umgeben von dem übrig gebliebenen flüssigen Harz, im Becken entstanden ist. Das Druckergebnis wird von der Bauplattform entfernt und muss je nach Material noch unter UV-Licht vollständig ausgehärtet werden.

Die wichtigsten Komponenten im Überblick

Das SLA-Verfahren besteht aus folgenden integralen Komponenten:

- Verbrauchsmaterial: Photopolymer, z. B. Epoxidharz
- Harzbecken (= *vat*), das je nach Ausführung auch als Bauraum fungiert
- Absenkbare Bauplattform
- Beschichter (= *re-coating mechanism*), der neue Harzschichten gleichmäßig ausbringt
- LED, Laser oder Projektor die bzw. der UV-Strahlung emittiert
- Vorrichtung, um den Laser punktgenau zu steuern bzw. eine Maske für die UV-Lampe zu generieren
- Steuerungselektronik, die alle Komponenten miteinander verbindet

Maschinenkonzepte

Bei der Aushärtung der Schichten existieren grundlegend zwei verschiedene Konzepte: Das ursprüngliche Verfahren arbeitet mit der bereits erwähnten Anordnung aus einem Laser und einer beweglichen Spiegelmechanik, die den Strahl punktgenau steuern kann. Eine andere Möglichkeit ist die Nutzung einer Belichtungseinheit mit einer UV-Lampe und einer Maske. Großer Vorteil dieser Variante ist der Verzicht auf die aufwendige mechanische Spiegeleinheit. Somit werden immer ganze Schichten belichtet und eben nicht zeilenweise von einem Laserstrahl abgefahren.

Auch bei der Anordnung des Lasers, des Harzbeckens und der Bauplattform gibt es konzeptionelle Unterschiede. Einige Anlagen ziehen zum Beispiel den Druck auf der Unterseite der Bauplattform aus dem Becken heraus, anstatt ihn im Becken zu versenken.

Ein immer öfters angewendetes Konzept machen sich die handelsüblichen DLP-Beamer zunutze. Die Projektoren werden soweit umgebaut, dass sie UV-Licht emittieren. So kann Schicht für Schicht ein Schwarz-Weiß-Bild auf das flüssige Druckmaterial belichtet werden. An hellen Stellen findet der Aushärtungsprozess statt, an dunklen bleibt das Material unverändert. Das elegante an dieser Variante ist die geringe Anzahl an bewegten Komponenten. So muss in der Regel nur die Z-Achse durch einen Motor bewegt werden. Von diesem Aufbau profitieren zum Beispiel die Maschinen des amerikanischen Herstellers Asiga.[31]

31 Asiga (*https://www.asiga.com*) stellt nicht nur eine Reihe von SLA-3D-Druckern her, sondern hat auch die Expertise bezüglich eigener Druckmaterialien und der selbst entwickelten Software im Haus. Die Produkte werden in Europa über *http://asiga.de* vertrieben.

Bild 3.24 Die 3D-Drucker der Asiga Pico-Serie können unglaubliche Details abbilden. Der kleine Maki (*http://www.thingiverse.com/thing:227472* [maki3D]) misst gerade mal 15 mm in der Höhe.

Große Bedeutung kommt dem *Beschichter-Mechanismus* zu, bei dem vor der Belichtung neues Material aufgebracht wird. In diesem Schritt wird sichergestellt, dass der bereits gedruckte Teil vollständig und gleichmäßig bedeckt wird. Technisch ist das nicht immer, wie in Bild 3.23 dargestellt, eine scheibenwischerähnliche Vorrichtung. Der gleiche Effekt kann auch durch ein Abkippen der Bauplattform, eine Schiebebewegung des kompletten Harzbeckens oder sonstige mechanische Bewegungen erreicht werden.

Das gleiche chemische Grundprinzip, aber ein vollkommen unterschiedlicher Aufbau, wird in den Anlagen der Objet Geometries Ltd.[32] verwendet: Bei einem dem Inkjet 3D Printing-Verfahren sehr ähnlichen Prozess, wird anstelle des Binders ein Harz durch die Druckköpfe ausgegeben und durch UV-Lampen umgehend ausgehärtet. So lässt sich tröpfchengenau Material aufbringen, ohne ein ganzes Becken mit dem flüssigen Harz vorzuhalten. Diese Variante des SLA-Verfahrens wird als *PolyJet*-Verfahren beworben. Der größte Vorteil der PolyJet 3D-Drucker ist die Möglichkeit, eine Vielzahl von verschiedenen Materialien während eines Druckauftrags zu kombinieren.

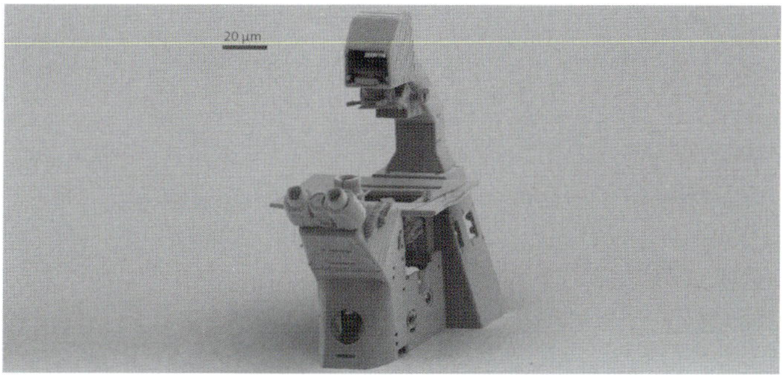

Bild 3.25 Beeindruckende Leistungsschau: Mit einer Gesamthöhe von nur 0,15 mm, das wohl kleinste Zeiss-Mikroskop der Welt[33] (Foto: © Nanoscribe GmbH)

Umgang mit steilen Überhängen

Das SLA-Verfahren benötigt, ähnlich wie das FDM-Verfahren, bei steilen Überhängen stützende Supportstrukturen, um ein Absacken neuer Schichten zu vermeiden. Ihr Einsatz gestaltet sich etwas unkomplizierter als im FDM-Verfahren, da es im SLA-Verfahren keine Probleme

32 Ende 2012 schloss sich die Objet Geometries Ltd. mit Stratasys Inc. unter der neuen Rechtsform Stratasys Ltd. zusammen: *http://investors.stratasys.com/releasedetail.cfm?ReleaseID=724378* [15furWA].

33 Weitere Details zur Mikroskopen-Schrumpfung finden Sie unter *http://www.nanoscribe.de/data/Ressources/503_7-PI_2012_13_Nanoscribe_ZeissMicroscope_de.pdf* [1b0z9YK].

gibt, sehr kleine und fragile Strukturen zuverlässig abzubilden. Durch optimierte Belichtungsstrategien wird sichergestellt, dass am Übergangspunkt zwischen Support und dem Druckobjekt das Harz nicht vollständig ausgehärtet wird. Somit ist es vergleichsweise einfacher, die Strukturen ohne große Rückstände zu entfernen.

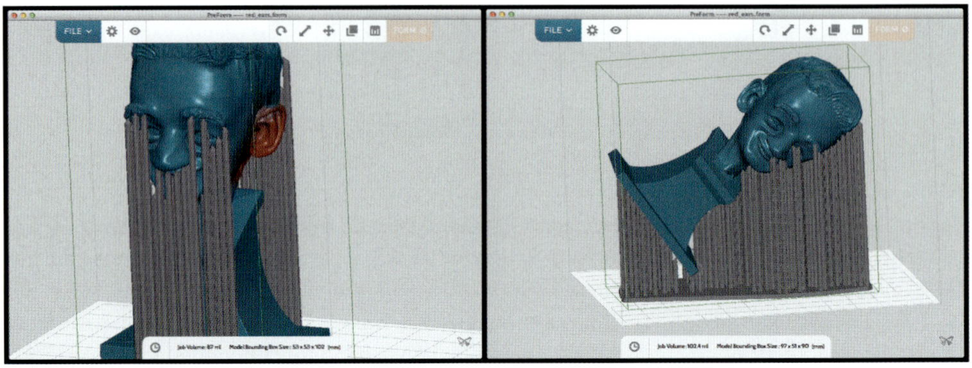

Bild 3.26 Da bekomme ich rote Ohren! Links: Anzeige problematischer Partien, rechts: Optimierte Ausrichtung durch die Auto-Orient-Funktion in der PreForm-Software. Die grauen Stützen bilden den Support.

HINWEIS: Im klassischen Aufbau mit Harzbecken ist die Verwendung verschiedener Materialien im gleichen Druckvorgang ausgeschlossen. Daher müssen die Supportstrukturen auch aus dem gleichen Material wachsen. Anders stellt sich dies bei der bereits erwähnten PolyJet-Variante dar. Die feinen Düsen am Druckkopf ermöglichen die Verwendung verschiedener Druckmaterialien im Druckvorgang sowie Supportstrukturen aus einem leicht auswaschbaren Werkstoff.

Eignung für Privatanwender

Einer weitflächigen Nutzung der Technik durch Privatanwender stehen hohe Kosten, sowohl in der Anschaffung der Geräte als auch bei den Materialien, im Wege. Selbst die günstigsten SLA-Drucker von etablierten Marktteilnehmern kosten oft noch mehrere Zehntausend Euro und setzen die Verwendung von sehr teuren Verbrauchsmaterialien voraus. Aber ähnlich wie beim FDM-Verfahren, gesellen sich immer mehr kleinere Firmen auf dem Markt hinzu und bieten Bausätze oder gar einsatzbereite Maschinen zu einem Bruchteil der üblichen Preise an. Für circa 2600 Euro bekommt man nun einsatzbereite Drucker oder Do-it-yourself-Bausätze. Die sehr leistungsfähigen Produkte von Asiga sind mit Preisen ab circa 7000 Euro zwar günstig im Vergleich zur alteingesessenen Konkurrenz, aber dennoch meist außerhalb des typischen Budgets eines Privatanwenders. Auch die Materialpreise geraten so natürlich unter Druck, werden aber dennoch zu doppelt bis vierfach teureren Kilopreisen gehandelt als die für das FDM-Verfahren benötigten Kunststoffe (Stand: Juli 2014).[34]

34 Abhängig von der gewählten Qualität, es geht hier aber mehr um eine grundlegende Aussage, als um genaue Beträge – zum Beispiel den Vergleich von Premiummaterialien: *http://formlabs.com* (Harze) vs. *http://colorfabb.com* (Thermoplasten).

HINWEIS: Durch die Verwendung eines Harzbeckens bleibt nach dem Druck auch noch flüssiges Restmaterial im Becken zurück. Dies kann oft nur zu Teilen wiederverwendet werden. Die tatsächlichen Druckkosten liegen somit höher als die Materialkosten im Druckergebnis.

Oft vollkommen übersehen beziehungsweise schlecht kommuniziert, stellt sich die Umweltverträglichkeit der verwendeten Harze dar. Gerade bei den niedrigpreisigen Angeboten werden Privatanwender entweder gar nicht oder nicht genügend über den Umgang mit den chemisch reaktiven Epoxidharzen aufgeklärt. Auch Teile der RepRap-Entwickler-Community stürzen sich auf die Entwicklung der nächsten Verfahren, ohne kritisch zu hinterfragen, ob es überhaupt zu verantworten ist, andere oder sich selbst, diesen Materialien auszusetzen. In gehärtetem Zustand sind die Druckergebnisse weitestgehend unbedenklich, aber in flüssigem oder noch nicht vollständig ausgehärtetem Zustand handelt es sich, vereinfacht gesagt, um eine giftige Brühe.[35] Bei den meisten Do-it-yourself-Angeboten werden Sie keine ausreichenden Informationen vorfinden. Selbst beim neuen Branchenliebling Formlabs[36] finden sich erstaunliche Lücken im Datenblatt[37]. Anstatt Nutzer mit dem gebotenen Respekt gegenüber unserer Umwelt mit Nachdruck darauf hinzuweisen, dass Restbestände der Harze unter keinen Umständen ins Abwasser gelangen dürfen, gibt man sich mit allgemeinen Aussagen zur Sicherheit bei fachgerechter Entsorgung zufrieden. Wie die fachgerechte Entsorgung genau auszusehen hat, und dass diese in den meisten Ländern mit Zusatzkosten für Sondermüllentsorgung verbunden ist, wird nicht erwähnt. Es bleibt zu hoffen, dass bessere Alternativen auf der Materialseite entwickelt werden.

Bild 3.27 Der Form1-Drucker von Formlabs: Schöne Verpackung mit nicht ganz unbedenklichem Inhalt (Foto: © Formlabs)

35 Eine Aussage, die es, abhängig vom Material, anhand des Datenblatts (falls überhaupt vorhanden!) zu überprüfen gilt.

36 Ende 2012 erlangte das aus dem MIT Media Lab ausgegründete Start-up große Aufmerksamkeit durch seine Crowdfunding-Kampagne, die fast 3 Millionen US-Dollar einbrachte: *http://www.kickstarter.com/projects/formlabs/form-1-an-affordable-professional-3d-printer* [17dD3th].

37 Formlabs-Datenblätter zu den Methacrylaten Photopolymeren: *http://formlabs.com/products/material* [17axKvN].

Wer dennoch in diesem Bereich aktiv sein will, sollte zu jeder Zeit im Umgang mit dem Material flüssigkeitsdichte Spezialhandschuhe[38] tragen und für einen ordentlichen Abzug der stinkenden Gerüche sorgen, die laut Formlabs-Datenblatt unter anderem Kopfweh oder Übelkeit auslösen können. Bei den etablierten hochpreisigen Modellen am Markt wird meistensauf einen geschlossenen Materialkreislauf und Vorrichtungen zum Ablassen von Restmaterial in gesonderte Entsorgungsbehältnisse geachtet. Wenn also genau diese Vorkehrungen dem niedrigen Preispunkt der Marktneulinge zum Opfer gefallen sind, muss man sich ernsthaft die Frage stellen, ob man solch ein Gerät zum aktuellen Zeitpunkt schon besitzen muss.

Beim Einsatz vom SLA-Druckern ist Vorsicht geboten!

Ich halte die lückenhafte Aufklärung über die Gefahren im Umgang mit den Epoxidharzen für nur schwer entschuldbar. Spätestens ab hier sollte Ihnen klar sein, dass Vorsicht geboten ist, und man die technischen Dokumentationen genauestens lesen beziehungsweise beim Hersteller weitere Informationen einfordern sollte. Letzten Endes muss aber jeder für sich selbst entscheiden, ob er der Problematik durch Schutzkleidung oder professionelle Abzugsvorrichtungen begegnet.

Drei Dinge müssen jedoch jedem klar sein:

- **Flüssiges Epoxidharz und Reste aus dem Becken gehören nicht in unser Abwasser.** Es handelt sich um Sondermüll, der in Absprache mit den zuständigen regionalen Einrichtungen entsorgt werden muss.
- **Die Maschinen sind nicht wohnzimmertauglich!** Setzen Sie andere Personen nicht Gefahren aus, die selbst für Sie unzureichend dokumentiert wurden.
- **Kleine Kinder sollten nicht in die Nähe einer solchen Maschine gelangen.** Achten Sie darauf, dass der Drucker und das Zubehör nicht zugänglich sind.

Für alle, die ich mit meiner nicht besonders positiven Einschätzung zum aktuellen Stand der SLA-Drucker für den Heimgebrauch so sehr verschreckt habe, sodass ein Kauf für Sie nicht mehr infrage kommt, habe ich gute Nachrichten: Man kann das Verfahren auch ganz sicher von der Couch aus nutzen. Dienstleister haben die Drucker im Maschinenpark stehen und betreiben sie in einer sicheren Umgebung. So bekommt man letztlich doch Zugang zu einem der detailreichsten Verfahren am Markt.

Allen, die das SLA-Verfahren dennoch selbst einsetzen wollen, empfehle ich Abschnitt 5.9.3 mit einer Übersicht über kommerzielle Low-Cost-Geräte sowie den Möglichkeiten, wie man selbst einen SLA-Drucker baut.

38 Die günstigste Preiskategorie der Einweghandschuhe ist in keinem Falle ausreichend! Besorgen Sie sich auf jeden Fall sogenannte Nitril-Handschuhe.

Impressionen von SLA-basierten Drucken

Bild 3.28 Eine Spezialität des SLA-Verfahrens: Winzige Details sind sauber abbildbar (Foto: © Formlabs).

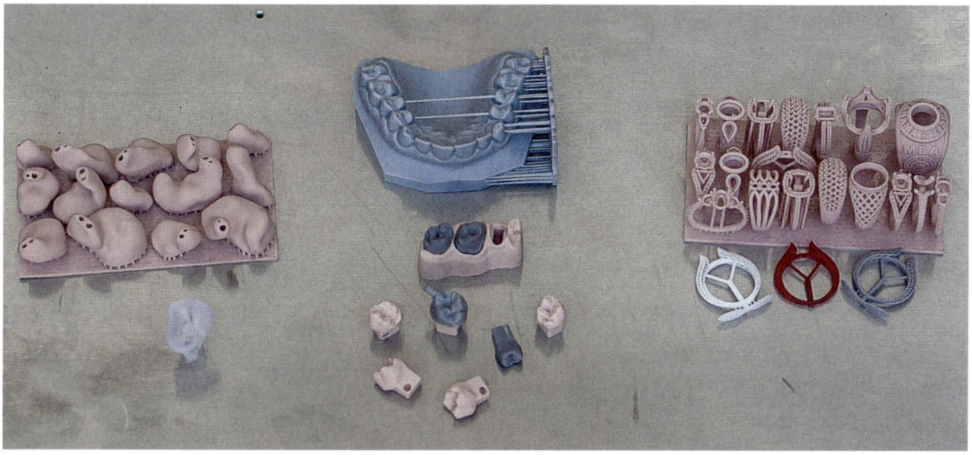

Bild 3.29 Drei typische Anwendungsfälle von SLA-Druckern in der Profiliga: Otoplastiken (z. B für Hörgeräte), Dentalmodelle und ausschmelzbare Vorlagen für die Schmuckherstellung (Foto: © ASIGA.de).

3.1.5 Laminated Object Manufacturing (LOM) – der Folienschneider

Ähnlich wie bei den vorherigen Verfahren handelt es sich beim geläufigen Überbegriff *Laminated Object Manufacturing* (*LOM*) um eine geschützte Bezeichnung. Alternativ nutzt Gebhardt den Begriff *Layer Laminate Manufacturing* (*LLM*). Das Verfahren ist leicht verständlich und basiert nicht auf chemischen Reaktionen oder einem thermischen Prozess.[39] Viel einfacher: Mit einem trennenden Werkzeug, zum Beispiel einem Messer oder einem Kohlendioxidlaser, wird eine Folie oder Platte an der Kontur geschnitten. Eine Vielzahl von diesen geschnittenen Folien bzw. Platten wird Schicht über Schicht aufeinander geklebt. Ganz ähnlich wie bei der Übung 2 in Abschnitt 1.2.1 entsteht so ein dreidimensionaler Gegenstand.

39 Zumindest nicht bei der Schichterstellung – die verwendeten Klebstoffe zur Verbindung der Schichten können aber durchaus chemisch reaktive Komponenten enthalten.

Das Verfahren – wie funktioniert es?

Von einer Fördereinheit wird eine Folienschicht auf der Bauplattform ausgebracht und anschließend von einem Laser oder scharfen Messer entlang der Schichtkontur geschnitten. Eine nächste Schicht Folie wird ausgebracht und durch eine beheizte Laminierwalze auf die unterliegende Folie aufgeklebt. Dies erfolgt je nach Verfahren durch zuvor ausgebrachte Klebstoffe oder einseitige Klebstoffbeschichtungen auf den Materialfolien. Danach werden wieder Konturen geschnitten. So entsteht ein Schichtobjekt aus geklebten, übereinanderliegenden Folien.

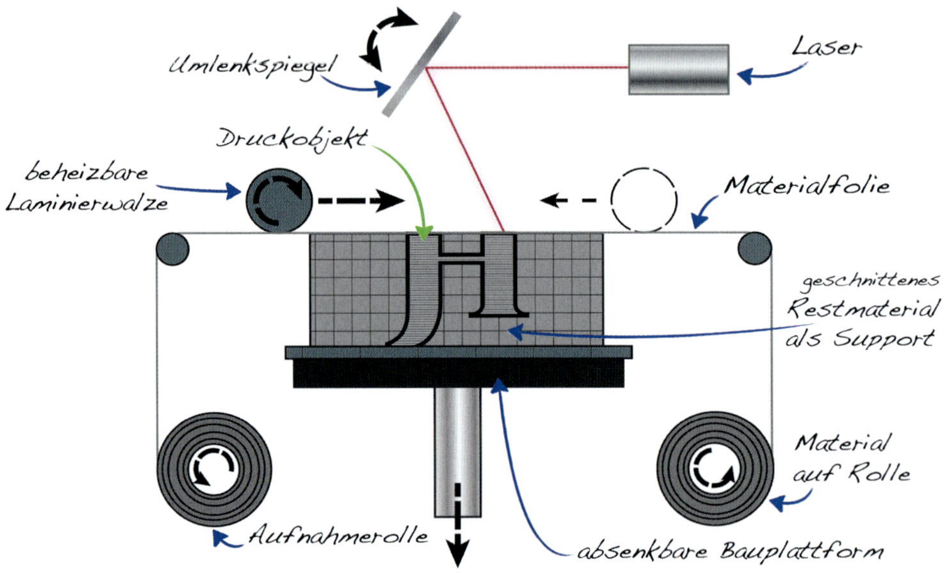

Bild 3.30 Das LOM-Verfahren im Überblick (Illustration: © HypeCask)

Das eigentliche Druckergebnis befindet sich, umgeben von geklebtem Restmaterial, noch im Kern des Folienstapels. Die Reste werden pro Schicht in kleine Stücke geschnitten, sodass nach dem Druckvorgang die umgebenden Würfel aus Restmaterial leicht abgenommen werden können (siehe Bild 3.30).

HINWEIS: Bei einem kleinen Objekt arbeitet dieses Verfahren sehr verschwenderisch, da immer die vollständige Bauplattform mit Folie bedeckt wird und so weite Teile ungenutzt verklebt und in Würfel geschnitten werden.

Da es sich beim LOM-Verfahren um eine Mischung aus abtragendem (das Zerschneiden der Folien) und aufbauendem Verfahren (das Aufeinanderkleben der Schichten) handelt, erbt es auch spezifische negative Eigenschaften der abtragenden Verfahren. Im Gegensatz zu den anderen 3D-Druck-Verfahren ist es nicht möglich, besondere Füllstrukturen abzubilden. Selbst wenn man im Inneren eines Objekts eine Art Füllmuster schneiden würde, wäre dieses nach der Fertigstellung nicht entfernbar. Dies stellt einen gravierenden Nachteil dar, da auch Hinterschneidungen im Objekt zum unüberwindbaren Hindernis werden können.

Bild 3.31 Entfernung des umliegenden Restmaterials (Foto: © Mcor Technologies Ltd.)

In der Konstruktion der Druckdaten muss also darauf geachtet werden, dass nach dem Druck alle Reststücke entfernbar sind, beziehungsweise muss auf ein anderes Verfahren ausgewichen werden.

Die wichtigsten Komponenten im Überblick

Das LOM-Verfahren besteht aus folgenden integralen Komponenten:

- Verbrauchsmaterial: Eine Vielzahl von Materialien in Folien oder Plattenform, z. B. Papier, diverse Kunststoffe, glasfaserverstärkte Verbundwerkstoffe, Keramik oder sogar Metalle
- Fördereinheit für das Verbrauchsmaterial und Aufnahme für angefallenes Restmaterial
- Absenkbare Bauplattform
- Beheizbare Laminierwalze
- Trennendes Werkzeug (je nach Ausführung ein Kohlendioxidlaser oder ein scharfes Messer)
- Vorrichtung, um den Laser oder das Schneidewerkzeug punktgenau zu steuern
- Steuerungselektronik, die alle Komponenten miteinander verbindet

Maschinenkonzepte

In einer Variante des Verfahrens wird ein Fräskopf anstelle des Schneidewerkzeugs verwendet, um auch Holz oder andere fräsbare Materialien bearbeiten zu können. Hierbei wird über Kopf gearbeitet, damit die Späne direkt nach unten fallen können und somit auch hohle Geometrien möglich werden.

Auch bei der Verklebung der Folien gibt es leichte Unterschiede. In manchen Anlagen sind die Folien bereits vorbeschichtet, in anderen Verfahren werden Klebstoffe durch einen gesonderten Mechanismus aufgetragen, oder sogar Mittel aufgebracht, die selektiv die Wirkung des Klebers reduzieren. Bei metallischen Materialien wird in Varianten des LOM-Verfahrens anstatt Kleber ein Schweißverfahren zur Verbindung der Schichten eingesetzt.

Ausreißer: Selective Deposition Lamination (SDL) – LOM in Perfektion

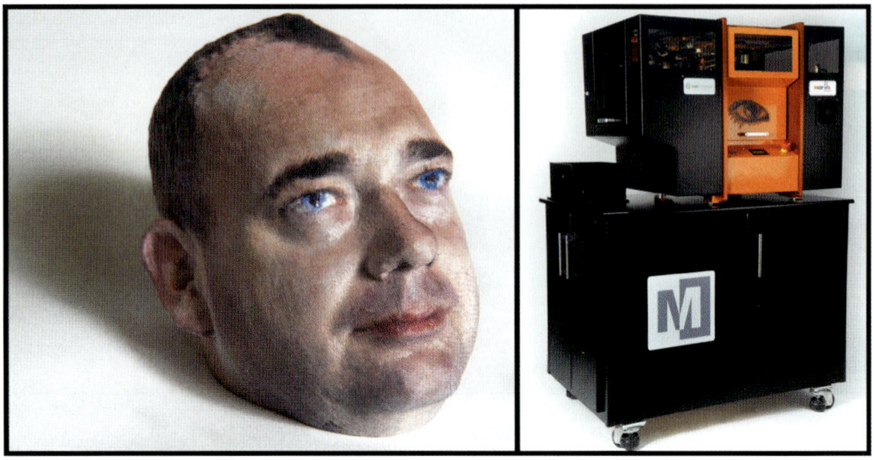

Bild 3.32 Der 3D-Drucker Mcor IRIS liefert vollfarbige Ausdrucke (Foto: © Mcor Technologies Ltd.).

Ein besonders innovatives Konzept entwickelt die irische Firma Mcor Technologies Ltd. seit 2005 (siehe Bild 3.32). Als Druckmaterial wird gewöhnliches DIN-A4-Papier mit 80 g/m^2 verwendet. Ein umweltfreundlicher Kleber sorgt für guten Halt zum unterliegenden Blatt Papier. Dann wird die Kontur von einer scharfen Klinge geschnitten. Die Papierreste, die nicht zum Druckobjekt gehören, können wie gewöhnlicher Papiermüll entsorgt und recycelt werden. Es müssen keine Materialien aufgeschmolzen werden, es entstehen keine Emissionen und es sind keine lungengängigen Pulver oder gefährliche Chemikalien im Einsatz. Alles sehr schön! Aber wo liegt die Innovation?

Herstellerkritk wird ernst genommen

Die raffinierten Details in der Umsetzung seiner 3D-Drucker brachten den Hersteller dazu, die von mir vorgenommene Einordnung innerhalb des LOM-Verfahrens in der ersten Auflage dieses Buches scharf zu kritisieren, da er sich zu Unrecht mit einem veralteten und konzeptionell fehlerbehafteten Verfahren in Verbindung gebracht sah. Dieser Vorwurf ist nicht ganz unberechtigt, wie ich in den folgenden Zeilen herausarbeiten werde. Dennoch muss man die vielen Drucker in irgendeiner Weise kategorisieren und für den Leser verständlich einordnen, anstatt jedem Hersteller seine eigene Kategorie zu gewähren.

Darüber hinaus vertraue ich auf Ihre Neugierde, herstellerspezifische Verfahrensbezeichnungen selbst auf Sinnhaftigkeit zu prüfen. Hinter manchen wohlklingenden Abkürzungen steckt nichts als Schall und Rauch, hinter anderen – wie im Falle von Mcor – wiederum wahre Innovationskraft.

Bild 3.33 Nachdem die fachlichen Fragen geklärt waren, konnte das Mcor-Team auch schon wieder lächeln. Dazu gab es aufgrund ihres preisgekrönten 3D-Druckers auch allen Grund.

Der Trick bei Mcor liegt beim verwendeten Druckerpapier. Bevor es geklebt und geschnitten wird, durchläuft es einen gewöhnlichen 2D-Drucker, der das Papier entlang der späteren Schnittkante mit einer Spezialtinte vollfarbig bedruckt. Diese Tinte durchdringt das Papier und färbt es den Vorgaben entsprechend vollständig ein. So entstehen im nachgelagerten LOM-Verfahren nicht nur naturfarbene oder einfarbige[40] 3D-Modelle, sondern vollfarbige Modelle mit mehr als einer Million möglicher Farben. Die Quelldaten des 3D-Modells müssen hierzu eine farbige Textur aufweisen, die zum Beispiel in einigen der in Kapitel 2 behandelten 3D-Scanverfahren automatisch erstellt wird.

Neben dem *Inkjet 3D Printing* bietet die *Selective Deposition Lamination* (*SDL*)-Technik von Mcor Technologies Ltd. ein weiteres Verfahren, das vollfarbige Druckergebnisse erzeugen kann. Die Objekte weisen starke Farben und eine erstaunliche Wertigkeit auf, die maßgeblich durch das Eigengewicht des Papiers entsteht.[41] Eine strukturelle Verfestigung und leichte Steigerung der Farbbrillanz lässt sich durch Infiltration mit Harzen[42] erreichen. Wenn es nur um die Qualität der Farben oder eine Versiegelung der Oberfläche geht, reicht auch ein Klarlack.

Noch wichtiger als die Möglichkeit, farbige Ausdrucke zu erstellen, ist die Möglichkeit, den Klebstoff, der jeweils zwei Papierseiten verbindet, selektiv (daher auch *Selective* Deposition Lamination) aufzubringen. An Stellen, die nicht zum gedruckten Objekt gehören, wird vorausschauend weniger Klebstoff aufgebracht. So werden zum Beispiel die Papierstückchen im Inneren einer Vase mit deutlich weniger Klebstoff versehen als die Bereiche, in denen das eigentliche Druckobjekt entsteht. So fällt es leichter, das überflüssige Restmaterial nach dem Druck zu entfernen. Zusätzlich werden die Bereiche im Inneren einer Struktur feiner geschnitten als großflächige Bereiche im Außenbereich.[43]

40 Bei Verwendung von einfarbigem Druckerpapier.

41 Inwiefern Sie auch FDM-Ausdrucke durch zusätzliches Gewicht wertiger wirken lassen können, erfahren Sie in einem Zusatzbeitrag auf der Webseite zum Buch.

42 Ein Beispiel: Ein mit Harz infiltrierter Flaschenöffner-Ausdruck lässt sich ohne Probleme nutzen.

43 Alle technischen Finessen der MCor-Technik werden ausführlich in einem kostenlosen Whitepaper beschrieben: *http://www.mcortechnologies.com/resouces/recources-white-paper/* [McorWhite]

Umgang mit steilen Überhängen

Der Umgang mit steilen Überhängen ist unkompliziert, weil überhängende Schichten immer von unterliegenden Folien gestützt werden. Das um das Druckobjekt liegende Material wird in Würfel geschnitten, sodass man nach abgeschlossenem Druckauftrag das stützende und umliegende Material in kleinen Stücken abnehmen kann. Problematisch sind Überhänge, bei denen diese Würfel so eingeschlossen werden, dass man sie nicht mehr entnehmen kann.

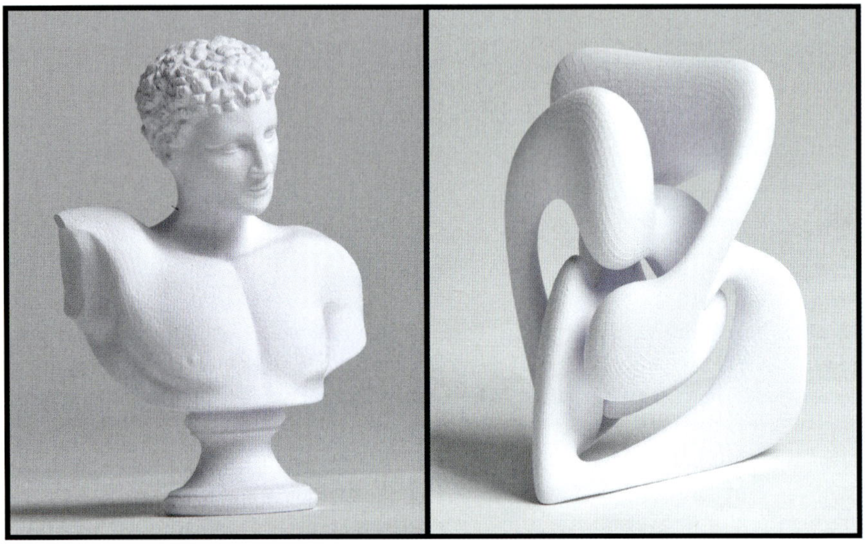

Bild 3.34 links: Steile Überhänge sind im LOM-Verfahren kein Problem, rechts: Verschlungene Geometrien werden nur zum Problem, wenn das Restmaterial nicht mehr entfernbar ist (Foto: © Mcor Technologies Ltd.).

HINWEIS: Hier wird deutlich, dass das LOM-Verfahren nicht alle Vorteile des 3D-Drucks für sich beanspruchen kann. So ist es zum Beispiel nicht möglich, hohle Strukturen zu drucken. Auch die Eigenschaft, dass im 3D-Druck eigentlich immer nur dort Material aufgetragen wird, wo es gebraucht wird, geht durch den Folienansatz vollkommen verloren.

Eignung für Privatanwender

Aufgrund der genannten Einschränkungen des Verfahrens scheint es keinen großen Reiz für die 3D-Druck-Community zu besitzen. Im Gegensatz zu der Vielzahl an Do-it-yourself-Projekten im FDM- und SLA-Bereich, gibt es im LOM-Bereich kein erprobtes Konzept zum Nachbauen. Die Angebote etablierter Anbieter beginnen bei circa 4000 Euro, sind aber an proprietäre Verbrauchsmaterialien in Form von Folienrollen gebunden.

Das Verfahren ist interessanterweise auch bei den meisten großen Dienstleistungsunternehmen nicht im Angebot. Mit einer prominenten Ausnahme: Staples, der amerikanische Einzelhandelsriese für Bürobedarf, will seinen Kunden in Kooperation mit Mcor vollfarbigen 3D-Druck in seinen Filialen direkt zugänglich machen. Ein erstes *Experience Center* wurde im

April 2013 im niederländischen Almere eröffnet.[44] Die Vielseitigkeit der SDL-Variante von Mcor ist zwischenzeitlich auch deutschen Marktteilnehmern aufgefallen. So lässt sich in Leipzig, Hamburg und Deggendorf die Technik live bestaunen und nutzen.[45]

Impressionen von LOM-basierten Drucken

Bild 3.35 Beeindruckende Details, aber die einzelnen Schichten sind stellenweise stark sichtbar (Foto: © Mcor Technologies Ltd.)

Bild 3.36 links: Verwendung von verschiedenfarbigem Papier, rechts: Nahezu fotorealistischer vollfarbiger Druck (Foto: © Mcor Technologies Ltd.)

44 Pressemeldung Mcor Technologies Ltd: *http://www.mcortechnologies.com/staples-first-3d-printing-experience-centre-goes-live-powered-by-mcor-technologies/* [1bBd07l]

45 Sie finden die Händler unter *http://formicum.de*, *http://www.3d-picture.net und http://www.piccos-3d-world.com*.

3.1.6 Hybrid- und sonstige Verfahren

Es existieren noch einige Spezialverfahren, bei denen es sich oft um Mischungen oder Abwandlungen der bereits behandelten Verfahren handelt. Ein Beispiel hierfür ist der Industrie-3D-Drucker *freeformer* des Spritzgussspezialisten ARBURG.[46] Die Funktionsweise des Ende 2013 veröffentlichten Systems kombiniert Elemente des FDM-, 3DP- sowie PolyJet-Verfahrens, das der Hersteller stolz als *ARBURG Kunststoff-Freiformen* (*AKF*) vermarktet.

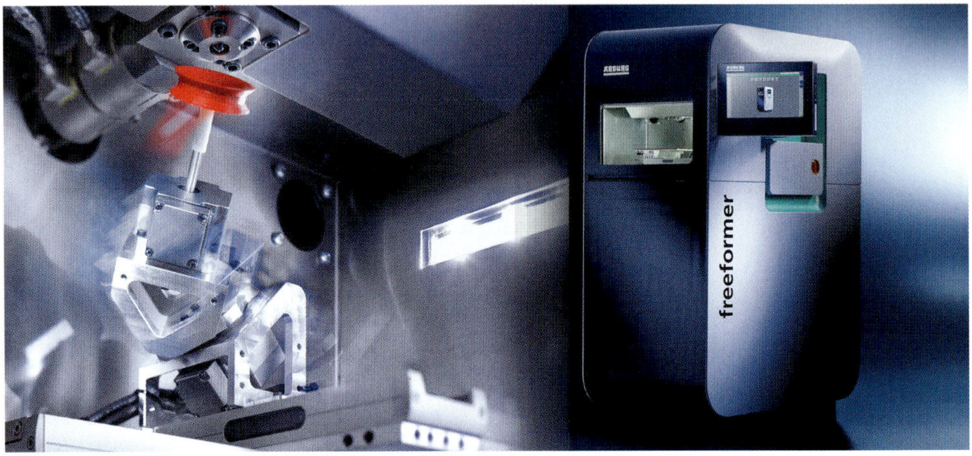

Bild 3.37 Insbesondere die 5-achsige Version des freeformer beeindruckt durch technische Finesse (Fotos: © ARBURG GmbH + Co KG).

Ein oder mehrere verschiedene Kunststoffgranulate werden eingeschmolzen und durch eine Dosierdüse in Form sehr feiner Kunststofftröpfchen ausgegeben. Der Stolz ist also berechtigt, auch weil die Technik schon im Vorführmodell auf der EuroMold-Messe durch einen bis zu 5-achsigen Bauteilträger beeindruckte. Das Druckobjekt wird dabei jeweils so im Raum ausrichtet, dass Überhänge möglichst vermieden werden.

Auch *Hybrid-Verfahren*[47], bei denen zum Beispiel die große Geometrie-Freiheit der additiven 3D-Druck-Verfahren mit der hohen Präzision von abtragenden Fräsverfahren kombiniert werden, werden industriell entwickelt und genutzt. So wird beispielsweise erst ein Metallteil dreidimensional gedruckt und im zweiten Schritt durch eine computergesteuerte Fräse auf Maßhaltigkeit und Oberflächengüte hin optimiert.

Einen absoluten Leckerbissen aus diesem Bereich präsentierte DMG MORI mit seiner Konzeptstudie *LASERTEC 65 Additive Manufacturing*[48] Anfang 2014 auf der METAV-Messe.

46 Alle Angebote von ARBURG innerhalb der additiven Fertigung finden Sie hier im Überblick: *http://www.arburg.com/de/de/leistungsspektrum/additive-fertigung/* [ARBURG3D].

47 Eine Übersicht finden Sie in: Gebhardt, Andreas: Generative Fertigungsverfahren. *Rapid Prototyping - Rapid Tooling - Rapid Manufacturing.* 3., vollständig überarbeitete Auflage, Carl Hanser Verlag 2007, S. 227–230.

48 Im DMG MORI journal finden Sie weitere Informationen zur Wundermaschine: *http://www.dmgmori.com/webspecial/journal_2014_1/de/lasertec-65.htm* [DMGmori]

Bild 3.38 Die LASERTEC 65 Additive Manufacturing – ein Multitalent durch die Kombination von subtraktiver und additiver Fertigung.

Durch Laserauftragsschweißen wird additiv ein Grundkörper geschaffen, der anschließend durch zerspanendes Werkzeug nachbearbeitet werden kann. Neben der generativen Fertigung von Neuteilen sind auch Szenarien vorstellbar, in denen Altteile wieder aufbereitet oder bereits vorhandene Teile nachträglich beschichtet werden.

In Abwandlungen bestehender Verfahren werden häufig branchenspezifische Ziele im Hinblick auf die minimale oder maximale Baugröße verfolgt. Durch aktuelle Forschungsarbeiten entstehen auf der einen Seite Verfahren, die im Nanometerbereich kleinste Objekte herstellen können, auf der anderen Seite werden Systeme entwickelt, mit denen man zukünftig mittels 3D-Druck ganze Häuser additiv fertigen kann.

Materialspezifische Ziele standen bei der Entwicklung des innovativen 3D-Druckers *Mark One* des amerikanischen Start-ups MarkForged im Vordergrund.[49] Der Wunsch, Druckobjekte mit hochwertigen Carbon-, Kevlar- oder Glasfasern zu verstärken, führte zur Entwicklung einer Maschine, die ähnlich wie FDM-Drucker thermoplastische Kunststoffe verarbeitet, aber gleichzeitig auch einen durchgängigen Faserstrang in den Druck einbringt. Der Hersteller bezeichnet das noch in der Entwicklung befindliche Verfahren als *Composite Filament Fabrication* (*CFF*).

Weiterführende Informationen zu 3D-Druckverfahren

Technische Details zu allen bereits erwähnten sowie zu einigen zukünftigen Verfahren finden Sie im Referenzwerk von Gebhardt.

Die aktuellen Entwicklungen im Bereich der 3D-Druck-Verfahren verfolgen Sie am besten über die Branchenticker, die ich Ihnen in Abschnitt 4.1.2.4 vorstellen werde. Fast täglich gibt es hier Meldungen zu Neuentwicklungen aus der Industrie, Wissenschaft und DIY-Community.

49 Weiterführende Informationen zum Unternehmen MarkForged und dem geplanten Produkt finden Sie auf *http://markforged.com/*

3.1.7 Zusammenfassung

Sie haben nun einen guten Überblick über die fünf wichtigsten Druckverfahren erhalten. Grundlegende Funktionsweise, Auswahl an Materialien, spezifische Vor- und Nachteile sowie Eignung für den Privatgebrauch sind somit bekannt.

Doch wie haben Sie als Einsteiger die Möglichkeit, kostengünstig Zugang zu einem dieser Verfahren zu erhalten? Muss es immer gleich der eigene Drucker sein? Wo kann man einen Drucker auch mal unverbindlich testen oder Teile in Auftrag geben?

Die Antworten auf diese Fragen möchte ich Ihnen im nächsten Abschnitt geben.

3.2 Kaufen, mieten oder in Auftrag geben? Die Handlungsoptionen im Überblick

Die folgenden drei Handlungsoptionen bieten sich aus meiner Sicht an:

- 3D-Modelle über einen Dienstleister ausdrucken lassen
- Einen Drucker mit anderen teilen
- Einen eigenen Drucker kaufen

Eines vorab: Die eine Option schließt die andere natürlich nicht aus. Warum soll man nicht auch seinen eigenen Drucker mit anderen teilen? Oder sich, obwohl man stolzer Druckerbesitzer ist, nicht auch mal etwas vom Dienstleister bestellen? Wir gehen schließlich auch mal gerne ins Restaurant zum Abendessen, obwohl wir selbst kochen können.

Da jedes Ihrer Projekte andere Anforderungen an die Technik stellt, eignet sich mal das eine, mal das andere Druckverfahren am besten. Mit ein bisschen Improvisationstalent lässt sich ein Objekt vielleicht auch mal zufriedenstellend auf einem Drucker herstellen, der aus fachlicher Sicht nicht die allererste Wahl gewesen wäre. Bei einem vollfarbigen Modell hingegen würden sich alle einfarbigen Verfahren ausschließen lassen. Es sei denn, Sie haben Lust, den Pinsel zu schwingen. Einige Materialien lassen sich wunderbar einfärben, anmalen und lackieren.

Bei genauer Betrachtung Ihres Vorhabens wird also eine Rangliste von sehr geeigneten bis weniger geeigneten Verfahren entstehen. Mit dem Wissen aus Abschnitt 3.1 wird aber auch deutlich, dass sich nicht jede Methode gleichermaßen für den Heimbetrieb eignet. Oft ist der Anschaffungspreis der Maschine der limitierende Faktor. Die leistungsstarken SLS-Anlagen kosten, je nach Größe und druckbaren Materialoptionen, schnell mehrere Hunderttausend Euro. Verfahrensübergreifend werden Industriemaschinen durchschnittlich für circa 80 000 US-Dollar verkauft. Nach Aussage des renommierten Branchenreports[50] der Wohlers Associates Inc. ist der Durchschnittspreis sogar in den letzten Jahren leicht gestiegen. Dies

50 Additive Manufacturing and 3D Printing State of the Industry Annual Worldwide Progress Report 2013 *(http://wohlersassociates.com/)*.

wird der gestiegenen Nachfrage nach hochpreisigen Anlagen in Verbindung mit einer schwindenden Nachfrage[51] nach Maschinen aus dem 10000 bis 30000 US-Dollar-Sektor zugeschrieben.

Die gute Nachricht für Sie ist, dass es im FDM-Bereich eine dramatische Abwärtsbewegung im Preisniveau gegeben hat, die sich auch weiterhin fortsetzen wird. Es gibt also auch Drucker, die schon jetzt für Sie bezahlbar sein könnten oder bald werden.

Bevor wir uns Ihre Optionen im Detail anschauen, habe ich eine kleine Übersicht für Sie vorbereitet. Sie entspricht meiner aktuellen Einschätzung und muss daher sicherlich von Zeit zu Zeit aktualisiert werden (Tabelle 3.1).

Tabelle 3.1 Übersichtstabelle Handlungsoptionen

	Dienstleister nutzen	Drucker teilen	Drucker kaufen
FDM	★★	★★★	★★★
SLS	★★★	★	★
3DP	★★★	★★	★
SLA	★★★	★	★★
LOM	★	★	★

Hinweis: Die Anzahl der Sterne ist abhängig vom Preisniveau und von der Verfügbarkeit der Verfahren in den jeweiligen Einrichtungen. Wenige Sterne bedeuten eine schlechte Eignung, viele Sterne eine gute Eignung des Verfahrens für die jeweilige Handlungsoption.

3.2.1 Print on Demand – die Welt der 3D-Druck-Dienstleister

Die schon öfter erwähnten 3D-Druck-Dienstleister werden von manch einem schon als Fabriken der Zukunft gehandelt.[52] Anstelle von kostengünstigen Do-it-yourself-Geräten haben diese Unternehmen die leistungsfähigsten Anlagen der Branche im Einsatz. Manche Unternehmen treten nur als Vermittler auf, und der eigentliche Druckauftrag wird von Sublieferanten übernommen. Mit wachsender Größe investieren die Dienstleister aber auch zunehmend in hausinterne Kapazitäten. Im Herbst 2012 wurde in New York eine ganze Fabrik zu diesem Zweck eröffnet. Sie soll bei voller Auslastung 50 Drucker beherbergen und jährlich bis zu fünf Millionen Teile herstellen.[53] Der entscheidende Unterschied zwischen solch einer 3D-Druck-Fabrik und einer gewöhnlichen Fabrik ist, dass jedes dieser fünf Millionen Teile anders aussehen könnte als das nächste, ohne dass sich der Aufwand erhöht. Anstatt der sonst üblichen Massenfertigung immerzu gleicher Teile können so auch hoch individualisierte Teile im großen Stil wirtschaftlich rentabel hergestellt werden.

51 Schwindende Nachfrage und 3D-Druck? Das passt irgendwie nicht zusammen! Die rückläufigen Verkaufszahlen in diesem Bereich sind auf die stark erhöhte Nachfrage nach ähnlich leistungsfähigen Geräten im < 5000 US-Dollar-Bereich zurückzuführen.

52 Der renommierte Economist glaubt fest an den Siegeszug des 3D-Drucks: *http://www.economist.com/news/technology-quarterly/21584447-digital-manufacturing-there-lot-hype-around-3d-printing-it-fast* [1bBd3At].

53 Shapeways eröffnet seine Factory of the Future in New York: *http://www.3ders.org/articles/20121019-shapeways-opens-largest-3d-printing-factory-in-the-world.html* [17ay39U].

Bild 3.39
Einblicke in die Fabrik der Zukunft: Vier SLS-Anlagen im Einsatz (Foto: © Shapeways Inc.)

Ein letztes Mal ...

... will ich den Vergleich zu den 2D-Druck-Verfahren nochmals strapazieren: Vereinfacht können Sie sich die 3D-Druck-Dienstleister wie Großdruckereien oder Copyshops vorstellen. Sie benötigen also keinen eigenen Tintenstrahl- oder Laserdrucker, sondern schicken Ihre Dokumente einfach an die Druckerei. Diese legt die Ausdrucke dann zur Abholung bereit. Genauso funktioniert das auch mit den 3D-Druck-Dienstleistern. Anstelle eines Word-Dokuments laden Sie Ihr 3D-Modell auf die Webseite des Dienstleisters und bekommen wenige Tage oder Wochen[54] später den fertigen 3D-Ausdruck bequem per Post zugestellt.

Zu glauben, dass man mit einem eigenen 3D-Drucker nie wieder auf einen der Dienstleister zurückgreifen müsste, wäre allerdings vergleichbar mit dem Irrglauben, dass sich mit einem simplen Tintenstrahldrucker ein hochwertiger Bildband herstellen ließe. Es bleibt also dabei: Dienstleister können bei aufwendigen Projekten stets hilfreich sein – vollkommen unabhängig davon, ob man bereits einen eigenen Drucker besitzt oder nicht.

3.2.1.1 Die wichtigsten 3D-Druck-Dienstleister im Überblick

Im Folgenden möchte ich Ihnen einen Überblick über die wichtigsten 3D-Druck-Dienstleister geben. Tabelle 3.2 zeigt die vier international arbeitenden 3D-Druck-Dienstleister sowie drei noch recht junge deutsche Unternehmen. Eine kurze Internetsuche könnte sich lohnen, denn es gesellen sich stetig neue Spieler auf diesem Markt hinzu.

In der Tabelle ist auch die Verfügbarkeit von auf der Webseite eingebetteten Customizern vermerkt. Bei den großen Dienstleistern ist es ohne die Installation zusätzlicher Software kinderleicht möglich, seiner Kreativität[55] freien Lauf zu lassen und auf schnelle Weise Vasen, Ringe, Medaillen und Ähnliches anzufertigen. Von der Bestellung sind Sie dann nur noch einen Klick entfernt.

54 Die Lieferzeiten betragen je nach Verfahren teilweise mehrere Wochen. Insbesondere zu Stoßzeiten (Weihnachten, Ostern, Chanukka etc.) können sich diese Zeiten deutlich erhöhen. Sie sollten also langfristig planen! Express-Optionen werden gegen Aufpreis angeboten.

55 Wir erinnern uns: Die volle Kreativität ist nur mit mächtigeren Werkzeugen auszuleben. Customizer beschränken die Nutzer auch zuliebe der Bedienbarkeit.

Ein Großteil der Dienstleister bieten sogenannte *Shop-in-Shop-Lösungen* an. Diese geben 3D-Designern die Möglichkeit, ihre Werke nicht nur für den Eigenbedarf ausdrucken zu lassen, sondern auch anderen zum Kauf anbieten zu können. So tummeln sich viele talentierte Künstler auf den Plattformen und bieten von außergewöhnlichen Armreifen[56] bis zu zierlichen Zahnkränzen[57] so ziemlich alles an. Der Designer kann bestimmen, welche Materialien dem Kunden zur Auswahl stehen sollen, und welche Kommission er je verkauftem Produkt erhalten will.

So entstehen lebendige Internetportale, von denen jeder profitiert: Die Dienstleister bekommen Aufträge, die Künstler können ihre Arbeit verkaufen, und die Kunden haben eine schier endlose Auswahl an bisher nie dagewesenen Designs aller Formen und Farben. Wenn nichts Passendes gefunden wird, bieten viele Designer gegen Pauschalen oder festgelegte Stundensätze auch ihre Dienste an.

Tabelle 3.2 Übersicht einiger internationaler als auch nationaler 3D-Druck-Dienstleister

Name	Link	Customizer	Shop in Shop	API
Internationale Plattformen[58]				
i.materialise	*http://i.mazerialise.com/*	x	x	x
Ponoko	*http://www.ponoko.com/*	x	x	x
Shapeways	*https://www.shapeways.com/*	x	x	x
Sculpteo	*http://www.sculpteo.com/*	x	x	x
Deutsche Plattformen				
fabberhouse	*http://www.fabberhouse.de*	–	–	–
FabGate	*http://www.fabgate.co/*	–	–	–
Trinckle	*https://www.trinckle.com/*	–	x	–
Sonstige Plattformen				
3YOURMIND	*http://3yd.de*	Auf Modelle für Architektur und Industrie spezialisiert		
PrintaBit	*https://www.printabit.com*	Auf exklusive Nachbearbeitung von 3D-Drucken spezialisiert		

Und das Beste daran: Sie müssen kein bekannter Designer oder Konstrukteur sein, um auf die Verkäuferseite wechseln zu können. Wenn Sie eine gute Idee haben, können Sie diese auch anderen anbieten. Ob Sie daran verdienen wollen oder nur die Herstellungskosten an den Dienstleister bezahlt werden müssen, liegt bei Ihnen. Noch nie war es einfacher, eine Produktidee mit nur wenigen Mausklicks einem Millionenpublikum anbieten zu können. Ponoko bietet übrigens auch an, dass wahlweise nur das 3D-Modell verkauft wird, falls Kunden sich die Gegenstände auf ihren eigenen Druckern herstellen möchten.

56 Bei dem in Bild 3.36 dargestellten Armreif handelt es sich um einen Testdruck für das rubber-like-Material von i.materialise: *http://i.materialise.com/blog/entry/our-3d-printing-material-rubber-like-will-stay* [18I6OX6].

57 Die in Bild 3.36 dargestellten Bicycle Chainring Cufflinks sind dem Namen entsprechend als Manschettenknöpfe konzipiert: *https://www.shapeways.com/shops/gothamsmith* [17Kxlna].

58 Die »großen Vier« liefern selbstverständlich alle auch nach Deutschland, in die Schweiz und nach Österreich.

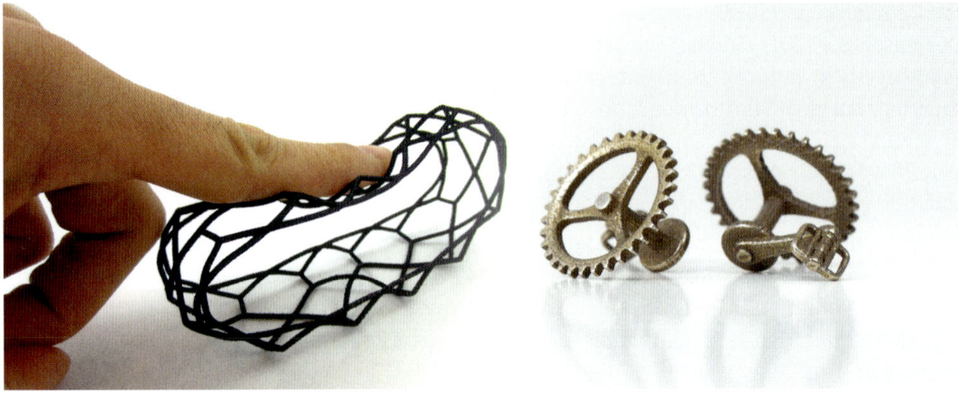

Bild 3.40 Von A wie Armreif bis Z wie Zahnkranz ist alles geboten! (Foto links: © i.materialise, Foto rechts: © GothamSmith)

Bild 3.41 Eine gute Idee reicht! Eine Maske für den Fressnapf zügelt die gierigen Vierbeiner etwas[59] (Foto: © Monique de Wilt, Mowi Design).

Neben den großen 3D-Druck-Dienstleistern, die sich auf ein internationales Publikum einstellen und in großen Mengen produzieren, gibt es natürlich auch viele kleine, eher regional arbeitende, Unternehmen. Oft sind es junge Start-ups wie die Objektdruckerei[60] aus der Nähe

59 Monique de Wilt *(http://mowidesign.com)* bietet ihre Kitty Slowfood-Idee bei Shapeways und i.materialise an. Zusätzlich gibt es die Daten kostenlos unter *http://www.thingiverse.com/thing:139627* [196kIIR] zum Download und Selbstausdrucken.

60 Der Name ist Programm: *http://www.objektdruckerei.de/*

von München, bei denen Sie auf ganz unkomplizierte Weise Drucke anfertigen lassen können, und die Sie auch persönlicher beraten können, als die großen Mitbewerber. Eine regionale Suche lohnt sich also. Einige Online-3D-Druckershops[61] bieten neben ihrem Kerngeschäft auch Druckdienste an.

3.2.1.2 Materialauswahl und Eigenschaften

Der wohl größte Vorteil der 3D-Druck-Dienstleister ist, dass ihnen eine Vielfalt von über einem Dutzend verschiedenen Materialien für den Druck zur Verfügung stehen. Hinzu kommen eine ordentliche Farbauswahl und einige Möglichkeiten der Nachbearbeitung, wie eine Politur für feinere Oberflächen oder Beschichtungen für mehr Glanz.

Jedes Material hat seine Stärken und Schwächen. Im Folgenden werde ich Ihnen die wichtigsten Materialtypen vorstellen und diese anhand eines Bewertungssystems (Sternevergabe) bezüglich der *Festigkeit*, dem möglichen *Detailgrad*, der *Oberflächengüte* und der *Flexibilität* bewerten. So lässt sich schnell erkennen, welches Material mehr oder weniger geeignet ist. Nach einer Vorauswahl finden Sie dann Informationen zu aktuellen Preisen, maximalen Baugrößen und ausführlichen Designleitfäden auf den Webseiten der jeweiligen Dienstleister.

Bild 3.42 Wertvolle Helferlein: Die Designleitfäden im Internet und Materialproben

Insbesondere die Designleitfäden der einzelnen Materialien werden Ihnen helfen, das Optimum aus Ihrem Teil herauszuholen. Darin werden leicht verständliche Tipps gegeben, welche Geometrien besonders geeignet sind und welche Formen es zu vermeiden gilt. Die Anleitungen von i.materialise und Shapeways stechen durch sehr umfangreiche und gut bebilderte Hinweise hervor.[62]

61 Zum Beispiel der durch Nils Hitze betriebene Shop 3DDinge.de (München): *http://www.3ddinge.de/service/ [GECR0o]* oder Sali Knödls PolygonPrint (Kufstein): *http://www.polygon-print.com/go/3d_druckservice* [WgTrf6].

62 Sie finden die Zusatzinformationen unter den Stichworten »Design Guide« und »Design Guidelines« auf den jeweiligen Materialseiten: *http://i.materialise.com/materials* [1fb7zNu] bzw. *https://www.shapeways.com/materials* [16rRK06].

Polyamid – der Bestseller

Festigkeit	Details	Oberfläche	Flexibilität
★ ★ ★	★ ★ ★	★ ★	★ ★

Nach Aussage der 3D-Druck-Dienstleister ist *Polyamid*[63] das populärste Material am Markt. Die Drucke werden mithilfe des *Selektiven Lasersinter*-Verfahrens (*SLS*) hergestellt. Durch das Verfahren ist eine hohe Designfreiheit gegeben. Das Material sorgt für hohe Festigkeit und mittlere Flexibilität im Bauteil. Sie können daher auch sehr dünne Strukturen abbilden.

Das Ergebnis lässt sich bis auf den Kern einfärben, anmalen oder sogar mit kleinen Fasern beflocken[64]. Die etwas raue und sandige Oberfläche kann durch eine Politur geglättet werden. Dies führt aber auch zu weniger akkuraten Ergebnissen.

Materialbezeichnungen der Dienstleister: Polyamide, Durable Plastic oder Strong and Flexible Plastic, White bzw. Colored Plastic

Technische Spezifikationen:

- i.materialise: *http://i.materialise.com/materials/polyamide/datasheet* [GCZ9Q7]
- Shapeways: *https://www.shapeways.com/rrstatic/material_docs/mds-strongflex.pdf* [1ckSDva]

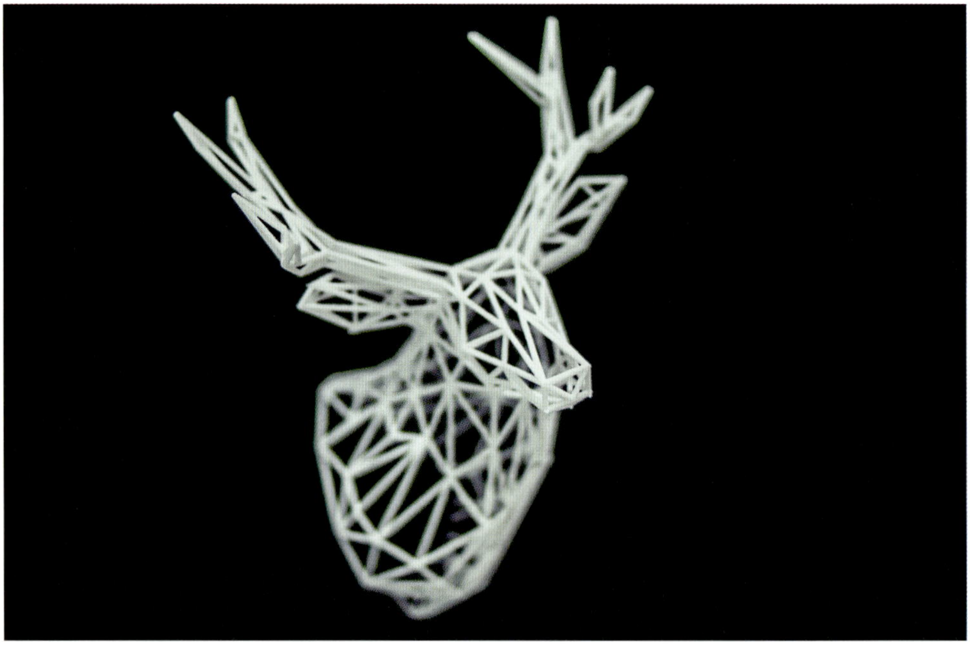

Bild 3.43 Erfolgreiche Beute aus dem 3D-Drucker: Das Polygon-Geweih von Dot San Ltd.[65]

63 Auch unter dem Markennamen Nylon bekannt.

64 In Bild 3.53 sehen Sie ein Beispiel der Beflockung.

65 Dieses und weiteres »Großwild« ist im Shapeways-Shop zu finden: *https://www.shapeways.com/shops/dotsan* [15fviGF].

Elastomer – das flexible Gummimaterial

Festigkeit	Details	Oberfläche	Flexibilität
★ ★ ★	★	★	★ ★ ★

Eines der jüngeren Materialien im Angebot der Dienstleister sind die *Elastomere*. Die Drucke werden ebenfalls im *SLS*-Verfahren hergestellt und weisen eine sehr flexible, gummiartige Beschaffenheit auf. Die Maßhaltigkeit, Detailtreue und Oberflächenqualität leidet etwas, dafür ergeben sich aber im Designprozess ganz neue Möglichkeiten. Die Außenhaut des in Bild 3.40 dargestellten Sparschweins ist auf diese Weise zum Beispiel leicht zu öffnen, ohne dass das Material bricht.

Eine große Farbauswahl oder geeignete Nachbearbeitungsverfahren werden noch nicht angeboten (Stand: Juli 2014).

Materialbezeichnungen der Dienstleister: Rubber-like, Elasto Plastic

Technische Spezifikationen:

- i.materialise: *http://i.materialise.com/materials/rubber-like/datasheet* [GCZlPp]

Bild 3.44 Ein flexibles Sparschwein von Bert De Niel[66] (Foto: © i.materialise)

66 Bert De Niel ist belgischer Produktdesigner: *http://www.treb.be/*

Alumide – das unechte Aluminium

Festigkeit	Details	Oberfläche	Flexibilität
★★★	★	★★	★

Alumide bieten Ihnen eine kostengünstige Möglichkeit, metallisch aussehende Ausdrucke herzustellen. Es handelt sich um eine Mischung aus Aluminiumpulver und Polyamid, die im *SLS*-Verfahren Schicht für Schicht verfestigt wird. Das Ergebnis ist etwas weniger beständig und rauer als ein vergleichbarer Ausdruck aus Polyamid.

In der polierten Variante verbessert sich die Oberflächenqualität erwartungsgemäß. Durch das zugesetzte Aluminiumpulver werden die Drucke bis circa 130 °C hitzebeständig.

Materialbezeichnung der Dienstleister: Alumide

Technische Spezifikationen:

- i.materialise: *http://i.materialise.com/materials/alumide/datasheet* [196FWPB]
- Shapeways: *https://www.shapeways.com/rrstatic/material_docs/mds-alumide.pdf* [18I7xrh]

Bild 3.45 Technische Bauteile aus dem Miniatur-Hybrid (MIHY)-Projekt.[67] (Foto: © Lehrstuhl für Umweltgerechte Produktionstechnik, Universität Bayreuth – Modell)

Resin – das Detail- und Oberflächenhighlight

Festigkeit	Details	Oberfläche	Flexibilität
★	★★★	★★★	★★

Bei der Verarbeitung der *Resine* setzen die Dienstleister das *Stereolithographie*-Verfahren (*SLA*) ein. Dabei werden eine ganze Reihe an Qualitätsstufen und Materialeigenschaften durch 3D-Drucker diverser Hersteller erreicht und gesondert angeboten.

Es entstehen Ausdrucke mit sehr glatten Oberflächen und hoher Detailtreue. In der Nachbearbeitung können sie angemalt werden. Es ist auch möglich, vollkommen transparente Objekte herzustellen.

67 Weitere Informationen finden Sie unter *http://www.mihy.de/*

Bild 3.46 Details en masse! Ein Bogenzahn-Kegelrad von *GeneralRulofDumb* in Miniaturausführung (Quelle des Modells: *http://www.thingiverse.com/thing:10955* [1ckT7kT])

Materialbezeichnungen der Dienstleister: High Detail Resin, Paintable Resin, Transparent Resin**, Superfine Plastic, Detail Plastic, Frosted Detail Plastic, Detail Resin, Spray-painted Detail Resin**

Technische Spezifikationen: Schauen Sie aufgrund der großen Vielfalt in diesem Bereich am besten auf den Webseiten der 3D-Druck-Dienstleister nach. i.materialise und Shapeways bieten ausführliche Informationen dazu an.

Edelstahl und Bronze – Metallisches aus dem 3DP-Verfahren

Festigkeit	Details	Oberfläche	Flexibilität
★★★	★	★★	★

Durch das höhere Gewicht fühlen sich *Edelstahl* und *Bronze*-Ausdrucke sehr viel wertiger an als vergleichbare Ausdrucke aus Kunststoff. Im *Three Dimensional Printing*-Verfahren (*3DP*) wird das entsprechende metallische Pulver durch einen Binder verfestigt. In einem nachfolgenden Schritt wird aus dem sogenannten *Grünling* der Binder ausgebrannt. Durch Infiltration mit Bronze erhält das Objekt seine endgültige Festigkeit.

Zur Nachbearbeitung werden Polieroptionen und einige Platinierungsmöglichkeiten für glänzende und matte Beschichtungen mit Gold oder Bronze angeboten. Hitzebeständigkeit bis zu 830 °C sind je nach Material möglich.

Materialbezeichnungen der Dienstleister: Stainless Steel, Gold Plated Brass

Technische Spezifikationen:

- i.materialise: *http://i.materialise.com/materials/stainless-steel/datasheet [16rRZYY]*
- Shapeways: *https://www.shapeways.com/rrstatic/material_docs/mds-stainless.pdf* [15fvAxj]

Bild 3.47 Ein Adlerkopf als Flaschenöffner – in Ringform: So etwas gibt es wohl nur 3D-gedruckt! (Foto: © i.materialise, Quelle: *http://i.materialise.com/gallery/eagle-head-bottle-opener* [1hv64Xb], Design: © Andrew Martin)

Gold, Silber und Messing – edle Optik garantiert

Festigkeit	Details	Oberfläche	Flexibilität
★★★	★★★	★★★	★

Bild 3.48 Lautes Häschen: Die Shiny Rabbit Whistle von Michael Mueller[68] (Foto: © Pookas)

68 Weiteren außergewöhnlichen Schmuck finden Sie in Michael Muellers Shop *(http://pookas.de)*.

Richtig edel wird es bei den Materialien *Gold*, *Silber* und *Messing*. Das hierzu verwendete Verfahren gestaltet sich viel aufwendiger, als man angesichts der Möglichkeiten im 3D-Druck vermuten würde. Anstatt die Edelmetalle in Pulverform direkt zu verarbeiten, wird der 3D-Druck im sogenannten *Wachsausschmelzverfahren* nur indirekt genutzt[69]. Zuerst wird ein sehr detailreiches Wachsmodell[70] der digitalen Vorlage gefertigt. Hierzu kommt das *Stereolithographie*-Verfahren (*SLA*) mit einem speziell entwickelten wachsartigen *Photopolymer* zum Einsatz. Supportstrukturen werden nach dem Druck entfernt. Kleine Ein- und Ausgänge werden in Form von Wachsstäben an dem Modell befestigt. Mit diesen Stäben werden nun mehrere Modelle an einem Stamm aus Wachs befestigt.

Der dabei entstandene Baum wird in einem Behältnis mit einem Formstoff, zum Beispiel Gips übergossen. Nachdem der Formstoff ausgehärtet ist, wird das Wachs aus dem Inneren herausgebrannt. Die verbleibenden Hohlräume werden dann mit dem gewünschten Metall gefüllt, hierzu wird es in flüssigem Zustand in den Stamm der Form eingegossen. Wenn die Form samt Inhalt abgekühlt ist, wird sie zerbrochen, und der Baum kann geerntet werden.

Bild 3.49 Ergebnis des Wachsausschmelzverfahrens – ein Baum voller Schmuck: Selbst filigranste Strukturen sind möglich (Foto: © DWS[71]).

Die Stellen, an denen die Ein- und Ausgänge befestigt waren, müssen nach dem Entfernen der Kanäle nachbearbeitet werden. Optional kann die Oberfläche noch poliert werden oder gegossene Messingobjekte nach weiteren Schritten mit Gold platiniert werden. Aufgrund der Rohstoffpreise und dem hohen manuellen Aufwand ist diese Dienstleistung um ein Vielfaches teurer als die anderen Materialien und Verfahren.

Materialbezeichnungen der Dienstleister: Gold, Silber, Brass (= Messing), Gold Plated Brass

Technische Spezifikationen: Schauen Sie aufgrund der Vielfalt in diesem Bereich am besten auf den Webseiten der 3D-Druck-Dienstleister nach. i.materialise und Shapeways bieten ausführliche Informationen dazu an.

69 Weiterführende Informationen zu dem uralten Verfahren finden Sie unter *http://de.wikipedia.org/wiki/Wachsausschmelzverfahren* [1adHHdU].

70 Sculpteo bietet Ihnen interessanterweise auch den Wachsausdruck ohne die Folgeschritte an: *http://www.sculpteo.com/en/materials/wax/* [15UGWnw].

71 DWS ist ein Hersteller von sehr präzisen SLA-Anlangen, die vornehmlich für die Schmuck- und Medizinbranche entwickelt werden: *http://www.dwssystems.com/*

Multicolor – für bunte Angelegenheiten

Festigkeit	Details	Oberfläche	Flexibilität
★	★★	★	★

Richtig bunt wird es beim *Multicolor*-Material. Jeder der Dienstleister verwendet hier Maschinen der Z-Serie aus dem *Three Dimensional Printing*-Verfahren (*3DP*). Die Druckdaten können vollfarbig hergestellt werden. Das Ergebnis ist nach dem Druck sehr zerbrechlich.

Zur Festigung werden die Modelle mit Wachs, Harzen oder einer Art Sekundenkleber infiltriert. Eine UV-Beschichtung schützt die Farben vor schnellem Ausbleichen. Weitere Nachbearbeitungsoptionen sind nicht vorgesehen. Alternativ zum farbigen Ausdruck können selbstverständlich Modelle in Naturfarben hergestellt werden. Sie können die Modelle auch hervorragend von Hand bemalen.

Das zweite vollfarbige Verfahren aus dem LOM-Bereich der Firma Mcor sieht man leider bei keinem der großen Anbieter im Einsatz.[72] Möglicherweise ist die Nachfrage und Akzeptanz von papierbasierten 3D-Modellen zu gering.

Materialbezeichnungen der Dienstleister: Multicolor, White Plaster, Rainbow Plaster, Full Color Sandstone

Technische Spezifikationen:

- Shapeways: *https://www.shapeways.com/rrstatic/material_docs/msds-sandstone.pdf [196lDDM]*

Bild 3.50 Meine ehemalige Lieblingsmitbewohnerin Sonja überstrahlt ihre matte Kopie.[73]

72 Erste praktische Versuche unternimmt das Unternehmen Staples in den Niederlanden: *http://www.staples.nl/3dprinten* [19sErPx]. Auch bei den deutschen Partnern von Mcor sind Auftragsarbeiten möglich: *http://formicum.de/ und http://www.piccos-3d-world.com/*

73 Es handelt sich um das Ergebnis des 3D-Scans aus Übung 4 in Abschnitt 2.5.2. Fairerweise muss man aber auch anmerken, dass der Scan in der Abenddämmerung erfolgte.

Keramik – Perfekt für Lebensmittel

Festigkeit	Details	Oberfläche	Flexibilität
★	★	★ ★ ★	★

Ganz neue Möglichkeiten ergeben sich durch die Verwendung von *Keramik*. Als einziges der in diesem Buch vorgestellten 3D-Druck-Materialien liefert es, bei entsprechender Nachbearbeitung, uneingeschränkt lebensmittelechte Druckergebnisse[74]. Hergestellt wird es ebenfalls im *Three Dimensional Printing*-Verfahren (*3DP*) auf Druckern der Z-Serie, aber anstelle des üblichen Pulvers wird ein Keramikpulver verwendet. Nachdem ein organisches Bindemittel die Schichten der Reihe nach verbunden hat, wird der komplette Bauraum in einem Trocknungsofen bearbeitet.

Anschließend werden die noch sehr fragilen Drucke dem umliegenden Restpulver entnommen und ein erstes Mal in einem Brennofen verfestigt. In den nächsten Schritten wird die erste Glasur aufgebracht, wieder gebrannt und abschließend noch ein weiteres Mal glasiert, bevor die dritte und letzte Erhitzung den Keramikdruck fertigstellt.

Besondere Detailschärfe ist in diesem Verfahren schon grundlegend nicht zu erreichen. Insbesondere durch die Farbglasur kann es zu einem weiteren Detailverlust kommen. Weitere Nachbearbeitungsschritte sind in der Regel nicht vorgesehen.

Materialbezeichnungen der Dienstleister: Ceramic, Glazed Ceramic, Ceramics

Technische Spezifikationen:

- Shapeways: *https://www.shapeways.com/rrstatic/material_docs/msds-ceramics.pdf* [19u1zHA]

Bild 3.51 Ein grimmiger Eierbecher aus Keramik mit Polyamid-Füßen (Quelle: *http://www.thingiverse.com/thing:67110* [1hv6f4X] – Design)

74 Im Gegensatz zu grundsätzlich auch lebensmittelechten Kunststoffen wie PLA oder PET, bei denen aber ein zertifizierter Nachbearbeitungsschritt fehlt.

Materialvielfalt

Falls die vielen Optionen Sie eher verwirren, als zu einer Entscheidung führen, gibt es auf den Webseiten der 3D-Druck-Dienstleister einige Hilfestellungen, mit denen sich Materialien schnell miteinander vergleichen lassen oder anwendungsspezifisch aussortiert werden können.

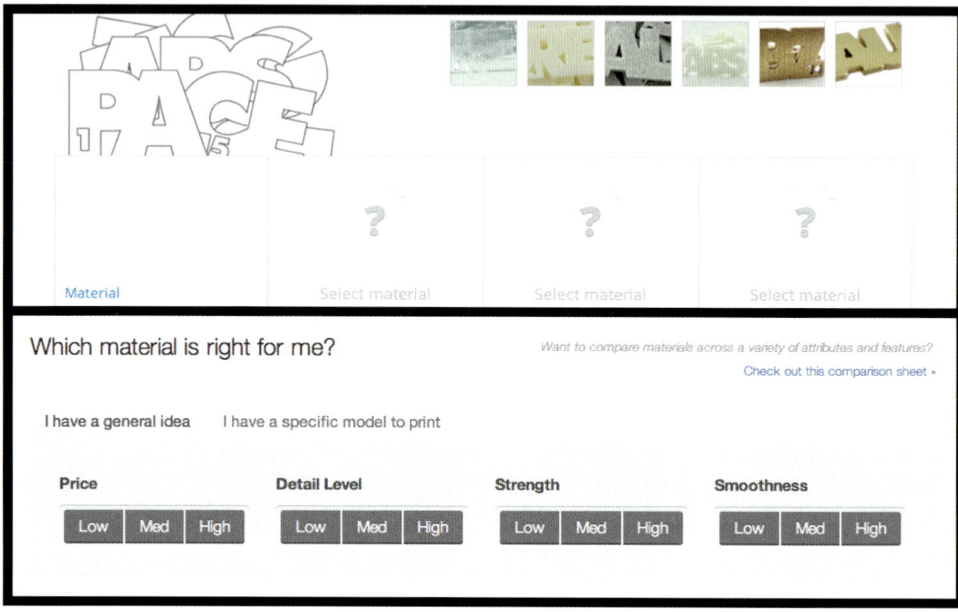

Bild 3.52 Digitale Berater: Die Materialauswahlhelfer der 3D-Druck-Dienstleister (oben: i.materialise, unten: Shapeways)

Die besonders hilfreichen Lösungen von i.materialise und Shapeways (siehe Bild 3.48) finden Sie unter folgenden Adressen:

- i.materialise: *http://i.materialise.com/materials/compare* [1fb8ldm]
- Shapeways: *https://www.shapeways.com/materials* [16rRK06]

i.materialise hat darüber hinaus ein Tutorial zum maximalen Bauvolumen der einzelnen Verfahren[75] und eine sehr umfangreiche Infografik zur Findung des passenden Materials[76] online gestellt.

75 Blogpost zu maximalen Bauvolumen: *http://i.materialise.com/blog/entry/tutorial-summer-size-matters* [17dF6gX].

76 Infografik – Entscheidungshilfe bzgl. Materialien: *http://i.materialise.com/blog/entry/tutorial-summer-how-to-choose-your-material* [17KzoYr].

Bild 3.53 Innovative Anwendung alter Techniken: Beflockte 3D-Drucke[77] von i.materialise

Neben den bereits vorgestellten Materialgruppen gibt es, gerade im Industriebereich, eine große Anzahl weiterer Materialien und Nachbearbeitungsoptionen. Es handelt sich hierbei oft um Spezialwerkstoffe für Branchen wie die Medizin-, Luft- und Raumfahrttechnik, die besonderen Anforderungen wie Biokompatibilität, extremer Hitzebeständigkeit oder diversen anderen Industriestandards genügen müssen. Im Privatanwenderbereich sticht insbesondere i.materialise durch eine sehr breite Materialauswahl hervor. So stehen unter anderem auch Kunststoffausdrucke aus hochwertigen *FDM*-basierten 3D-Druckern, hochwertige Titan-Ausdrucke durch das *DMLS*-Verfahren[78] sowie sehr detailreiche *Stereolithographie*-Drucke aus dem *Prime Gray* getauften Material zur Verfügung.

3.2.1.3 Der Bestellvorgang

Im Folgenden möchte ich Ihnen zeigen, wie der Bestellvorgang bei einem 3D-Druck-Dienstleister abläuft. Der Weg bis zum fertigen Druck ist recht einfach:

1. Sie wählen einen der 3D-Druck-Dienstleister aus.
   - In der Regel ist eine kostenfreie Anmeldung erforderlich.
   - Eine Empfehlung zu einem der Dienstleister will und kann ich nicht abgeben. Zu unterschiedlich sind die Preisstrukturen, Materialauswahl und Lieferzeiten. Die Qualität der Druckergebnisse hängt auch zu großen Teilen von Ihren Druckdaten ab. Versuchen Sie sich selbst ein Bild von den Unternehmen zu machen, oder suchen Sie im Internet nach aktuellen Erfahrungsberichten[79] von Nutzern.

77 Die Beflockung wird bei i.materialise als »Velvet Finish« geführt: *http://i.materialise.com/materials/polyamide/finishing* [16N7u01].

78 DMLS steht für *Direct Metal Laser Sintering* und stellt eine Variante der SLS-Verfahren dar, mit der sich metallische Pulver selektiv sintern lassen.

79 Ein aktueller und wirklich umfassender Vergleich aller großen Anbieter fehlt meines Wissens bislang. Einen Verweis auf ältere und teilweise lückenhafte Artikel halte ich aufgrund der schnellen Entwicklungszyklen nicht für sinnvoll.

2. Laden Sie Ihre 3D-Modelle in den Druckbereich der Webseite.
   - Ihre Daten werden auf Druckbarkeit untersucht. Dies kann einige Minuten in Anspruch nehmen.
   - Dort haben Sie, je nach Anbieter, auch Möglichkeiten zur Skalierung und Optimierung.
   - Sie bestimmen auch, ob das 3D-Modell anderen zum Druck angeboten werden soll. Eventuelle Aufschläge für jeden verkauften Druck bestimmen Sie selbst.
3. Jetzt folgt die Materialauswahl. Sie haben die Qual der Wahl …
   - Bei einigen Dienstleistern werden Ihnen live[80] problematische Stellen angezeigt (Bild 3.50). Sie können auf ein anderes Material ausweichen, Korrekturen am Modell vornehmen oder das Risiko in Kauf nehmen.
   - Die Preise und Lieferzeiten werden live berechnet und angezeigt.

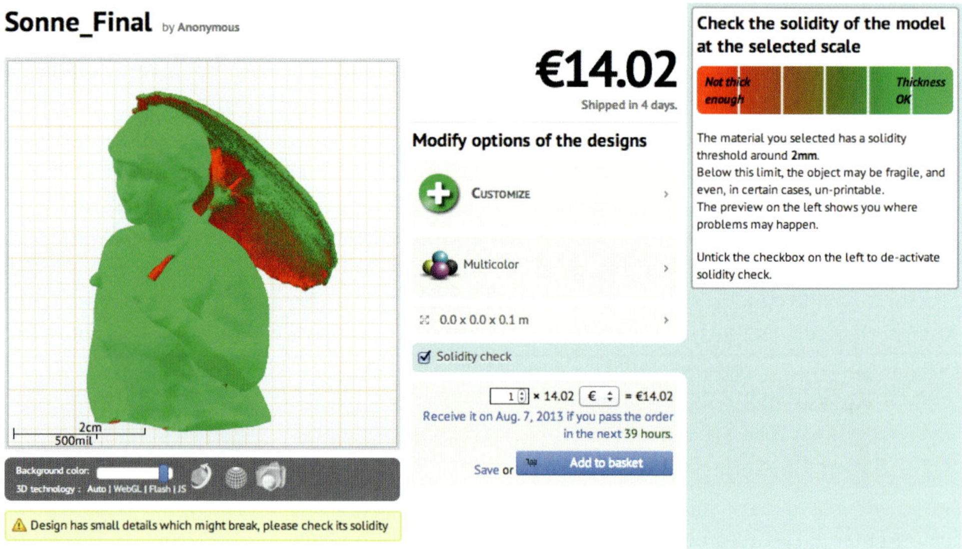

Bild 3.54 Sculpteo weist auf zu filigrane Bereiche hin – umso erfreulicher, dass der Druck[81] dennoch ohne Bruchstelle ankam.

4. In wenigen weiteren Schritten können Sie nun die Bestellung abschließen.
   - Die Bezahlung erfolgt zumeist durch die üblichen Online-Zahlungsdienstleister oder per Kreditkarte.
   - Vor und während der Produktion können Sie den Status der Bestellung verfolgen.
   - Auf eventuell auftretende Probleme mit den Druckdaten werden Sie hingewiesen.
5. Die Lieferung trifft per Post bei Ihnen ein.

80 Falls es keine Live-Anzeige gibt, werden Sie nach der Bestellung auf bestehende Probleme per E-Mail hingewiesen und haben Zeit nachzubessern oder den Auftrag zu stornieren.
81 Es handelt sich um das Scanergebnis aus Übung 4 in Abschnitt 2.5.2. Bild 3.46 zeigt den fertigen Druck.

Sie können es kaum erwarten?

Nach so viel Theorie kann ich Sie gut verstehen, wenn Sie direkt loslegen wollen und endlich mal etwas 3D-Gedrucktes in den eigenen Händen halten wollen. Bevor Sie weiterlesen, können Sie zum Beispiel zu Übung 7 in Abschnitt 5.1 springen und sich ohne großen Aufwand eigene Ringe anfertigen und zusenden lassen.

Bild 3.55 Ein umfangreiches Muster-Kit: So lässt sich für das nächste Projekt schneller das passende Material finden.

Vielleicht investieren Sie auch noch in eines der Muster-Kits[82] (Bild 3.55). Hier erhalten Sie für überschaubare Beträge eine Auswahl verschiedener Materialien als Referenz für Ihr nächstes Projekt. Das Schöne daran: Bei manchen der Kits bekommen Sie einen Großteil des Kaufpreises als Gutschein gutgeschrieben.

3.2.1.4 3D Hubs – der Community-Dienstleister

Mit *3D Hubs*[83], einem niederländischen Start-up, hat sich ein ganz wunderbarer Anbieter[84] auf dem Markt der 3D-Druck-Dienstleister hinzugesellt. Besitzer von 3D-Druckern können sich mit ihren Maschinen registrieren und druckerlosen Mitbürgern ihre Dienste anbieten. So werden die Drucker besser ausgenutzt, und je nach eingestelltem Preisniveau lässt sich damit auch Geld verdienen (siehe nachfolgender Praxistipp).

82 i.materialise: *http://i.materialise.com/materials/sample-kit* [196p7WJ], Ponoko: *http://samples.ponoko.com/* [19u360h], Shapeways: *https://www.shapeways.com/material_sample_kits* [19sGwuM], Sculpteo: *http://www.sculpteo.com/en/shop/product/sample_kit/* [GGeqju].

83 Das Projekt 3D Hubs finden Sie unter *http://www.3dhubs.com/*.

84 Nicht nur das Gründerteam überzeugt durch viel Leidenschaft. Filemon Schoffer, Mitarbeiter der ersten Stunde, präsentiert gekonnt die Visionen des Teams: *http://youtu.be/jaG_SoFzx1Y* [1wh9158]

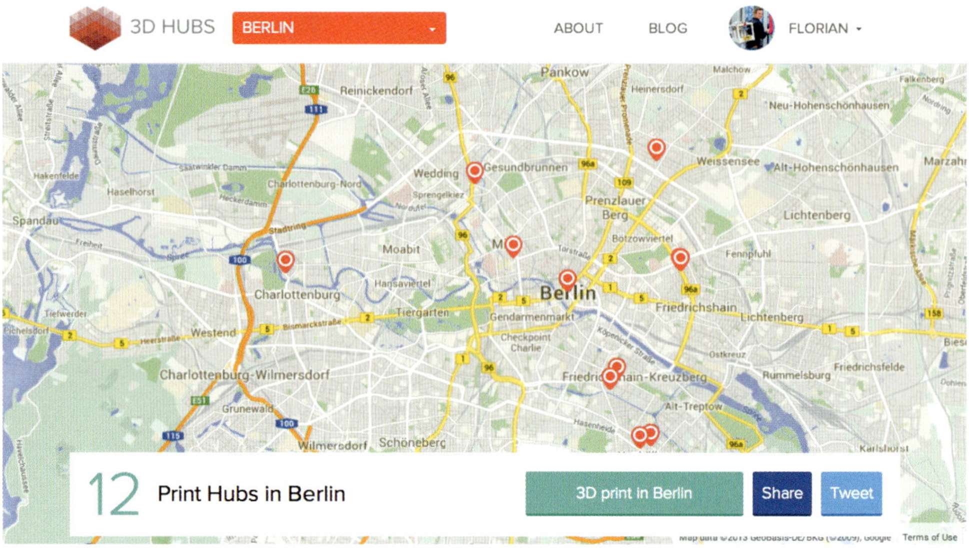

Bild 3.56 Die Herstellungsmöglichkeiten der Community liegen Ihnen zu Füßen! Berlin verfügt über 32 mögliche Anlaufstellen (Stand: Juli 2014)

Aus der Sicht des Auftraggebers ergibt sich eine Vielzahl von Vorteilen: Sie können entsprechend Ihrer Qualitätsansprüche einen geeigneten Druckerstandort (= *hub*) wählen und zu dem vom Druckerbesitzer festgelegten Preis bestellen. Vornehmlich sind Drucker aus dem niedrigpreisigen FDM-Bereich vertreten, in Einzelfällen sind aber auch Drucker anderer Verfahren gelistet. Zu erwartende Druckzeiten und verfügbare Materialien werden angezeigt. So kann mit ein wenig Glück auch ein 3D-Drucker in direkter Nachbarschaft gefunden werden, wenn es mal besonders eilig ist.

Nach Anmeldung und Auswahl Ihrer Stadt unter *http://www.3dhubs.com* wird das 3D-Modell online nach groben Fehlern und hinsichtlich des Volumens untersucht. Aufgrund der Volumenberechnung erfolgt dann die Preisauskunft. Zuzüglich der Druckkosten erhebt 3D Hubs eine Kommission von 15 % auf den Druckpreis, bevor Sie bestellen können. Der fertige Ausdruck wird in der Regel vor Ort persönlich abgeholt. Nach Absprache mit dem Hub-Betreiber kann auch ein Versand arrangiert werden.

Der große Mehrwert ist aus meiner Sicht der regionale Fokus der Plattform. Durch viele aktive Hubs in einer Stadt entsteht eine lebendige Community[85], bei der es nicht nur um den Druckauftrag an sich gehen muss. Neulinge können bei Abholung der Ausdrucke sicherlich auch schnell noch den Drucker begutachten, ein paar Tipps für den nächsten Druck einholen oder die eigene Entscheidung festigen, dass man unbedingt auch so eine Maschine benötigt.

85 Es wird sogar gemeinsam aus den eigenen Reihen ein 3D-Druck-Bürgermeister gewählt! Mal sehen, wie lange es braucht, bis diese Position auch offiziell in Stadträten vertreten ist …

Der eigene Hub

3D HUBS

Wenn Sie bereits einen eigenen 3D-Drucker besitzen, können Sie ihn bei 3D Hubs (*http://www.3dhubs.com/*) registrieren. Sie geben einfach das Modell, die erreichbare Qualität, verfügbare Druckmaterialien und erwartete Lieferzeiten an. Außerdem können Sie eine Pauschale, sowie volumenabhängige Preise für Druckaufträge festlegen. Andere können nun bei Ihnen Drucke bestellen, und Sie werden entsprechend Ihrer Preisvorgaben ausbezahlt.

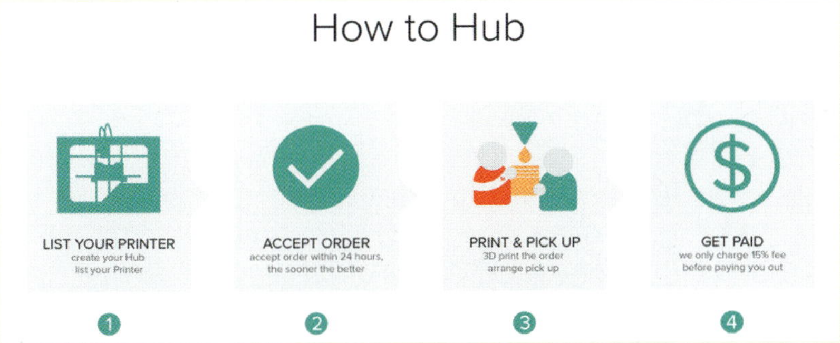

Bild 3.57 Es sind nur vier Schritte, bis Sie mit Ihrem 3D-Drucker Geld verdienen können.

3.2.2 FabLabs und Hackerspaces – einen Drucker mit anderen teilen

Da ein 3D-Drucker für viele, finanziell gesehen, noch eine große Investition ist, bietet sich die Idee des Teilens an. Ähnlich wie beim Carsharing kann man bei guter Planung die Auslastung optimieren und Investitionskosten sparen, ohne dass jemand Nachteile dabei hat. So kann man sich im Freundeskreis oder zum Beispiel im Modellbauverein gemeinsam einen schönen 3D-Drucker anschaffen. Der gemeinsame Aufbau und die Inbetriebnahme, das Überwinden der kleinen Unwägbarkeiten und letztendlich der erste gelungene Druck – all das kann eine Gruppe zusammenschweißen. 3D-Teambuilding sozusagen!

Wenn man keine 3D-Druck begeisterten Freunde um sich hat, muss man sich eben welche suchen. Dafür gibt es weltweit zwei wichtige Bewegungen, in denen man Gleichgesinnte treffen kann, und mit hoher Wahrscheinlichkeit auf 3D-Drucker stößt, die zur Mitbenutzung einladen. Das sind zum einen die *FabLabs*, moderne und für jedermann zugängliche Werkstätten. Zum anderen sind es die etwas breiter aufgestellten *Hackerspaces*, bei denen es um das grundlegende Interesse an Wissenschaft, Kreativem und auch Politischem geht. Oft vermischen sich die Konzepte auch etwas, aber eines ist immer garantiert: Es treffen sich kreative Menschen, um gemeinsam mit ihren Ideen und Projekten weiterzukommen. In genau solchen Umgebungen wurden ab 2006 die ersten RepRap-3D-Drucker repliziert und mit viel Herzblut zum Einsatz gebracht.

3.2.2.1 FabLabs

2001 wurde unter der Federführung von Neil Gershenfeld das Center for Bits and Atoms[86] gegründet, eine High-Tech-Werkstatt, die am berühmten MIT Media Lab angesiedelt ist. Schnell entwickelte sich eine Community um den Gedanken herum, weltweit offen zugängliche Räume zu schaffen, in denen jeder Zugang zu Herstellungsmöglichkeiten erhält. Die Idee des *Fabrication Laboratory* (kurz: *FabLab*) war geboren. Eine ständig wachsende Anzahl von über einhundert *FabLabs* hat sich seitdem weltweit gegründet, viele davon in Europa.

Bild 3.58 Neil Gershenfeld, Mitbegründer der Fablab-Bewegung (Foto: © James Duncan Davidson, Quelle: *http://www.flickr.com/photos/oreilly/* [1a3H6tU])

Jedes FabLab ist regional selbstständig organisiert. In Deutschland stellt man sich aber auch gemeinsam über den *Verbund Offener Werkstätten e. V.* nach außen dar. Natürlich gibt es auch eine globale Vernetzung, zum Beispiel über die Non-Profit-Organisation *Fab Foundation* sowie die zugehörige *FabCentral* des Center of Bits and Atoms.[87] Durch die FabCentral wird auch die Originalfassung der sogenannten FabLab Charta zur Verfügung gestellt. Bei der Charta handelt es sich um die Grundprinzipien eines FabLabs und somit um den Ehrenkodex beziehungsweise die Selbstverpflichtung für alle offenen Werkstätten, die den FabLab-Begriff im Namen tragen wollen. Der eine hält sich ein bisschen mehr daran als der andere, aber die besten Labs sind aus meiner Erfahrung die, die diese Charta auch wirklich leben. Sie ist voller Idealismus, der unserer Welt sicherlich nicht schadet. Daher empfehle ich die Lektüre der FabLab-Charta (siehe nachfolgende Infobox).

86 Das Center for Bits and Atoms der MIT *(http://cba.mit.edu/)* ist das weltweit erste FabLab.

87 Links zu den verschiedenen Organisationen und Vereinen: *http://www.offene-werkstaetten.org/*, *http://www.fabfoundation.org/*, *http://fab.cba.mit.edu/*

FabLab Charta

Bild 3.59 Das FabLab-Logo – ein Zeichen, das verbindet: Oft sieht man Varianten dieser Symbolik in den Logos regionalen Ableger.

Was ist ein FabLab?

FabLabs sind ein globales Netzwerk lokaler Labs, die Erfindergeist fördern, indem sie Zugang zu digitalen Fabrikationsmaschinen bieten.

Was wird in einem FabLab geboten?

FabLabs haben eine ähnliche Grundausstattung von Basisfunktionen, die es erlauben (beinahe) alles herzustellen; dies ermöglicht die Mobilität von Nutzern zwischen den FabLabs und das Teilen von Projekten.

Was bietet das FabLab-Netzwerk?

Unterstützung in betrieblichen, technischen, finanziellen, logistischen und Bildungsfragen über das hinaus, was in einem einzelnen Lab verfügbar ist.

Wer kann ein FabLab nutzen?

FabLabs sind eine Ressource für die Community. Jeder einzelne hat freien Zugang, es gibt aber auch reservierte Zeiten für Programme.

Was sind Deine Verantwortlichkeiten?

- Sicherheit: weder Menschen noch Maschinen Schaden zufügen
- Betrieb: beim Putzen, beim Unterhalt und bei der Verbesserung des Labs helfen
- Wissen: zur Dokumentation beitragen und Einführungen geben

Wem gehören FabLab-Erfindungen?

Entwürfe und Verfahren, die in einem FabLab entwickelt werden, dürfen geschützt und verkauft werden, aber sie sollten für individuellen Gebrauch und individuelles Lernen verfügbar bleiben.

Wie können Firmen ein FabLab nutzen?

Kommerzielle Aktivitäten können in einem FabLab als Prototyp entwickelt werden, aber sie dürfen anderen Aktivitäten nicht im Wege stehen. Sie sollten jedoch über das FabLab hinaus wachsen anstatt nur dort existieren. Es wird erwartet, dass sie Entwicklern, FabLabs und Netzwerken, die zu ihrem Erfolg beitragen, zugute kommen.

Quelle: *http://fab.cba.mit.edu/about/charter/* [19u3ko8][88]

Das wichtigste Kriterium ist der freie Zugang zur Werkstatt. Das heißt nicht, dass alles kostenlos ist und niemand die Türen abschließt. Vielmehr geht es darum, dass niemand ausgeschlossen wird, oder dass eine Mitgliedschaft[89] zwingende Voraussetzung zur Nutzung wäre. Jedes FabLab handhabt das im Detail etwas unterschiedlich, der grundlegende Spirit sollte aber durch die gemeinsame Charta ähnlich sein. Um Neulinge in großer Runde willkommen zu heißen, haben sich sogenannte *Open FabLab*-Termine etabliert.

Verfügbare Werkzeuge und Maschinen im FabLab

Neben 3D-Druckern, die in nahezu jedem FabLab zu finden sind, gehören noch viele weitere Maschinen zum gewünschten Standard-Equipment. Mit einem Laser-Cutter lassen sich schnell Formen aus Kunststoff- und Holzplatten ausschneiden. Fräsen in verschiedenen Größen helfen auch Metall zu bearbeiten oder Leiterplatinen selbst herzustellen. Standardwerkzeuge wie Bohrmaschinen und eine solide Lötausstattung gehören auch dazu. In manchen Einrichtungen findet man aber auch Folienplotter, professionelle Nähmaschinen und T-Shirt-Pressen für eigene modische Ideen und die funktionsgeladenen *wearable electronics*[90]. Jedes FabLab hat seinen eigenen Schwerpunkt, gesteuert durch die Interessen seiner Mitglieder. Aber auch hier gilt: Alle FabLabs sind, im Rahmen ihrer finanziellen Möglichkeiten, darum bemüht, einen einheitlichen Grundstock an Maschinen für ihre Nutzer bereitzuhalten. Die Idee dahinter ist, einen Austausch an Ideen und Projekten unter den weltweit verteilten FabLabs so einfach wie möglich zu halten. Ein Projekt, das an einem Ort erdacht wurde, ist dadurch schnell in jedem anderen Lab weltweit herstellbar. Über ihre Webseiten und Wikis versucht jedes FabLab, den Austausch und die Dokumentation von gesammeltem Wissen zu sichern. Das Praxiswissen für einen sicheren Betrieb der Maschinen und Werkzeuge wird vor Ort durch Einweisungen im Rahmen von Kursen vermittelt, erst danach ist ein freies Arbeiten möglich. So finden sich auch auf vielen Programmübersichten Workshop-Angebote speziell für 3D-Druck-Neulinge. Gegen einen Unkostenbeitrag kommt man so schnell in praxisnahen Genuss der Technik. Die Abrechnung eigener Projekte erfolgt meistens über den Materialverbrauch.

88 Entwurf vom 20. Oktober 2012, Quelle der Übersetzung (in leicht angepasster Fassung): *http://zurich.fablab.ch/fab-charta/* [196pEYS].

89 Fast alle FabLabs in Deutschland sind als eingetragener Verein organisiert und freuen sich natürlich über neue Mitglieder, die z. B. vergünstigt an Workshops teilnehmen können.

90 Bei wearable electronics handelt es sich um tragbare elektronische Kleidung und Accessoires (z. B. Taschen, Armbänder etc.). Eine populäre Plattform ist zum Beispiel die Arduino-Variante FLORA von adafruit Industries: *http://www.adafruit.com/blog/2012/01/20/announcing-the-flora-adafruits-wearable-electronics-platform-and-accessories/* [196pKzt].

Bild 3.60 3D-Druck-Einweisung im FabLab Bayreuth: Wer erklärt hier wem?[91] (Foto: © Yomettin Soybaba)

Wovon finanziert sich ein FabLab?

Durch den Vereinsstatus darf ein FabLab keine wirtschaftlichen Zwecke verfolgen, dennoch müssen hohe anfängliche Investitionskosten und laufende Kosten für Miete, Betrieb, Weiterentwicklung und Instandhaltung der Werkstatt aufgebracht werden.

Mitgliedsbeiträge und Einnahmen durch Workshops können diesen Bedarf in der Regel nicht decken. So zeigt sich jedes FabLab neben Fördergeldern aller Art, städtischen Zuschüssen und Sponsoring durch Unternehmen auch über Geld- und Sachspenden sehr dankbar.

In Bayreuth wurden beispielsweise durch die schnelle und pragmatische Hilfe des Speditions- und Logistikspezialisten Christian Wedlich[92] eine kostenlose Räumlichkeit zur Verfügung gestellt und erste Investitionen getätigt. Von dieser Art der Unterstützung profitiert eine ganze Stadt, und sie steht für mich somit für ein Mäzenatentum, dem hohe gesellschaftliche Anerkennung gebührt. Nachmachen, falls es die eigenen Mittel[93] hergeben, erwünscht!

91 Antwort: Jung erklärt alt! Elias Soybaba, Sohn des FabLab-Gründers und jüngster mir bekannter 3D-Druck-Profi bei der Einarbeitung am Printrbot PLUS.

92 Ein wichtiger Partner des FabLabs in Bayreuth – die Wedlich Servicegruppe *(http://www.wedlich.com/)*.

93 Jeder kann sich auch durch eigene Mitarbeit, Sachspenden oder vielleicht nur durch einen Brief an den Stadtrat oder an Unternehmer für eine solche offene Werkstatt einsetzen.

Bild 3.61 Christian Wedlich (rechts), Bayreuther Unternehmer und Mäzen der Region, wird für sein Engagement im IFLLAB FabLab Bayreuth durch den Lab-Gründer Yomettin Soybaba (links) ausgezeichnet. (Foto: © HypeCask)

Wo finde ich das nächstgelegene FabLab?

Durch immer neue Gründungen von FabLabs und ähnlichen Konzepten ist es schwer geworden, aktuelle Übersichtslisten zu erstellen. Hier finden Sie eine Auswahl an Webseiten, die versuchen, alle Einrichtungen nach Regionen und Ländern aktuell zu führen:

- *Fab Foundation* – offizielles Informationsportal: *http://www.fabfoundation.org/fab-labs/* [1tQhdxh]
- *FabLabs.io* – weltweite Übersichtskarte aller FabLabs: *https://www.fablabs.io*
- *Verbund Offener Werkstätten e. V.* – sortierbare Liste deutscher Einrichtungen: *http://www.offene-werkstaetten.org/werkstaetten* [1b0ED62]
- *Make Germany* – Übersichtskarte: *http://www.make-germany.de/karte/* [1fTkgOb]
- *3Druck.com* – deutschlandweite Liste, inklusive Schweiz und Österreich: *http://3druck.com/fablabs-liste/* [GHoWap]

PRAXISTIPP: Eine kurze Suche über die Suchmaschine Ihrer Wahl mit Ihrem Ortsnamen beziehungsweise der nächstgrößeren Stadt plus geeigneten Suchbegriffen (FabLab, Hackerspace, Makerspace, Offene Werkstatt etc.) wird Ihnen schnell einen aktuellen Überblick verschaffen. Vielleicht lässt sich der Suche auch entnehmen, dass eine Werkstatt bereits im Aufbau ist. Wenn nicht: Suchen Sie sich doch motivierte Mitstreiter und gründen Sie Ihr eigenes FabLab! Neugründungen werden oft durch bereits bestehende Labs begleitend unterstützt. Besonders aktiv zeigt sich hier das FabLab Nürnberg[94] mit dem unermüdlichen Chris Herrmann. Das mit Bundesmitteln geförderte Projekt MetroLab leistet gezielt Hilfestellung bei der Gründung eines eigenen FabLabs: *http://projekt-metrolab.de*

3.2.2.2 Hacker- und Makerspaces

Die *Hackerspaces*-Kultur ist älter, als die noch vergleichsweise junge FabLab-Szene. Das Konzept ist weiter und offener gefasst, als das der FabLabs. Von der grundlegenden Neugierde an der Wissenschaft, über kreative Experimente, bis hin zur Kunst und netzpolitischen Themen kann sehr Vieles Bestandteil einer Hackerspace-Agenda sein. Ein Blick in die Präambel der Satzung des deutschlandweit bekannten RaumZeitLabors[95], einem Hackerspace in Mannheim, gibt dem interessieren Leser weitere Anhaltspunkte zu Motivation und Ausrichtung:

> *Trotz immer neuer und schnellerer Kommunikationsformen, die eine räumliche Nähe unnötig erscheinen lassen, kann jedoch der persönliche Austausch von Menschen mit gemeinsamen Interessen an Wissenschaft, Technologie und digitaler Kunst durch nichts ersetzt werden.*
>
> *[...]*
>
> *Rund um Open Source, Freie Software und Internet-Visionäre hat sich eine neue, aktive Bewegung gebildet. Die »Hackerkultur« im ursprünglichen Sinn des Wortes ist geprägt vom konstruktiven, spielerischen und progressiven Umgang mit Technologie und motiviert durch das gestalterische Potential, das die Informationstechnologie der Allgemeinheit eröffnet hat. Wir sehen Hackerkultur als wichtigen Beitrag zur gesellschaftspolitischen Entwicklung und als kreative Triebfeder für technologische und gesellschaftliche Innovation.*
>
> *[...]*
>
> *Das RaumZeitLabor möchte die gesellschaftliche Entwicklung und das globale, freie Wissen voranbringen.*

Quelle: *https://raumzeitlabor.de/verein/satzung/* [15UJ3b6]

94 Das FabLab Region Nürnberg begeistert seit Jahren durch seine sehr aktiven Mitglieder, eine solide Ausstattung und das vielseitige Programm: *www.fablab-nuernberg.de*

95 Das RaumZeitLabor Mannheim *(https://raumzeitlabor.de/)* ist eine lustige Truppe talentierter und engagierter Menschen. Seit 2012 veranstalten Sie mit der Trollcon (*https://wiki.raumzeitlabor.de/wiki/Trollcon* [17KD4sX]), eine internationale Konferenz, die es sich zur Aufgabe gemacht hat, die »Motivation von Trollen und ihre Rolle in Kommunikation und Diskurs zu ergründen«.

Bild 3.62 Das RaumZeitLabor veranstaltete einen Elektronikworkshop auf der IT-Sicherheitskonferenz TROOPERS in Heidelberg (Foto: © Philipp Külker[96]).

Das Schöne für alle 3D-Druck-Einsteiger ist, dass aufgrund der hohen Technikaffinität des Hackerspace-Publikums die Chancen gut stehen, auf 3D-Drucker und deren Betreiber zu stoßen. *Makerspaces* sind eine weitere Abwandlung der Hackerspaces. Der Begriff wird aber auch von vielen äquivalent genutzt. Einen Versuch[97], die Begrifflichkeiten einzuordnen, wagte Gui Cavalcanti, Gründer des Artisan's Asylum Makerspace[98]. Doch für uns ist eigentlich nur wichtig, dass dort auch 3D-Drucker zu finden sind.

Eine umfangreiche Liste aller Hackerspaces und Makerspaces finden Sie hier:

- *Hackerspaces.org* – vollständige Liste: *http://hackerspaces.org/wiki/List_of_ALL_hackerspaces* [1fTkpkO]
  - Deutsche Hackerspaces: *http://hackerspaces.org/wiki/Germany* [1adLuYD]
  - Österreichische Hackerspaces: *http://hackerspaces.org/wiki/Austria* [1adLGqU]
  - Schweizer Hackerspaces: *http://hackerspaces.org/wiki/Switzerland* [19sHlDM]
  - Nach weiteren Ländern sortiert: *http://hackerspaces.org/wiki/Ländername* (einfach »Ländername« gegen das gesuchte Land in englischer Schreibweise austauschen)
- *Makerspace.com* – etwas unübersichtliche Liste: *http://makerspace.com/makerspace-directory* [15fyORu]

96 Philipp Kuelker Photography – ein großartiger Fotograf: *http://kuelkerphil.com/*

97 Was sind die Unterschiede zwischen FabLabs, Hacker und Makerspaces? *http://makezine.com/2013/05/22/the-difference-between-hackerspaces-makerspaces-techshops-and-fablabs/* [1fTkDZa].

98 Der Artisan's Asylum Makerspace befindet sich in einer fast 4000 m² großen Halle in Massachusetts, USA. Eine Videotour finden Sie unter *http://artisansasylum.com/?page_id=215* [GD0LcP].

3.2.2.3 Sonstige Möglichkeiten

Mit dem anhaltenden Hype um die 3D-Druck-Technik und die vielseitige Anwendbarkeit werden sich die kleinen Helferlein auch weiter in bisher unerschlossene Lebensbereiche verbreiten. So hat zum Beispiel die Stadtbibliothek Köln Anfang 2013 einen 3D-Drucker zur freien Nutzung angeschafft und hat damit sehr euphorische Reaktionen hervorgerufen.[99] Anfang 2014 folgten die Bücherhallen in Hamburg[100], die ihren Mitgliedern in der beeindruckenden Zentralbibliothek 3D-Druck-Dienstleistungen und -Workshops anbieten Es ist zu erwarten, dass andere Einrichtungen dem fortschrittlichen Beispiel folgen werden. Es handelt sich dabei um eine der *Factories around the corner*, ein Konzept das sich meiner Meinung nach auf jeden Fall durchsetzen wird. Neben den gewöhnlichen Kopiergeräten werden schon bald in jedem moderneren Copyshop auch 3D-Drucker stehen.

Eine weitere Möglichkeit ist die gemeinsame Anschaffung im Verein. Gerade für bastelaffine Gruppierungen wie Modellbauvereine und Künstlerkollektive kann dies eine lohnende Investition darstellen. Aber da sind wir schon beim Thema: Die Drucker sind so günstig geworden, dass man auch als Einzelperson durchaus über einen Kauf nachdenken kann und sollte. Gibt es denn zurzeit etwas reizvolleres, als die eigene Mini-Fabrik im Wohnzimmer? Traumfabrik und Statussymbol zugleich ...

3.2.3 Einen eigenen Drucker kaufen

Als letzte und vielleicht spannendste Handlungsoption verbleibt also der Kauf eines eigenen 3D-Druckers. Hier bietet sich im besonderen Maße das FDM-Verfahren an. Es besticht durch sein attraktives Preisniveau in der Anschaffung, den Material- und Betriebskosten. Außerdem ist es leicht verständlich und auch für Laien ohne lange Einweisungen oder spezielle Sicherheitsvorkehrungen nutzbar. Dieser Möglichkeit ist das komplette Kapitel 4 gewidmet.

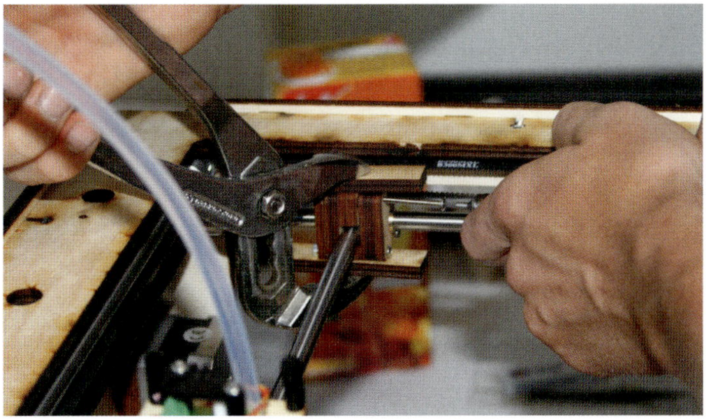

Bild 3.63 Mitte 2011: Mit viel roher Gewalt entsteht mein erster 3D-Drucker. Eine spannende Zeit, seitdem hat sich einiges getan ...

99 Blogeintrag der Stadtbibliothek Köln: *http://stadtbibliothekkoeln.wordpress.com/2013/02/26/wir-haben-einen-3-d-drucker/* [15fyWAs].

100 Die modernen und bestens ausgestatteten Bücherhallen sind immer einen Besuch wert: *http://www.buecherhallen.de*

Preislich gesehen gilt das SLA-Verfahren als einzige Alternative und besticht durch optisch exzellente Druckergebnisse. Die Auswahl der Maschinen im Niedrigpreissektor beschränkt sich aber auf eine Handvoll, es bestehen oft lange Lieferzeiten und gesundheitliche Bedenken, und auch die hohen Materialkosten trüben den Spaß. Angerissen wird diese Option dennoch in Abschnitt 5.9.3, um auch der zukünftigen Entwicklung im SLA-Bereich Rechnung zu tragen.

3.3 3D-Druck-Vernissage – was Künstler und Designer aus den diversen Verfahren herausholen

Aufgrund der Vielzahl von wunderschönen und teilweise bahnbrechenden Projekten, die mithilfe von 3D-Druck realisiert werden, möchte ich die Chance nutzen, den Überblick aus Abschnitt 1.4.2 (*3D-Druck im Einsatz – was bereits möglich ist*) um weitere Einblicke in die Schaffenskraft, vornehmlich von Künstlern und Designern, zu erweitern. Lassen Sie die Arbeiten auf sich wirken und nutzen Sie die optischen Eindrücke als Inspirationsquelle für Ihre nächste kreative Arbeit. Wenn es Sie bereits jetzt in den Fingern juckt, endlich selbst tätig zu werden, überblättern Sie einfach die folgenden Seiten. Sie können mir auch gerne über Ihre eigenen Projekte berichten. Vielleicht schafft es das ein oder andere Schmuckstück in die nächste Auflage dieses Buches.

Bild 3.64 Den Anfang machen die populären Büsten des schwedischen 3D-Artists Ola Sundberg. Egal, ob es sich um winzig kleine Objekte aus dem Asiga DLP-Drucker oder um riesengroße Objekte aus dem FDM-basierten Delta Tower XL handelt – die Charaktere wirken immer sehr lebendig: *http://olasundberg.com/* bzw. *https://www.thingiverse.com/Sculptor/designs/* [3Dsundberg]

Bild 3.65 Die talentierte[101] Modedesignerin und Werbetexterin Anna Wilhelmi (*http://www.annawilhelmi.com/*) steckt ihre Models in die markige Neuinterpretation eines Football-Trikots inklusive SLS-gedruckter Schutzausrüstung: *http://3dprintingindustry.com/2014/03/20/3d-printing-new-fashion-collection/* [wilhelmi] (Fotos: © Ben Lamberty, *www.benlamberty.com*)

PURMUNDUS DESIGN CHALLENGE

Werden Sie selbst aktiv! Unter der Leitung des heutigen Creative Directors, dem legendären Christoph Völcker (*http://www.d-sign21.de/*), entstand 2012 ein internationaler 3D-Design-Wettbewerb mit dem wohlklingenden Namen *purmundus*.

Bild 3.66 Die purmundus Design Challenge fordert und fördert: Bei erfolgreichen Einreichungen winken neben Weltruhm auch Preise sowie die Möglichkeit, über den purmundus-Shop weltweit Kundschaft für die eigenen Ideen zu finden.

Unter der Schirmherrschaft der cirp GmbH, einem hoch spezialisierten 3D-Druck- und Prototypen-Dienstleister aus der Region Stuttgart, werden seitdem jährlich Designer, Grafiker, Architekten, Mathematiker, Ingenieure und Pro-

101 Ein Projekt von Anna Wilhelmi ohne 3D-Druck Bezug, aber mit einer Genialität, für die ich sie ein Leben lang feiern werde: *http://www.ameawards.com/winners/2012/pieces.php?iid=429729&pid=1* [exitDE]

grammierer aus aller Welt eingeladen, vollkommen neue Wege im Produktdesign zu gehen. Wechselnde Themen geben einen groben Rahmen vor, der durch Ihre Ideen und Konzepte gefüllt werden kann.

Bild 3.67 Chris Völcker präsentiert in gewohnt guter Stimmung die Exponate der purmundus-Designer.

Üblicherweise sind Einreichungen bis circa Anfang Oktober möglich, da die Auswahl der Sieger im Rahmen der EuroMold durch eine hochkarätige internationale Jury im November erfolgt.

Weitere Details zum aktuellen Thema, zum Einsendeschluss und zu den bisherigen Preisträgern finden Sie auf *http://www.purmundus.de/*.

Bild 3.68 Arthur Mamou-Mani (*http://mamou-mani.com/*), Mihail-Andrei Jipa und ihr Team bauen einen beeindruckenden Pavillon aus unzähligen kleinen Lampions. Die Drucke entstehen – wie von einer Seidenraupe gespannt – mithilfe ihrer eigenen Software (*http://projectsilkworm.com/*) und dem FDM-Verfahren. (Foto: © Arthur Mamou-Mani)

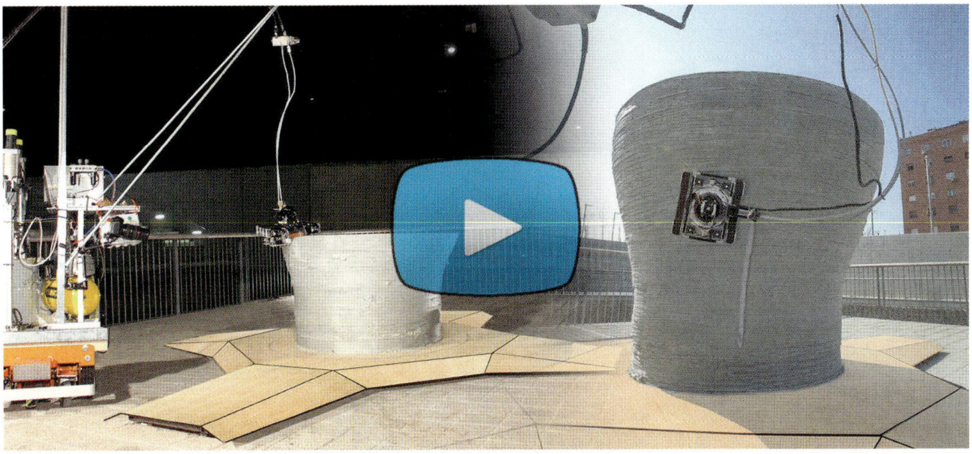

Bild 3.69 Ein Team des Instituts Advanced Architecture of Catalonia (*http://iaac.net/*) lässt verschiedene kleine Roboter-Skulpturen und zukünftig vielleicht sogar Häuser bauen. Videos sagen mehr als tausend Worte: *https://vimeo.com/97976677* [minibuild] (Screenshot: © IAAC/ STEREOTACTIC)

Bild 3.70 Andreas Böhler (*http://www.andreas-boehler.de/*), seines Zeichens 3D-Artist und Designer, begeistert die 3D-Druck-Community mit seinen knuffigen Charakteren, die er in großer Zahl auf Thingiverse teilt: *http://www.thingiverse.com/andreas/designs/* [3Dboehler] (Rendering: © Andreas Böhler)

Bild 3.71 Industriedesigner Thorsten Franck (*http://www.thorstenfranck.com/*) erhob sich und seinen FDM-Drucker in seiner Arbeit *7TAGE7HOCKER* zum Schöpfer, in der er täglich eine 3D-gedruckte Neuauflage seiner bekannten *OUT_OF_BALANCE*-Barstühle schuf. (Foto: © Thorsten Franck)

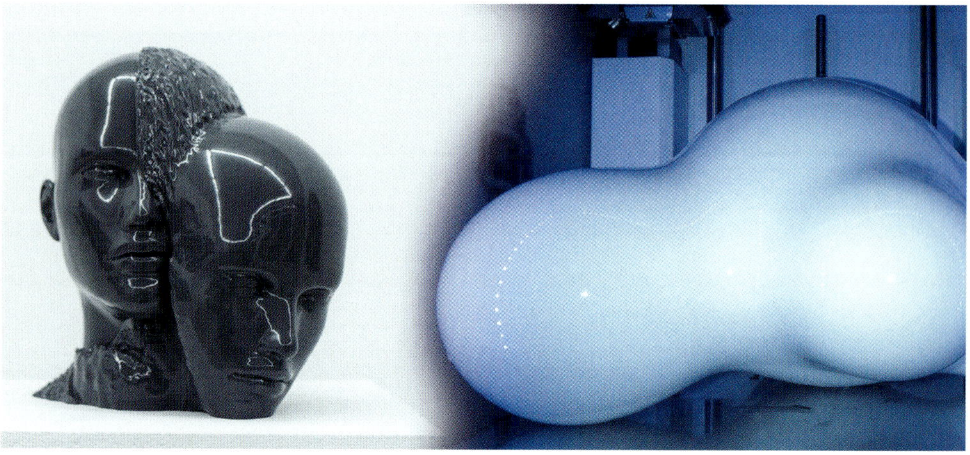

Bild 3.72 Ewelina Aleksandrowicz und Andrzej Wojtas (*http://niochnioszki.net/*) sind die wohl kreativsten und freisten Köpfe, die ich im letzten Jahr kennenlernen durfte (Stand: Juli 2014). Sie bearbeiten ihre FDM-gedruckten Skulpturen so spektakulär nach, dass die Grenzen zwischen einem digitalen Rendering und der Realität vollkommen verschwimmen. (Foto: © Tikul Tikul, *https://www.facebook.com/tikul* [2tikul])

4 Ihr erster, eigener 3D-Drucker

Nachdem Sie in den vorangegangenen Kapiteln erfahren haben, wie 3D-Druck funktioniert und welche Druckverfahren existieren, brennen Sie sicherlich darauf, sich endlich einen eigenen 3D-Drucker anzuschaffen. Preiswert soll er sein, der Druckkopf muss hohe Geschwindigkeiten fahren können, und hochwertige Druckergebnisse liefern soll er natürlich auch.

Lässt sich bei all diesen Anforderungen auf die Schnelle etwas Passendes finden? Ein guter Verkäufer würde das bejahen und Ihnen den Bestseller in die Hand drücken. Ich hingegen möchte mir gerne ein wenig mehr Zeit nehmen. In diesem Kapitel werde ich Ihnen die wichtigsten Informationsquellen und Kriterien zusammenstellen, die Ihnen dabei helfen sollen, zu entscheiden, welcher 3D-Drucker für *Sie* am besten ist.

PRAXISTIPP: Etwas Grundsätzliches vorab: Lösen Sie sich vom *Gigahertz-Syndrom*! So bezeichne ich die Art und Weise, wie zum Beispiel mein Vater einen neuen Laptop kauft: Rein in den Elektronikfachmarkt, kurz umgucken, wo die meisten Gigahertz pro Euro angeboten werden, und schon steht man mit einem Gerät an der Kasse, dass in einer oft unwesentlichen Disziplin brilliert, aber wenig passend für die eigenen Anforderungen ist. Ich empfehle, etwas tiefer zu blicken und die großen Marketingwerte[1] nicht zu vernachlässigen, aber auch nicht überzubewerten.

Im folgenden Abschnitt werde ich Ihnen fundierte Entscheidungsgrundlagen für Ihren 3D-Drucker-Kauf an die Hand geben. Sie werden nützliche Entscheidungskriterien und -hilfen kennenlernen, die Sie maßgeblich bei Ihrer Kaufentscheidung unterstützen werden.

1 Wie zum Beispiel die theoretische Maximalgeschwindigkeit und Auflösung, eine schier unendliche Materialauswahl und minimale Schichtstärken.

4.1 Ihre Kaufentscheidung

Wie die Überschrift schon sagt: Es ist *Ihre* Kaufentscheidung. Ich kann und will Sie Ihnen nicht abnehmen. Meine eigenen Präferenzen, was 3D-Drucker anbelangt, sind im Verlauf dieses Buchs vermutlich bereits ersichtlich geworden. Es gibt für jedes Gerät, das ich besitze, einen guten Grund, dieser muss aber nicht unbedingt mit Ihrer persönlichen Kaufentscheidung übereinstimmen.

4.1.1 Entscheidungskriterien

Lassen Sie uns als Erstes einen Blick auf die relevanten Komponenten Ihres zukünftigen 3D-Druckers werfen (Bild 4.1).

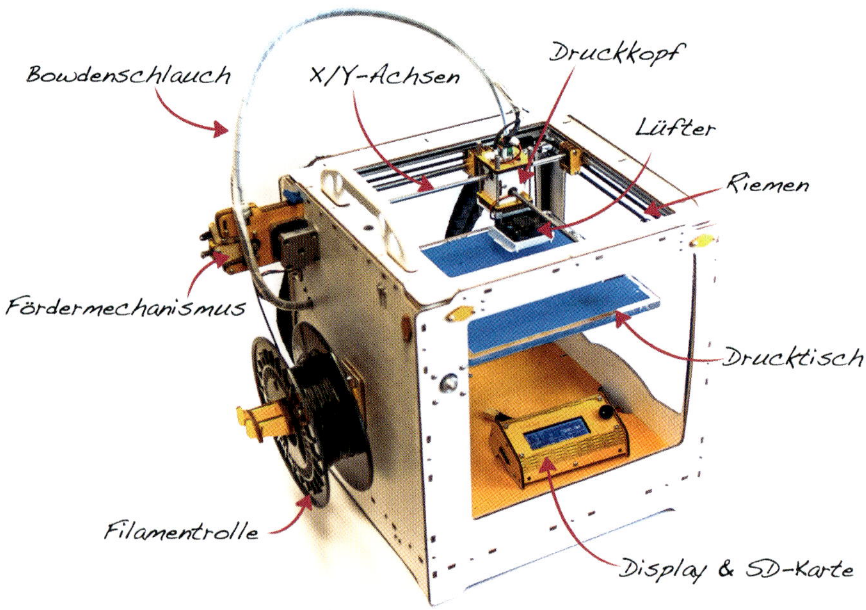

Bild 4.1 Alle wichtigen Komponenten eines typischen FDM-Druckers (mit Bowden-Prinzip[2]) im Überblick

2 Gedulden Sie sich noch ein wenig! Auf den folgenden Seiten erfahren Sie, was es mit dem Bowden-Prinzip auf sich hat.

4.1.1.1 Extruder

Der *Extruder* ist einer der wichtigsten Bestandteile eines FDM-Druckers. Er besteht aus zwei Komponenten: Der Fördereinheit (*filament feeder*), die das Verbrauchsmaterial vorwärts bewegt und dem Druckkopf (*hot end*), der das Material aufschmilzt und als dünnen Strang ausgibt.

Die Verwendung des Begriffs »Extruder«

In dynamisch wachsenden Communities im Internet kommt es ab und zu mal zu sprachlichen Verwirrungen, bei der nicht jeder unter einem Begriff das Gleiche versteht.[3] Manche bezeichnen mit Extruder die Fördereinheit, andere den Druckkopf. Der Druckkopf wiederum wird im Deutschen auch gerne Hot End genannt. Das kann schnell verwirren. Deshalb ist es wichtig, sich unmissverständlich auszudrücken: **Der Extruder besteht aus dem Druckkopf (alternativ: Hot End) und der Fördereinheit.**

Wie wir gleich sehen werden, müssen sie nicht direkt nebeneinander verbaut sein.

Fördereinheit

Der Motor der Fördereinheit dreht einen verzahnten Bolzen (= *hobbed bolt* oder auch *drive bolt*), der sich in das Filament beißt und es so vorwärts bewegen kann. Wichtig ist hierbei, dass der Mechanismus, der das Filament gegen den Bolzen drückt, durch eine Feder möglichst dynamisch ist – sich also im Fall einer verdickten oder etwas dünneren Stelle im Filament anpassen kann. Optimal ist natürlich, wenn der Gegendruck durch ein gelagertes Rad entsteht. So gibt es keine unnötigen Reibungen im Fördermechanismus.

Ob der Bolzen direkt vom Motor angetrieben wird (= *direct drive*) oder durch eine Zahnradübersetzung (= *geared drive*) ist von Drucker zu Drucker unterschiedlich gelöst. Die direkt angesteuerten Lösungen sind in der Regel schön kompakt, können aber bei der Verwendung von dickerem 3-mm-Filament in Kombination mit ungewöhnlich dünnen Schichthöhen (< 0,02 mm) nicht immer zufriedenstellend auflösen. Beim dünneren 1,75-mm-Filament erübrigt sich das Problem durch das geringere Volumen.

Worauf es ankommt: Der Vorschub des Filaments muss fehlerfrei und zuverlässig funktionieren. Hochwertig gearbeitete Zähne am Bolzen und ein Anpressdruck, der sowohl dynamisch als auch reibungsarm ist, garantiert gute Ergebnisse. Bei den direkt angetriebenen Lösungen ist es wichtig, dass die Abwärme des Motors nicht ungehindert den verzahnten Bolzen erreicht und somit durch den geförderten Kunststoff schmiert.

Der Test: Halten Sie das Filament direkt am Eingang der Fördereinheit fest und schauen Sie, wer stärker ist. Ein guter Mechanismus sollte Ihnen das Filament zwischen den Fingern wegziehen. Ob ein Direct Drive seinen Vorschub genau genug auflösen kann, muss im Einzelfall errechnet werden. Für Laien ist die Begutachtung von dünnschichtigen Druckergebnissen der beste Qualitätsnachweis.

3 Diskussion zum Extruder-Begriff in der Ultimaker Mailingliste: *https://groups.google.com/forum/#!msg/ultimaker/cxddYGhmqXs/x-647p3hopUJ* [1fb6Xrb].

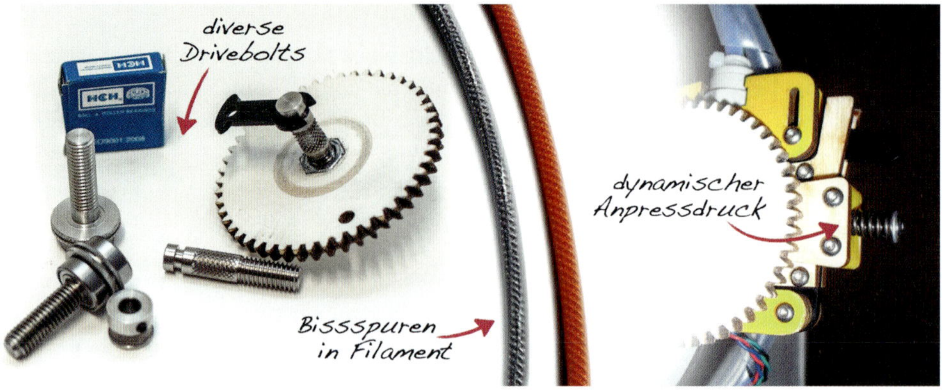

Bild 4.2 links: Verschiedene Drive Bolts, Mitte: Bissspuren im Filament, rechts: Dynamischer Anpressdruck durch Feder mit gelagertem Rad

Lock-in-Gefahr beim Verbrauchsmaterial

Zum Thema Material gibt es in Abschnitt 4.6 noch ausführlichere Informationen, aber ein Teilaspekt muss im Kontext der Kaufentscheidung bereits jetzt angesprochen werden: Die möglichen *Lock-in-Effekte*[4].

Wenn Ihr neuer 3D-Drucker nicht das standardisierte 3-mm- oder 1,75-mm-Filament annimmt, sondern nur Originalfilament des Herstellers verdruckt, haben Sie möglicherweise ein Problem. Der Hersteller 3D Systems betreibt dieses Geschäftsmodell für seinen Einsteigerdrucker *Cubify*[5], ohne einen großen Hehl daraus zu machen. Das Material kommt in kleinen Abpackungen mit einer Chipsicherung, die je nach Lieferant bis zu fünfmal mehr kosten als vergleichbares Standardfilament.

Bild 4.3 Der Cubify wird kritisch beäugt – zu Recht? Die teuren proprietären Filament-Kartuschen können einem den Spaß am 3D-Druck verderben (Foto: © Frederik Dortmund).

4 Weitere Informationen zum Lock-in-Effekt erhalten Sie unter *http://de.wikipedia.org/wiki/Lock-in-Effekt* [19sDEhC].
5 Der Einsteigerdrucker des 3D-Giganten 3D Systems: *http://cubify.com/*

Der 3D-Drucker *Fabbster*[6] der deutschen Firma Sintermask geht etwas geschickter vor. Durch die Verwendung der selbst entwickelten vorgezahnten LIKE-Sticks soll im sogenannten *Stick Depositon Moulding-Verfahren* (*SDM*) eine genauere und zuverlässigere Extrusion sichergestellt werden. Kritiker des Verfahrens weisen aber auf einen Mangel an Zuverlässigkeit beim Ineinanderklicken der einzelnen Sticks hin und monieren die bis zu vierfach höheren Preise im Vergleich zu Standardmaterial.[7]

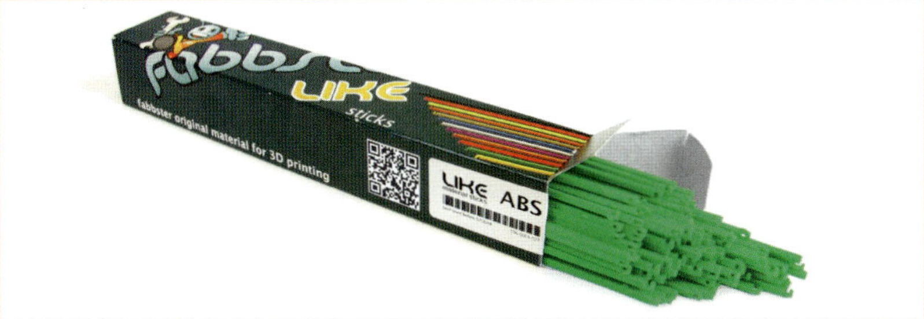

Bild 4.4 Das LIKE ABS-Material für den 3D-Drucker Fabbster ist in Form von Sticks erhältlich (Foto: © Creative Tools/*http://www.creativetools.se/*).

Ich überlasse die finale Einschätzung dieses Sachverhalts Ihnen, verbleibe aber mit folgender Aussage: Ich persönlich messe den Erfolg der 3D-Druck-Community über die nächsten Jahre an einem möglichst niedrigen Marktanteil proprietärer Materialsysteme. Setzen sich diese durch, haben wir als Community in der Kommunikation mit Neueinsteigern versagt.[8]

Alle Informationen zu den Standardfilamenten auf Rollen erhalten Sie in Abschnitt 4.6.4.

Druckkopf

Der Druckkopf ist bei vielen 3D-Druckern direkt unterhalb der Fördereinheit verbaut. Ein Hot End sollte erfahrungsgemäß aus möglichst wenigen Teilen bestehen, um eine geringe Angriffsfläche für ungenaue Montage zu bieten. Der durch einen Widerstand beheizte Schmelzbereich muss nach oben thermisch abgegrenzt werden, sonst schmilzt das Verbrauchsmaterial zu früh und verstopft den Druckkopf. Dies geschieht entweder durch den Einsatz von *Polyetheretherketon* (*PEEK*[9], siehe *J-Head Nozzle* in Bild 4.5), einem schlecht wärmeleitenden Hochleistungskunststoff, oder durch die aktive Belüftung eines Kühlkörpers.

6 Der Fabbster kommt aus deutscher Produktion: *http://www.fabbster.de/*

7 Kritische Stimmen im Fabbster-Community-Forum: *http://www.fabbcom.de/*

8 Manch ein Ökonom mag diese Ansicht für naiv halten. Ich sehe aber die Gefahr, dass man dem 3D-Druck durch übermäßige Kommerzialisierung im Filament-Bereich seinen Maker-Appeal nimmt.

9 Weitere Informationen zu Polyetheretherketon (PEEK) finden Sie unter *http://de.wikipedia.org/wiki/Polyetheretherketon* [15fvt4W].

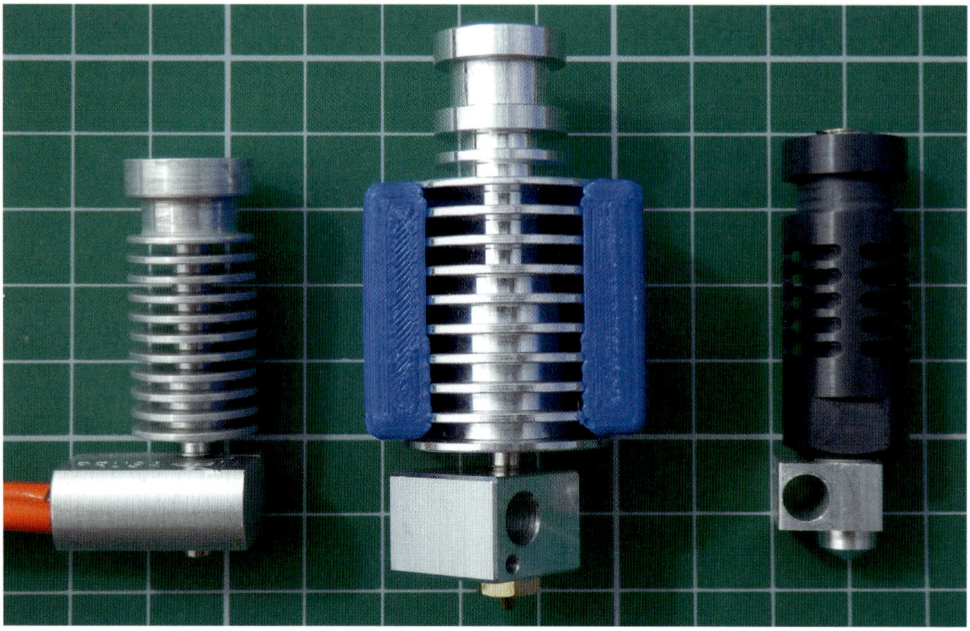

Bild 4.5 Zwei All Metal Hot Ends (Prusa Nozzle V2 und E3D Hot End V4.1) sowie eine klassische J-Head Nozzle[10] (Foto: © Richard Horne/RichRap)

In neueren Designs wird im Inneren des Hot Ends auf Kunststoffe wie Polytetrafluorethylen (*PTFE*[11], besser bekannt als Teflon) verzichtet. Die sogenannten *All Metal Hot Ends* verfügen über eine kleinere Schmelzzone, sind aber auf eine aktive Belüftung angewiesen (vgl. linkes und mittleres Hot End in Bild 4.5, Lüfter nicht abgebildet). Durch die ausschließlich metallischen Komponenten können theoretisch auch Verbrauchsmaterialien mit höheren Schmelztemperaturen gedruckt werden. Inwiefern das im Heimeinsatz sinnvoll ist, diskutieren wir in Abschnitt 4.6.

Alternativ zur Montage direkt unter der Fördereinheit kann das Hot End auch durch das, von Ultimaker erstmals eingesetzte, *Bowden-Prinzip* getrennt verbaut werden (vgl. Bild 4.1). Die Fördereinheit schiebt hierbei das Material durch einen Schlauch in Richtung des Hot Ends. Die Gewichteinsparungen am Druckkopf (durch den Wegfall des schweren Motors) ermöglichen höhere *Verfahrgeschwindigkeiten*[12] im Betrieb. Inwiefern man diese überhaupt nutzen kann, thematisiere ich im Verlauf dieses Kapitels.

Neben dem Geschwindigkeitsvorteil gibt es aber auch einen gravierenden Nachteil: Durch die weite Strecke zwischen der Fördereinheit und dem Druckkopf (typischerweise ca. 20 cm bis zu über einem Meter[13]) hat man während des Drucks eine schlechtere Kontrolle über den

10 Nähere Informationen zu Hot Ends finden Sie unter *http://prusanozzle.org/*, *http://e3d-online.com/* und *http://reprap.org/wiki/J_Head_Nozzle* [15fvt4W].

11 Polytetrafluorethylen (PTFE) wird genutzt, um Verklebungen im Inneren des Hot Ends zu vermeiden.

12 Hiermit ist die Fahrgeschwindigkeit des Druckkopfs oder Druckbetts gemeint.

13 Bei der 2,20 m hohen Delta Tower XXL-Spezialanfertigung, die mein ehemaliges Start-up auf der FabCon 3.D präsentierte, war der Bowdenschlauch ca. 1,20 m lang: *http://hypecask.com/3dreamfactory-auf-der-fabcon-3-d-messe-erfurt/* [1e2MhhT].

Filamentfluss. Im *Bowdenschlauch* (= *bowden tube*) ist immer ein bisschen Spiel[14] vorhanden, und so entsteht durch Stauchung und Biegung eine Spannung im Filament (= *spring effect*), die sich erst nach dem Stopp der Fördereinheit, durch weiteres Austreten von Material aus dem Druckkopf, entspannt. Im Druckbetrieb haben Sie also einen zeitlichen Versatz zwischen dem Vorschub und der resultierenden Extrusion am Druckkopf. Das ist natürlich denkbar schlecht und führt zu Fäden im Druckbild (Bild 4.6).

Bild 4.6 Die allseits gehassten Fäden *(= strings)* entstehen insbesondere in Bowden-Druckern durch mangelnde Kontrolle über das Filament.

Abhilfe bei Fäden im Druckbild schafft der schnelle Rückzug des Filaments – besser bekannt als *Retraction*. Sobald der Drucker innerhalb einer Schicht eine Lücke überspringen muss und das Material unkontrolliert weiter aus dem Druckkopf läuft, wird der Kunststoffstrang einfach schnell zurückgezogen, um die Fadenbildung zu verhindern oder wenigstens abzureißen. Im Falle des 3D-Druckers Ultimaker sind das immerhin 4,5 mm, die erst zurück- und nach der Überwindung der Lücke wieder vorgeschoben werden müssen. Wenn Sie nun nur noch Bahnhof verstehen, schauen Sie am besten folgendes Beispielvideo auf YouTube an: *http://youtu.be/Iy7hMGYcCoI.* [GHnpkO].

Die *Retraction* ist also eine geeignete Gegenmaßnahme in Bowden-basierten Extrudern. Sie wird auch bei allen anderen FDM-Druckern eingesetzt, denn auch sie leiden, wenn auch in kleinerem Umfang, an nachlaufendem Material. Sie haben aber wesentlich kürzere Rückzugswege (= *retraction distance*). Der MakerBot Replicator 2 zieht zum Beispiel lediglich einen Millimeter zurück, um zu einem fadenfreien Druckergebnis zu kommen. Dafür muss er aber auch einen schweren Motor direkt am Druckkopf mitführen.

Kühlung des Druckobjekts

Wenn wir schon über den Druckkopf sprechen, sollte ich Ihnen auch kurz etwas zu der Kühlung des Ausdrucks erzählen. Viele 3D-druckbare Thermoplasten, darunter das populäre *Polylactid*[15] (*PLA*), müssen während des Drucks durch einen Luftstrom gekühlt werden. Hierfür

14 Für alle »Nicht-Ingenieure« unter Ihnen: Es ist das technische Spiel, also ein Bewegungsfreiraum, gemeint (vgl.: *http://de.wikipedia.org/wiki/Spiel_(Technik)*).

15 Die Polymilchsäure ist ein wunderbar druckbares Biopolymer, mit dem wir uns noch viel beschäftigen werden: *http://de.wikipedia.org/wiki/Polylactide* [1fTirAS].

werden am Druckkopf Lüfter angebracht. Ganz entscheidend für die Qualitätssteigerung im Druckbild ist neben den richtigen Kühlungsstrategien (siehe Abschnitt 4.5.7) die Form des *Lüfterkanals* (= *fan duct*). Wenn vom Hersteller keine gute Lösung angebracht ist, werden Sie eine große Menge an alternativen Designs auf den Content-Plattformen finden.

Bild 4.7 Eine steife Brise! Beim Ultimaker 2 (rechts) wurde die Standardlüftung im Vergleich zum Vorgänger (links) weiter verfeinert (Fotos: © iGo3D.com).

Ganz schön viele Informationen auf einmal, oder? Aber bei so einem elementaren Teil wie dem Extruder müssen Sie auch den Anspruch haben, die Zusammenhänge vollständig zu verstehen. Nur so lassen sich später durch genaue Beobachtung gute Ausdrucke zu perfekten Ausdrucken verbessern.

Worauf es ankommt: Beim Thema Extruder dürfen Sie keine Kompromisse machen. Hier müssen Sie sicherstellen, dass eine solide Lösung konstruiert wurde, die sowohl sicher als auch zuverlässig ist. Achten Sie beim Hot End auf hochwertige Komponenten, ordentliche Verkabelung, und lassen Sie sich erklären, wie Sie es reinigen können, falls doch mal etwas verstopft. Bonuspunkte gibt es für leicht wechselbare Düsen. Nicht nur, um defekte Exemplare auszutauschen, sondern weil es so auch möglich ist, andere Düsendurchmesser für noch feinere beziehungsweise dickere Druckergebnisse zu montieren.

Die Entscheidung zwischen der getrennten Bowden-Variante oder der direkt am Druckkopf montierten Fördereinheit kann nur am Gesamtkonzept des Druckers sinnvoll gefällt werden. Der Ultimaker zum Beispiel profitiert durch sehr hohe Verfahrgeschwindigkeiten und hat die Nachteile durch gute *Retraction*-Einstellungen[16] vollständig behoben. Werden die Vorteile, etwa durch einen fehlerbehafteten X/Y/Z-Aufbau (siehe Abschnitt 4.1.1.2), bei einem Drucker nicht voll ausgeschöpft und im schlimmsten Fall die Nachteile durch schlechte Einstellungen auch noch voll sichtbar, ist eine direkt verbaute Variante vorzuziehen.

Der Test: Dieser Bereich ist zu komplex, um ihn mit einem einfachen Test abdecken zu können. Am besten eignen sich *Retraction*-intensive Testdrucke, bei denen Sie auf die Druckqualität und Fädenbildung achten können. Insbesondere bei mehrstündigen Drucken wird so die Zuverlässigkeit auf die Probe gestellt. Das ultimative 3D-Modell für solche Zwecke wird Ihnen vom Künstler *Dizingof* exklusiv zur Verfügung gestellt (siehe Abschnitt 5.5).

16 Die *Retraction*-Einstellungen habe ich gemeinsam mit der Community Anfang 2012 erarbeitet: *https://groups.google.com/d/topic/ultimaker/4gDZLDdpcoU/discussion* [16rSQJg].

4.1.1.2 X/Y/Z-Aufbau

Mit dem Extruder, der nicht viel mehr als eine hochgezüchtete Heißklebepistole ist, kommen wir nicht weit. Erst wenn er dreidimensional durch Motoren bewegt wird, haben wir einen funktionierenden 3D-Drucker. Die Frage ist nur: Was wird bewegt? Bewegen wir den Druckkopf und halten das Druckbett still? Was passiert bei dem so wichtigen Schichtwechsel? Geht der Kopf nach oben oder senkt sich das Druckbett nach unten ab, um für die nächste Schicht Platz zu machen? Könnte man nicht auch den Druckkopf stabil halten und den Drucktisch nach links und rechts sowie vorne und hinten bewegen? Oder wie wäre es mit einer Mischung aus all diesen Ansätzen?

Sie sehen, es gibt einen ganzen Strauß voller Möglichkeiten, und das Schöne daran ist: Sie dürfen sich eine Blume aussuchen. Denn so ziemlich alles, was möglich ist, wurde bereits umgesetzt. Bleiben wir aber bei den Möglichkeiten, die auch sinnvoll sind.

RepRap Style – alles bewegt sich

Der Großteil der in der RepRap-Community hervorgebrachten Drucker, insbesondere der weit verbreitete *Mendel* und all seine Abkömmlinge (= *derivatives*)[17], setzen einen ähnlichen X/Y/Z-Aufbau ein. Wie in Bild 4.8 zu sehen, wird der mittig angebrachte Druckkopf auf einer Achse nach links und rechts bewegt (*X-Achse*). Die Bewegung nach vorne und hinten (*Y-Achse*) wird durch eine Bewegung des Druckbetts erreicht. Der Schichtwechsel nach oben (*Z-Achse*) erfolgt über einen doppelten Spindelantrieb.

RepRap

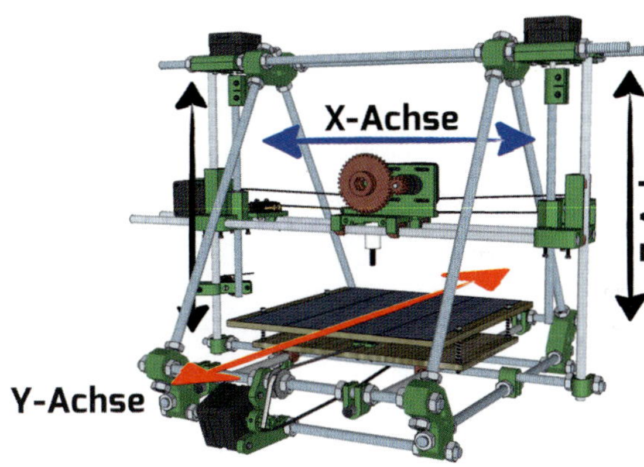

Bild 4.8 Ein Durchbruch im DIY-3D-Druck – der Prusa Mendel[18] (Foto: © Gary Hodgson, die Achsenbeschriftungen wurden von mir ergänzt).

Vorteil: Durch die Trennung der X- und Y-Achse ist der Ansatz konstruktiv einfach zu realisieren – ein Umstand, der sicher auch zur Verbreitung weit über die ursprüngliche RepRap-Community hinaus beigetragen hat. So findet sich das Design in unzähligen 3D-Druckern, insbesondere von asiatischen Billiganbietern, mit Abwandlungen wieder.

17 Das Mendel-Modell hat weit über 50 abgewandelte Versionen hervorgebracht, ein Beweis für die evolutionäre Energie in der Community: *http://reprap.org/wiki/RepRap_Family_Tree* [GCVVfp].

18 Josef Průša hat sich mit seiner Version des Mendel ein Denkmal gesetzt: *http://reprap.org/wiki/Prusa_Mendel_(iteration_2)* [17aAFoa]. Auch der Nachfolger Prusa i3 ist sehr beliebt.

Nachteil: Das sowieso schon schwere Druckbett wird durch das sich aufbauende Objekt über den Verlauf eines Druckauftrags noch schwerer. Viel bewegte Masse ist nie gut für ein mechanisches System. Das leuchtet vermutlich auch Nicht-Ingenieuren ein. Hinzu kommt, dass die Maschine, durch das sich nach vorne und hinten bewegende Druckbett, mehr Platz einnimmt, als die Standfläche eigentlich abbildet.

Der Klassiker – X & Y in einer Ebene

Etwas konventioneller erscheint im Vergleich die Lösung, die auch die beiden Branchengrößen MakerBot und Ultimaker im Einsatz haben. Der Druckkopf bewegt sich innerhalb einer Ebene (also nach links, rechts, vorne und hinten), und das Druckbett übernimmt ausschließlich die Bewegung in Z-Richtung, durch ein Absenken des Drucktisches. Der Ultimaker geht in der Umsetzung weiter als der Mitbewerber: Wie Sie in Bild 4.9 erkennen können, gleitet der Druckkopf in X-Richtung über die sich drehenden Antriebswellen der Y-Richtung, und umgekehrt genauso. So entstehen, insbesondere bei diagonalen Bewegungen, keine Haftreibungen, da sich die Führungsachsen der einen Richtung im Gleitschuhlager der anderen Richtung drehen. Nicht ganz trivial, aber ein wahrer Kunstgriff[19], der im Zusammenspiel mit dem leichten Druckkopf und der ausgelagerten Fördereinheit (Bowden-Prinzip) Verfahrgeschwindigkeiten von bis zu 300 mm/s ermöglicht.

Bild 4.9 Verschiedene Ansätze: Der getrennte X/Y-Aufbau des MakerBot Replicator 2 im Vergleich zum kombinierten Aufbau des Ultimaker Original

Vorteil: Der Aufbau hat sich in der Praxis als stabilste Plattform erwiesen, mit der es möglich ist, einen in sich geschlossenen 3D-Drucker zu bauen. Bewegungen finden so nur innerhalb der Geräteabmessungen statt.

Nachteil: Durch die Bewegung in zwei Richtungen innerhalb einer Ebene sind die konstruktiven Anforderungen etwas höher als bei dem eingangs vorgestellten X/Y/Z-Aufbau. Um einen reibungslosen Betrieb zu gewährleisten, müssen hochwertige Achsen und Lager verwendet werden.

19 An dem X/Y-System des Ultimaker hat unter anderem auch der geniale MIT-Student Ilan Moyer mitgearbeitet. Mit dem CoreXY-Aufbau *(http://corexy.com/)* und dem tragbaren PopFab-3D-Drucker hat er sein großes Talent weiter unter Beweis gestellt.

Delta-Roboter

Mitte 2012 sorgte der Google-Mitarbeiter Johann Rocholl[20], ein gebürtiger Rostocker, mit einer Kombination eines Delta-Roboters und dem bereits vorhandenem RepRap-Extrudersystem für großes Aufsehen in der Community. Als Hommage an seine alte Heimat nannte er das Design *Rostock*[21]. Es handelt sich hierbei um keinen kartesischen X/Y/Z-Aufbau. Die Position des Druckkopfs wird immer durch ein Zusammenspiel der drei Gleitschuhe auf den Führungsachsen bestimmt (Bild 4.10).

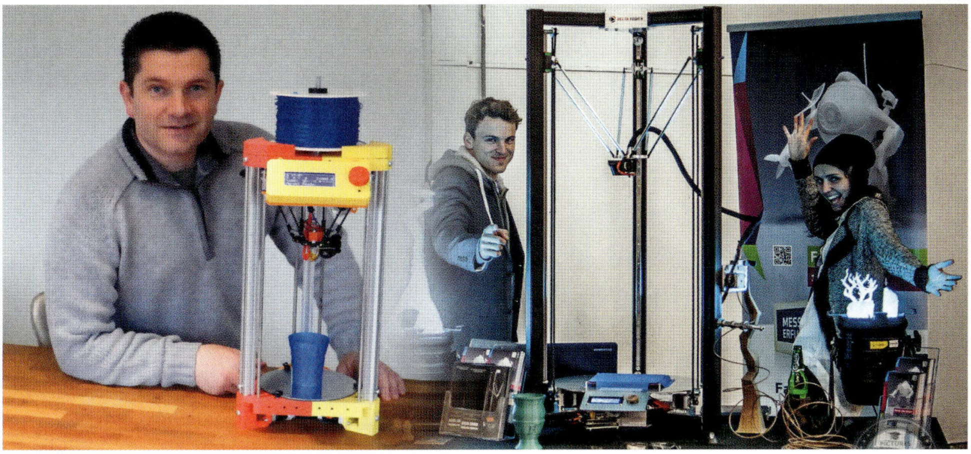

Bild 4.10 Mini trifft Maxi: Der kompakte 3DR-Delta-Drucker[22] von RichRap im Vergleich zum riesigen Delta Tower (Foto links: © Richard Horne/RichRap, Foto rechts: © HypeCask)

Vorteil: In diesem Verfahren bleibt der Druck vollkommen unbewegt und nur der Druckkopf bewegt sich. Dadurch eignet sich dieser Aufbau besonders für sehr hohe und große Druckobjekte, da die sich aufbauende Masse unbewegt bleibt. Ein weiterer Vorteil sind die sehr hohen Z-Geschwindigkeiten, die nur durch die Kombination aller Achsen möglich werden. Als kleinen Bonus erzeugen die Delta-3D-Drucker außerdem sehr viel Aufmerksamkeit durch ihr futuristisches Aussehen.

Nachteil: Die meisten RepRap- und DIY-Varianten des Rostock-Designs, wie auch das Original selbst, leiden unter der mangelnden Präzision und Passgenauigkeit der verwendeten Komponenten. So lässt sich die Arbeitsplatte oft samt Druckkopf verwinden und wackelt in den Gelenken. Um diesem Spiel entgegenzuwirken, verwenden einige Designs Federn. Erschwerend kommen Probleme mit der Elektronik hinzu. Die oft schwache Prozessorleistung der gängigen 3D-Drucker-Steuerungen schaffen die Umrechnung der kartesischen Eingangsdaten nur durch qualitätsmindernde Annäherungsverfahren.

20 Johann Rocholl dokumentiert seine Entwicklung auf Tumblr.com: *http://deltabot.tumblr.com/* [GHocSQ].
21 Der Rostock-Drucker ist ein Meilenstein in der RepRap-Geschichte: *http://reprap.org/wiki/Rostock* [1a3GowJ].
22 Die Pläne des 3DR stehen kostenfrei auf der Github-Webseite von RichRap zur Verfügung: *http://richrap.github.io/3DR-Delta-Printer/* [1fTjgtz].

Zusammenfassung

Es ist wichtig, die grundlegenden Merkmale im X/Y/Z-Aufbau Ihres zukünftigen 3D-Druckers zu verstehen. Nur so können Sie eine optimale Auswahl treffen.

Worauf es ankommt: Neben den vorgestellten Reinformen gibt es auch viele Kombinationen und Varianten.[23] Was stets wichtig ist, ist eine reibungsarme und möglichst spielfreie Führung jeder Achse.

Der Test: Bewegen Sie den Druckkopf vorsichtig im ausgeschalteten Zustand und achten Sie besonders auf einen gleichmäßigen sowie leichtgängigen Lauf. Dabei sollte es nicht möglich sein, den Druckkopf zu verwinden oder ohne Bewegung der Führungen zu wackeln. Eine Ausnahme bilden sich absenkende Druckbetten: Diese können per Hand durchaus ein wenig nach oben und unten bewegt werden. Solange sie diesen Belastungen im Betrieb nicht ausgesetzt sind, wirkt sich dies nicht negativ auf das Druckergebnis aus.

4.1.1.3 Antrieb

Die verwendeten Schrittmotoren (= *stepper motor*)[24] müssen ihre Leistungen auf die jeweiligen Achsen übertragen. Hierzu kommen typischerweise vier Optionen infrage:

- **Direkter Antrieb:** Der Motor wird hierbei direkt auf die Achse aufgesetzt. Achten Sie darauf, dass der Motor über eine flexible Kupplung mit der Achse verbunden ist. Ansonsten übertragen sich Vibrationen und Schläge in das Achsensystem.
- **Riemen:** Diese Verbindungsmöglichkeit ist am gängigsten und bietet bei richtiger Auslegung[25] optimale Kraftübertragung. Achten Sie darauf, dass die Riemen durch eine Stellschraube oder Ähnliches nachspannbar sind.
- **Antriebsspindeln:** Diese Form des Antriebs ist besonders für die Führung der Z-Achse in kartesischen 3D-Druckern geeignet. Ihre hohe Kraftübertragung ist eigentlich nur für Fräsen relevant, aber die hohe Präzision kann hervorragend für dünne Schichthöhen genutzt werden.
- **Angelschnur:** Die Low-Budget-Variante wird in gewickelter Form gerne in Bastelprojekten der RepRap-Community eingesetzt, um auf die teureren Riemen verzichten zu können.
- **Zahnstangen:** Ebenfalls sehr kostengünstig und nun immer häufiger zu sehen. In der Regel wird darüber das Druckbett bewegt und der Druckkopf bleibt in fester Position. Pionier auf diesem Gebiet waren die Drucker der iRapid GmbH: *http://www.irapid.de*

Worauf es ankommt: Aus meiner Sicht geht es darum, ein gesundes Mittelmaß zu finden. Von Ansätzen, die teure Antriebsspindeln für alle Achsen verwenden, halte ich persönlich nichts. Insbesondere, weil sie auch ihre eigenen Probleme mit sich bringen und oft nicht für hohe Geschwindigkeiten ausgelegt sind. Gerade bei kartesischen Druckern haben sich Riemen für X- und Y-Achse bewährt. Für die Z-Achse kommt, außer bei Delta-basierten 3D-Druckern, meistens nur eine Spindel infrage. Dort kann sie allerdings ihre Stärken voll ausspielen.

23 Es werden auch regelmäßig vollkommen neue Konzepte vorgestellt wie zum Beispiel die RepRap-Simpson-Modelle (*http://reprap.org/wiki/Simpson* [1fTjlgQ]), der preisgekrönte RepRap Morgan (*http://reprap.org/wiki/RepRap_Morgan* [17azRj8]), der kreisrunde PiMaker (*http://www.thingiverse.com/thing:128700* [1ghysOP]) oder die H-Bot-basierten Entwürfe (*http://www.thingiverse.com/thing:27202* [1bOFuDy]).

24 Weitere Informationen zu Schrittmotoren finden Sie unter *http://de.wikipedia.org/wiki/Schrittmotor* [GGf8gP].

25 In der Regel sollten für schnelle Richtungswechsel Riemen des Typs GT2 eingesetzt werden: *http://reprap.org/wiki/Choosing_Belts_and_Pulleys* [196Kwx2].

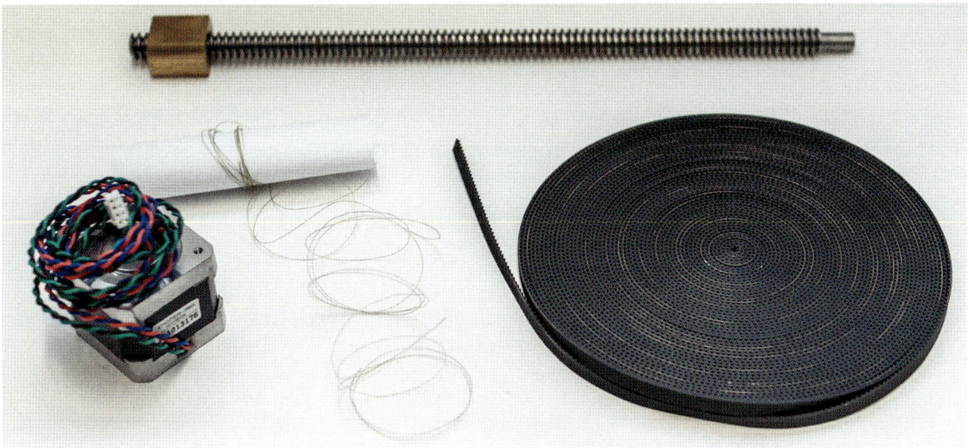

Bild 4.11 Von links nach rechts: Schrittmotor, Angelschnur, Antriebsspindel und Riemen

Der Test: Bei Abweichung von den etablierten Lösungen sollte der Hersteller die Eignung durch gute Druckergebnisse belegen können. Insbesondere die Maßhaltigkeit muss überprüft werden.

4.1.1.4 Weitere Kriterien

Die folgenden Kriterien sollten sicher auch eine Rolle beim Kauf eines 3D-Druckers spielen, fallen aber nicht so schwer ins Gewicht, wie die bereits behandelten Grundlagen.

Technische Daten und Ausstattungsmerkmale

Jetzt geht es um den bereits erwähnten Gigahertzvergleich. Natürlich guckt man auch gerne mal auf *maximale Geschwindigkeiten*. Eine hohe maximale Verfahrgeschwindigkeit bestätigt ja auch gewissermaßen, dass bei der Konstruktion des Druckers einiges richtig gemacht wurde. Dennoch sollte die maximale Geschwindigkeit kein ausschlaggebendes Kaufargument sein, denn bei mehr als 100 mm/s druckt so gut wie keiner. Und wenn der Drucker das kann, heißt das noch lange nicht, dass die üblichen Verbrauchsmaterialien das zufriedenstellend mitmachen.

Die Faustregel lautet: Wer perfekte Drucke will, braucht Zeit. Wer schnelle Drucke will, muss mit der Schichthöhe nach oben gehen.[26]

Das *maximale Bauvolumen* (= *build volume*) ist auf den ersten Blick ein sehr wichtiges Kriterium. Dennoch zeigt die Erfahrung, dass die meisten Druckaufträge eher klein ausfallen, und große Objekte im Notfall auch in mehreren Teilstücken druckbar sind. Messen Sie die Qualität eines 3D-Druckers also nicht daran, dass er laut Hersteller den größtmöglichen Druckraum aufweist. Mit riesigen Drucken werden nämlich die Stolpersteine im 3D-Druck nicht kleiner, sondern größer. Auf einmal reichen die großen 2-kg-Materialrollen nicht mehr für einen Druckauftrag, oder jemand drückt nach 36 Stunden Druckzeit aus Versehen den

26 Eine größere Schichthöhe verringert die insgesamt nötige Anzahl an Schichten. Eine Halbierung der Schichtanzahl bedeutet in der Regel auch eine Halbierung der Druckzeit.

Kippschalter der Steckdosenleiste.[27] Wenn Sie auf ein wesentlich größeres Druckvolumen angewiesen sind, sollten Sie sich die Delta-Drucker genauer angucken.

Auf der Ausstattungsseite kann ein *beheiztes Druckbett* (= *heated bed*) helfen, eine größere Materialauswahl[28] erfolgreich verarbeiten zu können. Das handelsübliche PLA kann aber auch problemlos ohne ein beheiztes Druckbett genutzt werden. Optional lässt sich in vielen Druckern später ein Heated Bed nachrüsten.

Gerade für Einsteiger ist eine einfache *Bedienbarkeit* wichtig. Achten Sie auf übersichtliche Steuerungsmöglichkeiten, am besten in Form eines Displays direkt am Drucker. Als Eingabemöglichkeit für Druckdaten sollte neben einer kabelgebundenen USB- oder kabellosen WiFi-Verbindung, eine SD-Karten-Schnittstelle vorhanden sein. Diese ermöglicht den autonomen Druck, ohne dass Ihr Computer die ganze Zeit laufen muss.

Am 3D-Drucker müssen auch zwingend *Vorrichtungen zur Nivellierung des Druckbetts* (= *bed levelling*) vorhanden sein. Damit lässt sich das Druckbett parallel zur Verfahrebene des Druckkopfs einstellen. Am besten wird dies über drei Justierschrauben[29] oder eine automatische Routine[30] erledigt. Eine solide und intuitive Lösung in diesem Punkt ist insbesondere für Anfänger wichtig und sollte daher vorab über die Anleitung oder Beratung durch den Hersteller gut erklärt werden.

Software und Erweiterbarkeit

Bei der Software ist es wichtig, sich vorab einen Überblick verschafft zu haben. Die Steuerungsprogramme und Slicing-Lösungen gibt es in der Regel als kostenlose Downloads auf den Herstellerwebseiten. Vergewissern Sie sich, dass bereits herstellerseitig Standardeinstellungen vorhanden sind oder zumindest alle in Abschnitt 4.5 aufgeführten Einstellungen frei editierbar sind. Einige Hersteller verweigern Ihnen nämlich tiefe Einblicke in ihre Einstellungen. Solange gute Standardprofile vorhanden sind, ist das in Ordnung. Wenn das nicht der Fall ist, haben Sie ein Problem.

Beim Thema Erweiterbarkeit scheiden sich die Geister. Je nach Geschäftsmodell des Unternehmens können Sie von einer sehr offenen Software- und Hardwareentwicklung profitieren. Ansonsten müssen Sie sich mit den vorgefertigten Lösungen und einer strikten Produktstrategie anfreunden, die der Hersteller vorgibt. Im Klartext: Sie werden für den Replicator 2 von MakerBot nie einen offiziellen Bausatz zum Nachrüsten eines zweiten Druckkopfs bekommen. Solche Spielereien passen nicht in das Geschäftsgebaren eines konventionell arbeitenden Unternehmens. Andererseits gibt es Unternehmen wie Ultimaker, die auch inkrementelle Erneuerungen zum Nachrüsten an Kunden verkaufen.

Das bei allen Herstellern noch sehr experimentelle Drucken mit zwei Druckköpfen (= *dual extrusion*) wird in Abschnitt 5.9.1 behandelt und sollte aus meiner Sicht bei Ihrer Kaufent-

27 Eine nachdenkliche Randbemerkung meinerseits, da ich mich bei der Entwicklung des Delta Towers täglich mit der Lösung dieser Probleme beschäftige.

28 Informationen zu Materialien, die auf ein beheiztes Druckbett angewiesen sind, finden Sie in Abschnitt 4.6.

29 Vier Justierschrauben, wie man sie aktuell noch in vielen 3D-Druckern sieht, sind eine zu viel! Denn schon über drei Punkte ist eine Ebene voll definierbar.

30 Es wird erwartet, dass die 3D-Drucker der nächsten Jahre sich alle vollautomatisch nivellieren können. Aktuell ist dies nur vereinzelt der Fall (Stand: Juli 2014).

scheidung keine all zu große Rolle einnehmen. Eine spätere Möglichkeit zum Nachrüsten ist natürlich hervorragend.

4.1.1.5 Zwischenfazit

Wenn Sie die aufgeführten Entscheidungskriterien beherzigen, stellen Sie auf jeden Fall sicher, dass Sie sich am Ende für einen robusten 3D-Drucker entscheiden. Gute Hardware ist sehr wichtig, aber auch nur die halbe Miete. Die Software trägt massiv zur Leistung Ihres Druckers bei. Aber hier kommt die gute Nachricht: Im Gegensatz zur Hardware ist Software über Updates der Hersteller nach und nach verbesserbar. Bei offen entwickelten Druckern kann sogar die Community an diesem Prozess mitwirken.

Die Message ist also: Investieren Sie in gute durchdachte Hardware, denn es macht viel mehr Spaß, dem Gerät dabei zuzugucken, wie es durch Softwareupdates immer schneller und besser wird, als sich mit einem schon im Ansatz vermasselten System herumzuärgern. In diesem Fall kann die Software nur gegensteuern, aber das grundlegende Designproblem bleibt bestehen.

Doch am Ende des Tages wird es für Sie vermutlich nur auf eines ankommen: *Wie gut druckt das Gerät?* Wie Sie diese Frage *vor* dem Kauf abklären, finden Sie im folgenden Abschnitt heraus.

4.1.2 Entscheidungshilfen

Nachdem ich Sie mit so viel Fachwissen rund um Ihr zukünftiges Lieblingsspielzeug überschüttet habe, wird es höchste Zeit, herauszufinden, wo Sie sich einen guten Überblick über die verfügbaren Drucker und ihre Leistungen verschaffen können. Es macht aus meiner Sicht nämlich keinen Sinn, Ihnen eine tagesaktuelle Auflistung zu liefern. Dafür sind die Entwicklungen des Marktes viel zu schnell. Und schließlich möchten Sie den neusten Hype ja nicht unbedingt verpassen, oder?

4.1.2.1 Erfahrungsberichte

Im Internet finden Sie einige Direktvergleiche zwischen zwei oder drei Modellen, aber umfassende Testberichte gibt es noch recht wenige. Erfreuliche Ausnahmen stellen die Testberichte des *c't* und *Make Magazins* dar.[31] Beide geben Ihnen einen guten Überblick über die etablierten Spieler am Markt. Die Leistung der Geräte wird anhand von Testteilen[32] festgestellt und ist gut nachvollziehbar. Nachgelegt hat der Heise Verlag mit seiner 124-seitigen Sonderausgabe *c't wissen 3D-Druck 2014*[33], in der neben ausführlichem Praxiswissen auch 11 aktuelle Geräte auf Herz und Nieren getestet werden. Aktuelle und umfangreichere

31 Sieben Drucker im Test (c't-Ausgabe 11/2012): *http://www.heise.de/artikel-archiv/ct/2012/11/092_Zauberkaesten* [196KDJ1] Den »Ultimate Guide to 3D-Printing« des Make Magazins finden Sie unter *http://makezine.com/volume/make-ultimate-guide-to-3d-printing/* [1bBgrve].

32 Zum Beispiel durch den Make Torture Test: *http://www.thingiverse.com/thing:33902* [15UJZfr].

33 Sie können das Magazin für 8,40 € im Online-Shop von Heise erstehen: *http://shop.heise.de/ct-wissen-3d-druck?pid=5001002171* [ctwissen]

Tests werden bei dem momentan sehr großen Interesse mit Sicherheit regelmäßig erscheinen.

Community

Eine weitere wertvolle Wissensquelle ist natürlich die Community. Für Bastler, die sich gerne ihren eigenen 3D-Drucker bauen wollen und sich im Herzen der RepRap-Community zu Hause fühlen, gehört das kostenlose *RepRap Magazine*[34] zur Pflichtlektüre.

Im deutschsprachigen Bereich hat der Heise Verlag, beziehungsweise deren Tochtergesellschaft Maker Media, mit dem *Make Magazin*[35] ein erstklassiges Magazin für die Bastlerszene geschaffen. 3D-Druck und 3D-Scanning sind hier oft ein Thema. Leider erscheint das Magazin nur vierteljährlich, bringt dann aber auch so viel Inhalt mit, dass man wieder für ein paar Monate mit neuen Ideen versorgt ist.

Im Internet ist die über 50 000 Mitglieder starke Google+-Community *3D Printing*[36] ein großartiger Ort für herstellerübergreifende Diskussionen, Meinungsbilder zu alten und neuen Druckern, sowie der Weiterentwicklung des gemeinsamen Hobbys. Es sei angemerkt, dass die Kommunikation in den meisten Communities auf Englisch abläuft. Ich habe mein bestes gegeben, Sie durch die entsprechenden Fachbegriffe auf diesen Moment vorzubereiten. Jetzt liegt es an Ihnen, mutig Ihr vielleicht angestaubtes Schulenglisch auszupacken und an der weltweiten Entwicklung teilzunehmen, anstatt ein deutsches Forum zu bereichern und nationale Extrawürste zu kochen.

Für Fachsimpelei in der Muttersprache eignen sich sowieso viel besser lokale FabLabs und Hackerspaces sowie die 3D-Druck-Events, bei denen man sich dann auch mal persönlich kennenlernt. Federführend bei der Vernetzung der Bastler in Deutschland sind der in München ansässige Nils Hitze und sein Team von *Make Germany*.[37] Hier kann man sich aktiv einbringen und an lokalen Events mitorganisieren, auf denen es eine Vielzahl an 3D-Druckern live zu bestaunen gibt.

Spezialisten-Blogs

Zusätzlich zu den großen Initiativen und Magazinen gibt es private Blogs, die durch ihre Fülle an Informationen einen großartigen Einstieg zu einzelnen Druckermodellen darstellen.

Für Ultimaker-Besitzer ist insbesondere der Blog *http://3drucken.ch* des Schweizers Gregor Luetolf[38] und seinem Team hoch interessant. Aber auch andere 3D-Druck-Fans finden hier Unmengen an hilfreichen Tipps und schönen Übungen zum Nachmachen.

34 Das RepRap Magazine erscheint mehrmals jährlich und wird von führenden Köpfen der Szene redaktionell geleitet: *http://reprapmagazine.com/*

35 Das ursprünglich *c't Hardware Hacks* getaufte Magazin entwickelte sich so erfolgreich, dass der Heise Verlag Mitte 2014 mit dem amerikanischen Original eine Partnerschaft einging: *http://www.heise.de/hardware-hacks/*

36 Google+-Community »3D-Printing« (Mitgliederzahl: 84 277 im Juli 2014, 50 172 im Oktober 2013): *https://plus.google.com/communities/117814474100552114108* [15QltBB].

37 Make Germany - zentraler Anlaufpunkt für die deutschsprachige Szene: *http://www.make-germany.de/*

Spezialisten-Blogs

Zusätzlich zu den großen Initiativen und Magazinen gibt es private Blogs, die durch ihre Fülle an Informationen einen großartigen Einstieg zu einzelnen Druckermodellen darstellen.

Für Ultimaker-Besitzer ist insbesondere der Blog *http://3drucken.ch* des Schweizers Gregor Luetolf[38] und seinem Team hoch interessant. Aber auch andere 3D-Druck-Fans finden hier Unmengen an hilfreichen Tipps und schönen Übungen zum Nachmachen.

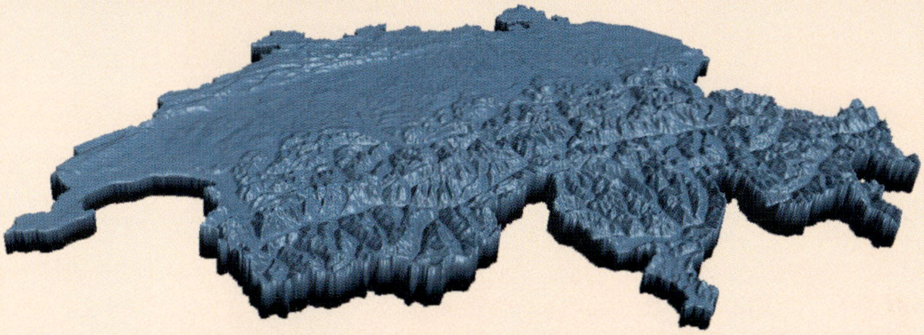

Bild 4.12 Schweizer Qualitätsarbeit – der Blog von Gregor Luetolf (Quelle des Modells: *http://www.thingiverse.com/thing:26794/* [GGfsMn])

Ein Beispiel: Sie erhalten dort ausführliche Informationen, wie Sie aus geografischen Rohdaten eindrucksvolle Reliefs generieren und dann optimal ausdrucken: *http://www.3drucken.ch/p/reliefs.html* [15QlwgO].

4.1.2.2 Ladengeschäfte

Es ist kaum zu glauben, aber seit der ersten Auflage des Buches (Ende 2013) hat sich die Zahl der 3D-Druck-Läden von zwei auf zehn (Stand: Juli 2014) erhöht. Hinzu kommen viele kleinere Shops, die lokal Druckdienstleistungen anbieten. Viele der Shops bieten neben 3D-Druckern und Zubehör auch 3D-Scanning-Möglichkeiten und Workshops an. Das Konzept von 3D-Druck-Ladengeschäften birgt natürlich die ideale Möglichkeit, die Zukunftstechnik mit eigenen Augen zu begutachten und, hoffentlich fachkundige, Verkäufer mit Fragen zu löchern. Vier unterschiedliche Konzepte in Berlin, Deggendorf, Oldenburg und Zürich will ich kurz vorstellen, bevor Sie in Tabelle 4.1 eine Auflistung aller größeren Shops erhalten.

botspot, Berlin

Bild 4.13 botspot – die neue Hochburg der Berliner 3D-Druck- und globalen 3D-Scanning-Szene (Logo: © botspot GmbH)

38 Gregor Luetolf ist eine feste Größe in der Community, nachdem ich ihn im Herbst 2012 auf die »gute Seite der Macht« holen konnte. Auf Google+ finden Sie ihn unter *https://plus.google.com/107854011264643594149/posts* [17dKH72].

In Berlin hat ein Team von Enthusiasten unter dem Motto *make it 3D* den eigenen Traum eines 3D-Druck-Fachgeschäfts umgesetzt. Seit der Gründung verschiebt sich der Fokus immer mehr auf die Weiterentwicklung und den Vertrieb des riesigen, selbst konzipierten Serien-3D-Fullbody-Scanners *botscan*. Er ist auch im Shop aufgebaut, sodass Besucher sich vor Ort in Form einer kleinen farbigen Gipsfigur klonen lassen können. Der über 120 m^2 große *botspot* ist prominent im Materialparadies Modulor in Kreuzberg angesiedelt.

PICCO's 3D World, Deggendorf

Bild 4.14 Die lichtdurchflutete Halle bietet ausreichend Platz für die hochwertige Ausstattung der PICCO's 3D World.

Mit *PICCO's 3D World* haben Joachim Schmidt und sein Team ihr bisher vertrautes 2D-Druckergeschäft um eine Dimension erweitert. In einer wunderschön ausgebauten Halle, direkt neben dem Deggendorfer Hauptbahnhof, wird nun eine beeindruckende Sammlung an professionellen und semi-professionellen 3D-Druckern zum Kauf und zur FabLab-ähnlichen Nutzung angeboten: *Stratasys Objet30 Pro*, *Mcor IRIS*, *Delta Tower XL* sowie die komplette Produktpalette von *Ultimaker* und *MakerBot*. Hinzu kommt ein mobiler 3D-Fullbody-Scanner, der auch auf Events eingesetzt werden kann.

Bei dieser Ausstattung und insbesondere der Breite an verfügbaren 3D-Druck Verfahren hat *PICCO's 3D World* eine Strahlkraft, die wahrscheinlich über die Grenzen Deutschlands hinaus geht und einen Besuch definitiv lohnend macht.

iGo3D Concept Store, Oldenburg/Frankfurt/Hannover

Bild 4.15 iGo3D, der erste größere 3D-Druck-Laden in Deutschland, hat in Oldenburg seine Türen für Sie geöffnet (Foto: © Stefan Nitz[39]).

39 Stefan Nitz, Fotograf und Autor aus Goslar: *http://stefan-nitz.fotograf.de/*

In Oldenburg, Frankfurt und zukünftig auch in Hannover finden Sie die *iGo3D Concept Stores*. Hierbei handelt es sich um die Ladengeschäfte des bedeutenden 3D-Druck-Onlineshops *iGo3D.com*, der neben einer Vielzahl von 3D-Druckern und Zubehör insbesondere für die Distribution der Ultimaker-Produkte in Deutschland bekannt ist.

Dass es das Team um Michael Sorkin und Tobias Redlin ernst meint, zeigt auch die Expansion nach Russland, wo seit Anfang 2014 eine Filiale in Moskau betrieben wird.

my3Dworld, Zürich

Bild 4.16 Der Schweizer Platzhirsch my3Dworld.ch beeindruckt durch das allumfassende Angebot von Low-Budget- bis High-End-3D-Druckern und -Scannern. (Foto: © my3Dworld GmbH)

Natürlich ist die dreidimensionale Revolution auch in Österreich und der Schweiz ausgebrochen! *my3Dworld* in Zürich überzeugt durch ein ganzheitliches Konzept, das neben 3D-Druckern für Einsteiger auch Dienstleistungen auf Profigeräten anbietet. Hinzu kommen Workshops, Zubehör und die beliebten 3D-Selfies aus dem 3D-Fullbody-Scanner *botscan*.

Übersicht der 3D-Druck-Ladengeschäfte

Abschließend bleibt zu sagen, dass es sich immer lohnt, über eine kurze Onlinerecherche nach Neugründungen und kleineren Geschäften in Ihrer Nähe zu suchen. So bieten zum Beispiel auch immer mehr 2D-Copyshops Dienstleistungen rund um das Thema 3D-Druck an. Auch hier kann man einen ersten Eindruck gewinnen, bevor man sich für ein Gerät entscheidet.

Tabelle 4.1 Übersicht der ersten 3D-Druck- und 3D-Scanning-Shops in Deutschland, Österreich und der Schweiz (sortiert nach Städten)

Unternehmen	Webseite	Adresse	Anmerkung
botspot	*http://botspot.de/*	Prinzenstraße 85 10969 Berlin	größter 3D-Druck Store in Berlin, starke 3D-Scanning Kompetenz
DOOB Pop-Up-Store (DOOB GROUP AG)	*http://www.doob-3d.com/*	Budapester Straße 38 - 50 10787 Berlin	eingebetteter 3D-Scanning Pop-Up-Store im Bikini Berlin-Kaufhaus
YOUin3D.com	*http://3d-druck-shop.youin3d.com/*	Hannoversche Straße 3 10115 Berlin	erster 3D-Druck-Laden in Berlin, Nutzertreffen immer mittwochs
PICCO's 3D World	*http://www.piccos-3d-world.com/*	Güterstraße 2 94469 Deggendorf	größter 3D-Druck-Laden Deutschlands mit hochwertigem und breitem Portfolio
DOOB 3D-Stores (DOOB GROUP AG)	*http://www.doob-3d.com/*	Liefergasse 1a 40213 Düsseldorf	Shop mit starkem Fokus auf 3D-Scanning und 3D-Figuren
mein3.de	*http://mein3.de/*	Metzstraße 2 86316 Friedberg	neuer Shop mit hochwertigem 3D-Fullbody-Scanner und exklusiver Nachbearbeitung
Mr. Make (Unimake GbR)	*http://www.mrmake.de/*	Kaiserstr. 99 76133 Karlsruhe	neuer 3D-Druck-Shop mit breitem Serviceangebot und hochwertigem 3D-Fullbody-Scanner
Freeform4U	*http://www.freeform4u.de/*	Auenstrasse 72 80469 München	3D-Druck- und 3D-Scanning-Shop mit sehr viel Know-how
iGo3D	*https://www.igo3d.com/*	Am Stadtmuseum 12 26121 Oldenburg Stiftstraße 36 60313 Frankfurt Hannover: Anfang 2015	erster 3D-Druck-Shop in Deutschland mit sehr großer Produktpalette und mehreren Fillialen
Österreich und Schweiz			
3D Druck Wien	*http://www.3d-druck-wien.at/*	Burggasse 117 1070 Wien Theobaldgasse 15 1060 Wien	3D-Druck-Shop mit hochwertigen Druckern und zwei Filialen
3dee Store	*http://www.3dee.at/*	Landstraßer Hauptstraße 90 1030 Wien	3D-Druck-Shop mit 3D-Scanning-Dienstleistungen
VirtuMake: Fabberlounge	*http://www.virtumake.com/*	Lerchenfelder Straße 129 1070 Wien	3D-Scanning-Spezialist mit 3D-Figuren im Angebot
my3Dworld	*http://my3dworld.ch/*	Ankerstrasse 53 8004 Zürich	führender 3D-Druck- und 3D-Scanning-Shop in der Schweiz

Elektronikfachmärkte

Die großen Ketten stehen schon in den Startlöchern und testen bereits die ersten Geräte im Verkauf. Ich gehe fest davon aus, dass spätestens im Weihnachtsgeschäft 2014 in jeder Kette mehrere Modelle angeboten werden. Ob Sie hier im Hinblick auf die Kaufberatung gut aufgehoben sind lasse ich mal dahingestellt.

Eins steht fest: In der Branche gibt es zu Recht die Auffassung, dass man nur durch regelmäßige Filamentverkäufe ein nachhaltiges Geschäft machen kann. Dumm nur, dass man dies am leichtesten über proprietäre Filamentsysteme (vgl. Abschnitt 4.1.1.1) sicherstellt. Blättern Sie also mit offenen Augen durch die bunten Broschüren und überlegen Sie es sich gut, ob Sie sich locken[40] lassen wollen und sich genauso schnell wie bei Ihrem Tintenstrahl-Drucker in einem geschlossenen Ecosystem wiederfinden. Im Betrieb kann das nämlich sehr teuer für Sie werden.

4.1.2.3 Events

Wenn Sie sich mit Ihrer Kaufentscheidung sowieso ein wenig Zeit lassen wollen, rate ich Ihnen, das nächste 3D-Druck-Event abzuwarten und sich vor Ort über die komplette Bandbreite der verfügbaren Geräte zu informieren. Die Ausrichtungen der Veranstaltungen sind alle etwas unterschiedlich, aber in der Summe geht es immer um den 3D-Druck, 3D-Scanning und alles was sonst noch dazu gehört, wie ordentliches Filament und neue Softwarelösungen.

Auf Community-Events wie der *Make Munich*, den *Maker Faires*[41] und der *FabCon 3.D* werden viele Workshops zur eigenen Weiterbildung angeboten. Dort trifft sich die Szene, und so lernt man auch mal die Gesichter hinter den Usernamen aus dem Internet kennen. Führende Köpfe der Community-Projekte präsentieren ihre neusten Fortschritte und Visionen in Form von Vorträgen. Es sind schöne Zusammenkünfte, bei denen jeder mit neuen Erkenntnissen und Ideen nach Hause geht.

Bild 4.17 FabCon 3.D Panel Diskussion: Die Vertreter von Ultimaker, Fabbster, MakerBot und alphacam lauschen meinen Ausführungen (Foto: © Messe Erfurt/Christian Seeling, Augment-Modell: © Frederik Brückner).

40 Mir gefällt der Wortwitz: locken bzw. Lock-in-Effekt, Sie verstehen schon ...

41 Die Maker Faires sind die weltweit größte Community-Eventserie und Vorbild der Make-Germany-Bewegung. Die Schirmherrschaft hat das US-Magazin Make: *http://makezine.com/*

Die gezielte Verbindung zwischen Industrieanwendungen und der 3D-Druck-Community wagte 2013 zum ersten Mal die Messe Erfurt mit ihrer Kombination aus der etablierten *Rapid. Tech* und der neuen *FabCon 3.D*. So rücken die beiden Welten näher zusammen: Die Profis staunten über den aktuellen Stand der kostengünstigen Einsteigergeräte und die Hobbyisten kamen in Kontakt mit noch leistungsfähigeren Systemen in der benachbarten Halle der Rapid.Tech.

Bilder sagen mehr als tausend Worte. Sie finden daher eine Fotogalerie mit zahlreichen Event-Eindrücken auf der Webseite zum Buch.

Tabelle 4.2 Übersicht der wichtigsten 3D-Druck-Events in Deutschland und Europa

Event	Webseite	Ort	Bemerkung
3D PrintShow	*http://3dprintshow.com/*	Wechselnde Metropolen, z. B. London, Paris, Berlin, New York	Vorzeige-Event mit globaler Reichweite
EuroMold	*http://euromold.com/*	Frankfurt und diverse weltweite Ableger	Industrie-Event mit Schwerpunkt auf Werkzeug- und Formenbau
FabCon 3.D und Rapid. Tech	*http://www.fabcon-germany.com/* bzw. *http://www.rapidtech.de/*	Erfurt	Großes, in Deutschland sehr zentral gelegenes, Community-Event. Parallel dazu das wichtige Industrie-Event Rapid.Tech mit Fokus auf Rapid Prototyping und Additive Manufacturing. Als Herzstück gilt der zweitägige Fachkongress.
Hobby & Elektronik	*http://www.messe-stuttgart.de/hobby/*	Stuttgart	Die Technik-Erlebnismesse wird ab 2014 um einen Maker Space erweitert.
Inside 3D Printing	*http://inside3dprinting.com*	Wechselnde Metropolen, z. B. Berlin, New York, Sao Paulo	Neue weltweite Event-Serie mit Industriefokus
Make Munich	*http://make-munich.de/*	München	Community-Event der Extraklasse von Make Germany
Maker Faire Hannover	*http://www.heise.de/hardware-hacks/*	Hannover	Großes Community-Event unter der Regie des Heise-Verlags bzw. von Make Media
Maker Faire Rome	*http://www.makerfairerome.eu/*	Rom	Größter europäischer Ableger der US-Event-Reihe
Mini Maker Faire	*http://makerfaire.com/map/*	Weltweit	Kleine Ableger der Maker-Faire-Reihe (ca. 100 Events jährlich)
MAKER WORLD	*http://www.maker-world.de/*	Friedrichshafen	Neues Maker-Event am Bodensee, wird in Kombination mit dem Amateurfunker-Treffen HAM RADIO ausgetragen
TCT Show + Personalize	*http://www.tctshow.com/*	Birmingham, Großbritannien	Event mit Tradition und guter Mischung zwischen Industrie und Hobbybereich

In die Riege der großen Events reihen sich eine Vielzahl kleinerer Community-Treffen ein, die genauso besuchenswert sind. Sie bieten vielleicht nicht die ganze Bandbreite an Druckern, aber einen persönlicheren Rahmen, um sich mit Nutzern anderer Drucker auszutauschen. Eine Übersicht aller Mini Maker Faires bietet folgende Übersichtskarte *http://makerfaire.com/map/* [16rVP4u].

Auf unabhängig organisierte Treffen stößt man am besten über den Kontakt zu Gleichgesinnten in den Herstellerforen und im Event-Kalender[42] der Google+-Community. Im Sechs-Wochen-Rhythmus bietet Ultimaker seinen Kunden und Interessierten die sogenannten UltiEvening-Treffen an wechselnden Orten in den Niederlanden an. Ein Besuch lohnt sich – Community-Gefühl pur!

4.1.2.4 Branchenwebseiten

Zusätzlich haben Sie die Möglichkeit, sich über die einschlägigen Branchenwebseiten auf dem neuesten Stand zu halten. Eine entsprechende Übersicht meiner Lieblingswebseiten finden Sie in Tabelle 4.2. Aufgrund des großen Hypes in der Branche kommen ständig neue Webseiten hinzu. Es lohnt sich also, die Augen offen zu halten.

HINWEIS: Bei der großen Fülle an neuen 3D-Druckern, die fast täglich über die News-Webseiten angekündigt werden, fällt die Auswahl manchmal nicht leicht. Die Geräte stecken oft noch tief in der Entwicklungsphase, und viele von ihnen schaffen es auch nie aus dieser Phase heraus. Bitte machen Sie nicht den Fehler und hängen zu lange irgendwelchen Zukunftsversprechungen neuer Anbieter hinterher. 3D-Druck findet jetzt statt! Sie sollten also auch den Mut haben, mit bewährten Maschinen direkt loszulegen.[43]

Tabelle 4.3 Übersicht der wichtigsten 3D-Druck-Branchenwebseiten, sortiert nach meinen Präferenzen

Name	Webseite	Bemerkung
3D Printing Industry	*http://3dprintingindustry.com/*	Exzellenter Journalismus, bestens informiert und für gewöhnlich tiefergehend als die Mitbewerber
3ders	*http://www.3ders.org/*	Sehr gut informierte News-Seite, Berichterstattung erfolgt zeitlich oft vor anderen Webseiten. Auf Englisch und Chinesisch.
Personalize	*http://www.prsnlz.me/*	Gut unterrichteter, englischsprachiger Branchenticker der TCT Show
3DPrint	*http://3dprint.com*	Aufstrebende News-Webseite mit vielen Meldungen und einem Diskussionsforum
3DIGITAL COOKS	*http://3digitalcooks.com/*	Englischsprachiger Newsblog zum Thema 3D Food Printing

42 Übersicht der Community-Events bei Google+: *https://plus.google.com/communities/117814474100552114108/events* [15QIIMO].

43 Machen Sie es einfach wie beim Autokauf: Alle zwei bis drei Jahre einen Neuwagen. Man wird ja wohl träumen dürfen!

Tabelle 4.3 Übersicht der wichtigsten 3D-Druck-Branchenwebseiten *(Fortsetzung)*

Name	Webseite	Bemerkung
Fabbaloo	*http://fabbaloo.com/*	Eine der ältesten deutschsprachigen 3D-Druck-News-Seiten
EngineeringSpot	*http://www.engineeringspot.de/*	Hochwertiger News-Blog von Dipl.-Ing. Ralf Steck zum Thema CAD, CAM und natürlich 3D-Druck
3Druck	*http://3druck.com/*	Ausführliche und tagesaktuelle Nachrichten in deutscher Sprache
Inside 3DP	*http://www.inside3dp.com/*	Englischsprachige News-Seite mit teilweise exklusiven Beiträgen
3D Printing	*http://3dprinting.com/*	Englischsprachig
3D Print News	*http://www.3d-print-news.de/*	Deutschsprachig
3D Printer	*http://www.3dprinter.net/*	Englischsprachig

4.2 3D-Drucker am Markt – Eigenbau, Kit oder Plug-and-Print?

Mit Informationen über wichtige Entscheidungskriterien, mit Erfahrungsberichten aus der Community sowie frischen Neuigkeiten von Events und Branchenwebseiten ausgestattet, müssen Sie nur noch folgende Entscheidung treffen: Wollen Sie einen 3D-Drucker komplett *selbst bauen*, bevorzugen Sie einen *vollständigen Bausatz* oder soll es das *fertige Produkt* mit Plug-and-Print-Versprechen sein?

Ich stelle Ihnen die drei Möglichkeiten auf kompakte Weise vor und werde zur Visualisierung einige Fotos entsprechender Geräte nutzen. Ich kann Ihnen keinen aktuellen und ganzheitlichen Überblick oder eine Kaufberatung bezüglich bestimmter Modelle liefern. Ausschließlich grundlegende Aspekte und das zu erwartende Preisniveau sollen verdeutlicht werden.

Falls Sie trotz der hier gelieferten Informationen und eigener Recherche auf den empfohlenen Webseiten noch kein für Sie geeignetes Modell im Blick haben, können Sie sich auf folgender Webseite einen Überblick über alle verfügbaren und geplanten 3D-Drucker sowie deren Verkaufspreise verschaffen: *http://www.3ders.org/pricecompare/3dprinters/* [1adNe4e].

4.2.1 RepRap – Marke Eigenbau

Für ambitionierte Bastler ist der komplette Eigenbau eine große Verlockung. Dank einer Vielzahl bereits vorhandener Designs, mit mehr oder minder guten Dokumentationen, ist es schnell möglich, eine eigene Version zu konzeptionieren. Von den weit verbreiteten *Prusa*-Modellen bis hin zum futuristischen Delta-Drucker *Kossel*[44] ist alles vorhanden.

44 Weitere Informationen zum 3D-Drucker Kossel finden Sie unter *http://reprap.org/wiki/Kossel* [1ghA2Aj].

Eine Übersicht aller RepRap-Modelle finden Sie unter *http://reprap.org/wiki/RepRap_Options#Models* [GD1mv1].

Die benötigten 3D-gedruckten Einzelteile müssen Sie sich über die Community, FabLabs oder Dienstleister besorgen. Die restlichen Teile können in jedem Baumarkt erworben werden. Spezielle Lager- und Führungssysteme finden Sie im schier endlosen Sortiment der igus GmbH. Das sympathische Kölner Unternehmen überzeugt durch kompetentes Personal und Lieferbarkeit ab Stückgröße 1.[45] Notwendige Elektronik und Spezialkomponenten werden in einem der zahlreichen Onlineshops bezogen[46]. Oft ergibt sich bei der Beschaffung aller Einzelteile ein ähnlicher Preis, wie beim Kauf eines vergleichbaren Bausatzes. Daher sollte man auch die Option eines Bausatzes in Betracht ziehen. Später können Sie die Komponenten immer noch dazu nutzen, einen Drucker nach eigenen Vorstellungen daraus zu basteln.

Beim Bau eines RepRap-3D-Druckers ist es wichtig, sich auf ein Modell festzulegen, das ausreichend gut dokumentiert ist. Leider ist der Großteil der Designs nur stichpunktartig und lückenhaft dokumentiert. So ist zum Beispiel der Printxel aus Bild 4.18 ein hervorragender kleiner Drucker, aber durch die Zoll-Bemaßung und insgesamt mangelhafte Dokumentation kaum nachzubauen. Ich empfehle Ihnen daher, gerade für den ersten Drucker, lieber mit dem Schwarm zu schwimmen und ein beliebtes Modell mit ausreichender Verbreitung zu wählen. Gerne empfehle ich hier die Bastelprojekte von Richard Horne. Sie sind sehr umfangreich bebildert. Außerdem haben Sie dank der großen Fangemeinschaft genügend Mitstreiter im Internet, die Ihnen bei Fragen behilflich sein könnten. Der in Bild 4.10 abgebildete Delta-Drucker *3DR* könnte ein gutes Projekt zum Durchstarten sein.

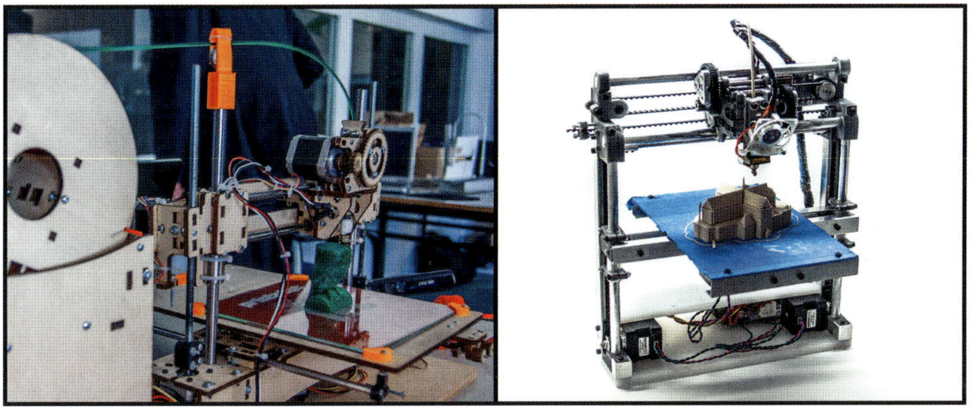

Bild 4.18 Ein Printrbot PLUS[47] (links) und mein Printxel[48] (rechts) in Betrieb

45 Auf gleich zwei Sonderseiten präsentiert igus besonders geeignete Teile für den 3D-Druck: *http://www.igus.de/wpck/10783/3Dprinting [igus]* und *http://www.igus.de/wpck/11923/products_for_3DPrinter* [igus-2]

46 Alle RepRap-Onlineshops im Überblick: *http://reprap.org/wiki/RepRap_Buyers'_Guide* [15fAyKg]. Ein exzellenter Anlaufpunkt für alles rund um die beliebten Arduino- und Raspberry Pi-Platinen ist der Shop der Watterott electronic GmbH: *http://www.watterott.com*

47 Die Printbots sind sehr beliebte und ab 300 Euro erhältliche Drucker (siehe *http://printrbot.com/* bzw. *http://reprap.org/wiki/Printrbot* [18ldapo]).

48 Der Printxel, ein sehr schönes Design von Billy Zelsnack: *http://printxel.blogspot.de/* [1e2PkGN].

4.2.2 Kits – vollständige Bausätze

Unterschätzen Sie nicht den zeitlichen Aufwand und die nötige Geduld, die es bedarf, um sich von der ersten Schraube bis zur letzten Mutter, einen eigenen RepRap zu bauen. Geschichten von anfänglich begeisterten Einsteigern, die irgendwo auf dem Weg ihr Vorhaben aufgegeben haben, sind in jedem Forum zu finden.

Damit es Ihnen nicht genauso geht, gibt es mit Bausätzen einen schönen Mittelweg zwischen dem vollständig selbst gebauten RepRap und einem fertigen 3D-Drucker. Sie bekommen so alle Teile und das nötige Zubehör in einem gut dokumentierten Gesamtpaket geliefert.

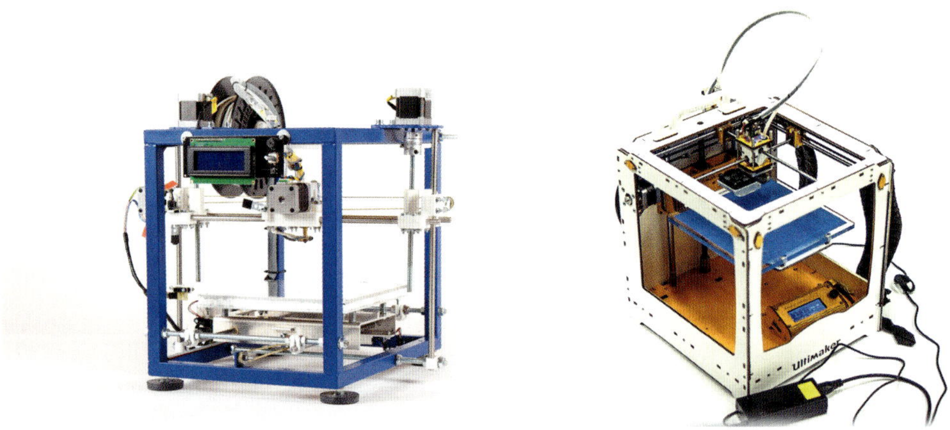

Bild 4.19 Der PRotos v2 aus Deutschland und der Ultimaker Original aus den Niederlanden: Beide Geräte sind nur als Bausatz erhältlich (Foto links: © German RepRap).

> **Wie schwer ist es, einen Bausatz zusammenzubauen?**
>
> Jeder der ein IKEA-Regal ordentlich aufgebaut bekommt, sollte es auch schaffen, einen 3D-Drucker-Bausatz erfolgreich zusammenzuschrauben. Natürlich gibt es auch hier besser und schlechter dokumentierte Angebote der Anbieter. Die Anleitungen sind aber meistens online einsehbar und somit im Vorfeld überprüfbar. Sie sollten sich insbesondere informieren, ob man Kabel an der Elektronik selbst löten[49] muss, oder ob alles mit Steckern vorbereitet ausgeliefert wird.
>
> Einen eindrucksvollen Beweis zur Einfachheit der Bausätze erbrachte das *Projekt 3D ABC*: Die niederländische Lehrerin Manuela van den Bos hat ihre Schüler einen Ultimaker aufbauen lassen und war begeistert von der Leichtigkeit, mit der die Kinder diese Aufgabe gemeistert haben. Das Video[50] und weitere Informationen rund um das Projekt finden Sie unter *http://3dabc.org/*.

49 Falls Sie noch nicht löten können, lässt sich das sehr leicht erlernen. Eine grandiose Anleitung finden Sie unter *http://3dprintingindustry.com/2014/06/04/whats-going-makible/* [17dLN2G].

50 Das Video wurde von Raapwerk (*http://youtu.be/1Sc7vOWf7ZY*) produziert.

Bild 4.20 Eine Schulklasse baut einen 3D-Drucker. Die richtige Einstellung bringen Joël und Suus mit! (Quelle: *http://www.youtube.com/watch?v=Xu89hutJmjl&hl=en* [17dLRPY])

Die Frage, wie groß Ihr Budget für einen guten Bausatz sein sollte, ist gar nicht so einfach zu beantworten. Es werden viele Versprechungen mit immer günstigeren Bausätzen gemacht. Ihre Aufgabe ist es, die Spreu vom Weizen zu trennen, oder alternativ von namenhaften und vertrauenswürdigen Herstellern zu einem realistischen Preis zu kaufen. Das in Hongkong ansässige Start-up Makible hatte zum Beispiel mit der *MakiBox* einen günstigsten Bausatz für gerade einmal 250 Euro angekündigt und nach etlichen Verzögerungen auch endlich ausgeliefert. Aufgrund der fehlende Marge am eigenen Produkt kam es aber wohl zu Verknappungen im Geldfluss des jungen Unternehmens und dies brachte den regulären Geschäftsbetrieb zum erliegen.[51] Etliche Kunden warten seitdem vergeblich auf die Auslieferung der per Vorkasse bezahlten Waren. Ähnliche Entwicklungen sind bei vergleichbar unerfahrenen Akteuren im Markt nur eine Frage der Zeit.[52]

Ein Blick in das Sortiment der etablierten Anbieter, die ihre Zuverlässigkeit bereits durch die Auslieferung von teilweise mehreren Tausend Maschinen bewiesen haben, kann Ihnen viel nervenzehrende Warterei und Enttäuschung ersparen. Den Anfang macht der Elektronik-Versandriese reichelt elektronik[53] mit dem preiswerten *K8200* der Firma Velleman (500 Euro). Mit ein wenig Liebe und einigen, im Internet recht ausführlich diskutierten, Verbesserungen lassen sich mit so einem Drucker ganz ordentliche Teile herstellen. Optional ist es sogar möglich, kleine Fräsarbeiten über einen anstelle des Druckkopfs montierten Bohrschleifer zu erledigen. Für circa 600 Euro geht es weiter mit dem Bausatz des *printrbot Simple Metal*[54] und mit dem 3D-Drucker *PRotos v2* der German RepRap GmbH[55] für circa 800 Euro.

51 3D Printing Industry beleuchtete den Fall (*http://3dprintingindustry.com/2014/06/04/whats-going-makible/* [3DPImaki]) und der ehemalige CEO Jonathan Buford versucht, die verfahrene Situation zu erklären: *http://youtu.be/1Sc7vOWf7ZY* [makifail]

52 Land Grant beschreibt den selbstmörderischen Wettlauf nach immer niedrigeren Preisen für 3D-Drucker: *http://3dprintingindustry.com/2014/07/21/crowfunding-low-cost-desctop-3d-printer* [3DPrace].

53 Auf *http://reichelt.de* finden Sie neben dem K8200 auch eine Vielzahl anderer 3D-Drucker und Zubehör: *http://bit.ly/reichelt3D*

54 Die 3D-Drucker von printrbot können in Deutschland über *http://www.3ddinge.de/* bezogen werden.

55 Die German RepRap GmbH ist fast seit Beginn der RepRap-Bewegung dabei und hat einige Drucker, aber auch alle Einzelkomponenten im Sortiment: *https://www.germanreprap.com/*

Leistungsfähigere Lösungen wie der *Ultimaker Original*[56] werden für 1200 Euro verkauft. Ab circa 3000 Euro gibt es noch größere Bauvolumen, zum Beispiel mit dem *X400*, ebenfalls von der German RepRap GmbH.

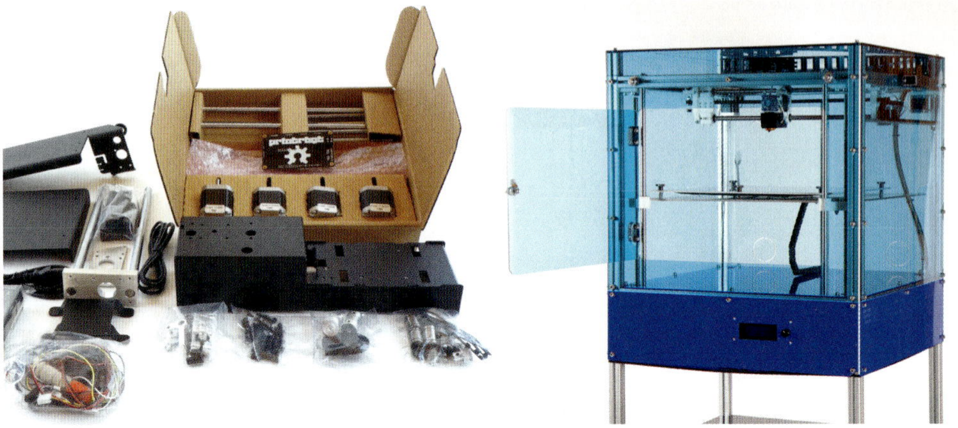

Bild 4.21 Klein und groß – links der kompakte printrbot Simple Metal in seinen Einzelteilen, rechts der große X400 von German RepRap (Fotos: © Printrbot Inc./German RepRap GmbH)

Oft sind die Kits gegen einen Aufpreis auch in aufgebauten Versionen erhältlich. Doch der Selbstaufbau kommt Sie nicht nur finanziell günstiger, sondern macht in den meisten Fällen auch eine gehörige Menge Spaß. Sie werden danach ein tiefes technisches Verständnis für Ihren 3D-Drucker entwickelt haben und keine Berührungsängste bei eventuellen Verbesserungen, anstehenden Wartungsarbeiten oder Reparaturen mehr haben. Die Bausatzvariante ist meine persönlich bevorzugte Art, mit neuen Druckern zu experimentieren. Aus meiner Sicht bieten gute Kits die perfekte Mischung zwischen einem Do-it-yourself-Gefühl und einem soliden Produkt, mit dem man zuverlässig drucken kann. Trauen Sie sich!

4.2.3 Fertige 3D-Drucker mit Plug-and-Print-Versprechen

In der Kategorie der fertigen 3D-Drucker kommt man am schnellsten an sein Druckvergnügen. In der Regel können diese Maschinen innerhalb weniger Minuten in Betrieb genommen werden. Immer besser durchdachte Bedienungskonzepte ermöglichen eine intuitive Navigation durch die Funktionen.

56 Der Ultimaker Original wird neben dem neuen Ultimaker 2 immer noch als Bausatz verkauft. Beide Geräte sind online über *https://www.ultimaker.com/* oder in den deutschen 3D-Druck-Läden erhältlich.

Der Plug-and-Print-Mythos

Wie einfach sind diese 3D-Drucker wirklich zu bedienen, und kann man von einem Plug-and-Play- beziehungsweise Plug-and-Print-Betrieb ausgehen? Die aktuelle Gerätegeneration hat noch Ecken und Kanten. Jedes Produkt hat noch seine Schwächen, die Einsteigern ab und an Kopfzerbrechen bereiten, aber allesamt mit ein bisschen Sachverstand zu lösen sind. So muss zum Beispiel mal ein Druckbett nachkalibriert, eine verstopfte Düse getauscht oder eine Schraube nachgezogen werden. Das schafft jeder!

Mit der nächsten Druckergeneration (wie zum Beispiel dem *Ultimaker 2*) werden eine Vielzahl dieser Probleme gelöst sein. Insbesondere automatisierte Verfahren zur Druckbettnivellierung werden Probleme beim Druckstart reduzieren, und noch robustere Extruder werden einen reibungslosen Betrieb garantieren.

Auf der Softwareseite leistet Microsoft in Zusammenarbeit mit einigen Druckerherstellern Pionierarbeit.[57] So wird es in Windows 8.1 möglich sein, ein 3D-Modell zu öffnen und dann über einen simplen Dialog, wie DATEI → DRUCKEN Dinge herzustellen.

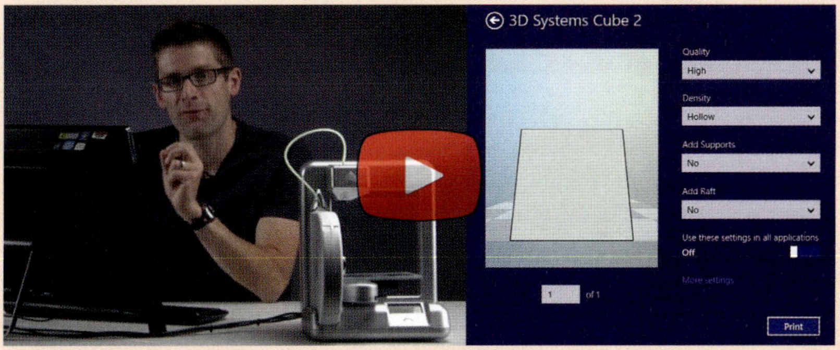

Bild 4.22 Microsoft-Entwickler Gavin Gear präsentiert das neue 3D-Druck-Menü (© Microsoft, Quelle: *http://youtu.be/E_9ePpUPOic* [15UL9YI]).

Sie fragen sich, warum Sie dieses Buch dann überhaupt noch brauchen? Noch sind wir leider nicht ganz so weit. Außerdem wird es immer Bedarf für manuelles Tuning der Einstellungen geben, deshalb finden Sie im Abschnitt 4.5 ausführliche Hilfestellungen zu diesem Thema.

57 Details zu den kommenden Funktionen finden Sie im Microsoft-Blog: *http://blogs.windows.com/windows/b/extremewindows/archive/2013/08/22/3d-printing-support-in-windows-8-1-explained.aspx* [17KGxb3].

Preislich sind die ersten voll aufgebauten Drucker ab circa 400 US-Dollar zu haben[58]. Die beiden Branchenstars Ultimaker und MakerBot Industries[59] bieten ihre Spitzenmodelle *Ultimaker 2* und *MakerBot Replicator 5. Generation* (siehe Bild 4.23) zwischen 2300 und 3200 Euro an. Große Delta-Drucker, wie zum Beispiel der in der Schweiz entwickelte *Delta Tower*[60] (Bild 4.24), sind bei einem Preis von bis zu 8000 Euro an Profianwender und Unternehmen gerichtet, bieten aber auch enorme Bauhöhen. Auch der größte 3D-Drucker aus dem Hause MakerBot, der Replicator Z18, besitzt mit circa 30 × 30 × 45 cm ein recht sportliches Bauvolumen.

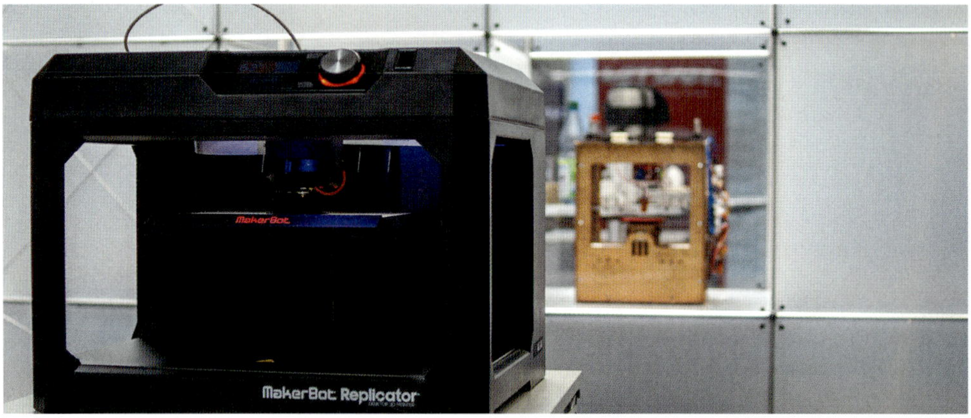

Bild 4.23 Ganz in Schwarz: Der MakerBot Replicator 5. Generation macht eine gute Figur. Im Hintergrund (rechts) ist der original MakerBot Cupcake aus dem Jahr 2009 zu sehen.

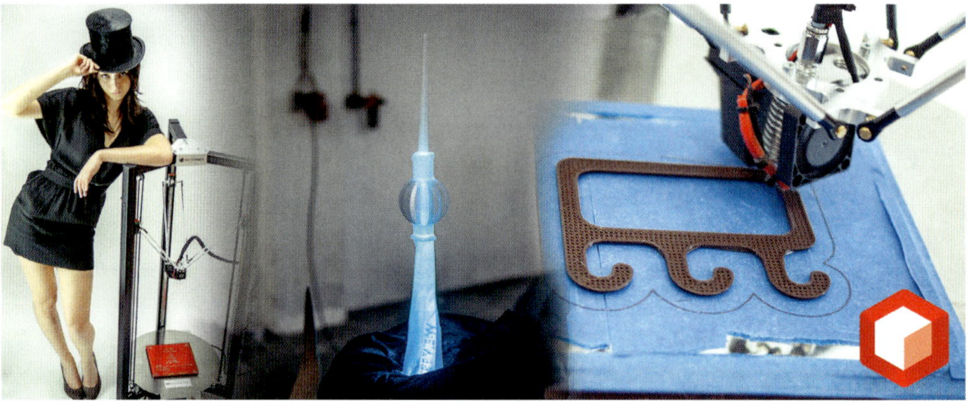

Bild 4.24 Größeres Kaliber: Der Delta Tower bewältigt sehr große, aber auch kleine und detaillierte Druckaufträge (Model: Uli, Augment-Modell: Stephan Weiß/Sander de Beurs)

58 Zum Beispiel bei Solidoodle (*http://www.solidoodle.com/*), aber beachten Sie, dass beim Import immer noch der Versand (ca. 100 US-Dollar) und 19 % Einfuhrumsatzsteuer gezahlt werden müssen (in Ausnahmefällen auch noch ein niedriger einstelliger Zolltarif) – in der Summe also fast 500 Euro für das Einsteigermodell Solidoodle 2 – Base.

59 Die MakerBot-Produkte sind in Deutschland unter *http://eu.makerbot.com* erhältlich. Der ehemalige EU-Distributor Hafner's Büro wurde zu großen Teilen von MakerBot gekauft: *http://www.makerbot.com/blog/2014/08/01/makerbot-announcing-makerbot-europe* [MakerBEU]

60 Weitere Informationen zum Delta Tower: *http://deltatower.de*

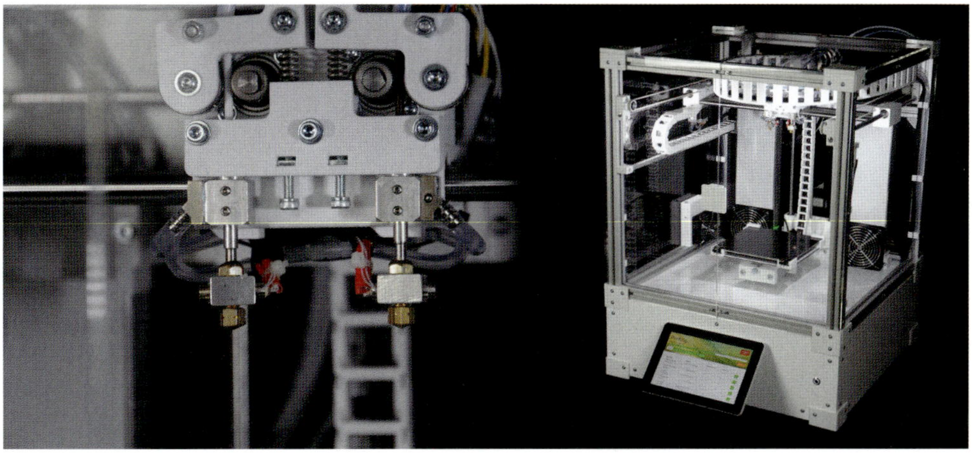

Bild 4.25 Der RepRap Industrial kommt serienmäßig mit Vollausstattung: Zwei wassergekühlte Druckköpfe, beheizter Druckraum und Touchscreenbedienung (Fotos: © Kühling & Kühling).

Ebenfalls eher für den professionellen Einsatz geeignet ist der *RepRap Industrial* der Kühling-Brüder[61] aus Kiel (Bild 4.25). Er besitzt einige Extras, wie den Dual-Extruder und einen beheizbaren Druckraum, um besonders präzise Kunststoffteile (zum Beispiel aus ABS) fertigen zu können. Eine Dauerdruckplatte, wassergekühlte Komponenten und ein vorbildliches Bedienkonzept über den eingebauten Touchscreen runden das Produkt „made in Germany" ab.

Auch für Privatanwender steht eine immer größer werdende Bandbreite an Druckern mit diversen Zusatzfunktionen zur Auswahl. Beispielhaft ist hier der ebenfalls in Deutschland entwickelte und hergestellte 3D-Drucker *renkforce RF1000* (Bild 4.26) der Firma Conrad Electronic[62] zu nennen. Im hauseigenen *Conrad Technology Centrum* (*CTC*) wurde ein robuster Drucker entwickelt, der neben automatischen Kalibrierungsroutinen zukünftig auch die Möglichkeit bieten soll, Gravur- und Fräswerkzeuge führen zu können. Somit wird aus einem 3D-Drucker ein Multifunktionsgerät, das so manches Bastlerherz höher schlagen lassen wird. Der *RF1000* ist sowohl als Bausatz (circa 1500 Euro) als auch als Komplettgerät (circa 2000 Euro) erhältlich.

Ein weiteres Beispiel für innovative Zusatzfunktionen ist der formschöne *ZEUS* des kalifornischen Start-ups AIO Robotics[63] (Bild 4.27). Er kann als erster 3D-Drucker hochwertige 3D-Scans direkt im Gerät anfertigen und diese anschließend über das Internet versenden, beispielsweise an andere *ZEUS*-Drucker. Machen Sie sich für einen kurzen Augenblick die Implikationen bewusst: Sie vergessen auf einer Reise einen wichtigen Gegenstand, vielleicht den Schlüssel zum Ferienhaus, oder Sie möchten mit Geschäftspartnern im Ausland den letzten Stand der gemeinsamen Produktneuentwicklung besprechen. Auf der einen Seite wird gescannt und auf der anderen Seite der Welt kann innerhalb weniger Minuten der Druck beginnen. Wir waren dem Teleportieren noch nie so nahe!

61 Jonas und Simon haben sich durch diverse Entwicklungen in der RepRap-Szene einen Namen gemacht. Mit dem RepRap Industrial betreten sie wieder einmal Neuland: *http://kuehlingkuehling.de/*

62 Mit bundesweit 25 Filialen und dem florierenden Onlineshop *http://www.conrad.de/* war Conrad Electronic den meisten wohl schon vor dem renkforce RF1000 ein Begriff.

63 Das visionäre Produkt von AIO Robotics ist über diverse europäische Partner für circa 2300 Euro verfügbar: *http://www.aiorobotics.com/*

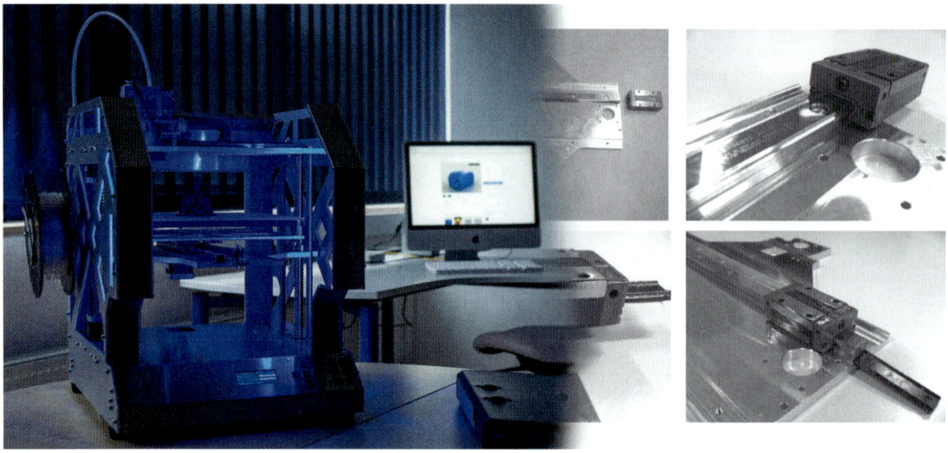

Bild 4.26 Sogar an die Beleuchtung wurde beim renkforce RF1000 gedacht. Die über 100-seitige Aufbau- und Betriebsanleitung ist sehr gut bebildert (rechts). (Fotos: © Conrad Electronic SE, *www.conrad.de*).

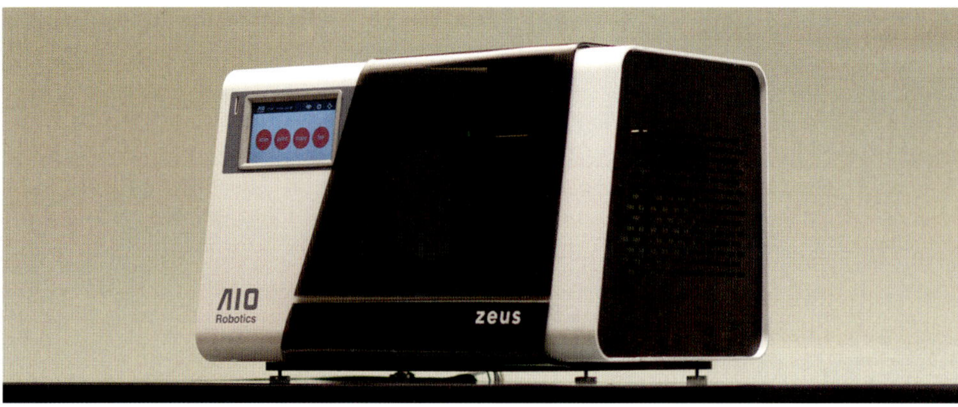

Bild 4.27 Ein Multitalent - der Zeus von AIO Robotics ist 3D-Drucker, Scanner und Teleporter in einem (Foto: © AIO Robotics).

Fokus auf das Wesentliche

Bei aller Begeisterung für neue Zusatzfunktionen wie optionale Fräswerkzeuge, eingebaute 3D-Scanner und die neuen interaktiven Apps mit Kameraunterstützung zur Überwachung des Druckvorgangs sollten Sie als Käufer auf jeden Fall sicherstellen, dass auch die eigentliche Druckfunktion ihren Dienst zuverlässig und qualitativ hochwertig erledigt.

Lassen Sie sich also nicht zu sehr von Zusatzfunktionen blenden, bevor Sie nicht anständige Testdrucke begutachten konnten oder positive Testberichte gelesen haben.

Die Qual der Wahl

Da fertig aufgebaute 3D-Drucker als einzige Option für das von allen Marktteilnehmern erhoffte Massenpublikum gesehen werden, drängen hier die meisten Unternehmen in den Markt. Der Preisdruck wird über die nächsten Jahre sicher nicht nachlassen. Außerdem ist zu erwarten, dass das typische Modell von günstigen Druckern und teurem proprietärem Verbrauchsmaterial genauso Einzug erhalten wird wie bei den 2D-Druckern. Durch Ihre Kaufentscheidung können Sie hier gegensteuern.

Bei den fertig aufgebauten 3D-Druckern gibt es eine weitere grundlegende Entscheidung zu fällen: Wollen Sie ein Gerät kaufen, das vollständig oder zu Teilen offen entwickelt wird, oder eines, das Ihnen keinen Einfluss auf die Weiterentwicklung und genauen Einstellungen gibt?

Vermutlich unter dem Druck der eigenen Investoren, aber auch aus Angst vor Kopien aus dem asiatischen Raum, wurde aus dem einstigen Vorzeigeunternehmen für Open-Hardware-Entwicklung, MakerBot, ein konventionell arbeitendes Unternehmen. Mit der Einführung des 3D-Druckers Replicator 2 zeichnete sich diese Entwicklung ab, die dann spätestens mit der Übernahme durch Stratasys Ltd. manifestiert wurde.[64] Solche grundlegenden Änderungen haben Teile der Community, die sich als Mitentwickler der zugrunde liegenden Technologie sahen, heftig kritisiert.[65]

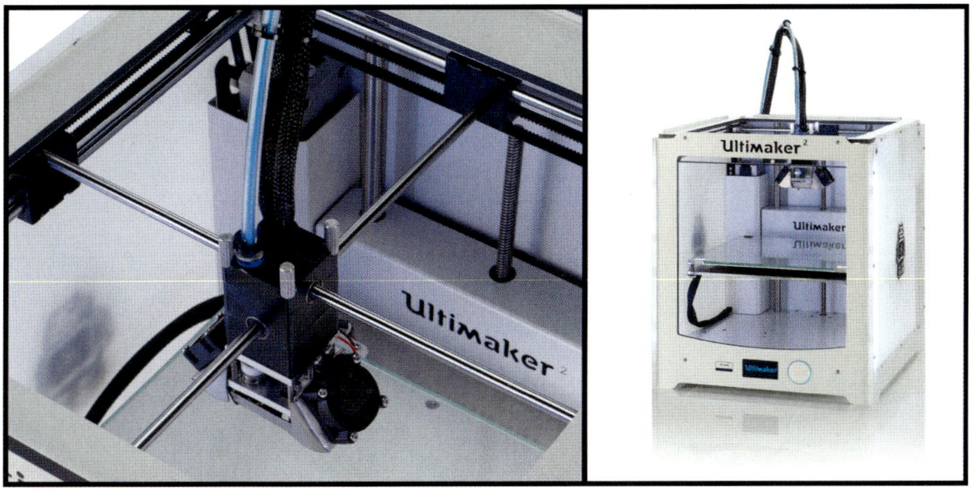

Bild 4.28 Die Niederländer kontern stilbewusst in Weiß: Der Ultimaker 2 bringt eine ganze Reihe an Detailverbesserungen mit. (Fotos: © Ultimaker B.V.)

Auf der einen Seite stehen also weniger Einflussmöglichkeiten der Kunden auf genaue Einstellungen, auf der anderen Seite eine standardisierte Produkterfahrung und mögliche Vorteile in der Weiterentwicklung durch den Branchen-Dinosaurier Stratasys. Als exaktes Gegenkonzept positioniert sich die Konkurrenz aus den Niederlanden. Selbst die Farbauswahl des

64 Bre Pettis versucht, die Entscheidung im MakerBot-Blog zu begründen: *http://www.makerbot.com/blog/2012/09/20/fixing-misinformation-with-information/* [GGggRA].

65 Zach Hoeken, Mitgründer von MakerBot, kritisiert die Entwicklungen in seinem ehemaligen Start-up: *http://www.hive76.org/hoeken* [16N9AxO].

neuen Ultimaker 2 wirkt wie eine klare Abgrenzung gegenüber dem amerikanischen Gegenspieler (Bild 4.25). Ultimaker will nach den guten Erfahrungen bei gemeinsamen Entwicklungen, wie dem LCD-Display *UltiController*[66] und einem Upgrade für die Fördereinheit beim ersten Ultimaker, die Zusammenarbeit mit den eigenen Nutzern sogar noch verstärken.[67]

Für manche wird dieser Aspekt kaufentscheidend sein, für andere ist er vollkommen irrelevant. Mir war es an dieser Stelle nur wichtig, Ihnen die unterschiedlichen Konzepte der zwei großen Spieler am Markt kurz vorzustellen.

4.2.4 Zukünftige 3D-Drucker und Crowdfunding

Der 3D-Druck-Markt ist immer in Bewegung. Ständig werden neue Drucker, Konzepte und verbesserte Verfahren angekündigt. Große Trends sind Geräte mit mehreren Druckköpfen, besonders niedrigem Preis oder Zusatzfunktionen im Drucker, wie die bereits erwähnte 3D-Scanning-Funktionalität.

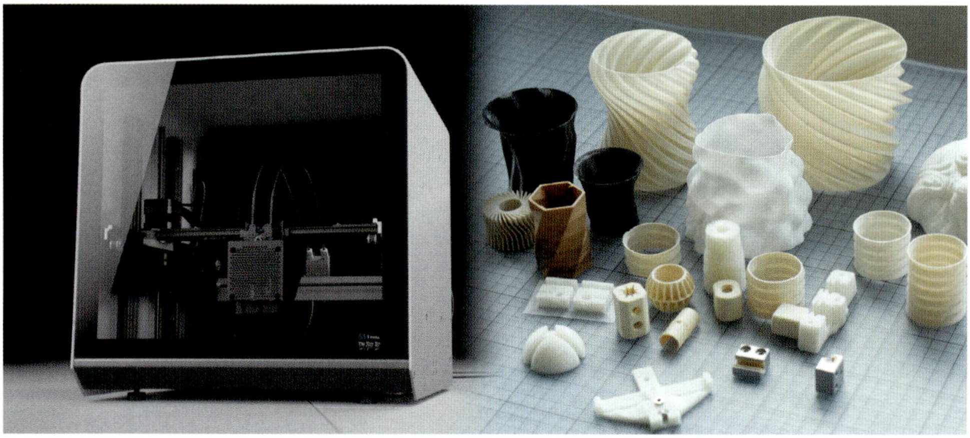

Bild 4.29 Das Vorserienmodell des wunderschönen cobot 3D-Druckers sieht nicht nur gut aus, sondern produziert auch hervorragende Drucke (Fotos: © cobot).

Ein optisch besonders schönes Beispiel ist *cobot*, der von Raoul Wilken, Nils Mayer und Marc Schömann geplante 3D-Drucker.[68] Die drei Studenten der Hochschule für Gestaltung Offenbach am Main haben über zwei Jahre ein nicht nur optisch umwerfendes Konzept, sondern ein auch technisch sehr fortschrittliches Gerät ersonnen. Neben zwei Druckköpfen und einer Dauerdruckplatte soll es durch ein vollkommen geschlossenes Gehäuse auch Vorteile beim Ausdruck diverser Kunststoffe erzielen.

66 Bernhard Kubicek, der Erfinder des UltiController, schildert die Entwicklung detailliert in seinem Whitepaper »Why hardware hackers should investigate design, or, the tale of the UltiPanel« (*http://kariert.org/design/hackers design.pdf* [1fk7E1p]).

67 Mehr Details zur Unternehmenskultur von Ultimaker wurden während der Vorstellung des neuen Druckers preisgegeben: *https://vimeo.com/75474719* [17aCd1u].

68 Die Serienproduktion des 3D-Druckers cobot soll möglicherweise über Crowdfunding realisiert werden: *http://cobot.de/*

Bild 4.30 Praktisch und günstig: Die Kunststoffgranulate des geplanten Sculptify 3D-Druckers sind – wie Kaffeepulver verpackt – in verschiedenen Sorten erhältlich (© Foto: Sculptify).

Noch gewagter ist die Vision des amerikanischen Start-ups Sculptify.[69] Der auf *David* getaufte 3D-Drucker soll anstelle der Filamente direkt die in der Kunststoffbranche üblichen Granulate als Verbrauchsmaterial nutzen. Da alle thermoplastischen Kunststoffe im Rohzustand als Granulat vorliegen, ergibt sich potentiell eine riesige Materialvielfalt bei vergleichsweise geringen Kosten, da der Zwischenschritt der aufwendigen Strangextrusion und das Aufwickeln auf Rollen entfällt. Durch die Art der Granulatförderung ist es auch möglich, gummiartige Kunststoffe zu drucken – eine Disziplin, mit der manche FDM-Drucker ihre Probleme haben. Inwiefern das Verfahren aber auch Nachteile mit sich bringt oder in einem sich rasant wandelnden Markt überhaupt serienreif umgesetzt werden kann, wird sich nach der für August 2014 geplanten Crowdfunding-Kampagne zeigen.

Denn auf Crowdfunding-Plattformen wie *Kickstarter* oder *Indigogo*[70] laufen zu jedem Zeitpunkt gleich mehrere Kampagnen, bei denen Kapital für Neuentwicklungen im 3D-Druck gesammelt wird. Die Projektinitiatoren überbieten sich mit großartigen Ideen und gewagten Konzepten. Es ist verlockend, der neuesten Vision zu verfallen und zu den ersten Nutzern gehören zu wollen. Als jemand, der in der Summe schon über 50 Projekte[71] auf diesem Weg unterstützt und dadurch mehrere Tausend Euro investiert hat, gebe ich Ihnen gerne einen guten Rat mit auf den Weg: Verstehen Sie einen Beitrag auf einer Crowdfunding-Plattform nicht als verbindliche Vorbestellung, sondern als das, was es ist: Ein Risikokapital-Investment Ihrerseits.

Das Risiko ist vielseitig: Zeitlich können sich Projekte in ihrer Verwirklichung mehrere Monate oder sogar Jahre[72] verzögern, die Qualität kann Ihre Erwartungen enttäuschen, im schlimmsten Fall kann es auch zu einem Ausfall der Leistung kommen. Mit dem Wissen, das

69 Mehr Informationen über Sculptifys 3D-Drucker David finden Sie hier: *http://sculptify.com/*

70 Die zwei größten Crowdfunding-Plattformen im Internet: *http://www.kickstarter.com/* und *http://www.indiegogo.com/*

71 Meine Investments im Überblick: *http://www.kickstarter.com/profile/floush* [GGglVo]

72 Die MakiBox hätte zum Beispiel spätestens Weihnachten 2012 unter dem Christbaum stehen sollen. Bei mir dauerte es dann bis Ende 2013. Leider warten viele bis heute noch auf ihre Lieferung.

Sie bisher in diesem Kapitel gesammelt haben, wird es Ihnen aber sicher gelingen, ein faules Ei zu erkennen, beziehungsweise die richtigen Webseiten und Communities zu finden, um sich vor einem finanziellen Engagement mit anderen über das Projekt kritisch austauschen zu können. So wurde ich bisher noch nie enttäuscht – den oft auftretenden, zeitlichen Verzug ausgenommen, den man schlichtweg als gegeben hinnehmen und einplanen muss. Und genau hier liegt der Kern meiner Aussage: Crowdfunding, futuristische Visionen und frühzeitig angelegte Massenvorbestellungen können großartige Ergebnisse hervorbringen. Aber sie sind nicht dafür geeignet, wenn Sie möglichst schnell mit dem eigentlichen Drucken beginnen wollen. Und genau das würde ich mir wünschen! Deshalb steigen wir in Abschnitt 4.3 in die Bedienung der Druckersoftware, das Slicing und den darauf folgenden Druckstart, ein.

Bevor wir vollends in die wundervolle Welt unserer *Wohnzimmerfabrik* abtauchen, ist jedoch ein Wort der Warnung angebracht.

Beziehungsratgeber

Aktuelle Studien der Frauenzeitschrift *Brigitte* listen übermäßige 3D-Druckernutzung ihres Partners als den häufigsten Grund für Ärger in Beziehungen und Ehen, noch vor exzessiven Pokerabenden mit den Kumpels und falsch ausgedrückten Zahnpastatuben[73].

Sie glauben mir hoffentlich nicht alles, oder? Das ist natürlich (noch) nicht wahr, aber die grundlegende Aussage will ich an dieser Stelle mit dem nötigen Nachdruck unterstreichen: 3D-Druck in den eigenen vier Wänden kann süchtig machen und bei Ihren Mitmenschen bei unsachgemäßer Nutzung für einige Verstimmungen sorgen.[74]

Empfohlene Strategien:

- Aktive Einbindung des Gegenübers in eigene 3D-Druck-Projekte (= mit eigener Sucht anstecken)
- Vermeidung von Lärmbelästigungen zu Schlafenszeiten
- Regelmäßig für sinnvolle 3D-gedruckte Geschenke sorgen, damit der Drucker nie grundlegend infrage gestellt wird

Schreiben Sie mir Geschichten von gescheiterten Beziehungen durch 3D-Drucker, die neusten Lösungsstrategien und Ihre Meinung zu diesem brisanten Thema gerne an *book@mailbox.org*. Wir richten dann bei Bedarf eine Selbsthilfegruppe ein ...

73 Zu diesem Problem gibt es ironischerweise eine 3D-druckbare Lösung: *http://www.thingiverse.com/search/page:1?q=toothpaste* [196uANk].

74 Vollkommen unwissenschaftliche empirische Studien des Autors von Anfang 2011 bis heute.

4.3 Intermezzo – die Ruhe vor dem Druck

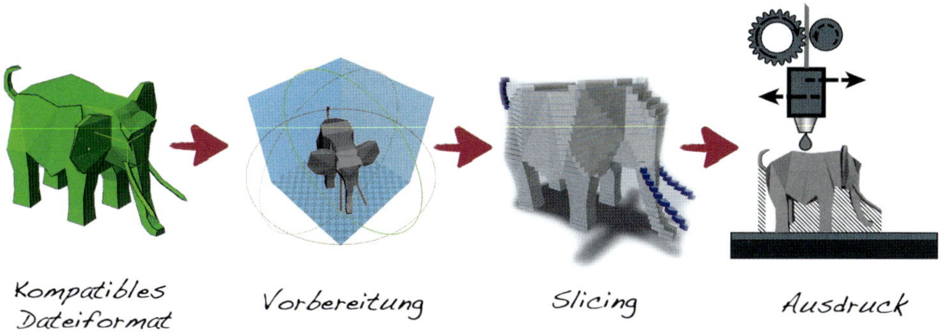

Bild 4.31 Vom Modell zum fertigen Ausdruck – eine Übersicht

Wir ordnen noch einmal schnell unsere Gedanken in Form einer kurzen Wiederholung. Der Fahrplan zu unserem ersten eigenen 3D-Druck sieht folgendermaßen aus:

Kompatibles Dateiformat: Bevor wir ein 3D-Modell ausdrucken können, muss es in einem passenden Dateiformat, in der Regel dem STL-Format vorliegen.[75] Hierzu speichern Sie das Modell direkt als STL-Datei aus Ihrer bevorzugten 3D-Modellierungs und -Konstruktionssoftware. Falls dieses Format als Export-Option nicht angeboten wird, sollten Sie das Modell in einem anderen Format speichern. Über MeshLab oder netfabb Studio Basic (weiterführende Informationen hierzu am Ende von Tabelle 4.4) kann das Modell geöffnet und dann in einem kompatiblen Format erneut abgespeichert werden (= *Konvertierung*).

Dieser Punkt ist hiermit erledigt. In allen Übungen im Buch wird jeweils erklärt, wie Sie an die wichtige STL-Datei kommen. It's not rocket science!

Vorbereitung (Positionierung und Reparatur): Die STL-Datei ist nicht direkt druckbar. Erst einmal müssen Sie das 3D-Modell im Druckraum positionieren und gegebenenfalls noch skalieren[76]. Die richtige Positionierung wird uns dabei helfen, den Druck möglichst einfach zu gestalten. Außerdem kann es vorkommen, dass das Dreiecksmodell der STL-Datei (siehe Abschnitt 2.3.1) beschädigt ist und repariert werden muss. Alle Details zu diesem Punkt finden Sie in Abschnitt 4.4.

Slicing: Das reparierte und fertig positionierte 3D-Modell ist in diesem Zustand immer noch nicht druckbar. Bestimmt durch eine Vielzahl von Einstellungen muss das dreidimensionale Modell in zweidimensionale Schichtdaten zerlegt werden. Dies geschieht im Slicer. Alle Details zu diesem Punkt finden Sie in Abschnitt 4.5.

Ausdruck: Erst jetzt kann der Druckauftrag an den 3D-Drucker übermittelt werden. Die Schichtdaten werden hierbei entweder durch eine Funktion in Ihrem Slicer oder in einem

75 In manchen Druckerprogrammen sind auch andere Dateiformate wie OBJ oder das COLLADA-Format (*.dae) verarbeitbar.

76 Beim Import einer STL-Datei kann es zu Problemen mit den Einheiten kommen, zum Beispiel, wenn Sie Ihr Design in Zoll bemaßt haben und die Drucksoftware die für uns gewöhnlichen Millimeterbemaßungen nutzt. Diese Fehler sind über die Größenänderung (= Skalierung) zu beheben.

Extraprogramm (= *host software*) über eine USB-Verbindung live an den Drucker gesendet. Alternativ können je nach Druckerausstattung die Druckdaten auch über WLAN, USB-Stick oder SD-Karte auf den Drucker übertragen werden. Dort werden sie ohne Mitwirkung Ihres Computers ausgeführt. Alle Details zu diesem Punkt finden Sie in Abschnitt 4.7.

Softwareauswahl

Im Folgenden möchte ich Ihnen die auf dem Markt verfügbaren Slicer vorstellen. Am Ende von Tabelle 4.4 finden Sie hilfreiche Programme mit ergänzenden Funktionalitäten.

Tabelle 4.4 Übersicht der verfügbaren Slicer, geordnet nach meinen Präferenzen bzw. nach Eignung für alle 3D-Drucker oder nur die eines bestimmten Herstellers

Slicer	Webseite	Bemerkung	Vorbereitung	Slicing	Host
Herstellerübergreifend:					
Cura	*http://software.ultimaker.com/*	Primär für Ultimaker konzipiert, aber auch wunderbar für andere Drucker einsetzbar. Open Source entwickelt und besonders intuitiv zu bedienen.	Ja	Ja	Ja
KISSlicer	*http://kisslicer.com/*	Für alle 3D-Drucker geeignet. Altmodische Benutzeroberfläche, aber hervorragende Slicing-Ergebnisse. Kostenlose Freeware, Pro Version für 42 US-Dollar erhältlich.	(Ja)[77]	Ja	Nein
Slic3r	*http://slic3r.org/*	Das Schweizer Taschenmesser unter den Slicern. Wird Open Source entwickelt und liefert ordentliche Ergebnisse nach umfangreicher Konfiguration.	Ja	Ja	Nein
Simplify3D	*http://www.simplify3d.com/*	Umfangreicher Slicer mit zukunftsträchtigen Funktionen. Viele Drucker sind vorkonfiguriert. Wird Closed Source entwickelt und kostet $140.	Ja	Ja	Nein
MatterControl	*http://www.mattercontrol.com/*	Neuer Open Source Slicer mit einigen innovativen Funktionen wie einer softwarebasierten Auto-Levelling-Routine	Ja	Ja	Ja

77 Nur eingeschränkt möglich.

Tabelle 4.4 Übersicht der verfügbaren Slicer *(Fortsetzung)*

Slicer	Webseite	Bemerkung	Vorbereitung	Slicing	Host
Ske-inforge	*http://reprap.org/wiki/Skeinforge*	Die Wiege des Open Source Slicings, jetzt aber vollkommen veraltet und extrem langsam. Hat daher ausgedient.[78]	Nein	Ja	Nein
Herstellerspezifisch:					
Maker-Ware	*http://www.makerbot.com/makerware/*	Softwarelösung für alle MakerBot-3D-Drucker	Ja	Ja	Ja
UP	*http://www.pp3dp.com/*	Softwarelösung für alle UP!-3D-Drucker	Ja	Ja	Ja
Netfabb Engine	*http://www.netfabb.com/engines.php*	Softwarelösung für fabbster, ursprünglich auch für andere Drucker gedacht. Die Entwicklung ist aber etwas eingeschlafen.	Ja	Ja	Ja
...	*Webseite Ihres Druckerherstellers*	Besuchen Sie die Webseite Ihres Herstellers, um die passende Software zu finden.	?	?	?
Weitere Helferlein:					
Repetier Host	*http://www.repetier.com/*	Sehr schöne Host Software mit Slic3r- und Cura-Integration	Ja	(Ja)[79]	Ja
Printrun	*http://reprap.org/wiki/Printrun*	Etwas in die Jahre gekommene Hostsoftware der RepRap-Größe »Kliment« – für Puristen	Nein	Nein	Ja
netfabb Studio Basic	*http://www.netfabb.com/basic.php*	Optimale Software zur Druckvorbereitung. Freeware, aber auch in einer leistungsfähigeren Personal- und Pro-Version verfügbar.	Ja[80]	Nein	Nein
MeshLab	*http://meshlab.sourceforge.net/*	Open Source entwickeltes Programm zur Aufbereitung von 3D-Modellen. Bedienung teilweise etwas verworren.	Ja	Nein	Nein

Ich hoffe, die Tabelle hat Sie nicht verschreckt. Es ist alles gar nicht so kompliziert. Meine Absicht ist es, Ihnen eine vollständige Übersicht der verfügbaren Softwarelösungen rund um die Druckvorbereitung, das Slicing und die Hostsoftware für die 3D-Drucker an die Hand zu

78 Wer sich für die Geschichte der Softwareentwicklung interessiert, guckt sich am besten den FabCon-Vortrag von Repetier-Entwickler Roland Littwin aus dem Jahr 2014 an: *http://youtu.be/rZhJyR5Qw44* [repetierdev]

79 Repetier Host ist kein eigenständiger Slicer, sondern nutzt Slic3r oder Cura im Hintergrund. Somit ist er als Ergänzung zu sehen, insbesondere für Slic3r, dem die Hostfunktionalität fehlt.

80 Mit der netfabb Private-Version können Sie aufwendige Reparaturen vornehmen und erweitere Funktionalitäten nutzen: http://www.netfabb.com/netfabb_private.php [19sKjlH]

geben. In der Praxis werden Sie sich auf eine kleine Auswahl dieser Möglichkeiten beschränken. Die großen Hersteller, wie Ultimaker und MakerBot, versuchen ihren Kunden eine ganzheitliche Lösung zu bieten, in der alle Funktionen vom Laden des 3D-Modells bis zum fertigen Ausdruck abgebildet werden. Mit Cura beziehungsweise MakerWare wurden hier bereits massive Fortschritte hinsichtlich der Benutzerfreundlichkeit gemacht.

Das Schöne an Cura, der Lösung von Ultimaker, ist ein weiteres Mal die quelloffene Entwicklungspolitik des Unternehmens. Die komplette Modellpalette von Printrbot sowie eine Vielzahl an weiteren 3D-Druckern ist in aktuellen Versionen bereits vorkonfiguriert. Neue Drucker können bequem über einen Wizard erfasst werden. Aus diesem Grund und dem glücklichen Umstand, dass Cura auch gut verständlich aufgebaut wurde, werde ich im Folgenden diese Software als Referenz heranziehen. Dennoch befinden sich mit KISSlicer, Slic3r, Simplify3D und MatterControl vier weitere herstellerunabhängige Kandidaten auf dem Markt, die auch (je nach Konfiguration) überragende Ergebnisse erzeugen können oder noch feinere Einstellungsmöglichkeiten bieten. Außerdem sollten Sie beachten, dass die Entwicklung der Programme schnell voranschreitet. Somit lohnt ein vierteljährlicher Vergleich der verschiedenen Möglichkeiten. Ohne dass Sie weiteres Geld ausgeben müssten, verbessert sich auf diese Weise nach und nach Ihr Drucker.

Wenn eines der Programme nicht alle drei Bereiche abdeckt (wie zum Beispiel KISSlicer und Slic3r), müssen Sie es clever mit anderen Programmen kombinieren.

In den nun folgenden Detailbeschreibungen der drei großen Themenkomplexe *Vorbereitung des 3D-Modells*, *Slicing* und *Ausdruck* werde ich meine jeweiligen Favoriten für die Einzeldisziplinen hervorheben.

4.4 Übung 5: Vorbereitung des 3D-Modells

In dieser Übung werde ich Sie ins kalte Wasser werfen. Egal, ob Sie bereits einen 3D-Drucker vor sich stehen haben, oder dieser erst nächste Woche angeliefert wird, können Sie im Folgenden ein paar Trockenübungen machen und sich schon einmal mit den Programmen vertraut machen.

Übung 5: Druckvorbereitung – der Elefant im Raum

Ziel: Praktische Erfahrungen in der Druckvorbereitung sammeln

Verwendete Hardware: Computer

Verwendete Software:

- netfabb Studio Basic
- Cura

Hilfreiche Werkzeuge: Maus mit Scrollrad

Wichtige Links: Siehe Tabelle 4.4 bezüglich verwendeter Software

Installation von netfabb Studio Basic und Cura

1. Downloaden Sie netfabb Studio Basic unter *http://www.netfabb.com/de/basic.php* [1962rpu] und installieren die Software. Beim ersten Start ist eine kostenfreie Anmeldung per E-Mail notwendig oder man übt sich in Geduld und wartet den Countdown ab.

2. Downloaden und installieren Sie Cura unter *http://software.ultimaker.com/* [17aCqBN]. Starten Sie anschließend die Software.[81]
   - **Ultimaker:** Wenn Sie einen Ultimaker besitzen, durchlaufen Sie den Configuration Wizard wie von der Software beschrieben.
   - **Andere Drucker:** Wenn Sie einen anderen Drucker besitzen, wählen Sie OTHER (EX. REPRAP) → NEXT. Im folgenden Schritt können Sie die Abmessungen Ihres maximalen Bauvolumens, den Durchmesser Ihrer Druckkopfdüse (= *nozzle size*)[82] und die Verfügbarkeit eines beheizten Druckbetts angeben. Bei Verwendung eines Delta-Druckers müssen Sie über die letzte Auswahlbox den Mittelpunkt auf 0,0,0 legen. Bestätigen Sie nun mit FINISH.
   - **Trockenübung:** Falls Sie noch keinen Drucker vor sich stehen haben, wählen Sie einfach den Ultimaker aus und wählen anschließend NEXT → SKIP UPGRADE → SKIP CHECKS → FINISH aus.

3. Besorgen Sie sich eine beliebige STL-Datei von einer Content-Plattform oder aus eigener Herstellung. Alternativ finden Sie im Downloadbereich auf der Webseite zum Buch auch eine Beispieldatei.

Dickhäuter mit dünner Haut – die Reparatur der Datei

4. Öffnen Sie Ihre Datei oder die Beispieldatei *Chap04_Broken_Elephant.stl* in netfabb. Anhand der roten Flächen und dem Warndreieck erkennen Sie sofort, dass das Dreiecknetz unserer Datei beschädigt ist. Solche Modelle werden Ihnen noch öfter unterkommen. Dies kann eine Vielzahl von Gründen[83] haben, aber wichtig ist, dass Sie diese Probleme beheben, bevor Sie zum Slicing übergehen. Dort führen sie nämlich zu Fehlern, die später Ihren Druck verschandeln würden.
   - Folgen Sie den Anweisungen aus Bild 4.28, angefangen mit einem KLICK auf das rote Reparaturkreuz.
   - Über die im Bild beschriebenen Schritte sollte es innerhalb kürzester Zeit möglich sein, die Löcher und invertierten Dreiecke[84] zu beseitigen. Manuelle Reparaturen können über die Funktionen in der Werkzeugleiste vollzogen werden.
   - Während der Annahme der Änderungen können Sie das alte Teil löschen lassen. Durch einen Rechtsklick auf das Modell und anschließender Auswahl von EXPORT PART → AS

81 In dieser Übung verwende ich die Version 13.06.05 von Cura. Sie sollten jedoch die neueste Version installieren. Eventuelle Änderungen werden sich Ihnen leicht erschließen.

82 Bitte entnehmen Sie diesen Wert der Dokumentation Ihres Druckers. Typische Durchmesser sind 0.3, 0.4, 0.5 mm. Aber auch größere Düsenöffnungen von bis zu 0.8 mm werden vereinzelt eingesetzt.

83 STL-Defekte können bei der Konstruktion und während des Exports aus Ihrem CAD- oder Modellierungsprogramm entstehen. Auch durch 3D-Scanning erzeugte Modelle enthalten oft Fehler.

84 Die sogenannten *flipped triangles* sind Dreiecke, deren Innen- und Außenseite vertauscht ist.

STL können Sie das reparierte 3D-Modell speichern. Auf dem gleichen Weg können Sie auch eine Vielzahl anderer 3D-Dateiformate in das STL-Format konvertieren.

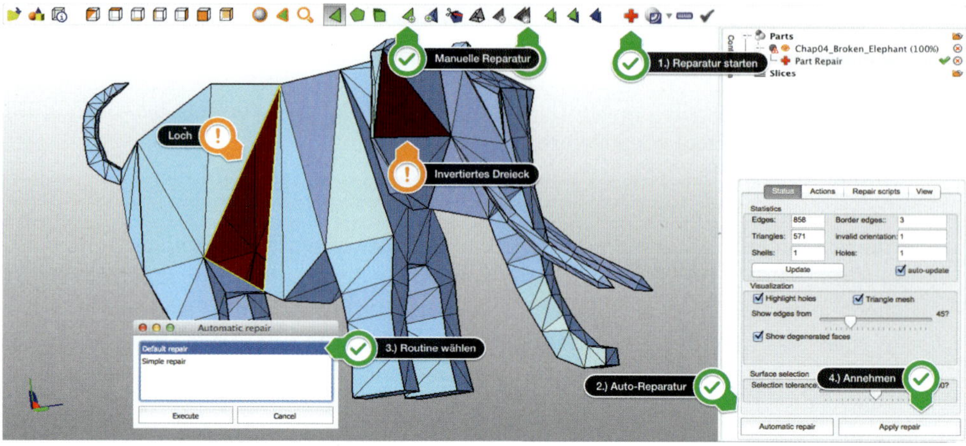

Bild 4.32 Von wegen Dickhäuter – die Haut des Elefanten muss erst einmal geflickt werden.

HINWEIS: Falls die Reparatur nicht die gewünschten Ergebnisse bringt, gibt es weitere Möglichkeiten. Sie können sich zum Beispiel im *netfabb-Wiki*[85] über die vielen manuellen Reparaturmöglichkeiten informieren. Alternativ können Sie auch den onlinebasierten netfabb-Cloud-Service[86] nutzen, bei dem die STL-Datei durch einen Server des Unternehmens automatisiert, analysiert und repariert wird. Noch leistungsfähigere Lösungen stehen mit der kostenpflichtigen netfabb-Private- und -Professional-Lösung zum Kauf bereit.

Profitipp: Wenn Sie die Druckbettgröße Ihres Druckers über SETTINGS angeben und über VIEW → SHOW PLATFORM sichtbar machen, können Sie in netfabb auch die Positionierung und Skalierung des 3D-Modells vornehmen. Alternativ kann dies, wie in Bild 4.29 dargestellt, im Slicer vorgenommen werden.

Ein Elefant im Druckraum – die Positionierung

Die meisten Slicer bieten vor dem eigentlichen Slicing die Möglichkeit, ein oder mehrere 3D-Modelle im Druckraum zu positionieren und in ihrer Größe zu verändern (= skalieren). Zusatzfunktionen, wie rudimentäre Reparaturfunktionen und andere Bearbeitungsoptionen, werden vermehrt integriert.

85 Das netfabb-Wiki ist ausführlich bebildert und mit Videos versehen: *http://wiki.netfabb.com/Main_Page* [196NMJ1].

86 Der kostenlose netfabb-Cloud-Service, sehr beliebt bei allen 3D-Druck-Nutzern: *http://cloud.netfabb.com/* [1ghBFOc].

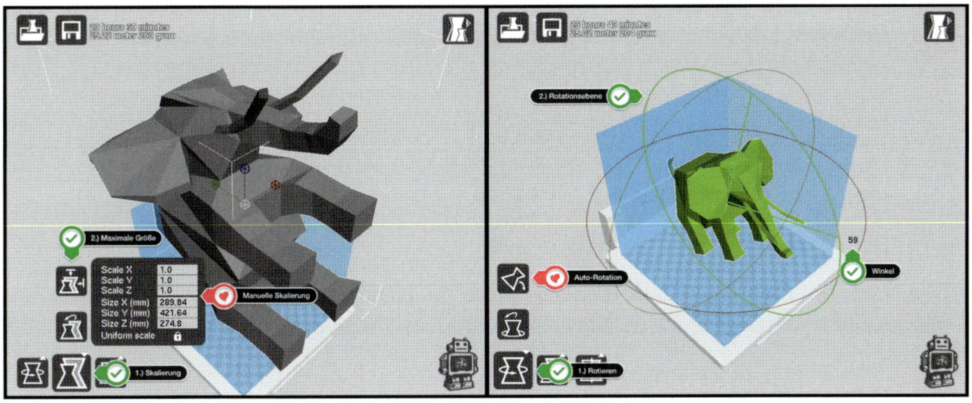

Bild 4.33 Der Elefant im Druckraum: Einmal rotiert und skaliert, erstrahlt er grün.

5. Laden Sie den reparierten Elefanten in Cura (Ordnersymbol oben links), und machen Sie sich, wie in Bild 4.29 gezeigt, mit den grundlegenden Funktionen vertraut.
   - Über die Skalierungsfunktion können Größenänderungen anhand von prozentualen Faktoren, genauer Maßangaben oder einer Funktion, die den maximal verfügbaren Druckraum ausnutzt, vorgenommen werden.
   - Mit der Rotationsfunktion kann der Elefant in Stellung gebracht werden. Wichtig hierbei ist, dass das Druckobjekt möglichst eben auf dem Druckbett Platz findet. Die Funktion LAY FLAT kann hierbei behilflich sein, erzielt aber nicht immer optimale Ergebnisse. Ich hoffe, es leuchtet Ihnen ein, dass Sie für einen zuverlässigen Druck stabile Standflächen benötigen und durch geschickte Rotation unnötige Überhänge vermeiden sollten. Bei unserem Elefanten sehen die Füße nach der am besten geeigneten Standfläche aus.
   - Falls ein sicherer und flach aufliegender Stand nur an einer etwas unebenen Unterseite Ihres Modells scheitert, kann dies einfach in netfabb Studio Basic behoben werden. Nutzen Sie hierzu die Schieberegler auf der rechten Seite im Hauptbildschirm. Über den Knopf EXECUTE CUT und einen anschließenden Klick auf CUT können Sie Ihre 3D-Modelle beliebig zerteilen beziehungsweise anschneiden, um sie zu begradigen.

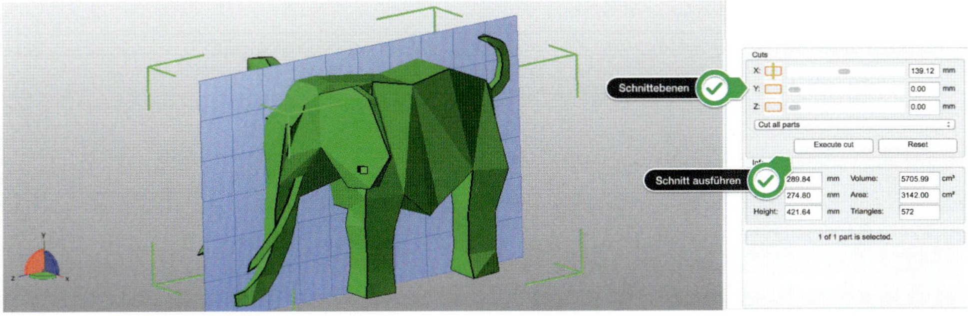

Bild 4.34 Ein halber Elefant: Mit netfabb Studio Basic können auf schnelle Weise Schnitte in allen Richtungen vorgenommen werden (auch um ein Modell für einen besseren Stand zu begradigen).

HINWEIS: Über die optimale Ausrichtung eines 3D-Modells im Bauvolumen könnte man ein ganzes Buch schreiben. Sie werden aber mit ein wenig Übung schnell ein Gefühl dafür entwickeln, wie Sie ein Modell für Ihren Drucker am besten ausrichten müssen, um zu guten Druckergebnissen zu kommen. Weitere gedankliche Anstöße zu diesem Thema wird Abschnitt 4.5, insbesondere die darin enthaltenen Supporteinstellungen, geben.

6. Die Vorbereitungen sind nun abgeschlossen. Jetzt müssen wir uns mit den Slicing-Einstellungen beschäftigen. Der Elefant wird hierbei in dünne Schichten zerlegt.[87]

Bleib doch stehen!

Die Wissenschaftler Romain Prévost, Emily Whiting, Sylvain Lefebvre und Olga Sorkine-Hornung des Interactive Geometry Labs der ETH Zürich haben mit ihrer Software *Make It Stand* eine Möglichkeit geschaffen, 3D-Modelle in ihrem Inneren, aber auch in der äußeren Haltung, so zu manipulieren, dass sie im gedruckten Zustand in beliebigen zuvor definierten Stellungen stehen bleiben können.

Bild 4.35 Wahre Balancekünstler - die mit *Make It Stand* bearbeiteten 3D-Modelle (Foto: © Interactive Geometry Lab/ETH Zürich)

Dieser visionäre Ansatz wird mit Sicherheit die Druckbarkeit, insbesondere von großen Modellen, verbessern, aber auch die Anwendungsmöglichkeiten des 3D-Drucks ausweiten. Es wird eine Beta-Version der Software zum Download angeboten, und es bleibt zu hoffen, dass schon bald jeder von den neuen Funktionen profitieren kann.

Projektseite: *http://igl.ethz.ch/projects/make-it-stand/* [1a3JZLk]

YouTube Video: *http://youtu.be/_drZksLRx94* [18IeFUy]

87 Disclaimer: Es wurden keine (lebende) Tiere für die Erstellung dieses Buchs verletzt.

4.5 Slicing – die hohe Kunst des 3D-Drucks

Nun wollen wir uns einem der Kernthemen des 3D-Drucks widmen. Das *Slicing*, also das Zerlegen eines 3D-Modells in zweidimensionale Schichtdaten, die ein 3D-Drucker dann verarbeiten kann, ist der heilige Gral Ihres neuen Hobbys. Ein guter Druck entsteht durch die richtigen Einstellungen in diesem Schritt. Der Drucker kann noch so gut sein – wenn Sie hier suboptimale Einstellungen wählen, werden Sie auch suboptimale Ergebnisse erhalten. Andersherum ist es interessanterweise genauso: Wenn Sie einen richtig miesen Drucker haben und die perfekten Einstellungen wählen, um auf all die konstruktiven Mängel der Maschine Rücksicht zu nehmen, dann werden die Ausdrucke auch ganz passabel.

HINWEIS: Es ist möglich, einen schlechten Drucker mit guten Slicing-Einstellungen auf eine passable Leistung zu bringen, es ist aber *nicht* möglich, dass ein guter Drucker Fehler ausgleicht, die Sie im Slicing gemacht haben.

Merke: Der Drucker führt also nur genau das aus, was er übermittelt bekommt.

Das Slicing hat also gravierende Auswirkungen auf das Verhalten des 3D-Druckers. Eine Vielzahl von Einstellungen bezüglich der Drucktemperatur, Verfahrgeschwindigkeit, Schichthöhe etc. werden festgelegt und beim Slicen von einem Algorithmus[88] benutzt, um daraus einen maschinenlesbaren Code zu generieren, den sogenannten *G-code*[89]. Dieser Maschinencode steuert die Motoren, Heizelemente und Lüfter des 3D-Druckers. Erst ein richtiges Zusammenspiel aller Einstellungen und der involvierten Software sowie *Firmware*[90] führt zu guten Ergebnissen. Die Sammlung aller Einstellungen bezeichnen wir als *Druckprofil* (= *print profile*).

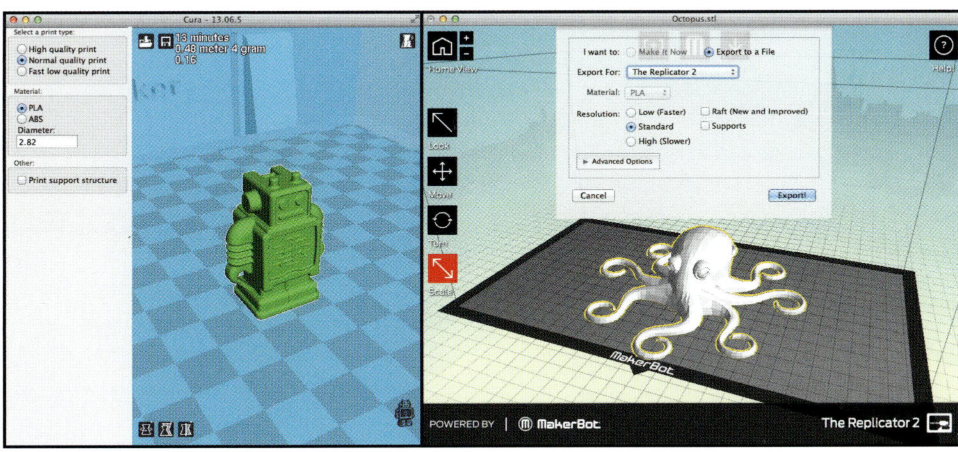

Bild 4.36 Übersicht der vorkonfigurierten Schnelleinstellungen in Cura (links) und MakerWare (rechts)

88 Genau dieser Algorithmus ist bei jedem Slicer anders aufgebaut. Daraus ergeben sich qualitative Unterschiede und stark voneinander abweichende Slicing-Zeiten bei ein und demselben 3D-Modell.

89 Allgemeine Informationen zum G-code finden Sie unter *http://en.wikipedia.org/wiki/G-code* [17KIjZL]. 3D-Druck-spezifische Informationen finden Sie unter *http://reprap.org/wiki/G-code* [196O7uY].

90 Die Firmware ist die Software, die auf der Elektronik Ihres 3D-Druckers läuft. Weitere Informationen finden Sie in Abschnitt 4.8.1.

Mit etwas Glück hat der Hersteller Ihres 3D-Druckers diese Arbeit schon zufriedenstellend gelöst und versorgt Sie im besten Fall sogar regelmäßig mit weiter verfeinerten Versionen. Ihre Aufgabe ist es dann nur noch, eine gewünschte Qualitätsstufe zu wählen und den Slicing-Vorgang zu starten (siehe Bild 4.32). Das eigentliche Zerlegen Ihres dreidimensionalen Modells dauert, abhängig von der verwendeten Software und der Größe sowie Komplexität des Druckobjektes, zwischen wenigen Sekunden und mehreren Stunden. Dieser enorme Unterschied lässt schon tief blicken, wie die unterschiedlichen Slicer arbeiten.[91] Bei der Geschwindigkeit der Zerlegung hören die Unterschiede aber nicht auf: Kein Slicer wird bei identischen Einstellungen das gleiche Ergebnis liefern! Das ist aber sogar eine positive Nachricht, denn Sie gibt uns mehr Spielraum für jedes 3D-Modell, den perfekten Slicer und die perfekten Einstellungen zu finden.

Und genau darum wird es in diesem Abschnitt gehen: Was passiert, wenn Sie mit den vom Hersteller gelieferten Einstellungen nicht zufrieden sind? Was tun Sie, wenn Sie mit dem neuesten Verbrauchsmaterial experimentieren möchten, dies aber ganz andere Temperaturen und Druckgeschwindigkeiten erfordert als im Standardprofil vorgesehen? Dann brauchen Sie ein ganz grundlegendes Verständnis[92] aller Einstellungen und ihrer ungefähren Auswirkungen auf das Druckergebnis. Aus dem Zusammenspiel all Ihrer Entscheidungen bezüglich jeder einzelnen Einstellung wird ein Ausdruck entstehen, den es mit aufmerksamem Auge zu begutachten gilt. Jeder Druckertyp, jedes Material und jeder Slicer verhält sich nämlich ein wenig unterschiedlich. Es gibt also keine magische Formel für das perfekte Zusammenspiel. Das perfekte Ergebnis ist ganz allein abhängig von Ihrem Erfahrungsschatz. Ich kann hier nur die grundlegenden Zusammenhänge beschreiben und möglichst anschaulich illustrieren. Wenn Ihnen das alles viel zu weit führt, können Sie auf die Standardeinstellungen der Hersteller oder auf Druckprofile anderer Community-Mitglieder zurückgreifen, sofern diese zum Teilen bereit sind. Eine grundlegende Lust aufs Experimentieren erweist sich beim 3D-Druck aber aktuell noch als sehr hilfreich.

Die Lust am Experimentieren ...

... ist eine Spezialität des niederländischen Künstlers und 3D-Druck-Experten Joris van Tubergen. Auch im Einsatz der Slicing-Einstellungen zeigt er sich spielfreudig und erzielt so immer wieder unerwartete, aber auch unerwartet schöne Ergebnisse. Durch eine verdoppelte Materialausgabe ergab sich zum Beispiel die beeindruckende Optik der in Bild 4.37 dargestellten Armreifen.

Egal, ob es sich um seine Mitarbeit am riesigen 3D-Drucker Kamermaker handelt, um futuristische Experimente mit Bienenwachs oder um das legendäre, durch eine Kerze beheizte, Analog Heated Bed – Joris scheint immer etwas Neues einzufallen![93]

91 Beziehungsweise wie unterschiedlich effizient die Programmierer gearbeitet haben! Auf diesem Gebiet wird ständig aktiv weiterentwickelt – eine aktuelle Gegenüberstellung der Slicer (Stand: Juli 2014) ist daher nicht sinnvoll.

92 Schon wieder verlange ich nach grundlegendem Verständnis, anstatt nur an der Oberfläche zu kratzen! Zugegeben: Ich mache es Ihnen nicht leicht.

93 Joris' Projekte sind am besten auf Facebook zu verfolgen. Das romantisch anmutende Analog Heated Bed finden Sie unter *http://www.thingiverse.com/thing:24513* [196OiGM].

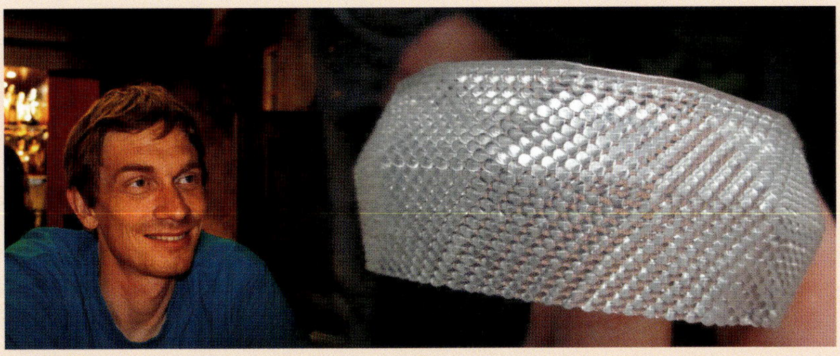

Bild 4.37 Joris und seine Armreifen aus transparentem PLA in Swarovski-Optik: Geschickt manipulierte Einstellungen führen zu einem neuen Look (Quelle: *http://www.thingiverse.com/thing:15656* [1e2QjXy]).

Joris, woher kam deine Liebe zum 3D-Druck?

Meine Faszination für die digitale Produktion führte dazu, dass ich 2008 bei der Gründung des FabLabs ProtoSpace in Utrecht mitwirkte. Im Moment bin ich dort Creative Director in Teilzeit. Seit der Gründung unterstütze ich die Entwicklung der RepRaps – die Open-Source-3D-Drucker, die man selbst bauen kann. 2010 entwickelte sich aus den beliebten RepRap-Einführungskursen und Spin-off-Aktivitäten ein richtiges Unternehmen: die Ultimaking Ltd.

Bild 4.38 Joris in seinem Element: Viele 3D-Drucker, viel Kunst, viele Innovation (Foto: © Joergen Geerds[94])

Ich arbeite an der Entwicklung des Ultimakers mit und drucke seit ihrer Erschaffung mit den Maschinen. Mein Projekt *€1,- per minute design*, bei dem die Druckzeit den Preis des Produkts bestimmt, ist ein gutes Beispiel, wie 3D-Druck etwas zu unserer Gesellschaft beitragen kann. Du kannst designen

94 Joergen ist ein langjähriges und sehr aktives Mitglied der Ultimaker Community. Er ist in New York als Fotograf *(http://joergengeerds.com)* und Erfinder *(http://freedom360.us)* tätig.

lassen was du willst und einfach darauf warten! Außerdem teile ich gerne im Dienste der wissenschaftlichen und kulturellen Debatte meine Visionen zur digitalen Herstellung.

Webseite: *http://www.rooiejoris.nl/*

Facebook: *http://www.facebook.com/europerminutedesign* [1hvcENu]

4.5.1 Die Grundlage: Eingang = Ausgang

Im Folgenden werden wir uns alle relevanten Einstellungen des Slicings anhand von *Cura* zu Gemüte führen. Die Einstellungen in anderen Slicern sind in den meisten Fällen gleich oder zumindest sehr ähnlich benannt. Um Ihnen das weitere Experimentieren mit diesen Programmen zu erleichtern, werde ich auf abweichende Begrifflichkeiten hinweisen und Slicer-spezifische Unterschiede an wichtigen Stellen hervorheben.

Nachdem Sie Cura geöffnet haben, klicken Sie auf TOOLS → SWITCH TO FULL SETTINGS, um die volle Auswahl an Einstellungen zu sehen. Unter EXPERT → OPEN EXPERT SETTINGS verstecken sich weitere Profifunktionen.

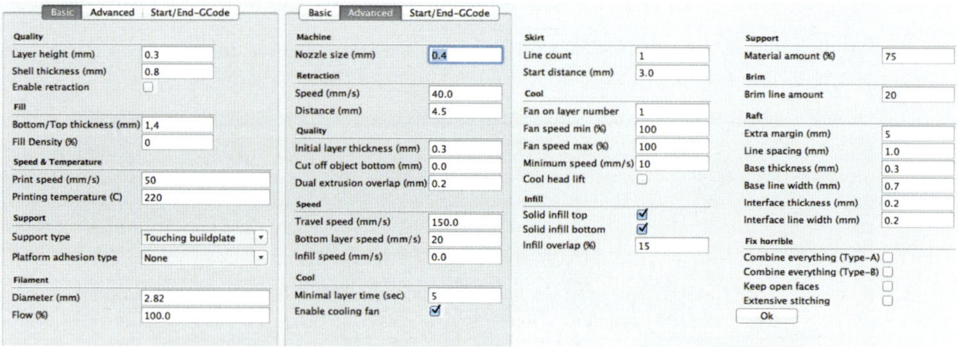

Bild 4.39 Eine Vielzahl von Slicing-Einstellungen, die über Erfolg oder Misserfolg im 3D-Druck bestimmen

Im Inneren des Slicers arbeitet ein Algorithmus, der alle Einstellungen in Betracht zieht, um aus dem 3D- ein 2D-Modell zu machen. Dabei geht es einerseits um die bloße Zerteilung des 3D-Modells in Schichten, aber auch um die genaue Ausgestaltung jeder einzelnen dieser neu erstellten Schichten. Es wird also bestimmt, wie sich der Druckkopf bewegen soll, um die gewünschte Form zu erzeugen. Den Weg, den der Druckkopf hierbei zurücklegt, nennt man *Werkzeugweg* (= *tool path*).

Während der Druckkopf diesen Weg entlang fährt, muss über den Fördermechanismus (= *Eingangsseite*) Material eingezogen und in Richtung des Druckkopfs ausgegeben werden. Sonst erfolgt keine Materialausgabe. Damit Ihr 3D-Drucker weiß, wie viel Filament an welcher Stelle aufgeschmolzen und durch die Düse ausgegeben werden muss (= *Ausgangsseite*), benötigt er drei wichtige Informationen – eine auf der Eingangs- und zwei auf der Ausgangsseite.

Filament-Durchmesser

Ein wichtiger Eingangswert ist der Durchmesser des verwendeten Filaments (= *filament diameter*). Branchenüblich sind hier 3 mm oder 1,75 mm. In der Praxis werden diese Werte nie exakt erreicht. So sind viele der 3-mm-Filamente nur ca. 2,85 mm dick. Das ist insofern in Ordnung, da Sie ohnehin meistens nach Materialgewicht auf der Rolle zahlen. Der Slicer muss den Durchmesser allerdings *möglichst genau* kennen, ansonsten weiß er nicht, wie viele Umdrehungen der *Drive Bolt*[95] machen muss, um eine bestimmte Menge an Filament in das Extrudersystem einzubringen.

Übliche Begriffe: filament diameter

Maßeinheit: Durchschnitt in Millimetern

Filament-Durchmesser – Wer (mies) misst, misst Mist

Essenziell für Ihren Druckerfolg ist die möglichst genaue Messung des Filament-Durchmessers. Da es nicht ganz einfach ist, einen Millimeter auf zwei Nachkommastellen genau zu messen, sollten Sie sich in Form eines digitalen Messschiebers Unterstützung besorgen.

Beim Anlegen an das Filament müssen Sie beachten, dass das Werkzeug orthogonal (rechtwinklig) und nicht schief angesetzt wird. Außerdem sollten Sie nicht zu fest drücken, ansonsten drückt sich der Messschieber in das Material und verfälscht das Ergebnis. Noch besser geeignet ist eine (digitale) Mikrometerschraube, da diese sich durch die breite Messfläche flach am Filament anlegt und eine Rutschkupplung sicherstellt, sodass man das Material beim Messen immer gleich fest drückt (Bild 4.40).

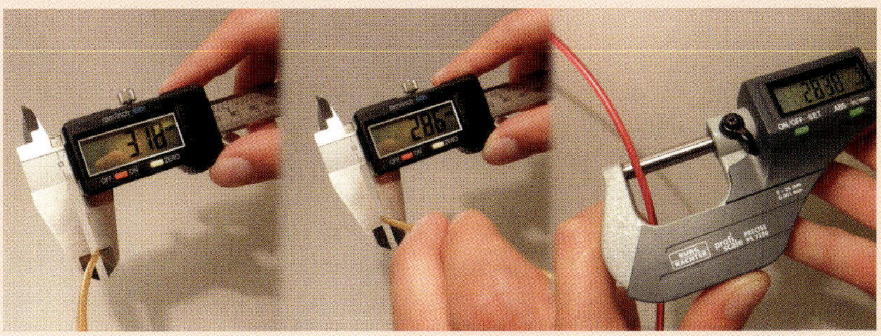

Bild 4.40 Messschieber falsch (links) und richtig (mittig) angesetzt sowie die unkomplizierte Mikrometerschraube (rechts)

Die Messung: Um Messfehler und Ungenauigkeiten im Filament zu neutralisieren, nehmen Sie an mindestens drei Stellen innerhalb von ein bis zwei Metern Messungen vor und nutzen deren Mittelwert zum Slicen.

95 Wir erinnern uns: Die kleinen gezahnten Teile aus Bild 4.2.

Düsenöffnungsdurchmesser

Auf der Ausgangsseite spielt der Durchmesser der *Düsenöffnung* (= *nozzle size*) eine wichtige Rolle. Durch ihn bestimmt sich die grundlegende Extrusionsbreite[96], wenn der Druckkopf fährt und Material ausgibt. Den Wert müssen Sie der Dokumentation Ihres Druckers entnehmen. Übliche Werte reichen von 0,3 bis 0,8 mm. Natürlich gibt es auch Ausnahmen in beide Richtungen.

Für viele verblüffend: Wird anstelle des tatsächlichen Durchmessers ein zu hoher oder zu niedriger Wert angegeben, funktioniert der Druck meistens dennoch. Der Slicer berechnet die Materialausgabe passend zu Ihrer Angabe. So kann auch aus einer 0,8 mm Düse ein nur 0,4 mm breite Linie extrudiert werden. Anders herum kann auch durch eine 0,4 mm Düse eine wesentlich breitere Spur gepresst werden. Dies ist alles eine Frage der Physik und der maximalen Vorschubkraft Ihrer Fördereinheit.

Bevor ich Sie jetzt weiter verwirre: Typischerweise gibt man dennoch den echten Wert an. Experimentierfreudige Nutzer sollten aber nicht vergessen, dass hier gerne auch mal kreativ ausprobiert werden darf.

Übliche Begriffe: nozzle size, nozzle diameter

Maßeinheit: Durchschnitt in Millimetern

Flussfaktor

Der zweite Wert auf der Ausgabenseite ist der *Flussfaktor* (= *flow factor*). Er bestimmt eine prozentuale Abweichung der Materialausgabe von der eigentlich berechneten Menge. Das klingt komisch, richtig? Warum würde man mehr oder weniger als die richtige Menge an Kunststoff ausgeben wollen? Wenn man die Gleichung zwischen Eingang und Ausgang als geschlossenes System betrachtet, muss folglich alles, was irgendwo reingeht, auch irgendwo wieder rauskommen: Eingang = Ausgang, Input = Output. Was wäre aber, wenn durch Verdampfungen ein Teil des Materials aus der Formel entweicht? Oder nicht so viel Material in das System kommt, da sich der Drive Bolt in weichem und zähem Material anders verhält als in hartem und sprödem Material? Die genaue Ursache hierfür wird in den Communities sehr kontrovers diskutiert und würde den Rahmen dieses Buches sprengen.[97] Ich teile Ihnen deshalb nur den Konsens mit: Bei der Verwendung des ABS-Kunststoffs[98] kommt zum Beispiel aus diversen Gründen nicht so viel Material aus der Düse, wie benötigt wird, daher kann über den Flussfaktor nachjustiert werden. Ein Wert von zum Beispiel *110* bringt 10 % mehr Material. In der Regel sollte *100* für die meisten Materialien korrekt sein. Wenn Ihr Drucker offensichtlich zu viel oder zu wenig Material ausgibt, kann nachjustiert werden. Sie sollten den Wert jedoch nicht nutzen, um andere Fehler in den Slicing-Einstellungen auszumerzen. Deshalb sollte zuvor sichergestellt werden, dass der Filament-Durchmesser möglichst akkurat gemessen wurde und die sogenannten *Extruderschritte pro Einheit* (= *extruder steps per unit*, kurz: *e-steps value*), die im 3D-Drucker gespeichert sind, korrekt berechnet wurden. Anweisungen zur Messung des Filaments finden Sie in Abschnitt 4.6, Hinweise zu den E-Steps in Abschnitt 4.8.1.

96 Die exakte Breite wird auch über andere Einstellungen, wie Geschwindigkeit und der Menge an ausgegebenem Material, bestimmt.

97 Diskussion zum Thema Flow Factor in der Ultimaker-Mailingliste: *https://groups.google.com/d/topic/ultimaker/vPbsiqQilAQ/discussion* [15SKEU4].

98 Alle Details zu ABS finden Sie in Abschnitt 4.6 über Materialien.

Übliche Begriffe: flow, packing density, material factor, extrusion multiplier, flow tweak

Maßeinheit: Prozent der Grundausgabemenge (Cura)

4.5.2 Schichten, Wände, Deckel, Böden und Füllung

In diesem Abschnitt ist es wichtig, dass Sie sich für eine vollkommen neue Sicht der Dinge öffnen: Wenn Ihr 3D-Drucker beispielsweise einen Quader druckt, wird dieser nicht so trivial aufgebaut, wie Sie vielleicht erwartet hätten. Wie in Bild 4.37 zu sehen, setzt sich eine Schicht aus verschiedenen Teilen zusammen. Die Außenseiten werden durch die *Wände* gebildet. Die *Boden- und Deckelschicht* wird mit diagonalen Linien aufgefüllt. Dieses Muster wird immer abwechselnd orthogonal zur vorhergegangenen Schicht aufeinandergelegt, um eine möglichst gute Abdeckung zu erzielen. Vollkommen anders sieht der *Mittelteil* aus, in dem das Muster auf einmal viel löchriger ist. Es handelt sich um die Füllung (= *fill*) mit einer *Fülldichte* (= *fill density*) von nur 25 %.

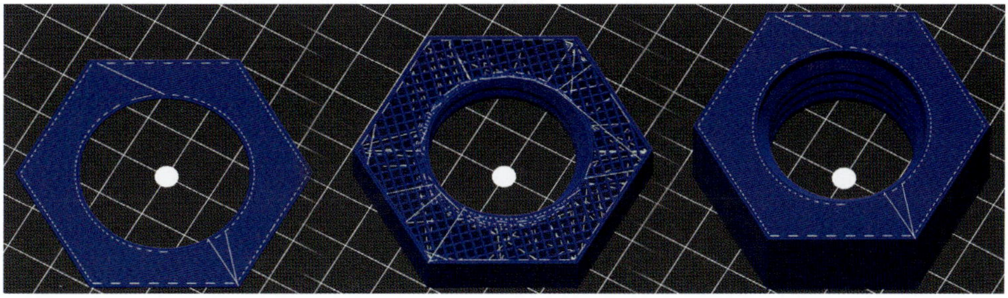

Bild 4.41 Werkzeugweg – der Blick in drei Schichten: Boden (links), Mittelteil mit 25 % Füllung (Mitte) und Deckel (rechts) eines geslicten Testkörpers

Wandstärke

Die Wand (= *perimeter*) setzt sich in der Regel aus minimal einer, meistens aber mehreren *Umrandungen* (= *loops*) zusammen. Eine Umrandung hat typischerweise die Breite der Düsenöffnung. Eine Wandstärke von 2 mm bei einer Düse mit 0,4 mm Durchmesser würde also fünf Umrandungen erzeugen (0,4 mm × 5 Umrandungen = 2 mm). Gebräuchlich sind Umrandungsanzahlen von zwei bis maximal fünf Umläufen. Bei den meisten Slicern macht es Sinn, die Wandstärke als ein ganzes Vielfaches der Düsenöffnung zu wählen. Ansonsten kann zum Beispiel eine gewünschte Stärke von 0,7 mm mit einer 0,4-mm-Düse zu gerademal einer 0,4 mm breiten Umrandung führen, weil die zweite Umrandung nicht in die 0,7-mm-Vorgabe gepasst hat. Das genaue Verhalten ist hier von Slicer zu Slicer etwas unterschiedlich.

Übliche Begriffe: shell thickness, perimeter thickness, wall thickness, loops, vertical shells

Maßeinheit: Millimeter

Schichthöhe

Die Schichthöhe ist eine der zentralen Stellgrößen für die Qualität des Ausdrucks. Sie bestimmt, in wie dünne Schichten ein 3D-Modell zerlegt wird. Werte von 0,02 bis 0,5 mm sind gängige Größen, aber wie bereits in Kapitel 1 ausgeführt, ist es sehr wichtig, dass Sie sich nie ausschließlich auf die festgefahrenen Werte anderer verlassen. Mit einer Schichthöhe von 0,1 mm[99] und niedriger kann man von hochqualitativen Ausdrucken sprechen. Unterhalb von 0,05 mm ist im FDM-Druck eine Unterscheidung nur noch sehr schwer zu erkennen. Mit der einhergehenden Verdoppelung der Druckzeit bei halbierter Schichthöhe ist somit fragwürdig, wie weit unterhalb dieses Wertes man gehen sollte. Das macht nur Sinn, wenn Ihr 3D-Modell in Z-Richtung (also in die Höhe) über so winzige Details verfügt, dass nur sehr feine Schichten abgebildet werden. So sehen Sie zum Beispiel in Bild 4.38 bei der 20-µm-Variante nahezu keine Unterschiede zur 50-µm-Variante. Die Druckzeit betrug, durch die mehr als verdoppelte Anzahl an zu druckenden Schichten, dennoch mehr als das Doppelte.

Bild 4.42 Katzenparade (von links nach rechts): 20, 50, 100, 200, 300, 400 Mikrometer (µm) Schichthöhe (Foto: © Creative Tools, Quelle des Modells: *www.thingiverse.com/thing:146265* [1e5wrml])

Dünne Schichtstärken wirken sich aber nicht nur auf die seitliche Oberflächenqualität aus, sondern verbessern insbesondere auch Schrägen und Rundungen. Hier entsteht durch hohe Schichtstärken der deutlich sichtbare Treppenstufeneffekt (Bild 4.39).

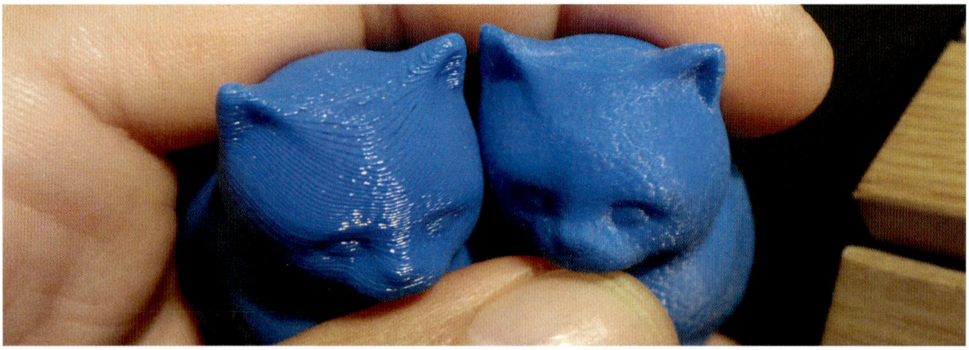

Bild 4.43 Der Treppenstufeneffekt – deutlich zu sehen auf Schrägen und Rundungen (Foto: © Creative Tools, Quelle des Modells: *www.thingiverse.com/thing:146265* [1e5wrml])

99 0,1 mm = 100 Mikrometer (µm) (= microns)

Auch Überhänge, sozusagen umgedrehte Schrägen, profitieren von dünnen Schichthöhen (Bild 4.40). Nur durch eine feine Aufteilung des Überhangs wird sichergestellt, dass es bei jeder Schicht noch eine Überlappung mit der zugrunde liegenden Schicht gibt. Sobald das durch zu dicke Schichten nicht mehr der Fall ist, haben die Wände der Folgeschicht keine Auflagefläche mehr und hängen mit dünnen Fäden nach unten durch.

Bild 4.44 Der Bart steht! Extreme Überhänge sind durch sehr dünne Schichten zu meistern (Foto: © Marrit Hoffmans, Quelle des Modells: Sander van Geelen, *https://www.youmagine.com/designs/moustache-man* [19bJ7Fv]).

Übliche Begriffe: layer height

Maßeinheit: Millimeter

Boden-/Deckelstärke

Ähnlich wie bei den Wänden, wird durch die Boden- und Deckelstärke die Dicke der Außenwände bestimmt. Nur sind es dieses Mal die allerobersten und -untersten Flächen, anstatt der seitlichen. Mit dem Wert, der in der Regel ein Vielfaches der gewählten Schichthöhe ausmachen sollte, werden dann alle parallel zum Druckbett verlaufenden Flächen gefüllt. Bei einer Boden- und Deckenstärke von 1,2 mm und einer Schichthöhe von 0,2 mm wird der Boden eines 3D-Modells zum Beispiel mit sechs Schichten übereinander erstellt. Jedes im Modell liegende Plateau sowie der abschließende Deckel werden ebenfalls so abgeschlossen.

Ab wie vielen Schichten eine Fläche optisch geschlossen beziehungsweise sogar luft- und gasdicht ist, hängt stark vom verwendeten Druckmaterial und der Schichthöhe ab. Für qualitativ hochwertige Ausdrucke ist es aber vollkommen normal, mindestens vier Lagen übereinander zu platzieren. Bei sehr dünnen Schichtstärken, von zum Beispiel 0,02 mm, werden daraus auch schnell mal 50 Schichten, um eine Boden- und Deckelstärke von nur einem Millimeter zu erreichen.

HINWEIS: Wenn man ein Modell unten oder oben geöffnet lassen möchte, kann man den Boden oder den Deckel auch einzeln deaktivieren. Dies ist ein erster Hinweis zum Vasenrätsel aus Übung 6 (Abschnitt 4.5.8) ...

Übliche Begriffe: bottom/top thickness, bottom/top layer thickness

Maßeinheit: Millimeter oder Anzahl der Schichten

Fülldichte

Wir kommen nun zu einem markanten Punkt im 3D-Druck: Die variable Fülldichte ist einer der großen Vorteile des 3D-Drucks. Durch den schichtweisen Aufbau sind wir in der Lage, die Füllung eines Gegenstands zu bestimmen. Wir können also eine Menge Material und Druckzeit sparen, wenn wir unsere Modelle nicht vollständig ausgefüllt drucken, sondern nur mit einer prozentualen Füllung, von üblicherweise zwischen 5 bis 20 %, versehen. Bei besonderen Anforderungen können Sie selbstverständlich auch eine Füllung bis zu 100 % einstellen oder vollkommen auf sie verzichten. So können sehr leichte, hohle Strukturen geschaffen werden, die bei ausreichender Wandstärke trotzdem noch erstaunlich solide sind. Außerdem reduziert sich bei niedrigen Füllgraden die Druckzeit erheblich.

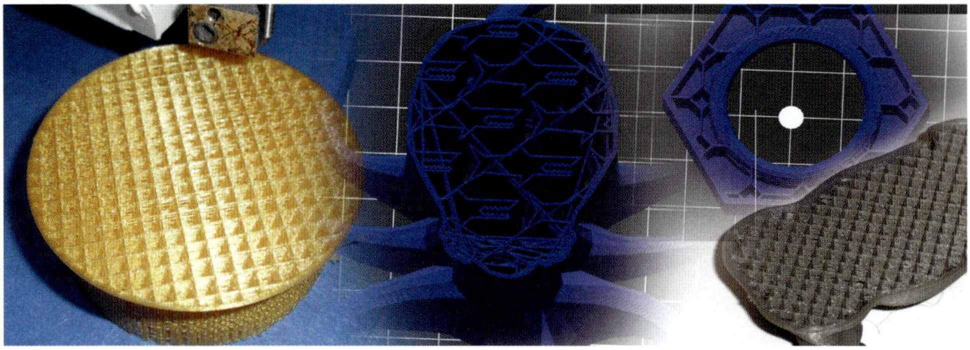

Bild 4.45 Verschiedene Füllmuster in der G-code-Vorschau und während des Drucks

In einigen Slicern sind zudem die Muster, mit denen ausgefüllt wird, wählbar. Neben zufälligen Linienmustern stehen weitere *Füllmuster* (= *fill pattern*) wie Rauten oder die sehr beliebten Bienenwaben (= *honeycomb fill*) zur Verfügung. *Slic3r* bietet die größte Auswahl, *MakerWare* für MakerBot-Drucker die kreativste Auswahl. Neben Katzen sind dort auch Haie (Bild 4.45, Mitte) und demnächst vielleicht auch andere Zoobewohner als Füllmuster auswählbar.[100]

Übliche Begriffe: fill density, filling, fill

Maßeinheit: Prozent in Bezug auf das Modellvolumen

100 Tierisch viel Spaß bei der MakerBot-Füllmusterauswahl: *http://www.makerbot.com/blog/2013/08/05/makerware-2-2-2-sharkfill-for-shark-week/* [GKfTpi].

3D-Füllstrukturen

Einen Schritt weiter gedacht hat Gary Hodgson. Er fragte sich bereits Anfang 2012 in seinem Blog, warum man in einem 3D-Drucker eigentlich zweidimensionale Füllmuster verwendet. In dem sehr lesenswerten Blogpost[101] führt er diesen Gedanken aus und zeigt erste Prototypen von Würfeln, die anstelle der alten Füllmuster mit dreidimensionalen Sphären ausgefüllt sind. Sehr spannend! Ich warte seitdem darauf, dass ein fleißiger Programmierer sich berufen fühlt dies ordentlich in einem Slicer zu implementieren ... vielleicht ja Sie?

4.5.3 Geschwindigkeiten

Die Einstellungen zur Geschwindigkeit sollten mit Bedacht gewählt werden. Eine Rekordjagd nach immer schnelleren Bewegungen im Drucker halte ich für nicht sinnvoll. Ein qualitativ hochwertiger Ausdruck kommt meistens durch niedrige (20 bis 40 mm/s) und mittlere (40 bis 60 mm/s) Geschwindigkeiten, bei einem sehr guten 3D-Drucker auch mal bei 60 bis 80 mm/s, zustande. Geschwindigkeiten, die darüber hinaus gehen, führen meistens zu sichtbaren Abstrichen in der Qualität, die Sie aber durchaus mal in Kauf nehmen können, wenn es nur um einen schnellen Prototypen geht.

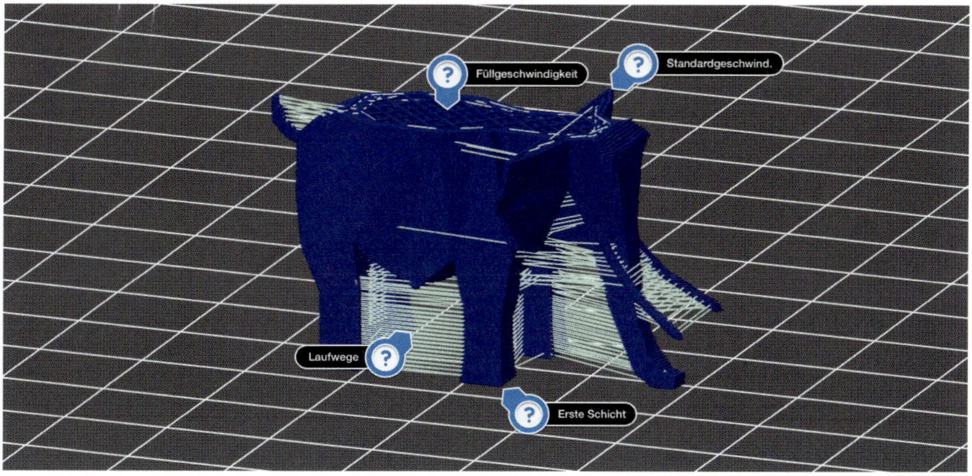

Bild 4.46 Verschiedene Arten der Geschwindigkeiten im FDM-Verfahren

Die *Druckgeschwindigkeit* (= *print speed*) bestimmt, wie schnell sich der Druckkopf während der Materialausgabe bewegt. Wird zusätzlich eine sogenannte *Füllgeschwindigkeit* (= *fill speed*) angegeben, wirkt sich die Druckgeschwindigkeit nur auf die Außenwände und die Füllgeschwindigkeit auf die innen liegende Füllung aus. So kann zum Beispiel eine sehr schnelle Ausfüllung großer Objekte erreicht werden, bei gleichbleibender Qualität an der

101 Gedanken zu dreidimensionalen Füllalgorithmen – ein visionärer Blogpost von Gary Hodgson: *http://garyhodgson.com/reprap/2012/01/thoughts-on-fill-algorithms/* [1gmaFx9].

Außenseite, wo mit langsameren Geschwindigkeiten gedruckt wird. In der Praxis bevorzuge ich jedoch gleiche Druck- und Füllgeschwindigkeiten, um eine gleichmäßige Materialausgabe sicherzustellen, insbesondere bei Extrudersystemen mit einer vom Druckkopf getrennten Fördereinheit (Bowden-Prinzip)[102].

Darüber hinaus gibt es noch die Geschwindigkeit bei sogenannten *Laufwegen* (= *travel paths*). Das sind die Verfahrwege, bei denen der Druckkopf kein Material ausgeben soll, sondern eine Lücke im Modell überspringen muss. Daher ist auch der Begriff *travel jump* geläufig. Hier bietet es sich an, eine höchstmögliche, aber immer noch zuverlässig arbeitende Geschwindigkeit, zu wählen. Hohe Geschwindigkeiten führen zu kürzeren Druckzeiten und einem sauberen Übergang an den Sprungstellen, wo der Druckkopf das zu druckende Gebiet in Richtung der nächsten Einzelfläche (= *island*) verlässt. Üblicherweise führen Geschwindigkeiten von 100 mm/s aufwärts zu guten Druckergebnissen. Bei leistungsfähigen kartesischen Druckern, wie den Ultimakern und den neuen Delta-basierten 3D-Druckern, können aber auch Geschwindigkeiten von 300 mm/s und mehr ausprobiert werden.

Eine Einstellung, auf die man sich einmal festlegt und dann nur noch selten ändert, ist die Z-Geschwindigkeit (= *Z-speed*). Sie bestimmt die Verfahrgeschwindigkeit in Z-Richtung, also beim Wechsel in die nächste Schicht, und liegt oft unter 10 mm/s. Da diese Werte stark vom Druckerdesign abhängig sind, sollten hier Werte des Herstellers oder aus der Community als Ausgangsbasis genutzt werden. Insbesondere bei Delta-basierten Druckern können sich aber Experimente mit hohen Z-Geschwindigkeiten lohnen, da hier die Z-Achse designbedingt genauso schnell ist wie in X- und Y-Richtung. Durch einen schnellen Z-Wechsel können Artefakte beim Schichtwechsel reduziert werden.

Maßeinheit aller Geschwindigkeiten: Millimeter pro Sekunde

4.5.4 Retraction

Ein wichtiges Thema, das in Abschnitt 4.1.1.1 schon grundlegend erklärt wurde, ist die *Retraction*, also der Rückzug des Filaments, sobald der Wechsel von einer Einzelfläche zu einer anderen durch den *travel jump* ansteht. Nachdem die neue Druckfläche erreicht wurde, wird das Material schnell wieder nach vorne geschoben. Gerade bei Druckern, die mit dem Bowden-Prinzip arbeiten, sind gute Einstellungen unerlässlich, da ansonsten das Druckergebnis von störenden Fäden geprägt ist.

Zwei wichtige Einstellungen bestimmen das Verhalten der Retraction: Die Geschwindigkeit (= *retraction speed*, in mm/s), mit der das Filament zurückgezogen wird, und die Strecke (= *retraction distance*, in mm). Die optimalen Einstellungen hängen von dem jeweils verwendeten Extrudersystem ab. Beide Werte sind in der Regel durch den Hersteller oder die Community in Testreihen experimentell erarbeitet worden und müssen nur noch übernommen werden.

Bei selbst gebauten Druckern, neuartigen Materialien oder einem ausgeprägten Drang zur Perfektion können Sie natürlich jederzeit mit den Einstellungen spielen und nach noch besseren Werten suchen. Dabei empfiehlt sich zur Vergleichbarkeit, alle anderen Einstellungen im Test nicht zu verändern, viel zu protokollieren und mit geeigneten Testgegenständen, wie

102 Durch schwankenden Druck bei Verwendung von zwei unterschiedlichen Geschwindigkeiten, kann es sonst zu negativen Effekten in der Qualität der Außenwände kommen.

zum Beispiel der *Hollow Calibration Pyramid*[103], zu arbeiten. Die Mutter aller Retraction-Testgegenstände, die *Klein Bottle* des Künstlers *Dizingof*, wartet in Abschnitt 5.5 als exklusiver Download auf Sie.

Bild 4.47 Ein Unterschied wie Tag und Nacht: Eine Testpyramide ohne (links) und mit (rechts) Retraction (Quelle des Modells: *http://www.thingiverse.com/thing:11846* [1b6aVMZ])

Weitere Stellgrößen verändern das Verhalten der Retraction. In *Cura* muss der Haken bei *Enable Retraction* gesetzt sein. Auf diese Weise lässt sich die Funktion für Sonderfälle[104] komplett ausschalten. In *Slic3r* bestimmt die Einstellung *Minimal Travel after Retraction* die Mindestlänge einer Lücke nach einer Retraction. Ist eine zu überbrückende Lücke kleiner als dieser Wert, findet kein Rückzug statt. Die Einstellung kann bei sehr detaillierten Modellen mit vielen Lücken die Anzahl der Retraction-Vorgänge reduzieren und somit das Filament, durch das ständige Vor- und Zurückschieben, schonen. In Slic3r kann außerdem über die Einstellung *Extra Length on Restart*[105] zusätzlich zu der eingezogenen Materiallänge bei der Wiederausgabe mehr Material bereitgestellt werden. Bei Nutzung dieser Option geht man aber davon aus, dass während der Retraction Material durch Fädenbildung verloren geht und somit ersetzt werden muss. Das läuft der ursprünglichen Intention des ganzen Vorgangs vollkommen zuwider. Bei der Beachtung aller anderen Einstellungen sollte es dafür also keinen Bedarf geben.

4.5.5 Optimierungen für die erste Schicht

Die erste Schicht im FDM-Druck ist eine heikle Angelegenheit. Wenn die Haftung zwischen Ihrem Druckbett und der ersten Schicht nicht perfekt ist, kann sich der Druck jederzeit ablösen und somit den ganzen Druckvorgang zunichte machen. Um dem entgegenzuwirken, gibt es eine ganze Reihe an speziellen Einstellungen, die im Slicing genutzt werden können, um die erste Schicht besonders kontrolliert aufzubringen.

103 Die Kalibrierungspyramide bei Thingiverse.com: *http://www.thingiverse.com/thing:11846* [1b6aVMZ].

104 Dem weichen Soft PLA-Material bekommt der Rückzug zum Beispiel nicht besonders gut.

105 In KISSlicer einstellbar über die getrennt verstellbaren Suck- (= Rückzug) und Prime-Werte (= Ausgabe). Diese sollten aus meiner Sicht in der Praxis immer gleich sein.

Skirt, Raft und Brim

- **Skirt:** Dies ist eine meiner absoluten Lieblingseinstellungen. Bevor der eigentliche Druck beginnt, werden mit Abstand um das Druckobjekt herum, eine oder mehrere Umrandungen gedruckt. So lässt sich sehr schnell erkennen, ob das Modell sinnvoll positioniert wurde und auf das Druckbett passt. Außerdem wird offensichtlich, ob der Abstand zwischen Düse und Druckbett gut eingestellt ist. Ganz nebenbei wird der Druckkopf von altem Restmaterial gesäubert und mit frischem Material versorgt. So dauert es manchmal eine ganze Umrandung, bis überhaupt Material zu sehen ist. Ein Must-have aus meiner Sicht!
- **Raft:** Die Aktivierung dieser Option erzeugt ein dickes Gitter unter dem eigentlichen Druckobjekt. Somit können Unebenheiten im Druckbett ausgeglichen werden und besonders kleinen Strukturen kann eine größere Standfläche geboten werden. Der Nachteil ist eine reduzierte Oberflächengüte an der Stelle, wo das Raft die Unterseite Ihres Ausdrucks berührt. Je nach Material lässt es sich mal besser, mal schlechter vom Druck entfernen. Die Unterseiten können aber mit einem Messer oder Schleifpapier nachgearbeitet werden.
- **Brim:** Hier wird in der ersten Schicht um das Modell herum ein direkt anliegender Rand (= *brim*) gedruckt. Dieser soll verhindern, dass sich das Modell durch ein Zusammenziehen des Druckmaterials (= *warping*) vom Druckbett abhebt (mehr dazu in Abschnitt 4.6.3). Der Rand kann nach dem Druck abgebrochen oder abgeschnitten werden.

Bild 4.48 Drei praktische Helferlein: Skirt (links), Raft (Mitte) und Brim (rechts)

Weitere Empfehlungen

- **Reduzierte Geschwindigkeit:** Bei der ersten Schicht sollte auf gar keinen Fall mit voller Druckgeschwindigkeit gearbeitet werden. Für die meisten Drucker und Materialien bieten sich Geschwindigkeiten von 10 bis 30 mm/s an. Die Einstellung ist unter den Begriffen *bottom layer speed* (Cura) oder *first layer speed* (KISSlicer & Slic3r) zu finden.
- **Dickere erste Schicht:** Hilfreich ist auch die auf *initial layer thickness* getaufte Funktion, in der Sie die erste Schicht einfach etwas dicker anlegen können, als in den darauf folgenden Schichten. Dies vereinfacht den Druckstart enorm, insbesondere wenn Ihr Druckbett nicht hundertprozentig eben ist. In Slic3r finden Sie die Funktion unter dem Begriff *first layer height*, in KISSlicer unter dem etwas obskuren Kontext der *bed roughness*.
- **Erhöhte Drucktemperatur:** Vereinzelt kann es helfen, die Drucktemperatur in der ersten

Schicht um wenige Grad Celsius zu erhöhen. Das Material wird so etwas flüssiger, kann sich besser an das Druckbett anpassen und findet so eine bessere Haftung. In der Regel reicht aber eine durchgängige Temperatur über die vollständige Druckzeit vollkommen aus. Mehr zu den materialspezifischen Temperaturen erfahren Sie in Abschnitt 4.6.

- **Reduzierte Kühlung:** Um das bereits erwähnte *Warping* nicht weiter zu begünstigen, verzichtet man in der Regel während der ersten Schichten auf eine Kühlung durch die am Druckkopf befestigten Lüfter, unabhängig davon, ob man im weiteren Verlauf des Drucks das Material zur Qualitätsverbesserung kühlt oder nicht. Weitere Informationen zur Kühlung finden Sie in den erweiterten Einstellungen (Abschnitt 4.5.7).

4.5.6 Support – Überhänge erfolgreich meistern

Die Überhangsproblematik haben wir bereits thematisiert, aber die Lösung kam bislang zu kurz. Die Unterstützung des Druckobjekts durch *Stützstrukturen* (= *support structures*, kurz: *support*) ist aus meiner Sicht das letzte Mittel in einer Kette von Optionen, die man zuvor in Erwägung ziehen sollte. Besser ist es, den Überhang einfach und clever zu umschiffen.

Vermeidung von Überhängen

- **Ausrichten:** Die einfachste Art der Vermeidung von Überhängen, ist die geschickte Ausrichtung des Objekts im Druckraum. Wie bereits in Abschnitt 4.4 angedeutet, sollte das Objekt auf einer guten Auflagefläche stehen. Oft gibt es mehr als eine Option der Ausrichtung. Warum soll Ihr Drucker ein Modell nicht auf dem Kopf drucken? Am besten, Sie gucken sich jede Möglichkeit, zum Beispiel in Cura, an und überlegen, wo es zu problematischen Stellen kommen könnte. Die Beste gewinnt!
- **Schneiden:** Wenn das Objekt nicht besser ausrichtbar ist, kann Ihnen ein strategischer Schnitt durch das Modell helfen. Anschließend drucken Sie beide Hälften einzeln und kleben diese wieder zusammen. Wie in Bild 4.45 zu sehen, kann diese, erst einmal etwas aufwendigere Technik, zu überragenden Ergebnissen führen.

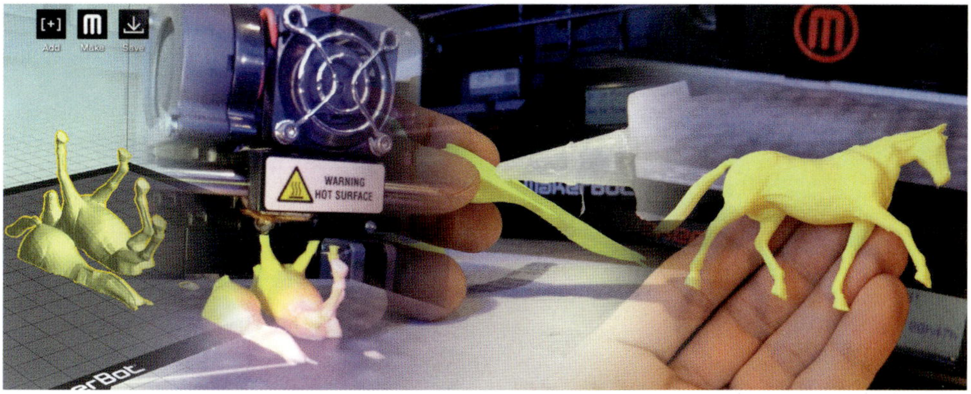

Bild 4.49 Clever gelöst! Sämtliche Überhänge wurden durch nur einen Schnitt eliminiert (Fotos: © Creative Tools).

- **Puzzeln:** In Objekten mit mehreren, ineinander verbauten Einzelteilen gibt es einen Trick für besonders gewiefte Puzzleliebhaber unter Ihnen. Manche Drucker verfügen über eine *Pause*-Funktion, die man hierfür missbrauchen kann. Vorab werden alle Kleinteile gedruckt. In einem weiteren Druck wird das Gehäuse, das die Kleinteile beherbergen soll, gedruckt und an geeigneter Stelle pausiert. Jetzt werden die Kleinteile an den vorgesehenen Stellen platziert und der Druck kann fortgesetzt werden. Ein schönes Beispiel zum Selbstausdrucken ist der in Bild 4.50 abgebildete Schlüsselanhänger mit beweglichen Zahnrädern im Inneren.

Bild 4.50 Der bewegliche Katzenschlüsselanhänger – ein weiterer Geniestreich des Cura-Entwicklers David Braam (Foto: © Harma Woldhuis, Quelle des Modells: *https://www.youmagine.com/designs/cat-gears-key-chain* [1feU0g1])

- **Änderungen in der Konstruktion:** Ich persönlich halte nicht viel davon, sich schon in der Konstruktion oder bei der Modellierung zu viele Sorgen darüber zu machen, was der 3D-Drucker kann und was nicht. Das nimmt Ihnen zu viele Freiheiten und macht Sie gewissermaßen zum Untertan der Technik. Für aufwendigere Modelle gibt es immer die Möglichkeit, einen Dienstleister zu beauftragen. Auf dessen Maschinen gibt es zwar auch Limitierungen, aber der Spielraum genügt in der Regel. Kleine Anpassungen zu Hause sind dennoch ein valides Mittel, um sich auf dem eigenen 3D-Drucker das Leben zu erleichtern. Wenn Sie nur an einer kleinen Stelle ein wenig Support benötigen, lässt sich dieser auch manuell in Ihrem Konstruktionsprogramm einfügen (siehe Bild 4.51, links). Später kann er mit der Hand oder einer Beißzange entfernt werden. In Bild 4.51 (rechts) ist ein weiterer hilfreicher Kniff in der Konstruktion zu sehen, bei dem der Text nicht mehr aus dem Deckel heraussteht, sondern als Relief ins Innere geprägt wurde. Die Beschriftung Ihres Modells ist nach wie vor gegeben, aber der Druck fällt nach der Anpassung wesentlich einfacher.

Wägen Sie ab, ob sich der jeweilige manuelle Aufwand lohnt, und ordnen Sie Ihre Kreativität nicht der Leistungsfähigkeit der 3D-Drucker unter. Es gibt immer eine Lösung, und die Verwendung des Supports gestaltet sich manchmal einfacher, als Sie vielleicht gedacht hätten.

Bild 4.51 Per Hand konstruierter Support (links) und minimale Anpassungen während der Konstruktionen (rechts) können das Druckergebnis auf unkomplizierte Weise verbessern.

Multimaterial-Support

In einer perfekten Welt hätte man zwei perfekt funktionierende Druckköpfe. Der eine würde das Objekt drucken, der andere ein umweltfreundliches gut zu druckendes Supportmaterial, das sich nicht mit dem Objekt verbindet, es aber gut unterstützt. Nach dem Druck würde man das Supportmaterial einfach mit Wasser wegwaschen und hätte ein perfektes Teil vor sich.

Die Gründe, warum das aktuell (Stand: Juli 2014) *nicht* der Fall ist, liegen auf der Hand: 3D-Drucker, die im Dual-Extruder-Betrieb absolut zuverlässig und qualitativ hochwertig arbeiten, sind mir bisher noch nicht untergekommen. Außerdem druckt sich das verfügbare PVA-Material miserabel und lässt sich nur mäßig im Wasser auflösen. Hinzu kommt der viel zu teure Materialpreis. Doch es gibt vielleicht schon bald zuverlässige Lösungen. Im Profibereich sind diese Probleme schon seit Jahren zufriedenstellend gelöst. Es ist nur noch eine Frage der Zeit, bis jemand dahinter kommt, wie man die Lösungen kostengünstig nachbilden kann. Auf der Materialseite gibt es sogar schon ein perfekt geeignetes Material, das aktuell leider proprietär von Stratasys vertrieben wird.[106] An beiden Fronten wird aber rege geforscht und experimentiert. Über die Entwicklungen und Probleme im Dual-Extruder-Betrieb erfahren Sie in Abschnitt 5.9.1 noch einige Details. Auch auf der Materialseite wird es Fortschritte geben. Erste Tendenzen werden in Abschnitt 4.6 aufgezeigt.

Break Away Support

Die Möglichkeit, bei der Modell und Support mit nur einem Druckkopf aus dem gleichen Material gedruckt werden (= *same material support*), ist gar nicht so übel und eignet sich bei richtiger Verwendung für die meisten Aufgaben.

Cura bietet drei mögliche Einstellungen in Bezug auf den verwendbaren Support:

- **Touching buildplate:** Dieser Supporttyp wird nur an Stellen generiert, an denen das stützende Material in direkter Verbindung nach unten auch Kontakt zum Druckbett hat.

106 Durch die Übernahme durch Stratasys Ltd. scheint MakerBot nun auch Zugang zum Limonen löslichen Material zu haben: *http://www.makerbot.com/blog/2013/09/30/makerbot-filament-its-melting-its-melting/* [1bTy1HE].

Somit entsteht ein Support, den man relativ einfach von der Unterseite der Überhänge abbrechen kann. Daher kommt auch der Begriff *break away support*.

- **Everywhere:** Der Name ist Programm! Der Support wird einfach überall generiert, wo er gebraucht wird. Auch wenn dafür eine Supportstruktur auf das eigentliche Druckobjekt aufgebaut werden muss, um einen noch folgenden Überhang abzustützen. Das Ergebnis ist eine durchgängigere Unterstützung, mit dem Nachteil, dass auch Oberflächen des Druckergebnisses in Mitleidenschaft gezogen werden, und das Entfernen sich je nach Geometrie irgendwo zwischen *zeitintensiv* und *unmöglich* befindet.
- **Porosität:** In den Experteneinstellungen bietet Cura die Möglichkeit, die Materialausgabe (= *material amount*) beim Aufbau des Supports zu reduzieren. Die Strukturen werden also absichtlich mit weniger Material versorgt, um sie leicht brechbar zu machen. Es handelt sich um eine Art Flussfaktor, der sich ausschließlich auf den Support auswirkt. Werte weit unter 50% können dazu führen, dass der Support zusammenbricht, und anstatt zu stützen, das Druckergebnis noch weiter verschlechtert. Am besten tasten Sie sich langsam an den minimalen Wert heran und erhöhen ihn nach der Findung wieder um einen Sicherheitspuffer von 5%.

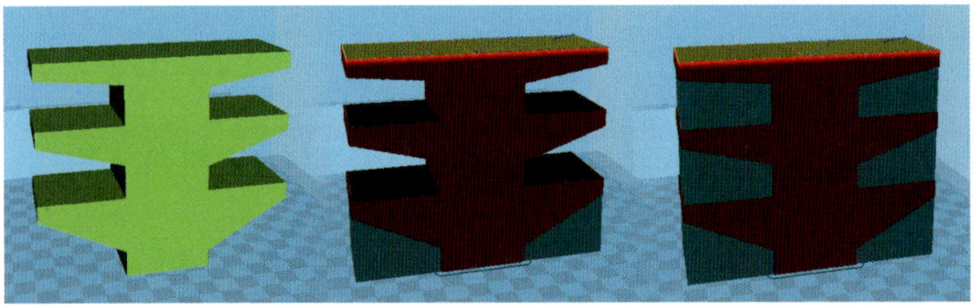

Bild 4.52 Die zwei Supportoptionen in Cura im Vergleich: Der eingeschränkte Support mit Kontakt zum Druckbett (Mitte) und der gründlichere Support, der schwerer zu entfernen ist (rechts); Quelle des Modells: *http://www.thingiverse.com/thing:16503/* [18RkEGz]

KISSlicer und Slic3r bieten auf diesem Gebiet eine viel größere Bandbreite an Parametern, die das Verhalten und den genauen Aufbau sehr fein steuerbar machen. Mit umfangreichen Möglichkeiten gehen aber auch lange Testrunden Ihrerseits einher. Am besten, Sie informieren sich beim Hersteller oder in der Community, welche Erkenntnisse im Zusammenspiel mit Ihrem 3D-Drucker bereits gesammelt wurden und starten dann Ihre eigene Optimierungsrunde. Unabhängig von den erweiterten Einstellungen, bietet gerade KISSlicer einen deutlich anderen Ansatz zur Erstellung des Supports. Die oft sehr kompliziert aussehenden Strukturen lassen sich dann doch erstaunlich leicht ablösen und geben überraschend gute Drucke preis. Ausprobieren lohnt sich!

meshmixer – 3D-Remixer mit erstaunlichen Supportqualitäten

Nach der Übernahme durch Autodesk Ende 2011 befürchteten einige den Niedergang ihrer lieb gewonnenen Software *meshmixer*[107]. Mit dem kleinen Werkzeug von Ryan Schmidt ist es möglich, vorhandene 3D-Modelle miteinander zu kombinieren, also sie gewissermaßen zu etwas Neuem zu remixen.

Bild 4.53 Wagner mit Hasenkopf: Karikaturen sind in meshmixer kein Problem, könnten in der Wagnerstadt Bayreuth für mich aber zu einem Problem werden[108] (Skulptur in der Mitte[109]: © Ottmar Hörl).

Bei der Vorstellung des neuesten Sprösslings der *Autodesk 123D*-Reihe zeigte sich, dass Autodesk das Projekt weiter unterstützt und als eigenständiges und kostenfreies Produkt vorerst am Leben erhält. Das Team um Ryan Schmidt hat großartige Arbeit an der Benutzeroberfläche und den neuen Funktionen geleistet. Neben den sehr amüsanten Möglichkeiten des Remixings und den mächtigen Sculpting-Werkzeugen, die Sie auf jeden Fall ausprobieren sollten, kamen weitere sehr nützliche Reparatur-, Schneide- und Skalierungsfunktionen hinzu.

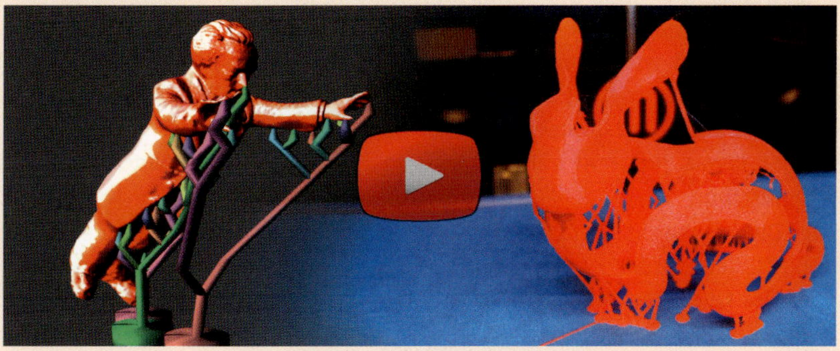

Bild 4.54 Neue Supportstrukturen mit meshmixer: Wagner lernt fliegen, und der Hase lässt sich im Video (*http://youtu.be/aFTyTV3wwsE* [19warCe]) erstaunlich gut drucken (Skulptur links: © Ottmar Hörl, Foto rechts: © Ryan Schmidt).

107 Diskussion zur Übernahme von meshmixer durch Autodesk im Blender-Forum: *http://blenderartists.org/forum/showthread.php?235429-Autodesk-acquired-Meshmixer* [18LRqch].

108 Ich suche ab heute nach einer neuen Heimat.

109 In Abschnitt 5.2 werden wir uns der wundervollen Wagnerskulptur von Ottmar Hörl genauer annehmen.

Außerdem bietet die neueste Version einzigartige Möglichkeiten, um, teils automatisch und teils per Hand, vollkommen neuartige Supportstrukturen in Ihr vorhandenes 3D-Modell einzuziehen und dieses später wie ein gewöhnliches Modell, samt der bereits vorhandenen Supportstrukturen, slicen zu lassen.

Im sehenswerten Demo-Video werden neben den wichtigsten Tastenkombinationen und Einstellungen auch massive Kosten- und Zeitersparnisse durch die effektivere Art der Supporterstellung vorgeführt.

Klare Empfehlung: Video angucken, Software herunterladen und ausprobieren!

YouTube: *http://youtu.be/aFTyTV3wwsE* [19warCe]

Webseite: *http://www.meshmixer.com/* bzw. *http://www.123dapp.com/sandbox#meshmixer* [1e5wVt5]

4.5.7 Erweiterte Einstellungen

Natürlich gibt es noch eine Vielzahl von weiteren Einstellungen in den Slicern zu entdecken. Einige will ich kurz vorstellen und abschließend noch eine kurze Hilfestellung geben, wie Sie sich weitere Einstellungen einfach erschließen können.

- **Kühlung:** Viele Kunststoffe müssen für eine optimale Qualität direkt nach dem Verlassen der Druckkopfdüse gekühlt werden. In den ersten Schichten sollte man das noch unterlassen, aber danach können Sie durch zahlreiche Einstellungen das genaue Verhalten je nach Material optimieren. Der Lüfter kann in seiner Drehzahl reguliert werden oder stellenweise an- und wieder ausgeschaltet werden, um zum Beispiel an der Außenseite maximale Oberflächenqualität durch Kühlung und in der Füllung maximale Schichthaftung durch leicht höhere Temperaturen zu erhalten. Die entsprechenden Einstellungen finden Sie oft etwas versteckt unter Begriffen wie *cool* und *fan cooling* in den Menüs der Slicer-Programme.
- **Bridging:** Die sogenannte Brückenbildung (Bild 4.51) hilft Lücken in einem Druck abzudecken. Eigentlich handelt es sich um eine ganz normale Bewegung des Druckers, um ein Objekt auf der Oberseite zu schließen. Im Gegensatz zu einem klassischen Überhang gibt es aber eine Gegenstelle, auf dem der Kunststoffstrang aufgelegt werden kann. Wenn dies noch durch eine etwas schnellere Verfahrgeschwindigkeit (= *bridging speed*) begleitet wird, können die Ergebnisse richtig gut werden. Eine möglichst niedrige Drucktemperatur und eine gute Kühlung helfen zusätzlich beim Bridging. Diese Einstellung ist nur in Slic3r verfügbar, in den anderen Slicern wird teilweise automatisch die Geschwindigkeit manipuliert.

Bild 4.55 Brücken schlagen - es ist beeindruckend, wie gut das mit manchen Materialien bei den richtigen Geschwindigkeitseinstellungen klappt. (Foto: © Paul Candler, Quelle des Modells: *http://www.thingiverse.com/thing:12925* [16yHOC8])

- **Werkzeugweg:** Mit den Einstellungen *infill before perimeters* oder *loops go from inside to perimeters* kann in Slic3r beziehungsweise KISSlicer die Reihenfolge des Schichtaufbaus verändert werden. Man kann also entscheiden, ob der Drucker mit der Füllung anfängt und dann erst die Umrandungen (= *perimeters*) der Wand aufbaut, oder umgekehrt. Standardmäßig werden zuerst die Umrandungen gedruckt, was zu besserer Maßhaltigkeit der Ausdrucke führen soll. Der umgekehrte Weg kann in manchen Fällen den Aufbau von steilen Überhängen begünstigen.
- **Vermeidung der Z-Naht:** Die Funktionen *seam hiding/jitter* bzw. *randomize starting points* nehmen Einfluss auf den Werkzeugweg. Dabei werden die Startpunkte der Schichten über den Druck verteilt. Die als *Z-Naht* (= *seam*) bekannte Schwäche vieler FDM-Ausdrucke wird so versteckt. Die Z-Naht entsteht an der Stelle, an der normalerweise der Schichtwechsel, also das Absenken des Druckbetts bzw. das Anheben des Druckkopfs, stattfindet. Ich persönlich halte die Versteckfunktion nicht für sinnvoll. Ein bekanntes Problem wird hier so lange verteilt, bis der Druck nicht nur an einer Stelle ein deutlich sichtbares Manko hat, sondern, wenn auch weniger sichtbar, über den ganzen Druck hinweg. Nur schnelle Z-Geschwindigkeiten, clevere Retraction beim Schichtwechsel und zukünftige Optimierungen[110] am Werkzeugweg können das Problem nachhaltig lösen.

  Ein einfacher Trick, wie man die Z-Naht zum Beispiel nicht mitten im Gesicht einer gedruckten Skulptur vorfindet, ist das Rotieren des Druckgegenstands in der Vorbereitung. Die Z-Naht entsteht nämlich reproduzierbar immer an der gleichen Stelle im jeweiligen Slicer. Probieren Sie es einfach aus und passen die Ausrichtung daran an! Eine weitere und besonders innovative Lösung, die aber nur bei hohlen und dünnwandigen Objekten funktioniert, ist der sogenannte *Joris*- beziehungsweise *Spiralmodus*, den ich gleich noch näher ausführen werde.

110 Dieses Thema wurde bereits breit in den Communities diskutiert. Verschiedene Lösungsansätze werden ausprobiert. Da bleibt nur zu hoffen, dass so triviale Lösungen wie die in der Teilanmeldung US20130095303 A1 zum US-Patent beschriebenen Ideen von Stratasys Ltd. möglichst wenig Erfolg haben werden: *http://www.google.com/patents/US20130095303* [19wNF7p].

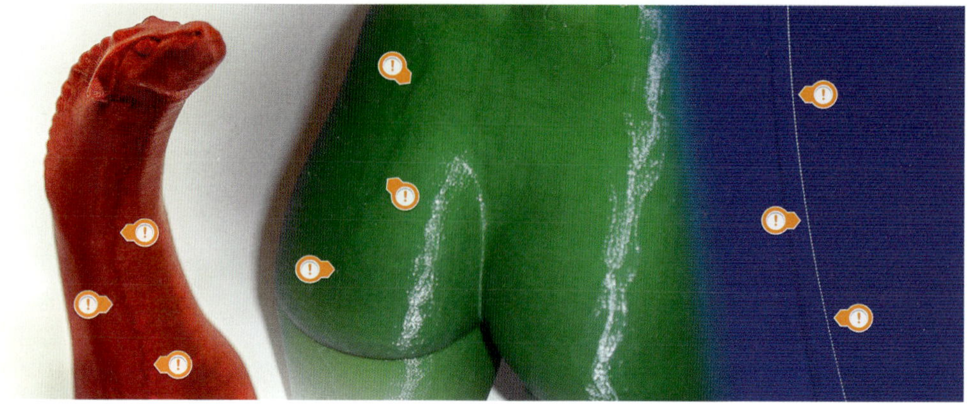

Bild 4.56 Die Z-Naht – ein Ärgernis im FDM-Verfahren, das nur durch optimale Einstellungen reduziert werden kann oder über einen Trick auf das ganze Modell verteilt wird

- **Überlappung der Füllung:** Mit Funktionen wie *infill overlap* oder *loop/solid infill overlap*, kann der Abstand zwischen den Umrandungen und dem Füllmuster bestimmt werden. Bei Lücken zwischen diesen beiden Schichtelementen sollte der Parameter mit ein wenig Experimentieren so eingestellt werden, dass eine gute Verbindung beim Auftrag sichergestellt wird.
- **Doppelte Füllung:** Ursprünglich hatte der damals großartige Slicer *netfabb Engine*, ein Bruder der restlichen netfabb-Programme, eine Möglichkeit geboten, nur die äußerste Umrandung durch zwei geteilte Schichten (= *half layers*) aufzubauen und so, mit nur minimalem Zuwachs der Druckzeit, eine verdoppelte Oberflächenqualität zu erzeugen. Leider wird die Engine heute nur noch für den 3D-Drucker Fabbster aktiv weiterentwickelt. Aber auch KISSlicer, Simplify3D und Slic3r haben mittlerweile eine ganz ähnliche Funktion (= *stacked layers* bzw. *infill every n layers*), bei der die Füllung nur alle *n* Schichten gedruckt wird. Das Ergebnis ist ähnlich, aber genauso perfekt wie beim Original habe ich es seitdem nicht mehr gesehen.
- **Z-Hüpfer:** Hierbei handelt es sich um eine sehr hilfreiche Funktion, die insbesondere bei filigranen Strukturen helfen kann, den Druck am Leben zu erhalten und kleine Details nicht durch Druckkopfbewegungen weg- bzw. umzureißen. Wenn die *Z-Hop*-Funktion aktiviert wurde, wird bei jedem Laufweg (wir erinnern uns: das Überspringen einer Lücke ohne Materialausgabe) nicht nur die X- und Y-Position verändert, sondern auch die Z-Achse. So macht, je nach Druckerdesign, der Druckkopf bei jedem Laufweg entweder einen kleinen Hüpfer nach oben oder der Drucktisch nach unten, um das Druckobjekt vor dem Druckkopf zu schützen. Das Ganze kann aber auch kleine Fehler durch noch austretendes Material in den Oberflächen erzeugen und sollte daher immer in Kombination mit einer perfekt eingestellten Retraction verwendet werden.
- **Joris- bzw. Spiralmodus:** Diese Funktion ist ein besonders gutes Beispiel für die hohe und schnelle Innovationskraft einer Open-Source-Community. Während der Eröffnung der neuen Firmenzentrale von Ultimaker Anfang 2012, traf der Künstler Joris van Tubergen auf David Braam, der damals die ersten Schritte in Richtung Cura startete und noch nicht für den niederländischen 3D-Druckerhersteller arbeitete. Joris fragte, warum man Vasen

mit nur einer Umrandung nicht einfach spiralförmig drucken würde. Anstelle eines großen Schritts je Schicht in Z-Richtung, schlug er vor, den Drucktisch kontinuierlich in vielen kleinen Schritten nach unten fahren zu lassen. David gefiel dieser Gedanke und **am nächsten Tag** war ein erster Prototyp der Idee bereits lauffähig und für jedermann frei zum Testen verfügbar[111]. Dies ist in meinen Augen ein inspirierendes Beispiel für die Stärke dieser wunderbaren Gemeinschaft und den involvierten Akteuren. Die ehemals als *Joris Mode* bekannte Funktion ist in aktuellen Versionen mit *Spiralize the outer contour* beschriftet. In Slic3r und Simplify3D können Sie das gleiche Verhalten über die Funktion *spiral vase* bzw. *corkscrew printing mode* aktivieren.

- **Start and End G-codes**: Einen ganz elementaren Einfluss auf Ihren Komfort beim Start des Drucks und die Sicherheit nach Beendigung des Drucks, haben die sogenannten *Start and End G-codes*. Hierbei handelt es sich um Maschinenbefehle, die beim Start und zum Ende eines Druckauftrags an Ihren 3D-Drucker gesendet werden. Sie müssen alle Befehle enthalten, die nicht direkt mit dem Druckobjekt zu tun haben und dennoch das Druckerverhalten steuern.
  - **Beim Start** werden zum Beispiel die Einheiten des Druckers auf das metrische Einheitensystem eingestellt, der Druckkopf in die Ausgangsposition gebracht und eventuell, nach einem Vorheizen, ein wenig Filament ausgegeben.
  - **Am Ende** des Drucks müssen (ganz wichtig!) alle Heizquellen, also alle Druckköpfe und ein eventuell vorhandenes Heizbett, abgeschaltet werden. Zusätzlich können Bewegungen ausgeführt werden, die zum Beispiel das Filament ein wenig zurückziehen und den noch warmen Druckkopf vom fertigen Druck entfernen.

Start and End G-codes – Sicherheitshinweise

Fast hätte ich Ihnen beispielhaft die Codes meiner Drucker gezeigt und erklärt. Aber das ist höchst gefährlich, denn jedes Druckermodell benötigt andere G-codes! Je nachdem, wie Ihr 3D-Drucker aufgebaut ist, könnten meine Start- und Endroutinen Ihren Drucker sogar beschädigen oder zumindest alberne Bewegungen vollziehen lassen.

Sie müssen sich also über den Hersteller und die Community bereits geprüfte Routinen besorgen. Falls Sie eigene Änderungen vornehmen bzw. nicht hundertprozentig getestete Codes aus dem Internet kopieren, **müssen** Sie diese auf jeden Fall im Betrieb überprüfen und dürfen den Drucker dabei zu **keinem** Zeitpunkt aus den Augen lassen. Insbesondere das Abschalten aller Heizelemente am Ende eines Drucks muss sorgfältig überprüft werden, bevor der Drucker auch nur ein einziges Mal unbeaufsichtigt läuft. Bitte beachten Sie diesen Hinweis im Interesse Ihres Druckers und noch wichtiger: Ihrer Mitmenschen[112].

111 Die erste Vorstellung des Joris-Plug-ins in der Ultimaker Mailingliste: *https://groups.google.com/d/topic/ultimaker/faR4C1ZL9dk/discussion* [15SLdgF].

112 Mir ist kein Fall bekannt, bei dem durch einen Heim-3D-Drucker ein Mensch ernsthaft zu Schaden gekommen wäre, aber es gibt immer ein erstes Mal, und mit teilweise über 250 °C ist in einem selbst gebastelten Holzgehäuse-3D-Drucker nicht leichtfertig umzugehen!

4.5.8 Übung 6: Angewandtes Slicing-Verständnis und weiterführende Informationen

Sie haben nun eine ganze Menge zum Thema Slicing gelernt und sollten einen guten Überblick über die vielen Einstellungen und deren groben Zusammenhänge haben. Abhängig vom verwendeten Slicer können Sie jetzt durch einen Klick auf Knöpfe wie SLICE, EXPORT GCODE oder PREPARE TO PRINT Schichtdaten, je nach Größe und Komplexität des Modells, innerhalb einiger Sekunden oder mehrerer Minuten generieren lassen und in Form des G-codes exportieren.[113] Bei Cura geschieht dies automatisch und die Software ist wesentlich schneller. Das Speichern erfolgt über das Diskettensymbol oben links.

Abschließend möchte ich Ihnen eine Möglichkeit zeigen, die aus den Einstellungen generierten Schichtdaten in einer Vorschau anzugucken und somit auf Probleme zu überprüfen. Denn wir wissen: Der Drucker wird nur das tun, was wir ihm sagen. Ein Fehler im G-code bedeutet auch ein Fehler im Ausdruck!

Durch einen Klick auf das Schichtsymbol oben rechts in Cura können Sie in die sogenannte LAYER-Ansicht wechseln. Nach kurzer Berechnung können Sie sich dann über den seitlich erscheinenden Slider, Schicht für Schicht durchklicken, beziehungsweise sich an markanten und kritischen Stellen vergewissern, dass das Slicing-Ergebnis vernünftig aussieht (Bild 4.57).

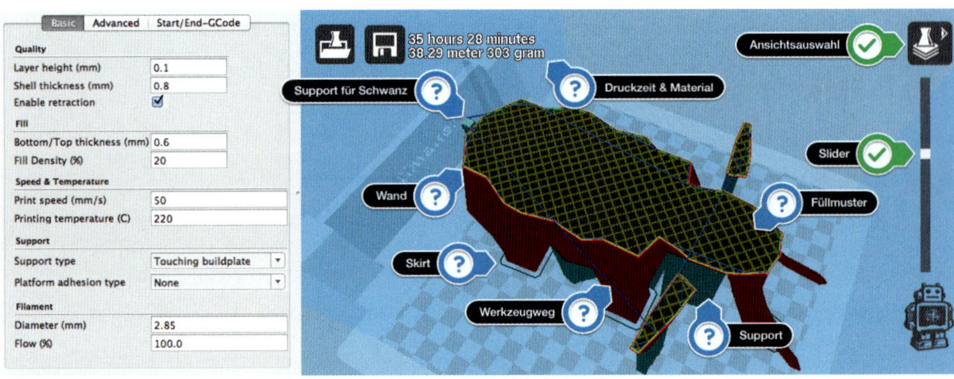

Bild 4.57 Enttäuschungen vorbeugen: Die Schichtansicht ist ein tolles Werkzeug, um vor dem Druckstart Probleme in Cura zu erkennen.

In der folgenden Übung will ich Ihnen, in Bezug auf den möglichst perfekten Ausdruck einer Vase, noch einen kurzen Einblick in meine Vorstellung von den richtigen Slicing-Einstellungen geben, um ein ganzheitliches und praxisnahes Bild aller Einstellungen zu zeichnen.

113 Es entstehen dabei entweder Dateien mit der Endung *.gcode* oder alternativ *.g*. Beide sind mit einfachen Texteditoren lesbar, ihr Inhalt ist somit kein Geheimnis. Weitere Informationen dazu finden Sie im nächsten Abschnitt.

Übung 6: Das Vasenrätsel – angewandtes Slicing-Verständnis

Hätten Sie gedacht, dass man eine Vase am besten geschlossen modelliert, um zu einem perfekten Ergebnis zu kommen? Zugegeben: 3D-Druck ist manchmal ein bisschen eigenartig! Da die Slicer in vielen Fällen ihre Probleme mit dünnwandigen Modellen haben, und man bei einer Vase nun wirklich keine kleinen, durch Fehler im Algorithmus verursachte, Löcher in der Wand gebrauchen kann, gibt es einen einfachen Trick, die in Bild 4.58 abgebildete Vase über die Slicing-Einstellungen zu öffnen und perfekt druckbar zu machen.

Bild 4.58 Eine geschlossene Vase (links) wird erst durch die richtigen Slicing-Einstellungen offen und nutzbar (rechts) gemacht (Quelle des Modells: *http://www.thingiverse.com/thing:37327* [1hysxm9]).

Gehen Sie gedanklich alle bereits behandelten Einstellungen durch, und überlegen Sie sich, welche Parameter wie gewählt werden müssen, um aus einem geschlossenen Gegenstand einen hohlen und deckellosen zu machen. Öffnen Sie ruhig Cura dazu, laden Sie sich die *Double Twisted Vase* von Thingiverse[114] herunter, und spielen Sie mit den Einstellungen herum. Die Layer-Ansicht hilft bei der Überprüfung Ihrer Versuche.

Kleiner Tipp: Verinnerlichen Sie sich noch einmal die logische Trennung im Slicing zwischen Wänden, Böden, Deckeln und der Füllung. Jede dieser Einstellungen ist unabhängig voneinander wählbar. Auch in den erweiterten Einstellungen (EXPERT → OPEN EXPERT SETTINGS) versteckt sich eine wichtige Einstellung.

Die Lösung: Meine Einstellungen und Erläuterungen finden Sie am Ende dieses Abschnitts.

114 Die wunderschöne Vase des FabLabs in Maastricht finden Sie unter *http://www.thingiverse.com/thing:37327/* [1feUse2].

Tooltipps und weitere Hilfestellungen

Über die beschriebenen Einstellungen hinaus, gibt es noch weitere Details, die Sie auf eigene Faust erforschen können. Außerdem ist davon auszugehen, dass über die nächsten Monate und Jahre weitere herstellerübergreifende Slicing-Lösungen angeboten werden, oder Sie durch Ihren Druckerhersteller aktualisierte, gerätespezifische Software mitgeliefert bekommen. Gehen Sie also mit viel Freude am Experimentieren auf neue Einstellungen zu und bringen Sie durch Praxistests in Erfahrung, wie sich diese auf das Druckbild auswirken.

Sehr hilfreich dabei sind die sogenannten *Tooltipps*, die Sie bei allen gut programmierten Programmen erhalten, sobald Sie einige Sekunden mit dem Mauszeiger über einer Einstellung verharren (Bild 4.59). Außerdem werden mit der wachsenden Popularität unseres Hobbys auch vermehrt vollständig übersetzte Versionen oder Sprachprofile angeboten[115].

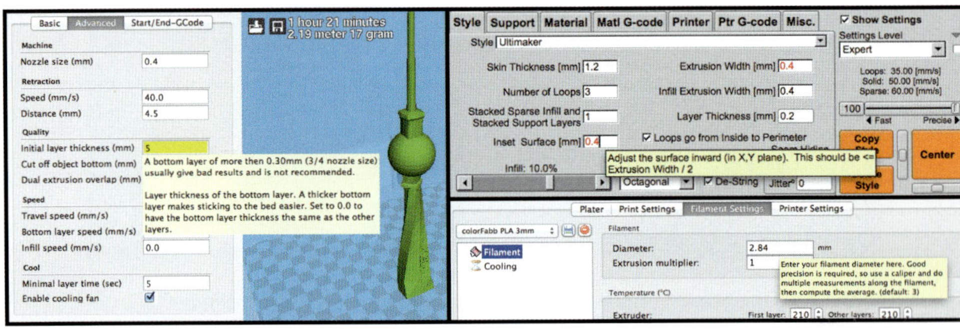

Bild 4.59 Die hilfreichen Tooltipps sind in allen drei großen Slicern verfügbar. In Cura (links) und KISSlicer (rechts oben) werden ungewöhnliche Werte sogar farbig markiert.

Dokumentationen weiterer Slicer

Neben dem Slicer *Cura*, den ich im Detail vorgestellt habe, gibt es weitere starke Mitbewerber, die ich bereits in Tabelle 4.4 (siehe Abschnitt 4.3) vorgestellt habe. Insbesondere *Slic3r und KISSlice*r bieten sich für weitere Experimente mit nahezu jedem Drucker an. Hinzu kommen noch die herstellerspezifischen Lösungen, die oft über eine sehr einfache Bedienung verfügen und gut vorkonfigurierte Profile mitbringen.

Der Einstieg sollte Ihnen jetzt nicht mehr schwer fallen, da die Grundlagen in allen Slicern sehr ähnlich sind. Dennoch schadet es nicht, die Dokumentationen der Entwickler und Hersteller zu studieren. Für die wichtigsten Programme finden Sie hier eine Übersicht:

- **KISSlicer:** Auswahl an einigen, teilweise sehr umfangreichen Anleitungen, leider nicht immer auf dem neuesten Stand: *http://kisslicer.com/download.html* [1cq9HzP]
- **Slic3r:** Sehr schöne und ausführliche Dokumentation aller Einstellungen und Zusammenhänge – auch lesenswert, wenn Sie einen anderen Slicer verwenden: *http://manual.slic3r.org* [1bE6Fsp]
- **MakerWare:** Sehr umfangreiche und gut bebilderte Dokumentation für alle MakerBot-Drucker: *http://www.makerbot.com/support/makerware/troubleshooting/* [GKomYz]

115 Mit Erscheinen dieses Buches wird Cura voraussichtlich in deutscher Sprache verfügbar sein: *https://groups.google.com/d/topic/ultimaker/CehPscEf40M/discussion* [15Xyvbd].

Die Zukunft des Slicings – Cura-Entwickler David Braam im Gespräch

Die Benutzerfreundlichkeit der Slicing-Lösung Cura von David Braam hat neue Maßstäbe gesetzt. Dennoch erzielt man mit den Schnelleinstellungen nicht immer das perfekte Ergebnis, und die volle Breite an Einstellungen ist für den Massenmarkt noch zu kompliziert.

Bild 4.60 Cura-Entwickler David Braam ist durch gutes Essen[116] bestechlich und entwickelt so noch schneller an der Zukunft des Slicings.

Viele Änderungen sind angedacht, aber wohin geht die Reise? Was ist die große Vision, David?

Die Zukunft des Slicings bedeutet, dass es noch weniger zu konfigurieren gibt. Alle Objekte kommen so gut, wie er es maximal hergibt, aus dem Drucker, ohne dass weitere Optimierungen nötig sind. Du wirst nur angeben, welches Material zur Verfügung steht und wie lange du auf den Druck warten willst. Die Software wird die Machbarkeit in der vorgegebenen Zeit bewerten und dich wissen lassen, in welcher Qualität das Ziel erreichbar ist. Beim Slicing der Zukunft werden also keine Optimierungen mehr vorgenommen werden müssen, um zu den gewünschten Ergebnissen zu kommen, sondern du wirst Wunschergebnisse, so schnell, wie du sie brauchst, erhalten.

HINWEIS: David legt in seinem Vortrag auf der FabCon 2014 die weiteren Pläne für die Weiterentwicklung von Cura dar: *http://youtu.be/pdwN306zX5g* [magic-cura]

Fortsetzung von Übung 6: Auflösung des Vasenrätsels

Um die eigentlich geschlossene STL-Datei im Slicing-Prozess zu einer Vase zu machen, können Sie folgende Einstellungen wählen:

- Schichthöhe (*layer height*): Relativ dünne 0,1 mm, da einige Schrägen im Modell vorhanden sind.

116 Am besten funktionieren die Spareribs und die Spezialität des Hauses, das legendäre Backe-Spezial, des Erfurter Indoorgrills FaustFood: *http://www.faustfood.de/*

- Wandstärke (*shell thickness*): 0,8 mm – bei einem Düsendurchmesser von 0,4 mm sind das 2 Umrandungen.
- Boden und Deckel (*bottom/top thickness*): 1,4 mm – bei der Schichthöhe von 0,2 mm sind das 7 Schichten. Somit sollte der Boden dicht sein.
- Deckel deaktiviert (*solid infill top*): Um den Deckel loszuwerden, müssen Sie in den Experteneinstellungen das Häkchen entfernen. Vergessen Sie nicht, es für andere Objekte wieder anzuschalten.
- Den Filament-Durchmesser (*filament diameter*) gebe ich bei Objekten, die wasserdicht werden sollen, lieber am unteren Ende meiner Messreihe an. Wenn ich zum Beispiel 2,84 mm, 2,82 mm, 2,85 mm und 2,84 mm gemessen hätte, würde ich im Fall einer Vase nicht, wie empfohlen, den Mittelwert[117] nutzen, sondern den niedrigsten Messwert. Somit ist sichergestellt, dass der Drucker auf jeden Fall genug Material fördert. Lieber habe ich ein bisschen zu viel Material an der Vase, als ein kleines Loch nach einem 10-Stunden-Druck.
- Die Drucktemperatur (*printing temperature*) würde ich, vergleichsweise zu der minimal möglichen Temperatur, etwas höher wählen, um für eine sehr gute Verbindung zwischen den einzelnen Schichten zu sorgen.

Die restlichen Einstellungen sind natürlich auch wichtig, aber nicht so erfolgsentscheidend wie die hier aufgeführten. Für eine perfekte Optik, ohne die störende Z-Naht, empfiehlt sich die Verwendung von nur einer, dafür aber breiteren, Wand (zum Beispiel 0,8 mm) in Kombination mit dem Spiralmodus. Hierbei muss nicht etwa eine breitere Düse für Ihren 3D-Drucker zur Verfügung stehen, sondern es muss einfach nur der Düsenöffnungsdurchmesser im Slicer entsprechend manipuliert werden. Um die künstlich erhöhte Materialausgabe zu ermöglichen, empfiehlt es sich bei leicht reduzierten Druckgeschwindigkeiten und teilweise deutlich gesteigerten Temperaturen (zusätzlich 10 – 40 °C) zu drucken.

Fazit

Es liegt nun an Ihnen, erste Druckversuche zu unternehmen, aus Fehlern zu lernen und durch genaue Beobachtung Ihres Druckers Rückschlüsse auf Slicing-Probleme zu ziehen. Schon beim nächsten Projekt werden Sie eine problematische Stelle sicherlich vor dem eigentlichen Druck erkennen und so Zeit und Material sparen. Sie werden Ihren 3D-Drucker lieben und hassen lernen. Treten Sie als weiser Vermittler zwischen dem Drucker und dem Slicer auf, versuchen Sie über Verständnis immer die wahre Ursache zu ergründen, und seien Sie nicht zu hart mit sich selbst, wenn Ihnen am Ende des Tages klar wird, dass der Fehler in Ihren eigenen Einstellungen lag. Sie müssen lernen, und Sie werden lernen. Hierzu wünsche ich Ihnen viel Erfolg und Durchhaltevermögen! Und bedenken Sie immer: Generationen von Early-Adopters, Makern und 3D-Druck-Verrückten vor Ihnen mussten sich die in diesem Buch vereinten Informationen mühsam zusammensuchen[118].

117 In diesem Fall: (2,84 mm + 2,82 mm + 2,85 mm + 2,84 mm)/4 = 2,8375 mm. Ein Runden auf zwei Nachkommastellen ist in der Regel ausreichend, hier also 2,84 mm.

118 Musste auch mal gesagt werden! Spaß beiseite: Ich bitte um Verzeihung für diese Entgleisung und das versteckte Eigenlob nach dem Motto: »Wir hatten es früher viel schwerer als ihr.«

4.6 Materialien

Bevor wir in Abschnitt 4.7 endlich den 3D-Drucker »anschmeißen« und etwas ausdrucken[119], will ich Ihnen noch eine kompakte Übersicht der verfügbaren Verbrauchsmaterialien geben sowie einige Empfehlungen zu deren Verwendung loswerden.

Im FDM-Verfahren werden typischerweise Thermoplaste[120] eingesetzt, also Kunststoffe, die sich, je nach genauem Typ, in einem bestimmten Temperaturbereich verformen lassen. Zur Verwendung erhitzt Ihr 3D-Drucker den Kunststoff bis in diesen Bereich hinein. Das Material wird dadurch weich und lässt sich durch die Düse extrudieren. Anschließend härtet es wieder aus, und der Ausdruck ist fertig. Aufgrund der thermoplastischen Eigenschaften gibt es leider auch eine schlechte Nachricht: Dieser Vorgang ist wiederholbar, das heißt, wenn Sie Ihre Ausdrucke im Hochsommer im Auto liegen lassen, können sich diese auch wieder verformen. Das Problem ist nämlich, dass die Kunststoffe sich schon weit vor Ihrer Drucktemperatur, bei der sogenannten Glasübergangstemperatur[121], zäh und gummiartig verhalten. An Materialien, bei denen dieses Verhalten erst näher an der eigentlichen Drucktemperatur auftritt, wird geforscht. Bis dahin ist es mit keinem der gängigen Verbrauchsmaterialien möglich, sehr heiße oder kochende Flüssigkeiten aufzunehmen.

Warnhinweis

Schon das fachgerechte Aufheizen von Thermoplasten kann Forschungsergebnissen des Illinois Institute of Technology zufolge über alle Materialarten hinweg ultrafeine Partikel (sogenannte UFPs) freisetzen.[122] Das ist grundlegend nichts Neues für technische Geräte, da ähnliche Befunde auch schon mehrfach über 2D-Laserdrucker erstellt wurden. Dennoch leitet sich daraus auch die Anforderung ab, Ihrer Gesundheit zuliebe, beim Drucken immer für genügend Frischluft im Zimmer zu sorgen und das Thema nicht auf die leichte Schulter zu nehmen.

Außerdem muss es auf jeden Fall vermieden werden, dass ein Material über seine Spezifikationen hinaus erhitzt wird, ansonsten findet ein thermischer Zersetzungsprozess statt, der, je nach Material, sehr gesundheitsschädlich ist.

Der auch in der Industrie sehr beliebte ABS-Kunststoff[123] erzeugt schon bei niedrigen Drucktemperaturen von 215 °C unangenehme Gerüche, die empfindlichen Menschen Kopfschmerzen bereiten. Eine Lüftung ist unerlässlich.

119 Ich hätte gerne eine Statistik darüber, wie viele von Ihnen schon längst das Buch beiseite gelegt haben, und bereits am Drucken sind ...

120 Weitere Informationen zu Thermoplasten finden Sie unter *http://de.wikipedia.org/wiki/Thermoplast* [17iAypC].

121 Weitere Informationen zur Glasübergangstemperatur, oft auch Glaspunkt genannt, finden Sie unter *http://de.wikipedia.org/wiki/Glas%C3%BCbergangstemperatur* [19wO3mn].

122 Mein Kollege Dr. Stephan Weiß hat die Erkenntnisse in unserem Blog zusammengefasst und eingeordnet: *http://hypecask.com/schadstoffe-aus-dem-3d-drucker/* [GKgGGF].

123 Ein Großteil aller aus Kunststoff hergestellten Konsumgüter werden aus Acrylnitril-Butadien-Styrol (ABS) hergestellt: *http://de.wikipedia.org/wiki/Acrylnitril-Butadien-Styrol* [19wO5ut].

Eine Filterung der Emissionen durch einen Aktivkohlefilter sieht man bisher so gut wie gar nicht in Einsteigermaschinen.[124]

Neben PLA gibt es wenige, gut dokumentierte Materialien, denen man einstimmig nachsagen würde, dass sie vollkommen unbedenklich wären. Es gibt also ein breites Feld an Verbrauchsmaterialien, mit denen jeder arbeitet, aber von denen niemand so richtig weiß, wie schädlich sie sind.

Zu guter Letzt kommen noch ein paar Materialien zur Auswahl hinzu, bei denen klar ist, dass sie im Druck stark gesundheitsschädliche Stoffe freisetzen. Ich werde sie der Vollständigkeit wegen auflisten, rate aber dringend von der Nutzung durch Hobbyisten ohne geeignete Abzugsvorrichtungen ab.

Meine Empfehlung: Wenn Sie auf Nummer sicher gehen wollen, sollten Sie nur mit PLA von Markenherstellern arbeiten. Wenn Sie etwas experimentierfreudiger sind, sich gut bei den jeweiligen Herstellern informieren und für genügend Frischluft sorgen, kommt eine ganze Reihe weiterer Materialien in Betracht. Von den stark bedenklichen Kunststoffen sollte man aus meiner Sicht aber die Finger lassen.

4.6.1 Allgemeine Informationen

Beim Kauf von Filament müssen Sie beachten, dass Sie den passenden Typen für Ihren 3D-Drucker wählen. Neben dem 3-mm-Standarddurchmesser hat sich in den letzten Jahren zunehmen der dünnere 1,75-mm-Strang etabliert. Dieser wird großflächig genutzt, zum Beispiel auch von der populären MakerBot Replicator-Reihe.

Mit beiden Varianten sind hervorragende Druckergebnisse erzielbar. Unterschiede lassen sich kaum ausmachen. Grundlegend kann man wohl sagen, dass sich der 1,75-mm-Strang aufgrund der geringeren Stabilität nicht besonders für Bowden-Systeme mit langem Abstand zwischen der Fördereinheit und dem Druckkopf eignet. So benutzt zum Beispiel auch der Ultimaker 2 weiterhin das 3-mm-Filament. Neben dem Patt im Praxistest bestehen theoretische Vorteile auf beiden Seiten: Während dem 1,75-mm-Filament nachgesagt wird, dass man aufgrund der geringeren benötigten Heizleistung im Druckkopfdesign kleiner und leichter konstruieren kann, gibt es auf Seiten des 3-mm-Filaments auch zwei Argumente, die man des Öfteren hört. Zum einen sind das die immer noch leichten Kostenvorteile bei der Beschaffung und zum anderen ein vergleichsweise geringerer Einfluss von Ungenauigkeiten beim Filament-Durchmesser auf das Druckergebnis.[125] Aus meiner Sicht ist das nichts weltbewegendes, sodass Sie diesen Punkt bei der Kaufentscheidung zu einem Druckermodell nicht beachten müssen.

Unabhängig davon, welchen Durchmesser Ihr 3D-Drucker verarbeiten kann, ist die Qualität des Filaments von entscheidender Bedeutung. Hier sollte man aus meiner Sicht auf gar keinen Fall möglichst günstig einkaufen. Wer gut drucken will, sollte auch in hochwertige Filamente mit tollen Farben und einer vertrauenswürdigen Herstellungsgeschichte investieren.

124 Die Kühling-Brüder bilden hier mit ihrem RepRap Industrial eine lobenswerte Ausnahme. Weitere Hersteller wollen dem Beispiel folgen.

125 Bei Interesse können Sie die Berechnungen in folgendem Blogpost nachlesen: *http://www.protoparadigm.com/blog/2011/11/filament-tolerances-and-print-quality/* [1fWnLmU].

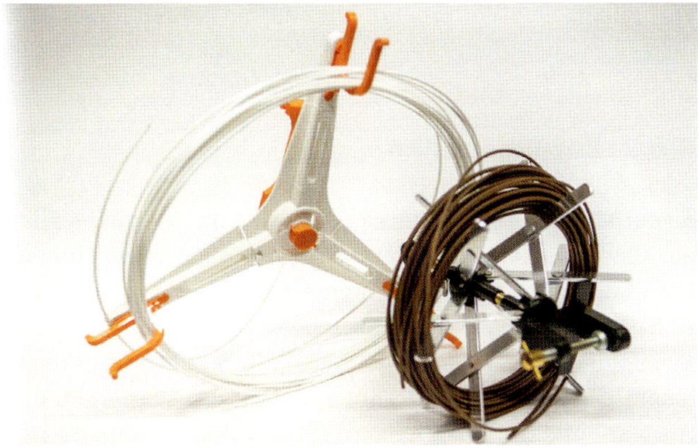

Bild 4.61 Das Filament wird entweder auf Rollen oder als lose Bündel geliefert, die auf geeigneten Abwicklern befestigt sind.

HINWEIS: Preisdumping und Sonderangebote auf eBay und ähnlichen Plattformen halte ich nicht für einen sinnvollen Weg, um an Filament zu gelangen, das Sie mit gutem Gewissen verwenden können. Bedenken Sie, dass Vertrauen hier eine große Rolle spielt: Sie haben keinen Einfluss darauf, welche schädlichen Weichmacher und sonstige Zusätze ihren Weg in das Filament finden, nur um es möglichst schnell herstellbar zu machen, oder es auf noch kleinere Rollen mit einem engeren Durchmesser zu wickeln. Hier ist Vorsicht geboten!

Auf der anderen Seite gibt es weltweit eine Handvoll von Premium-Herstellern, denen ein Großteil der 3D-Druck-Community, mich eingeschlossen, vertrauen. Hier gibt es exzellente Ware mit klaren Aussagen zum Qualitätsanspruch. Beim Thema detaillierter Datenblätter zu den Materialien müssen auch diese Hersteller noch dazulernen. Offensichtlich ist der rechtliche Druck und die öffentliche Aufmerksamkeit noch nicht hoch genug, als dass die Filament-Hersteller sich hier in die Karten schauen lassen möchten, beziehungsweise gegenüber ihren Kunden verbindliche und letzten Endes auch hilfreiche Aussagen treffen würden. Im Zuge der weiteren Verbreitung der Produkte ist hier auf Nachbesserungen zu hoffen.

Aber unabhängig davon steht eines fest: Nur präzise gefertigte Filamente mit durchgängigem Durchmesser über die volle Länge eignen sich für qualitativ hochwertige Drucke. Sobald das Filament an manchen Stellen eher oval ist, in seinem Durchmesser stark nach oben und unten abweicht und im schlimmsten Fall sogar ölige Substanzen enthält, wird das Drucken zum Glücksspiel für Leib und 3D-Drucker. Schwankungen des Filament-Querschnitts sind sofort durch wellenartige Muster im Ausdruck sichtbar und können die teilweise empfindlichen Fördermechanismen verstopfen. Sie können sich die qualitativen Mängel im Ausdruck mit dem bereits Gelernten auch logisch herleiten: Im Slicing können wir genau einmal den Durchmesser angeben, danach stützt sich die ganze Berechnung der Materialausgabe auf diesen Wert. Wenn sich während des Drucks ständig der Input verändert, ohne dass der Drucker darauf reagieren könnte, geht natürlich auch auf der Output-Seite alles schief. Tun Sie sich daher einen Gefallen und kaufen Sie, gerade als Einsteiger, erst einmal die beste verfügbare Qualität. Später können Sie immer noch eigene Testreihen mit billigeren Anbietern starten und gegen Ihre Referenzmaterialien vergleichen.

4.6.2 Bezugsquellen

Eigentlich alle Druckerhersteller bieten auch eigenes Filament an, welches in der Regel gut auf den Drucker abgestimmt ist und nur bei unrühmlichen Billiganbietern von minderer Qualität ist. Der Hersteller kann einen bei Fragen zu Ausdrucken auch besser beraten, wenn er das verwendete Material selbst kennt und darauf auch die Druckprofile optimiert hat. In Einzelfällen haben Sie sogar nur ein Anrecht auf Supportleistungen, wenn Sie sich an die empfohlenen Materialvorgaben halten, ein Verhalten, das im Kontext der schier endlosen Auswahl und teilweise katastrophalen Qualität einiger Drittanbieter aus Sicht der Hersteller verständlich ist.

Dennoch gibt es eine Berechtigung für herstellerunabhängige Materialherstellung: Diejenigen, die es richtig machen und nicht einen möglichst niedrigen Preis als Entwicklungsziel definiert haben, überzeugen durch Angebote mit einer farbenfrohen Auswahl und teilweise neuen innovativen Materialzusammensetzungen.

Einen guten Überblick über die angebotene Auswahl und die aktuellen Preise gewähren Ihnen die im Folgenden aufgeführten Webseiten.

Umfangreiche Übersichten

- **3ders.org:** Auflistung nahezu aller verfügbaren Filamente (auch sortierbar nach Preis): *http://www.3ders.org/pricecompare/* [15SLIHt]
- **RepRap.org:** Übersicht vieler Lieferanten und Onlineshops: *http://reprap.org/wiki/Printing_Material_Suppliers* [19cGjtR]

Meine persönlichen Lieblings-Filamente:

- **faberdashery:** Hierbei handelt es sich um qualitativ höchstwertiges Filament aus England und ein einzigartiges Geschäftsmodell, bei dem die über 30 Farben, auch meterweise bestellbar sind und bis auf wenige Ausnahmen exklusiv über die Webseite bezogen werden können. Leider kommt das Filament nicht auf Rollen und muss daher dem Drucker über eine Eigenkonstruktion zugeführt werden: *http://www.faberdashery.co.uk/*
- **colorFabb:** Hierbei handelt es sich um qualitativ auch sehr hochwertiges PLA-Filament aus den Niederlanden, mit einem speziellen PHA-Zusatz für verbesserte Materialeigenschaften. Es sind ebenfalls über 30 schöne Farben im Sortiment. Das Filament wird auf 750 g Rollen geliefert und ist bei zahlreichen Resellern verfügbar. Die neue Eigenentwicklung *colorFabb_XT* sowie die vielen innovativen Materialmischungen bergen großes Potential: *http://colorfabb.com/*
- **Diamond Age Solutions:** Hierbei handelt es sich um Filament aus Neuseeland, mit ausgezeichnetem Ruf und interessanten Farben. Härtere Materialvarianten befinden sich auch im Angebot. Vik Olliver, Chef des Unternehmens gehört zum *Core Team*[126] des RepRap-Projekts: *http://diamondage.co.nz/*

126 Das RepRap-Core-Team im Überblick: *http://reprap.org/wiki/Admin* [15jorMI].

- Weitere **Qualitätshersteller und Spezialisten**, die aus meiner Sicht die Anforderungen für hochwertiges Filament im 3D-Druck verstanden haben:
  - Die 3DD PLA- und ABS-Filamente von Hiendl: *http://www.hiendl-kunststofftechnik.de/*
  - Die ExcelFil PLA- und ABS-Filamente von Voltivo: *http://voltivo.com/*
  - Die wunderbaren biologischen Filamente von TwoBEars: *http://two-bears.eu/*
- Die jeweiligen **Herstellershops** der großen Druckerhersteller, wie Ultimaker, MakerBot, aber auch Bausatzanbieter, wie German RepRap, sind grundlegend alle zu empfehlen. Hier wird im Sinne der Anwender auf Qualität und gute Kompatibilität mit den jeweiligen Geräten geachtet.

4.6.3 Drucktemperatur und Druckbettbeschichtungen

Die Drucktemperatur wird während des Slicings eingestellt. Ich hatte Sie aber bislang wissentlich übergangen, um Ihnen die nötigen Informationen im Zusammenhang mit den Materialien nennen zu können. Das Finden einer optimalen Drucktemperatur für ein bestimmtes Filament gestaltet sich schwierig, insbesondere weil man Vergleichswerte von anderen Druckerbetreibern nicht übernehmen kann. Fast jedes Druckermodell verfügt über einen vollkommen unterschiedlichen Druckkopf. Auch die Temperatur wird an leicht unterschiedlichen Stellen gemessen, und ob die Temperaturfühler immer hundertprozentig geeicht sind, weiß kein Mensch.

Ich bleibe also dabei: Es ist nicht ratsam, Drucktemperaturen zwischen verschiedenen Druckertypen zu vergleichen. Genauso verhält es sich beim Vergleich desselben Materials verschiedener Hersteller. Selbst bei verschiedenen Farben des gleichen Herstellers liegen die optimalen Drucktemperaturen nicht immer nah beieinander. Das Wichtigste ist, dass Sie sowohl auf die Herstellerangaben Ihres 3D-Druckers wie auch des Filament-Herstellers achten und sich dann langsam in 5-°C-Schritten vom unteren Rand des druckbaren Temperaturbereichs[127] herantasten und experimentell herausfinden, an welchen Stellen die Drucke am besten werden. Alternativ können Sie sich mit anderen Nutzern der gleichen Drucker und Materialien austauschen. Zu beachten ist, dass bei erhöhter Drucktemperatur oft ein paar Grad Celsius mehr benötigt werden, um das Material schnell genug bis auf den Kern auf die entsprechende Temperatur zu bringen. Außerdem werden Sie feststellen, dass es durchaus Unterschiede bei der Verbindungsqualität der einzelnen Schichten zueinander gibt. Wenn Sie am unteren Rand des druckbaren Temperaturbereichs arbeiten, kann es passieren, dass keine optimale Verbindung zwischen der neuen und der zugrunde liegenden Schicht entsteht.

Die Temperatur muss also so hoch gewählt werden, dass die untere Schicht sich noch einmal so stark erhitzt, dass eine starke Bindung entsteht. Im schlechtesten Fall haben Sie einen Ausdruck, bei dem Sie mit wenig Kraftaufwand alles in die einzelnen Schichten zerbrechen können. Im besten Fall haben Sie ein einheitliches Stück Kunststoff in der Hand, das durch massiven Kraftaufwand vielleicht noch zu brechen ist, aber nicht mehr entlang der Schichten bricht. Genau diese Feinabstimmung der reproduzierbaren Teilequalität wird ein primäres Ziel der Hersteller bei der Entwicklung neuer Materialien und Drucker sein.

127 Der druckbare Temperaturbereich ist das Bearbeitungsfenster, in dem Sie das Material thermoplastisch verformen können.

Druckbettbeschichtungen

Einer der kritischsten Punkte im 3D-Druck ist die erste Schicht. Wenn sie nicht richtig aufgebracht wird und über die komplette Dauer des Drucks guten Halt hat wird sich der Druck stellenweise oder vollständig lösen. Durch das *Warping* wird zumindest die Unterseite des Drucks uneben oder blockiert den Druckkopf und sorgt für Probleme im weiteren Aufbau. Bei vollständiger Ablösung scheitert der Druck natürlich.

Daher haben die Community und die Hersteller eine ganze Reihe von Helferlein gefunden, mit denen die Haftung zwischen Druckbett und der ersten Schicht begünstigt werden kann (Bild 4.62).

Bild 4.62 Ein Heizbett (links) und eine Auswahl beliebter Druckbett-Helferlein (von links nach rechts): Haarspray, Kapton Tape, Blue Tapes und Klebstift auf einer Glas- und Tufnolplatte

- **Blue Tape:** Der Klassiker! In Kombination mit PLA ist das Malerabdeckband #2090 von 3M eine einsteigerfreundliche und leicht zu handhabende Möglichkeit, um den Druck sehr fest auf dem Druckbett zu halten. Das Tape wird in gleichmäßigen Bahnen nebeneinander auf das Druckbett aufgeklebt. Es sollte auf einen fettfreien Untergrund und ein überlappungsfreies Aufbringen geachtet werden.
  - Natürlich funktionieren auch einige andere Kreppklebebänder, aber aus meiner bisherigen Erfahrung bietet keines besseren Halt als das Original.
  - Sie können den Halt weiter erhöhen, indem Sie das Tape mit Waschbenzin oder Isopropanolreiniger leicht abwischen. Eine winzige Menge auf einem Lappen reicht, um eine wachsartige Schicht von dem Tape abzutragen. Der gleiche Effekt ist mit einem feinen Schleifpapier zu erreichen. Die Kombination aus Anschleifen und nachträglichem Abwischen mit einem Reiniger oder Aceton ist fast zu viel des Guten. So lassen sich die Bauteile kaum noch ablösen.
  - Falls Sie einen geringeren Halt wünschen, um kleine Teile ohne große Mühe abnehmen zu können, kommt das hellblaue Blue Tape #3434 von 3M infrage. Durch die minimale Haftung, die gerade noch reicht, kleine Objekte sicher zu halten, wird es möglich, durch spezielle G-code-Routinen einen automatischen Druckauswurf zu realisieren.

Dieses von Ultimaker erstmals gezeigte Verfahren ist in einem meiner FabCon 3.D-Videos zu sehen.[128]

- **Heizbett:** Die Verwendung eines beheizten Druckbetts reduziert das *Warping*, da sich der Kunststoff in den unteren Schichten nicht abkühlt und so auch vorerst nicht zusammenziehen muss. Durch das Abkühlen nach dem vollendeten Druck springt das Bauteil sogar automatisch von der Platte ab.
  - Insbesondere bei der Verwendung von ABS ist ein Heizbett Voraussetzung für einen zuverlässigen Druck. Eine Glasplatte dient hierbei als ebene Unterlage. Sie wird zur besseren Haftung mit Kapton Tape beklebt. Je nach genauer Materialzusammensetzung kann auf das Druckbett bei Temperaturen von 90 bis 110 °C gedruckt werden.
  - PLA kann sogar ohne das Tape auf einer erwärmten Platte bei circa 50 bis 70 °C gedruckt werden. Die Glasplatte muss hierfür eben ausgerichtet sein und durch ein geeignetes Reinigungsmittel von Fettrückständen gereinigt werden.
- **Glasplatten mit Beschichtung:** Eine Glasplatte bietet sich durch ihre exzellente Ebenheit an und ermöglicht eine spiegelglatte Unterfläche bei Ihren Ausdrucken. Passende Glasplatten sind zum Beispiel bei IKEA als Spiegelfliesen erhältlich. Um einen sicheren Halt zu gewährleisten, benötigen Sie noch eine Beschichtung. Wie Sie sehen, stand der Kreativität bei der Findung geeigneter Mittelchen nichts im Weg:
  - Sowohl für ABS wie auch PLA eignet sich gewöhnliches Haarspray, um die Haftung auf Glas bei geringeren Temperaturen zu sichern. Ein kleiner Sprühstoß wird dazu auf der Glasplatte mit einem Tuch aufgerieben, sodass ein milchiger Nebel zurückbleibt. ABS ist so mit einem Heizbett bei circa 80 °C zuverlässig druckbar, PLA sogar ohne zusätzliche Erwärmung.
  - Nach dem Auftragen eines, aus Aceton und kleinen Stückchen ABS, selbst gebrauten Klebers kann ABS auch auf kalten Glasplatten zufriedenstellend gedruckt werden.[129]
  - Fast zu festen Halt bietet die Nutzung eines gewöhnlichen Klebestifts. Nach dem Auftragen einer dünnen Schicht findet neben PLA auch das sonst schwierig zu druckende Nylon besten Halt (dann aber mit einem Heizbett bei circa 60 bis 80 °C).
  - Eine wässrige Mischung aus einem Teil Holzleim (*Polyvinylacetat*) und zwei Teilen Wasser soll auf einer Glasplatte in Verbindung mit PLA zu exzellentem Halt führen.[130]
- **Spezialmaterialien und weitere Quellen:** Manchmal werden Ihnen von Ihrem 3D-Druckerhersteller oder Materiallieferanten noch spezielle Lösungen angeboten. So gibt es bei einigen Anbietern chemisch behandelte Dauerdruckplatten mit gutem Haftverhalten gegenüber einer Vielzahl von Materialien. Für Nylon werden zum Beispiel gerne Platten aus dem Faserverbundwerkstoff *Pertinax*, insbesondere vom Typ *Tufnol* oder *Garolite LE*, genutzt. Für eine ganze Reihe von Materialien funktionieren die neuen Dauerdruckplatten der Hersteller German RepRap und Kühling & Kühling.

128 Die Automatic-Pushoff-Routine im Praxistest: *http://youtu.be/9L2tCA-R5HE* [1bE77H8].

129 Der sogenannte ABS-Kleber kann auch alternativ, wie der Name schon sagt, zur Verbindung mehrerer ABS-Ausdrucke verwendet werden: *http://www.protoparadigm.com/blog/2011/12/abs-glue-weld-cast-texture-and-more/* [1feVmr8].

130 Das Ultimaker-Community-Mitglied Peter Lehnér beschreibt diese Methode in einem seiner lehrreichen YouTube-Videos: *http://youtu.be/6yx5kp7M7CE* [19wOs8n].

Informieren Sie sich am besten bei Ihrem Materialhersteller nach den besten Druckbettbeschichtungen, oder werfen Sie einen Blick in die etwas unübersichtliche Zusammenfassung unter *http://reprap.org/wiki/Heated_Bed* [19wbodW].

4.6.4 Materialtypen

In diesem Abschnitt möchte ich Ihnen die üblichen Druckmaterialien und verfügbaren Varianten vorstellen.

> **Preisauskunft – am besten live**
>
> Bevor ich zu diesem Thema lange referiere, verrate ich Ihnen lieber, dass Sie sich in fast jedem Slicer die Materialkosten pro Druck live berechnen lassen können.
>
> In Cura geben Sie hierzu über FILE → PREFERENCES → COST entweder die Kosten pro Kilogramm oder pro Meter Material an. Der Preis der aktuell geladenen Modelle steht dann direkt unterhalb der Druckzeit und dem Materialverbrauch.
>
> Die aktuellen Preise entnehmen Sie direkt von den Webseiten Ihrer bevorzugten Bezugsquellen. Für eine ganzheitliche Betrachtung könnten Sie die Versandkosten und eventuelle Fehldrucke anteilig anrechnen, um den Wert zu verfeinern.

Polylactide (PLA) – Ihr bester Freund

PLA ist das einzig wahre Einsteigermaterial, das ich uneingeschränkt empfehlen kann. Wenn Sie Ihr Material von vertrauenswürdigen Lieferanten beziehen, müssen Sie sich hier keine Gedanken um Ihre Gesundheit machen – ein Umstand, den ich persönlich doch sehr zu schätzen weiß. Hinzu kommt, dass sich PLA beim Abkühlen nur in geringem Umfang zusammenzieht und so das *Warping*-Problem bei geeigneten Druckbettbeschichtungen oder bei Verwendung der Brim-Funktion im Slicing eigentliche keine Rolle mehr spielt.

Bei der Verwendung von ausreichender Kühlung durch Lüfter am Druckkopf ermöglicht PLA hervorragende Druckergebnisse, die auch durch die große Farbauswahl der Hersteller profitieren.

Durch die neuen Mischungen mit PHA erzielt das sogenannte Soft Touch-PLA von colorFabb etwas beständigere Materialeigenschaften und verhält sich, insbesondere unter Last, nicht mehr so spröde wie reines PLA.

Die als *PLA soft* oder *flex* angebotene Variante ermöglicht es Ihnen, flexible Drucke herzustellen. Das Drucken gestaltet sich mit diesem gummiartigen Material nicht immer leicht. Insbesondere Extrudersysteme im Bowden-Prinzip haben ihre Schwierigkeiten mit dem Vorschub. Mit den richtigen Hinweisen wird Ihnen das aber auch gelingen.[131]

131 Die optimale Verwendung von PLA Soft erklärt ein weiteres Mal Peter Lehnér: *http://youtu.be/bB5L_JHyoNg* [GKhc7z].

Bild 4.63 PLA soft im Einsatz – in der flexiblen Kupplung von Steve Wood (Quelle: *http://www.thingiverse.com/thing:38678* [GKp8F2])

Druckbarer Temperaturbereich PLA: 180 bis 230 °C, Heizbett (optional): 50 bis 60 °C (Herstellerangaben beachten!)

Acrylnitril-Butadien-Styrol (ABS) – der Industrieliebling

Ich persönlich bin kein großer Fan von ABS. Einen Kunststoff, der mir bei der Anwendung in nicht optimal gelüfteten Räumen Kopfschmerzen bereitet, setzte ich nur sehr ungern ein. Gerade im ABS-Bereich wird viel minderwertiges Material aus dem asiatischen Raum zu sehr günstigen Preisen angeboten. Ich empfehle hier dringend den Kauf bei Markenherstellern, wie der deutschen Orbi-Tech GmbH[132] und ihren Resellern.

Mit smartABS hat das Unternehmen auch eine Variante im Angebot, die den ansonsten stark ausgeprägten *Warping*-Effekt reduziert. Die Verwendung eines beheizten Druckbetts ist dennoch zu empfehlen. Auf Profimaschinen von Stratasys wird sogar das ganze Bauvolumen beheizt. Erste Ansätze in diese Richtung sind im Einsteigerbereich beim Replicator 2X und dem RepRap Industrial zu sehen.

HINWEIS: Beachten Sie, dass Sie im Slicing über den Flussfaktor den Materialfluss bei der Verwendung von ABS bei manchen 3D-Druckern zwischen 5 bis 20 % anheben müssen.

Druckbarer Temperaturbereich ABS: 215 bis 260 °C, Heizbett: 90 bis 120 °C (Herstellerangaben beachten!)

Polyamide (PA) – besser bekannt als Nylon

Es gibt zwischenzeitlich eine ganze Reihe von Anbietern am Markt, die speziell für das FDM-Verfahren entwickelte Nylon-Filamente anbieten. Besonders der amerikanische Anbieter

132 Orbi-Tech *(http://www.orbi-tech.de/)* stellt ein großes Sortiment an hochwertigen Filamenten her. Das Material ist auch bei vielen Resellern verfügbar.

taulman3D[133] hat sich mit seinen Materialien Nylon 618 und Nylon 645 einen Namen in der Community gemacht. Richard Horne hat in einem ausführlichen Blogpost über die Möglichkeit berichtet, das Filament oder ganze Ausdrucke mit Textilfarben bis auf den Kern einzufärben[134].

Bild 4.64 RichRap treibt es mal wieder bunt – geniale Experimente mit Textilfarbe und Nylon (© Richard Horne alias RichRap)

Eine recht starke Geruchsbelästigung und hohe Anforderungen an die Druckbettbeschichtung trüben den Spaß etwas. Mithilfe der im Abschnitt 4.6.3 erwähnten Tipps erreichen Sie genügend Haftung, sollten aber auch hier auf sehr gute Durchlüftung achten.

Druckbarer Temperaturbereich taulman3D Nylon 618 und 645: 235 bis 260 °C, Heizbett (je nach Beschichtung optional): 90 bis 120 °C (Herstellerangaben beachten!)

Polyethylenterephthalat (PET) – Lebensmittelechtheit inklusive?

PET zählt zu den Top 10 der am häufigsten genutzten Massenkunststoffe weltweit. So werden zum Beispiel nahezu alle Plastikflaschen aus dem lebensmittelechten Kunststoff hergestellt.

Mit *colorFabb_XT* ist den niederländischen Filament-Experten ein kleines Meisterstück gelungen. Das transparente Material (PETG – Polyethylenterephthalat Glycol) ist beständiger als viele seiner Mitbewerber und hat eine ungewöhnlich hohe Glasübergangstemperatur von 75 °C. Im Gegensatz zu ABS ist es im Druck geruchslos und benötigt nicht zwingend ein beheiztes Druckbett.

Weitere Farben und Varianten der neuen Materialklasse sind in Planung. Erste Tests zeigten, dass sich colorFabb_XT im Dual-Extruder-Betrieb nicht mit PLA verbindet, aber dass die beiden genügend Halt aufeinander haben. Somit könnte das XT-Material ein geeignetes Supportmaterial für den PLA-Druck werden. In den Niederlanden sieht man die Verwendung sogar genau anders herum.

133 taulman3D vertreibt seine Produkte über seine Webseite (*http://taulman3d.com/*) und eine Vielzahl von Resellern.

134 RichRap zeigt in seinem Blog, wie man Nylon färbt: *http://richrap.blogspot.de/2013/04/3d-printing-with-nylon-618-filament-in.html* [GIMXO4]

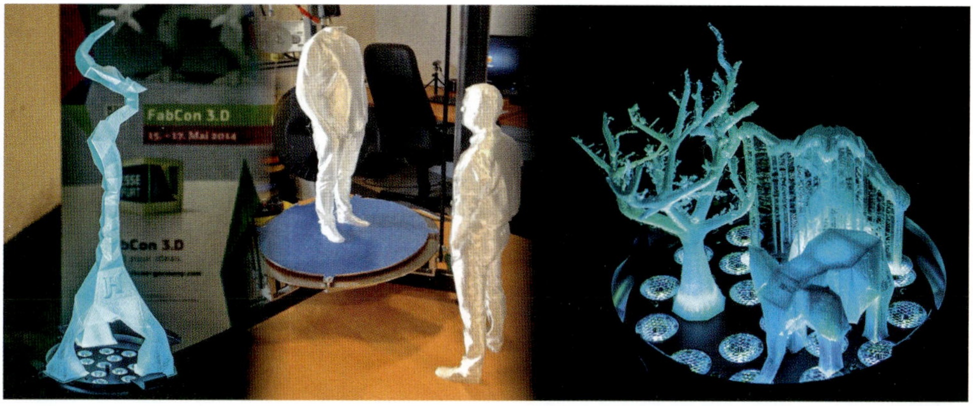

Bild 4.65 colorFabb_XT – dem transparenten Material wird eine große Zukunft im 3D-Druck vorausgesagt (Foto in der Mitte: Sander Strijbos und Ruud Rouleaux, © colorFabb)

Auf der anderen Seite des Teiches hat *taulman3D* mit *t-glase* eine PET-Variante im Programm, die auch in den Farben Rot, Grün, Blau und Schwarz verfügbar ist. taulman3D wirbt damit, dass ihr Produkt nur aus FDA-konformen Materialien hergestellt wird. Der Weg zu einer Zertifizierung des Produkts und, vielleicht noch wichtiger, des verarbeitenden FDM-Verfahrens als solches, steht aber noch aus. Somit ist die Eignung der PET-basierten Filamente für den Lebensmittelkontakt noch kritisch zu betrachten.

Ebenfalls mit einer PET-Variante ist das amerikanische Start-up MadeSolid[135] am Markt. Das PET+ getaufte Material ist in neun verschiedenen Farben erhältlich. Das Unternehmen überzeugt durch eine sehr persönliche und fachlich fundierte Ansprache der Kunden. Daher lohnt es sich auch, den Blog und die Hinweise zur Verwendung der Materialien zu lesen. Hier kann man immer etwas lernen.

Druckbarer Temperaturbereich colorFabb_XT: 235 bis 265 °C, Heizbett (optional): 70 °C (Herstellerangaben beachten!)

Verwendungshinweise für colorfabb_XT: *http://learn.colorfabb.com/print-_xt/* [colorXT]

Druckbarer Temperaturbereich t-glase: 210 bis 235 °C, Heizbett (optional): 70 °C (Herstellerangaben beachten!)

Verwendungshinweise für t-glase: *http://taulman3d.com/t-glase-features.html* [t-glase]

Druckbarer Temperaturbereich PET+: 220 bis 255 °C, Heizbett (optional): 80 °C (Herstellerangaben beachten!)

Verwendungshinweise für PET+: *http://madesolid.com/printers* [PETplus]

Thermoplastische Elastomere (TPE) – Gib Gummi!

Neben den bereits erwähnten, modifizierten PLA *flex* und *soft*-Varianten gibt es auch 3D-Druck-kompatible, gummiartige Kunststoffe aus der Klasse der Elastomere. Das US-amerika-

135 Die Produkte von MadeSolid sind neben wenigen europäischen Resellern hauptsächlich über die Webseite *http://madesolid.com/* erhältlich.

nische Unternehmen Fenner Drives[136] hat ein solches Produkt unter dem Namen *NinjaFlex* entwickelt. Durch die sehr weiche Konsistenz lässt sich das Material oft nicht beim ersten Versuch erfolgreich drucken. Wenn man aber die vielen Herstellerhinweise befolgt und auf diese Weise eine zuverlässige Extrusion sicherstellen kann, erzeugt NinjaFlex sehr schöne und extrem flexible Druckergebnisse.

Bild 4.66 Das gummiartige NinjaFlex-Filament ermöglicht bei korrekter Verwendung die Herstellung von flexiblen Prototypen – hier zum Beispiel den Griff eines Fahrradlenkers.

Das Material ist in einer Vielzahl recht intensiver Farben bei Fenner Drives und einigen Wiederverkäufern erhältlich.

Druckbarer Temperaturbereich NinjaFlex: 210 bis 225 °C, Heizbett: – (Herstellerangaben beachten!)

Verwendungshinweise für NinjaFlex: *http://www.fennerdrives.com/ninjaflexfaq* [ninjaflex]

Holz- und Gipsfilamente

Mitte 2012 begeisterte der deutsche Ingenieur Kai Parthy die Community mit seinem neuen Material *Laywoo-D3*, einem Thermoplasten mit einer Beimischung feinster Holzpartikel. So entstehen Ausdrucke in Holzoptik, die sich auch hervorragend schleifen und sägen lassen. Als willkommenen Nebeneffekt nimmt der Holzzusatz sämtliche Spannungen aus dem Material und ermöglicht einen Druck ohne jegliche *Warping*-Probleme. Über Temperaturänderungen während des Drucks und den damit einhergehenden variierenden Brauntönen lässt sich sogar eine Maserung imitieren.[137] Der süßliche Geruch beim Drucken, der manchmal an Schokoladenkekse erinnert, sollte nicht darüber hinwegtäuschen, dass hier im Grunde genommen Holz verglimmt wird und dementsprechend auch gut gelüftet werden muss.

136 Fenner Drives, ein Spezialist für Antriebstechnik, wagt mit seiner Expertise erste Ausflüge in den 3D-Druck-Markt: *http://www.fennerdrives.com/ninjaflex3dprinting/_/3d/* [1oYc6WA]

137 Entweder manuell am Drucker oder über ein entsprechendes Cura-Plug-in von Jérémie François: *http://www.thingiverse.com/thing:49276/* [1bE7l0U]) bzw. *http://www.tecrd.com/page/liens/stl_wood* [1feVBT7]

Mitte 2013 folgte mit *Laybrick* eine gipsartige Variante, die ebenfalls ohne *Warping* druckbar ist und interessante Oberflächen erzeugt. Das Druckergebnis kann geschliffen und bemalt werden. Wie in Bild 4.67 zu sehen, gibt es aber auch Probleme in klassischen Bridging-Szenarien.

Bild 4.67 Die innovativen Materialkreationen von Dipl.-Ing. Kai Parthy: Laywoo-D3 (links) und Laybrick (rechts); Quelle des Modells (rechts): *http://www.thingiverse.com/thing:19786* [GOFSvl]

Neben den anderen Materialien aus seiner Entwicklung, wie *PLA soft*, *smartABS* und das transparente *Bendlay*, ist zu erwarten, dass Kai Parthy auch weiterhin die 3D-Drucker-Materiallandschaft aufmischt.

Sowohl colorfabb als auch fabbster haben sich von Kais Entwicklungen inspieren lassen und bieten nun mit *woodFill fine* beziehungsweise *LIKE WOOD* ihre eigenen Produkte an. Die Niederländer planen für die zweite Jahreshälfte 2014 eine Variante mit Bambus-Beimischung. Das *bambooFill* erzeugt eine wesentlich glattere Oberfläche und riecht beim Drucken angeblich nach Popcorn.

Druckbarer Temperaturbereich Laywoo-D3: 185 bis 230 °C, Heizbett: – (Herstellerangaben beachten!)

Druckbarer Temperaturbereich Laybrick: 165 bis 190 °C, Heizbett: – (Herstellerangaben beachten!)

Druckbarer Temperaturbereich woodFill fine: 190 bis 205 °C, Heizbett: – (Herstellerangaben beachten!)

Verwendungshinweise für woodFill fine: *http://learn.colorfabb.com/how-to-print-with-woodfill/* [woodfill]

Echte Biopolymere – made by nature

PLA hat den Ruf, ein umweltfreundlicher Biokunststoff zu sein. Die Wahrheit ist aber, dass das Material trotz der nachwachsenden Grundkomponenten über Zusätze in sogenannten *Blends* seine oft beworbene grünen Eigenschaften verlieren kann. Unpassende Farbzusätze in günstigen 3D-Druck-Filamenten tun ihr Übriges. Je nach Zusatzstoffen ist das Material dann gar nicht mehr oder nur in industriellen Anlagen kompostierbar.

Eva und Benno Besler versuchen diesen Umstand mit ihren beiden Filamenten *bioFila silk* und *bioFila linen* zu beheben. Seit 2013 forschen die beiden in ihrem Unternehmen twoBEars[138] nach 3D-druckbaren Biokunststoffen, die ihren hohen Ansprüchen gerecht werden. So müssen alle Bestandteile nicht nur ausschließlich aus nachwachsenden Rohstoffen stammen, sondern auch ein Zugriff auf Agrarflächen und die Nahrungsmittelkette muss ausgeschlossen sein. Im Recycling ist eine 100 % biologische Abbaubarkeit Voraussetzung.

Bild 4.68 Benno und Eva auf der FabCon 2014: Rechts im Bild der GOYLE von Mike Fong (*http://www.thingiverse.com/thing:18284* [GOYLE], gedruckt mit bioFila linen auf einem Laywoo-D3-Sockel.

Die beiden Debüt-Filamente überzeugen neben der hohen Umweltverträglichkeit durch ausgezeichnete Druckbarkeit. Mit dem aus *Lignin*[139] bestehenden *bioFila linen* wird eine unglaublich matte und detailreiche Oberfläche erzielt, mit *bioFila silk*, ganz dem Namen nach, eine seidig glänzende Optik. Weitere innovative Entwicklungen sollen folgen. So ist zum Beispiel ein Material mit dem Namen *BioFila amber* in Planung. Neben der tollen Bernsteinoptik soll der Erweichungspunkt über 100 °C liegen. Somit wären auch heiße Flüssigkeiten im Kontakt mit dem Ausdruck endlich kein Problem mehr.

Druckbarer Temperaturbereich bioFila linen: 170 bis 220°C, Heizbett (optional): 60 °C (je nach Drucktemperatur von glatt bis sehr rau wählbar, Herstellerangaben beachten!)

Druckbarer Temperaturbereich bioFila silk: 170 bis 180°C, Heizbett (optional): 60 °C (Herstellerangaben beachten!)

Spezialfilamente – mehr als nur Effekthascherei

Wöchentlich drängen neue Materialtypen auf den 3D-Druck-Markt. Einer der großen Trends ist die Vermengung eines im 3D-Druck bereits bekannten Kunststoff-Trägermaterials mit einer bisher nicht verwendeten Zugabe. Neben den bereits erwähnten Holzpartikeln und Gipsbeigaben gibt es zum Beispiel Filamente mit Carbon- oder Aluminiumanteilen.[140]

138 Einen vollständigen Überblick über die Philosophie und die Produkte der TwoBEars GbR erhalten Sie hier: *http://two-bears.eu/*

139 Lignin ist in Bäumen maßgeblich für die Verholzung der Zellen verantwortlich. In der Papierindustrie fällt es als Abfallprodukt an: *http://de.wikipedia.org/wiki/Lignin* [1nwAFFU].

140 Die Filamente von Protoplant sind hier erhältlich: *http://www.proto-pasta.com/*

Bild 4.69 bronzeFill eröffnet neue Möglichkeiten: Eine wundervolle Münze (*http://www.thingiverse.com/thing:31536* [3Dcoin]), handpoliert von Erik Cederberg (links), und ein Kreisel (rechts), den Markus Seidt aus einer Kombination von bioFila linen und bronzeFill gedruckt hat. (Fotos: © Erik Cederberg (*http://www.erikcederberg.se/*) und Markus Seidt aka foehnsturm (*http://www.foehnsturm.de/*)

Auch colorFabb hat zur FabCon 2014 ein Filament mit Metallzusatz vorgestellt. *bronzeFill* druckt sich sehr gut und erzeugt mit einer 80-prozentigen Bronzebeimischung vergleichsweise schwere Druckergebnisse. Die Zunahme beim Gewicht resultiert in einer starken Aufwertung der Objekte – ein Effekt, den Sie am besten selbst austesten sollten. Als Sahnehäubchen lassen sich die eher matten *bronzeFill*-Ausdrucke schleifen und polieren. Erst auf diese Weise tritt die schimmernde Oberfläche zutage, die man von einem metallischen Gegenstand erwartet.

Druckbarer Temperaturbereich bronzeFill: 200 bis 220°C, Heizbett (optional): 50 bis 60 °C (Herstellerangaben beachten!)

Verwendungshinweise für bronzeFill: *http://learn.colorfabb.com/print-bronzefill/* [bronzef]

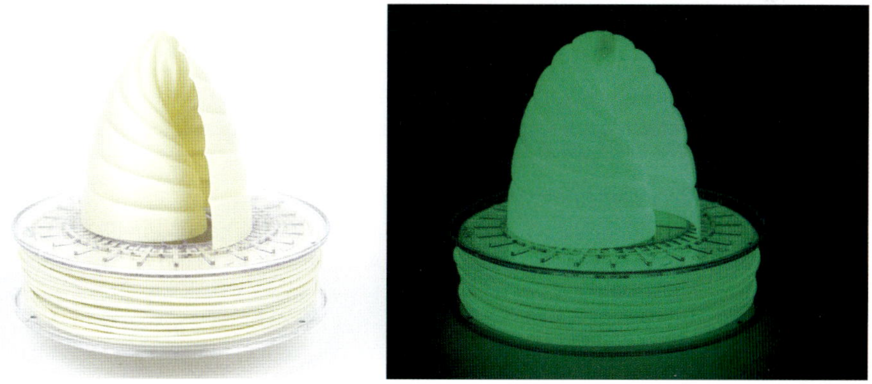

Bild 4.70 Das geheimnisvolle Shy-Light (*http://www.thingiverse.com/thing:29876* [virtox]) des bekannten niederländischen Designers Stijn van der Linden aka virtox sieht, mit glowFill gedruckt, sowohl bei Tag als auch bei Nacht super aus. (Fotos: © colorFabb)

Mit *glowFill* runden die Niederländer ihr aktuelles Portfolio an Spezialfilamenten ab. Nachdem man das Material mit Sonnenlicht oder einer Lampe aufgeladen hat, leuchtet es, dank seiner phosphoreszierenden Pigmente, im Dunkeln. Ein hoher Füllgrad hilft die Leuchtkraft zu verstärken. Diese Idee hatten *faberdashery*, die Vorreiter für qualitativ hochwertige Filamente aus England, schon einige Jahre zuvor in Form ihres *Glowbug Yellow*[141]-Filaments aufgegriffen. Unter Tageslicht erscheint es etwas gelblicher. Es wird ausschließlich als Meterware, also nicht auf Rollen, ausgeliefert.

Druckbarer Temperaturbereich glowFill: 195 bis 220°C, Heizbett (optional): 50 bis 60 °C (Herstellerangaben beachten!)

Verwendungshinweise für glowFill: *http://learn.colorfabb.com/new-colorfabb-glowfill/* [glowfill]

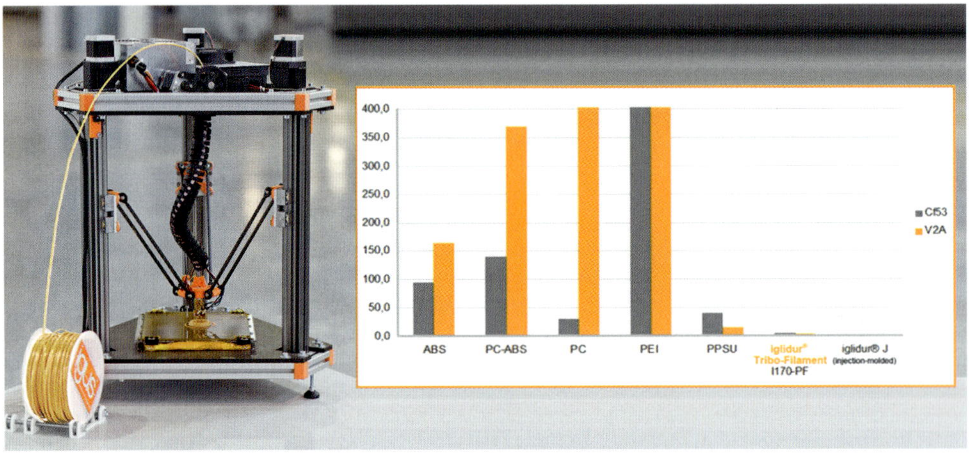

Bild 4.71 Die Tribo-Filamente punkten mit geringem Verschleiß. Die Tabelle zeigt die Verschleißrate (in µ/km) von mit 3D-Druck hergestellten Gleitlagern (linear: v = 0,1 m/s, p = 1 MPa). (Foto und Tabelle: © igus GmbH)

Anfang 2014 gab der zuvor bereits erwähnte Lager- und Führungsspezialist igus bekannt, dass man in Form der iglidur *Tribo-Filamente* zwei firmeneigene Kunststoffe der Öffentlichkeit zugänglich machen will. Die proprietären Materialien sind bis zu 50-mal abriebfester als die herkömmlichen 3D-Druck-Kunststoffe. Interessenten können so erste Prototypen von reibungsbeanspruchten Teilen herstellen. Hierzu können auch sämtliche Produkte von igus als Vorlage im STL-Dateiformat heruntergeladen werden.[142]

Das Material ist in zwei Varianten erhältlich: Das eher gelbliche iglidur 170-PF ist nur in Druckern mit einem weiten Biegeradius in der Materialzuführung (mindestens 50 mm Radius im Bowden- bzw. zuführenden Schlauch) nutzbar, da es sonst vor dem Erreichen des Druckkopfs bricht. Die weiße iglidur 180-PF-Variante wird etwas heißer verarbeitet, kann aber auch universeller gefördert werden.

141 Das stark leuchtende Glowbug Yellow-Material ist bei faberdashery im Online-Shop erhältlich: *http://www.faberdashery.co.uk/products-page/print-materials/glowbug-yellow/* [1mUMl9n].

142 Die igus CAD-Bibliothek erreichen Sie unter *http://www.igus-cad.com/*

Druckbarer Temperaturbereich iglidur 170-PF: ca. 200 °C, Heizbett: 95 °C (Herstellerangaben beachten!)

Verwendungshinweise für iglidur 170-PF: *http://www.igus.de/contentData/wpck/pdf/global/iglidurI170-PF_Processing_Instructions_FDM_DE.pdf* [170-PF]

Druckbarer Temperaturbereich iglidur 180-PF: ca. 220 °C, Heizbett: 95 °C (Herstellerangaben beachten!)

Verwendungshinweise für iglidur 180-PF: *http://www.igus.de/contentData/wpck/pdf/global/iglidurI180-PF_Processing_Instructions_FDM_DE.pdf* [180-PF]

Weitere Materialtypen

Neben dem wasserlöslichen Polyvinylalkohol (PVA)-Filament, das noch sehr teuer und aufgrund seiner Eigenschaft Luftfeuchtigkeit aufzunehmen nur schwer druckbar ist, gibt es eine ganze Reihe anderer Materialien. Bitte machen Sie hier nicht den Fehler, und stürzen Sie sich begeistert auf alles, was durch das Internet geistert.

HINWEIS: Viele dieser Materialien wie Polystyrol (PS) und Polycarbonat (PC) sind nur unzureichend für 3D-Drucker getestet worden. Bei falscher Nutzung entstehen giftige Dämpfe, die tödlich wirken können[143]. Genau hier hört der Spaß auf! Bitte überlassen Sie das Experimentieren mit solchen Kunststoffen ausgebildeten Profis mit entsprechender Sicherheitsausstattung und Luftabzügen.

Diese Kunststoffdrähte werden im gleichen Format auch für industrielle Anwendungen wie dem Kunststoffschweißen verwendet. Doch nur der Umstand, dass es das Material als 3-mm-Filament auf Rollen in Onlineshops gibt, heißt noch lange nicht, dass Sie sich damit vergiften sollten.

Zukünftige Entwicklungen

Als wohl größte Hoffnung zukünftiger Entwicklungen im Materialbereich gelten elektrisch leitfähige Filamente. An ihnen wird bereits aktiv geforscht, und man hofft, so in Kombination mit Dual-Extrudern Leiterbahnen dreidimensional in Druckgegenstände einbringen zu können[144]. Eine kleine Übersicht dahingehender Bemühungen finden Sie auch in der RepRap-Community.[145]

Genauso wichtig wird die weitere Verfeinerung bestehender und die Entwicklung neuer Supportmaterialien sein. Durch die insgesamt gestiegene Zuverlässigkeit neuer 3D-Drucker wird die Förderung von PVA für Heimanwender handhabbarer. Insbesondere durch die Verwendung eines Luftentfeuchters lässt sich das Material schonender lagern. Die Entfernung ge-

143 Informationen zum Brandverhalten von Polystyrol finden Sie unter *http://de.wikipedia.org/wiki/Polystyrol#Brandverhalten* [1a6OSmN].

144 Forscher der University of Warwick haben 2012 erste Tests vollzogen: *http://www.plosone.org/article/info%3Adoi%2F10.1371%2Fjournal.pone.0049365* [GKppYF].

145 Übersicht bisheriger Anstrengungen in Richtung druckbarer Elektronik: *http://reprap.org/wiki/Printing_electronics* [1bTBfuN].

druckter PVA-Supportstrukturen kann durch ein Ultraschallbad beschleunigt werden. Dennoch besteht auch weiterhin Bedarf für bessere Alternativen zu PVA und den proprietären Lösungen von MakerBot und Stratasys. Beim aktuellen Momentum in der Neuentwicklung von Filamenten kann man sich aber eigentlich jetzt schon auf den großen Durchbruch freuen.

Bild 4.72 Filament-Zauber aus dem Koffer – so erlebt man Kai Parthy auf einschlägigen 3D-Druck-Events.

Neben den offensichtlich benötigten Entwicklungen überrascht der deutsche Filament-Magier Kai Parthy auch immer gerne mit dem Unerwarteten: Seit der ersten Auflage des Buches (Ende 2013) hat er wieder eine ganze Palette an experimentellen Filamenten vorgestellt. Mit der *POROLAY*-Reihe[146], bestehend aus den Sorten *LAYFOMM 40*, *LAYFOMM 60*, *GELLAY* und *LAYFELT* verfolgt er ein neues Konzept: Zusätzlich zu einem Elastomer wird PVA als Träger untergemischt. Nachdem der Druck erfolgt ist, kann das wasserlösliche PVA ausgewaschen werden. Je nach Sorte bleibt ein schaum-, gel- oder fellartiger Stoff übrig.

Das *LAYCERAMIC*[147]-Filament funktioniert ähnlich wie Laybrick, nur dass anstelle von Gipspulver Keramikpulver verwendet wird. Anschließend wird der Ausdruck in einem Keramikofen erhitzt, um den Polymerträger aus dem Material zu entbinden. Nachdem das verbleibende Material bei bis zu 1200 °C gebrannt wurde, kann die Keramik zur weiteren Veredelung emailliert werden. Durch die schwere Förderbarkeit im 3D-Drucker und einen recht hohen Schrumpfungsfaktor von 20 – 25 % im Brennprozess sind aber noch einige Probleme auszuräumen, bevor das Material massentauglich wird.

Mindestens genauso futuristisch konzipiert ist das mit Titanoxid versetzte *DI-ELECTRO-LAY*[148]-Filament, das Kai gemeinsam mit einer Forschergruppe der Missouri University of Science and Technology um Professor David Pommerenke entwickelt. Über verschiedene Füllgrade

146 Einen detaillierten Bericht samt Video zu den POROLAY-Filamenten finden Sie unter *http://3dprintingindustry.com/2013/12/24/kai-parthy-gets-felty-foamy-porous-poro-lay-line-filaments/* [POROLAY].

147 Erste Druckergebnisse von LAYCERAMIC lassen sich hier bewundern: *http://www.3ders.org/articles/20140310-3d-printing-branches-out-with-new-clay-based-filament-for-ceramics.html* [LAYCERA]

148 Erste Testergebnisse und potentielle Anwendungen von DI-ELECTRO-LAY: *http://www.3ders.org/articles/20140627-fdm-printing-ceramic-filled-polymers-for-electromagnetic-applications.html* [ELECTROLAY]

eines Ausdrucks kann so die elektrische Feldkonstante innerhalb des Objekts variiert werden. Für normalsterbliche 3D-Drucker-Benutzer, mich eingeschlossen, erscheint dies wenig greifbar, bietet aber für Forscher neue Möglichkeiten, insbesondere bei dem Design von Antennen.

4.6.5 Handhabung und Lagerung

Zur genauen Handhabung und Lagerung sollten Sie die Informationen der Hersteller beachten. Ganz grundlegend gelten folgende Punkte:

- Da einige Filamenttypen hygroskop sind, also Wasser aus ihrer Umwelt regelrecht aufsaugen, sollten Sie das Verbrauchsmaterial immer möglichst trocken in einer luftdichten Box[149] aufbewahren, wenn es nicht gerade am Drucker im Einsatz ist.
- Entsorgen Sie Filamentreste entsprechend der Entsorgungsvorschriften fachgerecht. Nicht alle Kunststoffe können recycelt werden.
- Wenn Sie von einem Materialtyp auf einen anderen wechseln möchten, sollten Sie mit der höheren der beiden empfohlenen Drucktemperaturen die Reste des Vorgängermaterials durch das nachfolgende ausspülen, bis keine Rückstände mehr erkennbar sind.
- Falls Ihr Material auf Rollen kommt, achten Sie immer darauf, keine Knoten in die Rolle zu bekommen. Bei Farbwechseln nutzen Sie hierfür am besten die kleinen Löcher am Rand der Rollen. Wenn Ihr Material hingegen als Meterware in Bündeln geliefert wird, drucken Sie sich einen der vielen Filamenthalter aus[150]. Der Versuch, das Material einfach neben den Drucker zu legen, rächt sich fast immer durch abgebrochene Drucke und bis zur Unbrauchbarkeit verknotetes Filament.

4.7 Ausdruck – Kunststoff marsch!

Spätestens ab diesem Abschnitt benötigen Sie Zugang zu einem 3D-Drucker. Dies muss, wie in Kapitel 3 ausgeführt, nicht zwingend Ihr eigener sein. Leider ist es mir nur bedingt möglich, Ihnen anschaulich zu erklären, wie Sie einen Druck starten oder worauf genau zu achten ist, da jedes 3D-Drucker-Modell in seiner Benutzung etwas unterschiedlich ist. Ich bin aber zuversichtlich, dass Sie mit den bisherigen Informationen einen guten Start hinlegen werden und genau wissen, auf welcher Community-Webseite Sie Hilfe finden, für den Fall, dass der Gerätehersteller Ihnen nicht sowieso schon eine ausführliche Dokumentation zur Verfügung gestellt hat. Im Folgenden gebe ich Ihnen daher nur noch einen Überblick meiner Lieblingswerkzeuge und Programme für den Betrieb meiner eigenen 3D-Drucker.

149 Wie man sich mit einfachen Mitteln eine Trockenkammer baut, zeigt Jérémie François in seinem Blog: *http://www.tridimake.com/2014/08/home-made-filament-drier-box.html* [DRYbox]

150 Suchen Sie einfach auf einer Content-Plattform Ihrer Wahl nach »Filament Spool« oder »Filament Holder«.

4.7.1 Wichtige Werkzeuge

Ich beschreibe die Werkzeuge am besten in der Reihenfolge, in der ich Sie benutze: Während des Slicings messe ich, wie bereits beschrieben, den Durchmesser des verwendeten Filaments mit der *Mikrometerschraube*. Den *Messschieber* nutze ich für diese Aufgabe nur noch selten. Mit der *Pinzette* lassen sich ohne Probleme auch noch kurz vor dem Druckstart störende Filamentreste am Druckkopf entfernen, ohne sich dabei die Finger zu verbrennen.

Sobald der Druckgang beendet ist, löse ich entweder mit der *Spachtel* und noch viel lieber mit einem *Stemmeisen* den Ausdruck vom Druckbett. Die steil ansteigende Kante des Stemmeisens macht es zu einer effektiven Waffe gegen hartnäckige Drucke, die regelrecht auf das Druckbett gebacken wurden. Für kleine Teile funktionieren alternativ auch sehr gut die hauchdünnen Malspachteln, die es im Set in Bastelläden und in allen Formen und Größen bei eBay gibt. Kleine Fäden und Unreinheiten am Druck entferne ich anschließend mit dem *Bastelmesser*. Eventuelle Prüfungen der Maßhaltigkeit fallen dann wieder mit dem Messschieber sehr leicht.

Bild 4.73 Meine Lieblings-Werkzeugauswahl (von links nach rechts): Pinzette, Bastelmesser, Spachtel, Stemmeisen, Messschieber und Mikrometerschraube

Das allerwichtigste Hilfsmittel ist in Bild 4.63 nicht zu sehen: Der Mülleimer. Stellen Sie noch heute einen extra Mülleimer für die vielen kleinen Kunststoffwürstchen, den ein oder anderen Fehldruck, Reste des Blue Tapes und sonstige »Schweinereien« bereit. Sie werden es nicht bereuen!

PRAXISTIPP: Wenn Sie genügend Platz haben, sollten Sie überlegen, Filamentreste, fehlgeschlagene Drucke und alte Supportstrukturen zu sammeln, um sie später in einem eigenen Filament-Extruder zu recyceln. Dass dieser Traum eines jeden Makers schon jetzt mit vertretbarem Aufwand möglich ist, zeige ich Ihnen in Abschnitt 5.9.2.

4.7.2 Steuerung des Druckers

Wie genau Ihr Drucker mit dem im Slicing erzeugten G-code gefüttert wird, kann ich Ihnen nicht sagen, da dies von Modell zu Modell unterschiedlich ist. Die typischen Varianten sind:

- **USB-Verbindung:** Der Druckauftrag wird über ein sogenanntes Hostprogramm live mit dem Code versorgt. Aus Tabelle 4.4 (Abschnitt 4.3) können Sie entnehmen, welche der Slicing-Programme schon eine Host-Funktion mitbringen und Ihnen so eine einheitliche Benutzerführung bieten. Falls Ihr Lieblings-Slicer diese Funktion nicht oder nicht zufriedenstellend bietet, gibt es eine gute Nachricht für Sie: Der grandiose *Repetier Host* von Roland Littwin[151] wird diese Aufgabe gerne übernehmen (Bild 4.74).

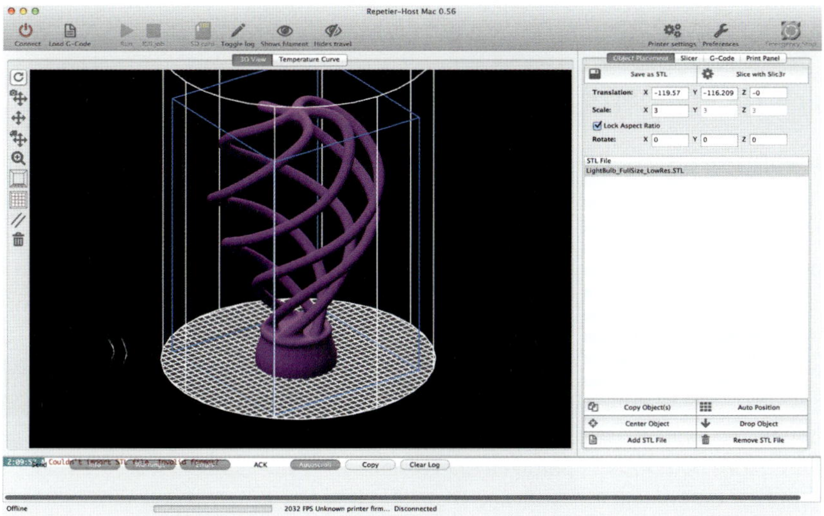

Bild 4.74 Repetier Host – das Schweizer Taschenmesser der Hostprogramme aus deutscher Herstellung

Die Installation geht leicht von der Hand, und die einmalige Konfiguration werden Sie mithilfe der Dokumentation[152] und ein bisschen Hilfe aus der Community auch passend zu Ihrem 3D-Drucker meistern. Danach verfügen Sie über eine leistungsfähige Suite, aus der Sie sämtliche Funktionen Ihres Druckers steuern können. Es gibt sogar eine Live-Darstellung der Druckkopfbewegungen im Werkzeugweg.

Leider kann die USB-Verbindung bei besonders aufwendigen Modellen auch mal zum Flaschenhals werden und sich als kleine Ruckler im Druckerverhalten bemerkbar machen. Außerdem ist darauf zu achten, dass keine Stand-by-Funktionen oder Bildschirmschoner den Druckverlauf stören. Über die iPhone App Repetier-Informer kann der aktuelle Fortschritt des Druckauftrags von unterwegs überwacht werden: *http://bit.ly/Rinformer.*

151 Roland Littwin ist der fleißige und talentierte Programmierer hinter der Repetier-Firmware, dem Repetier Host und dem noch jungen Repetier-Server.

152 Die Repetier Host-Dokumentation finden Sie unter *http://www.repetier.com/documentation/repetier-host/rh-installation-and-configuration/* [19wOSvs].

- **SD-Karte/USB-Stick:** Aus meiner Sicht komfortabler und robuster, läuft der Druckauftrag mit einer SD-Karte und in manchen Fällen auch USB-Sticks über die Bühne. Der geslicte G-code wird hierzu auf das Speichermedium kopiert. Vom Drucker aus lässt sich dann die eingesteckte Karte lesen und ein Druckauftrag auswählen. So ist Ihr 3D-Drucker nicht von dem Verhalten Ihres Computers abhängig. Außerdem kann der Drucker so auch unkompliziert an einem anderen Ort stehen, und Sie müssen nicht das anfänglich unterhaltsame, später doch etwas anstrengende Gedudel ertragen.
- **WLAN/Cloudbasiert:** Viele der zukünftigen Drucker werden es ermöglichen, die Druckdaten kabellos über Ihr WLAN oder sogar über weitere Strecken durch das Internet zu erhalten. Wie so etwas heute schon kostengünstig für alle 3D-Drucker nachrüstbar ist, erfahren Sie in Abschnitt 5.7.

4.7.3 Die verflixte erste Schicht – 5 Schritte zum Erfolg

Ganz zu Beginn eines jeden 3D-Drucks liegt die kritischste Phase: Die erste Schicht! Um ohne großen Ärger schon beim ersten Mal einen guten Start hinzulegen, müssen Sie nur eine Handvoll an Punkten beachten:

- **Materialversorgung:** Überprüfen Sie, dass das Filament korrekt eingelegt ist und keine Knoten auf der Rolle entstehen können. Gegebenenfalls können Sie testweise auch ein paar Zentimeter Material extrudieren.
- **Druckbettbeschichtung:** Stellen Sie sicher, dass eine geeignete Druckbettbeschichtung auf dem Druckbett vorhanden ist. Falls zu viele Abnutzungserscheinungen vorhanden sind, ersetzten Sie die Beschichtung durch eine neue Lage.
- **Düsenabstand zum Druckbett:** Befolgen Sie genau die Anweisungen Ihres Druckerherstellers, um den optimalen Abstand der Druckkopfdüse zum Druckbett einzustellen. Nur wenn die Düse weder zu nah noch zu weit von dem Bett entfernt ist, können Sie die erste Schicht erfolgreich meistern. Klären Sie ab, ob Sie innerhalb der ersten Sekunden der ersten Schicht, über entsprechende Vorrichtungen am Drucker, noch die Möglichkeit haben, manuell den exakten Abstand einzustellen. Manche Geräte bieten hierzu eine Möglichkeit an, andere erfordern eine absolut korrekte Einstellung im Vorfeld. Falls Ihr 3D-Drucker die Repetier-Firmware einsetzt, können Sie über QUICKSETTINGS → Z-BABYSTEPPING während des Druckbetriebs Änderungen vornehmen.[153]
- **Druckbettnivellierung:** Genauso wichtig, wie der Abstand der Düse zum Druckbett, ist der Umstand, dass dies nicht nur in der Mitte des Druckbetts so ist, sondern überall. Daher ist es auch hier wichtig, dass Sie den Empfehlungen des Herstellers genau folgen, um das Druckbett gegenüber den Druckkopfbewegungen genau auszurichten. Nur so können Sie auch größere Objekte drucken, ohne dass an den Rändern der Druckkopf entweder in das Druckbett fährt oder darüber in der Luft herumalbert.
- **Scharfe Augen:** Falls irgendetwas bei der ersten Schicht wieder und wieder nicht klappen will, beobachten Sie den Drucker genau, und versuchen Sie dem Problem auf die Schliche zu kommen. Im Notfall fragen Sie einfach, am besten mithilfe eines Videos, den Support

153 Die Idee zum sogenannten Babystepping ist eine weitere Heldentat von Bernhard Kubicek, die er in seinem Blog beschreibt: *http://bernhardkubicek.soup.io/post/353729118/Marlin-Babystepping* [babystepp]

oder andere Community-Mitglieder um Rat. Solche Probleme müssen Sie an der Wurzel erkennen und beheben, ansonsten macht 3D-Druck keinen Spaß.

Tuning im Druckbetrieb

Alle Drucker können entweder über die Host-Software oder über ein Eingabe-Interface am Drucker selbst, auch während des Drucks, in einigen Einstellungen manipuliert werden. Einige sinnvolle Optionen sind:

- **Temperaturänderungen:** Wenn Sie im Druck sehen, dass das Material zu stark erhitzt wird, können Sie unkompliziert nachjustieren. Diese Option kann auch dazu genutzt werden, um bei einem neuen Druckmaterial die optimale Drucktemperatur herauszufinden. Starten Sie dazu einen einfachen Druckauftrag, zum Beispiel einen Zylinder. Wenn Sie jetzt nach jeweils einem Zentimeter die Temperatur um 5 °C erhöhen oder senken, können Sie schnell das optisch beste Druckbild oder die höchste Schichthaftung in Erfahrung bringen.
- **Flowfaktoränderungen:** Sobald Sie sehen, dass aufgrund einer falschen Einstellung im Slicing oder schlechter Konsistenz des Filament-Durchmessers zu viel oder zu wenig Material ausgegeben wird, können Sie schnell eingreifen und die Ausgabe manuell regeln.
- **Pause-Funktionen:** Manche Drucker bieten eine *Pause*-Funktion, mit der es möglich ist, im Betrieb zum Beispiel die Farbe des Filaments zu wechseln oder Gegenstände in das Druckinnere zu legen und den Druck anschließend fortzusetzen. Auch eine Speicherung des aktuellen Fortschritts ist angedacht. So könnte ein Druck zu einem späteren Zeitpunkt an einem anderen Ort fortgesetzt werden.
- **Geschwindigkeitsänderungen:** Wenn es eine Funktion gäbe, die ich aus allen Druckern dieser Welt rausschmeißen könnte, wäre es wohl diese. Zu groß ist die Versuchung, auch für mich selbst, an dem kleinen Knöpfchen zu drehen und zu gucken, wie schnell die kleine Wundermaschine sich wohl bewegen kann. Stattdessen sollte jeder einfach akzeptieren, dass gute 3D-Drucke ein wenig Zeit und Geduld brauchen. Die Möglichkeit, automatisiert oder manuell die Geschwindigkeit abschnittsweise, je nach Komplexität, in einem Ausdruck intelligent zu variieren, findet sich erfreulicherweise auch immer öfters in neuen Versionen der Slicer. Wenn es einfach nur schneller gehen soll, folgt man am besten meinem Beispiel und kauft sich einen Zweit-, Dritt- oder Viert-3D-Drucker. So wird einem garantiert nie langweilig!

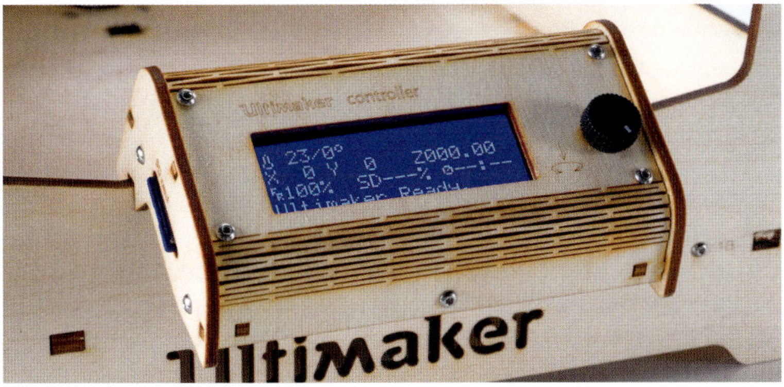

Bild 4.75 Der Ulti-Controller – eine mächtige Entwicklung des Community-Mitglieds Bernhard Kubicek (Foto: © Ultimaker B.V.)

Fertiges Objekt

3D-Druck ist viel mehr, als billig wirkende Kunststoffausdrucke. Wer das nicht glaubt, hat sich noch nicht mit der Veredelung von 3D-Drucken beschäftigt. Es warten schier endlose Möglichkeiten der Nachbearbeitung auf Sie. Zahlreiche Tipps zum Anmalen, Schleifen, Glätten, Sprayen, Beflocken und vielen anderen aufregenden Ideen finden Sie auf der Webseite zum Buch.

Bild 4.76 Bei der Nachbearbeitung fängt der Spaß erst richtig an – Beflockung und verschiedene Sprayfarben im Test (Modell des Voronoi-Eiffelturms: © Dizingof, alle anderen: © Dr. Stephan Weiß)

4.8 Wartung und weiterführende Informationen

3D-Drucker sind meiner Erfahrung nach nicht besonders wartungsintensive Maschinen, aber ein bisschen Pflege und Instandhaltung hat noch nie geschadet. Um Ihre Garantieansprüche nicht zu gefährden, sollten Sie zu diesem Thema einen Blick in die Bedienungsanleitung Ihres Druckers werfen. Einige grundlegende Punkte werden aber auf alle Drucker zutreffen:

- **Fördereinheit säubern:** Achten Sie darauf, dass gerade vor langen Druckaufträgen der Drive Bolt Ihrer Fördereinheit ordentlich gesäubert ist. Eine Zahnbürste mit harten Borsten hilft, altes Verbrauchsmaterial aus den Zähnchen zu entfernen.
- **Druckkopf säubern:** Nach fehlgeschlagenen Druckaufträgen kann es passieren, dass altes Material am Druckkopf festklebt. Beim nächsten Druck werden diese Abfälle wieder weich und laufen in Richtung Düse, wo sie als braun gebrannte Masse Ihr Ergebnis verunstalten. Heizen Sie den Druckkopf auf circa 200 °C und wischen Sie vorsichtig mit einem Stück Küchenpapier alle Kunststoffreste weg.
- **Schmierung der Achsen:** Von Zeit zu Zeit können die Achsen und Lager Ihres Druckers einen kleinen Schmierstoffwechsel vertragen. Kontaktieren Sie zuvor auf jeden Fall den Hersteller, da manche Lager sehr bestimmte Schmiermittel erfordern.

- **Reinigung des Druckers:** Stellen Sie sicher, dass sich keine dünnen Material-Restfäden so nah am Drucker befinden, dass sie sich in der Mechanik verheddert könnten.
- **Riemen spannen:** Wenn Ihr Drucker durch Riemen angetrieben wird, können Sie von Zeit zu Zeit, nach Anleitung des Herstellers, die Riemenspannung prüfen und gegebenenfalls nachstellen. Achten Sie bei doppelter Ausführung der Riemen (z.B. beim Ultimaker oder vielen Delta-basierten Modellen) darauf, diese möglichst gleichmäßig zu spannen, und übertreiben Sie es nicht, denn eine zu hohe Spannung kann dem Druckergebnis abträglich sein.
- **Firmware updaten:** Wenn Sie den Anleitungen des Herstellers genau Folge leisten, sollten Sie sich irgendwann einmal an ein Update der Firmware heranwagen, soweit eines zur Verfügung steht. Oft werden hier neue Funktionalitäten oder verbesserte Druckeigenschaften nachgeliefert. Wundern Sie sich also nicht, wenn danach vieles besser läuft. Eine Rückkehr auf eine alte Firmwareversion ist gerade bei Open Source entwickelten Druckern im Notfall immer möglich.

Weitere Tipps

- **Filament-Reinigung:** Halten Sie Ihr Verbrauchsmaterial möglichst sauber (Bild 4.67). Wenn sich Staub und andere Partikel auf dem Filament absetzen, werden Sie diese früher oder später in einem Druckergebnis wiederfinden. Im einfachsten Fall kann ein kleines Schwammstück mit einem Kabelbinder helfen, das Filament vor dem Eingang zum Fördermechanismus sauber zu halten. Aber Sie dachten sich sicher schon, dass es auch gedruckte Varianten gibt: *http://www.thingiverse.com/search?q=dust+filter* [1fWoEvZ].

Bild 4.77 Durch einen Filter (links) lassen sich Katzenhaare im Ausdruck (rechts) vermeiden (Foto links: © Creative Tools).

- **Druckerüberwachung:** Vertrauen ist gut, Kontrolle ist (manchmal) besser! Mithilfe einer netzwerkfähigen Webcam lassen sich Drucke bequem von überall aus beobachten (Bild 4.68). Insbesondere die per Smartphone-App steuerbaren Versionen haben ihren Charme. Aber bevor Sie eines der circa 100 Euro teuren Geräte[154] erwerben, werfen Sie zuvor am besten noch einen Blick auf die günstigere und in vielen Punkten leistungsfähigere Variante in Abschnitt 5.7.

154 Ich verwende eine Webcam FI9821W V2 der Firma Foscam.

Bild 4.78 Eine netzwerksteuerbare Webcam mit Nachtsichtmodus macht einem die Überwachung leicht.

4.8.1 Vertiefung: G-code und Firmware

Dieser Abschnitt muss Sie nicht zwingend interessieren, da es sich um tiefer gehendes Fachwissen zu den Innereien des 3D-Drucks handelt. Aber ein grundlegendes Verständnis darüber, wie der so wichtige *G-code* aufgebaut ist und von welchem Teil des Druckers er eigentlich interpretiert wird, wäre doch schon spannend, oder?

G-code – die Maschinensprache

Ich entführe Sie ganz kurz in die Welt der Maschinensprache. Diese Ausführungen werden Ihnen nur ein erstes Verständnis für die Befehle und ihren Aufbau geben. Die vollständige Dokumentation aller G-codes und ihrer Funktion finden Sie unter *http://reprap.org/wiki/G-code* [196O7uY]. Lassen Sie uns interaktiv vorgehen:

1. Öffnen Sie einen beliebigen G-code mit einem Texteditor. Auf Windows ist das zum Beispiel *Notepad* und bei Mac OS X *TextEdit*. Falls Sie noch keinen G-code haben, generieren Sie sich schnell einen über Cura oder den Slicer Ihrer Wahl.

2. Sobald Sie den G-code geöffnet haben, werden Sie eine lange Ansammlung kryptischer Befehle sehen. Aber so kryptisch ist das alles gar nicht. Der 3D-Drucker bearbeitet die Befehle Zeile für Zeile von oben nach unten. Wir fangen auch oben an, und ich gebe Ihnen ein paar Beispiele:
   - Alle Zeilen, die mit einem Semikolon (;) beginnen, können Sie überspringen. Es handelt sich dabei nur um Kommentare, die auch von Ihrem Drucker übersprungen werden. Dennoch können Sie vielleicht gerade durch die Kommentare ein paar interessante Informationen erlangen.[155]

155 In den Kommentaren sind oft sämtliche Slicing-Einstellungen gespeichert. Außerdem sind Teile der Kommandos kommentiert. Ein Kommentar kann also auch nach einem Befehl in der gleichen Zeile stehen.

- **G28:** Irgendwo innerhalb der ersten Zeilen (nach den Kommentaren) werden Sie ein `G28`-Kommando finden. Dieser Befehl sagt dem Drucker, dass er sich in seine Ausgangsposition (= *home position*) bewegen soll.
- **M104/M109:** In direkter Nähe wird Ihnen entweder ein `M104`- oder `M109`-Kommando begegnen. Dieses Kommando stellt die Temperatur ein. Die `M109`-Variante stellt sie nicht nur ein, sondern wartet auch, bis diese erreicht wurde. Der Wert hinter dem `S` gibt die Temperatur an.
- **M106/M107:** Vielleicht können Sie auch irgendwo ein `M106 Sxxx`- oder ein `M107`-Kommando entdecken. `M106` schaltet den Lüfter am Druckkopf mit der Geschwindigkeit `S` ein (maximal 255). Das `M107`-Kommando schaltet den Lüfter aus.
- **G1 X Y Z E F:** Den größten Teil der Befehle nach dem Vorspiel[156] der ersten Zeilen macht das `G1`-Kommando aus. Das ist auch logisch, denn `G1` bestimmt jede einzelne Bewegung des Druckers. Je nachdem, welche Werte hinter den Koordinaten X, Y und Z stehen, bewegt er sich an die entsprechende Stelle im dreidimensionalen Koordinatensystem. Jedes Segment im Werkzeugweg wird so angesteuert. Das mystische `E` ist nichts weiter als die Bewegung des Fördermechanismus. Die Fortbewegung des Schrittmotors wird also wie eine weitere Achse im G-code mitgeführt. Der `F`-Parameter bestimmt die Geschwindigkeit der Bewegung in Millimeter pro Minute (Wenn Sie diesen Wert durch 60 teilen, erhalten Sie die im Slicer angegebenen Geschwindigkeiten in mm/s).
- **M104 S0/M140 S0:** In jedem G-code sollte ganz am Ende irgendwo das `M104 S0`- und für den Fall, dass Sie ein beheiztes Druckbett haben, auch das `M140 S0`-Kommando auftauchen. Damit wird die Druckkopf- und die Heizbett-Temperatur auf 0 °C gesetzt.

Damit ist meine Mini-Einführung in den Maschinencode beendet. Ich hoffe, Sie haben nun ein besseres Verständnis dafür gewonnen, *was* Ihr Drucker macht, und *warum* er es macht. Besonders bei neuen Funktionen in Slicern kann es hilfreich sein, zu sehen, wie sich bestimmte Änderungen in den Slicing-Einstellungen auf den G-code auswirken. Bei weiterem Interesse sollten Sie die Übersicht auf *RepRap.org* studieren.

Musik in meinen Ohren – Mit G-code musizieren

Ist Ihnen eigentlich schon aufgefallen, dass sich manche Druckaufträge fast wie ein schräg gespieltes Lied anhören? Das ist auch schon anderen aufgefallen, die daraus direkt mehr gemacht haben ...

Mithilfe eines Phytonskripts[157] können eigene MIDI-Audiodateien in G-code konvertiert werden und durch Bewegungen der Motoren in sehr ulkigen Tönen auf Ihrem 3D-Drucker abgespielt werden.

Der Name ist Programm: Der YouTube-Video-Blogger Jerry Berg hat neben einer Videoanleitung, wie man mit dem Ultimaker musiziert (Bild 4.69), noch einige weitere, sehr schöne Einführungsvideos zum Thema 3D-Druck in seinem Channel *Barnacules Nerdgasm*: *http://www.youtube.com/user/barnacules1/search?query=ultimaker* [GEEeMt].

156 Das »Vorspiel« ist in Wahrheit der Start-G-code, den wir schon in den erweiterten Einstellungen der Slicing-Einstellungen kennengelernt hatten. So schließen sich die Kreise...

157 Sie finden das »MIDI to G-code«-Skript unter *https://github.com/TeamTeamUSA/mid2cnc* [GINC1Z].

Bild 4.79 Jerry zeigt in seinem YouTube-Video, wie man mit dem Ultimaker musiziert: *http://youtu.be/0N8B1e1gKMA* [GEEf3e] (© Jerry Berg/barnacules).

Firmware

Als Firmware wird die Software bezeichnet, die auf der Steuerungselektronik Ihres 3D-Druckers läuft und alles zusammenhält. In ihr werden die Sensormessdaten der Temperatursensoren und Endschalter[158] ausgewertet, um dann die Heizpatrone entsprechend Ihrer vorgegebenen Drucktemperatur mit Strom zu versorgen. Auch die Bewegungsbefehle im G-code werden interpretiert und entsprechend an die Schrittmotoren weitergeleitet. In der Firmware werden sogar Maximalgeschwindigkeiten und Beschleunigungsverhalten festgehalten. Somit ist der G-code nicht immer das mächtigste Glied in der Kette. Wenn die Firmware in bestimmten Bereichen beschränkt wurde, um die Maschine vor ungünstigen Belastungen zu schützen, können Ihre Anweisungen in den Druckdaten verlangen, was sie wollen. Die Firmware regelt die Geschwindigkeit dann einfach ab – ähnlich wie bei schnellen Luxuslimousinen die Motorleistung elektronisch abgeregelt wird.

Einige Hersteller entwickeln ihre eigenen Firmware und machen diese auch nicht öffentlich zugänglich für ihre Nutzer. Das ist ein weiterer Vorteil der Open Source entwickelten 3D-Drucker. Wenn Sie Interesse haben, können Sie jederzeit an der Firmware weiterentwickeln und Parameter testweise verändern.

Die zwei großen Open Source Firmware-Projekte sind:

- **Marlin:** *Marlin* ist die am weitesten verbreitete Firmware für offen entwickelte 3D-Drucker. Sie wird maßgeblich von Erik van der Zalm und einem Team motivierter Programmierer entwickelt. Der bekannteste Nutzer der Firmware ist Ultimaker, die eine Variante von Marlin auf allen Ultimakern laufen lassen.
  - Dokumentation & Quellcode: *https://github.com/ErikZalm/Marlin* [1cqcn0t]
  - Konfigurator: *http://marlinbuilder.robotfuzz.com/* [1bE7QI6]
- **Repetier Firmware:** Die *Repetier Firmware* stammt vom Repetier Host-Programmierer Roland Littwin und wird maßgeblich durch ihn und einige Mitstreiter programmiert. Sie wird zum Beispiel von den Delta-Druckern Rostock Max und Delta Tower, aber auch von

158 Die Endschalter sind die Begrenzungssensoren, die sicherstellen, dass sich keine Achse weiter bewegt als Ihr 3D-Drucker groß ist.

konventionellen 3D-Druckern, wie dem Felix-Printer, genutzt. Sie harmoniert besonders gut mit dem Host-Programm und bietet dort die Möglichkeit, direkt auf die Firmware-Parameter zuzugreifen.

- Dokumentation: *http://www.repetier.com/documentation/repetier-firmware/* [1ai9lXk]
- Quellcode: *https://github.com/repetier/Repetier-Firmware* [1cqcxVw]

Sicherheitshinweis

Sie müssen sich gut in die Dokumentation der jeweiligen Firmware einlesen und alle Einstellungen vollkommen verstanden haben. Andernfalls riskieren Sie, Ihren 3D-Drucker zu beschädigen. Durch die Auswahl der falschen Heizpatrone können Sie zum Beispiel den Druckkopf leicht übermäßig erhitzen oder die Elektronik zerstören. Der Konfigurator der Marlin-Firmware kann Ihnen bei der Konfiguration behilflich sein. Wenn Sie sich nicht sicher sind, sollten Sie lieber erfahrene Community-Mitglieder um Hilfe[159] fragen oder nur offizielle Firmware-Updates des Herstellers nutzen.

Der wichtigste Wert der Firmware: E-Steps

Ein ganz entscheidender Parameter, der das Verhalten der Fördereinheit maßgeblich steuert, ist in der Firmware hinterlegt: Die Extruder-Schritte pro Einheit (= *extruder steps per unit*, kurz: *e-steps value*). Diese Zahl gibt an, wie viele Schritte sich der Schrittmotor am Fördermechanismus drehen muss, um einen Millimeter Material auszugeben. Diese Zahl hängt natürlich von dem genauen Aufbau des Mechanismus, dem Umfang des Drive Bolts und dem genauen Motortyp ab. Wenn Sie an diesen Stellen also irgendetwas ändern, austauschen oder optimieren, müssen Sie gegebenenfalls den E-Steps-Wert neu berechnen. Das Schöne daran ist, dass der Wert bei beiden Open-Source-Firmwares über ein G-code-Kommando auslesbar und auch schreibbar ist[160].

Eine vollständige Anleitung zum Vorgehen finden Sie unter *http://reprap.org/wiki/Triffid_Hunter's_Calibration_Guide#E_steps* [GKqgbD]. Weitere grundlegende Zusammenhänge innerhalb der Firmware werden anhand von Grafiken und Formeln im Wiki der Repetier-Firmware erläutert: *https://github.com/repetier/Repetier-Firmware/wiki/Hardware-settings-and-print-quality* [repetier101].

159 Eine gute Einführung zur Marlin-Konfiguration bietet Mark Heywood in seinem Blog: *http://airtripper.com/1145/marlin-firmware-v1-basic-configuration-set-up-guide/* [1bE7ZeL].

160 Sie finden die nötigen Kommandos in der Dokumentation der jeweiligen Firmware. Suchen Sie nach »M92«.

4.8.2 Troubleshooting – Fehlern auf den Grund gehen

Fehler können im 3D-Druck an vielen Stellen passieren. Es gibt sogar eine eigene Webseite[161] und ein Buch[162] über fehlgeschlagene Drucke, welche beide die Schönheit der teilweise skurrilen Ergebnisse zelebrieren.

Bild 4.80 Normalerweise würde man sich über die Fädenbildung ärgern – gut, dass sie in diesem Fall wie kleine Äste aussehen! (Modell: © Ulrike Hemmann)

Die Ursachen für fehlgeschlagene oder unschöne Drucke können überall liegen: An falschen Einstellungen, einem Softwarefehler im Slicer, einer Schwäche in der Konstruktion des Druckers oder auch einfach am Verbrauchsmaterial. Die Probleme müssen immer ganzheitlich betrachtet werden und dann über ein Ausschlussverfahren enger eingegrenzt werden.

Bei der Fehlersuche sollten Sie dem Problem mithilfe der Community, des Hersteller-Supports und eines kühlen Kopfs auf den Grund gehen und nicht locker lassen, bevor Ihnen die Zusammenhänge logisch erscheinen. Nur so können Sie die Ursachen ein für alle Mal beseitigen und Schritt für Schritt zu durchgängig besseren Ergebnissen kommen.

Ich lade Sie ein, mir Fotos Ihrer fehlerhaften Drucke zukommen zu lassen. In Form von monatlichen Blogposts werde ich die interessantesten Probleme mit der Leserschaft analysieren, sodass nach und nach eine kleine Wissensdatenbank für Neueinsteiger entsteht. Ein entsprechendes Formular finden Sie auf der Webseite zum Buch.

161 Die Flickr-Gruppe »The Art of 3D Print Failure« sammelt Fotos fehlgeschlagener Drucke: *http://www.flickr.com/groups/3d-print-failures/* [162c30z].

162 Der Designer Bernat Cuni hat seine schönsten Fehlversuche in einem Buch veröffentlicht: *http://cunicode.com/beautiful-failures/* [19BANgr].

5 Jetzt sind Sie dran! Von der Theorie zur Anwendung

Wenn Sie nicht schon längst damit begonnen haben, ist spätestens jetzt der Zeitpunkt gekommen, sich an die Realisierung Ihrer ersten Designs zu wagen. In diesem Kapitel sind eine ganze Reihe praktischer Übungen versammelt, die Ihnen die Möglichkeit geben, zusätzliche Programme und Ansätze auszuprobieren und bereits Gelerntes weiter zu vertiefen. Eine bunte Mischung aus allen Bereichen des 3D-Drucks wartet auf Sie! Die Beispiele dienen selbstverständlich nur als Startrampe für die Umsetzung Ihrer eigenen Ideen. An die Drucker, fertig, los!

5.1 Übung 7: Ringe aus dem Customizer

Beim *Custom Ring Creator* von Shapeways handelt es sich um einen Customizer, der direkt auf der Webseite des 3D-Druck-Dienstleisters angeboten wird und eng mit weiteren Dienstleistungen des Unternehmens verknüpft ist (Bild 5.1). So können innerhalb kurzer Zeit eigene Designs erstellt und mit nur wenigen Mausklicks bestellt werden.

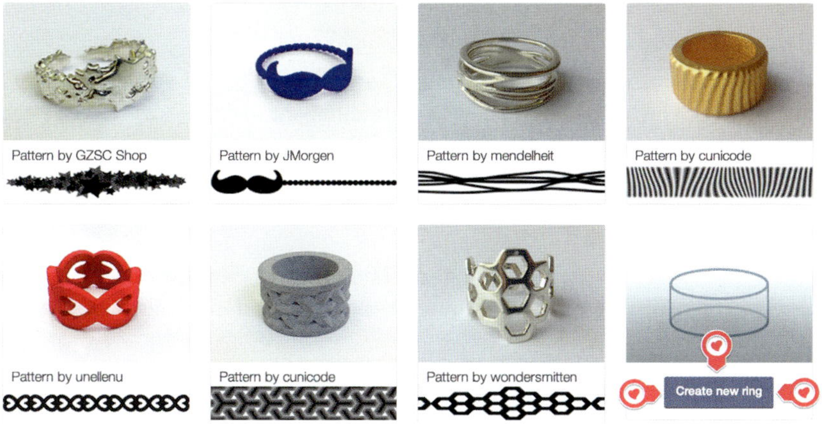

Bild 5.1 Der Custom Ring Creator von Shapeways macht Sie zum Goldschmied (Screenshot: © Shapeways.com).

Übung 7: Ringe aus dem Customizer – Frisch geschmiedet vom 3D-Druck-Dienstleister

Ziel: Selbstkreierte und passgenaue Ringe erstellen und bestellen

Verwendete Hardware:

- Computer
- Optional: Digitalkamera, Smartphone oder Scanner

Verwendeter Customizer: Custom Ring

Hilfreiche Werkzeuge: Stift und Papier

Wichtige Links:

- *https://www.shapeways.com/creator/custom-ring* [17nr8tZ]
- *http://www.gimp.org/*

2D-Grafik als Vorlage nutzen

1. Öffnen Sie *https://www.shapeways.com/creator/custom-ring* [17nr8tZ] im Internetbrowser Ihrer Wahl.
   - Die Beispiele auf der Webseite (Bild 5.1) geben uns schon einen ersten Eindruck der Funktionsweise des Customizers: Aus einer schwarz-weißen 2D-Grafik wird der Ring erstellt. Sie sehen jeweils oben den fertigen Ring und darunter die zugrunde liegende Grafik, aus der das 3D-Modell berechnet wurde. Ziemlich beeindruckend, oder?
   - Mit einem Klick auf CUSTOMIZE THIS können Sie eine der Vorlagen nutzen und gemäß Ihren Vorstellungen verändern. Im einfachsten Fall würden Sie einfach die Ringgröße anpassen und wären dann schon fertig. Wir haben allerdings Größeres in dieser Übung vor …
2. Klicken Sie auf CREATE NEW RING, um mit einer leeren Vorlage zu beginnen. Um ein interessantes Design zu erstellen, benötigen wir als Erstes eine Schwarz-Weiß-Grafik, die unserem Ring die grobe Form geben wird. Alle schwarzen Stellen werden später mit Material gefüllt, die weißen Flächen stellen Hohlräume dar.

Um eine eigene Grafik zu erstellen, bieten sich drei Möglichkeiten an:

- In einer Grafiksoftware, wie z. B. GIMP[1], können Sie sich nach Belieben austoben und Muster, Symbole oder Schriftzüge nach eigenen Vorstellungen in Schwarz-Weiß anlegen. Wichtig hierbei ist nur, dass zwischen allen Elementen eine Verbindung besteht, ansonsten müssen Sie später im Customizer über einen zusätzlichen Untergrund eine Verbindung schaffen. Es empfehlen sich daher miteinander verbundene und geschwungene Schriftarten.
- Sie können auch auf einem Blatt Papier ein eigenes Muster skizzieren. Am besten verwenden Sie einen schwarzen Fineliner, um einen guten Kontrast und klare Kanten zu erhalten.

1 Das kostenlose Bildbearbeitungsprogramm erhalten Sie auf *http://www.gimp.org/*. Alternativ können Sie auch versuchen, mit der Software Inkscape *(http://inkscape.org/)* aus Übung 9 (Abschnitt 5.3) zum gleichen Ergebnis zu kommen.

Dann machen Sie von Ihrer Skizze einfach ein Foto und beschneiden es gemäß Ihren Vorstellungen in GIMP oder einer ähnlichen Software. Ein Scanner eignet sich dafür auch sehr gut.

- Sie können sich auch von einer Bildsuchmaschine inspirieren lassen. Bei der Suche nach geeigneten Motiven können Sie wie in Übung 3 (Abschnitt 2.3.3) vorgehen.

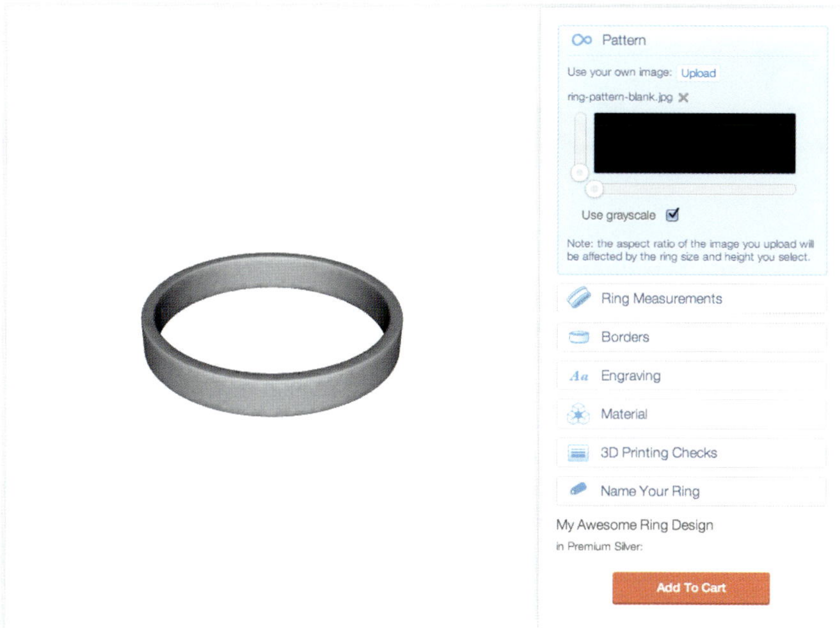

Bild 5.2 Die Standardvorlage wird durch eine durchgehend schwarze Grafik (oben rechts) definiert, daher ist die Form des Rings auch noch etwas langweilig.

3. In meinem Fall habe ich einfach einen Notenschlüssel kopiert und in der Bildbearbeitungssoftware um 90° gedreht, um ihn seitlich zu legen (Bild 5.3).
   - Durch einen KLICK auf UPLOAD können Sie Ihre Vorlage hochladen. Nach einer kurzen Berechnung Ihrer Daten, wird Ihnen eine Live-Vorschau angezeigt.
   - Durch die Schieberegler können Sie Ihr Design in die Höhe und Breite mustern. In meinem Fall habe ich den Notenschlüssel auf diese Weise verdreifacht. Die Webseite versucht dabei automatisch Kontaktpunkte zu finden, um den Ring zu schließen. Gelingt dies nicht, müssen Sie Ihre Vorlage nachbessern und ein weniger filigranes Design wählen oder kritische Stellen absichtlich aufdicken. Alternativ können auch, wie in Schritt 4 beschrieben, zusätzliche Verstärkungen im Customizer vorgenommen werden.
   - **Hinweis:** Die Option USE GRAYSCALE ist richtig spannend. Wenn Sie neben Schwarz und Weiß auch Grautöne in Ihrer Vorlage verwenden, äußert sich dies im Einsatz von mehr bzw. weniger Material, je nach dem, wie stark Sie in Richtung Schwarz oder Weiß tendieren. So lassen sich auch reliefartige Oberflächen schaffen. Bei genauer Betrachtung von Bild 5.1 erkennen Sie, dass die beiden Ringe von *cunicode* und ein Ring von *GZSC* diese Technik eindrucksvoll verwenden.

Bild 5.3 links: Upload und Einstellung der Grafik, rechts: Einstellung der Ringmaße

Ringgröße und Details festlegen

4. Sobald Sie mit Ihrem Design grundlegend zufrieden sind, sollten Sie erst einmal die Ringgröße festlegen, da diese Einstellung auch Auswirkungen auf den genauen Verlauf des Musters haben wird. Sie müssen sich also Schritt für Schritt an den perfekten Ring herantasten.
   - Messen Sie mithilfe eines Maßbandes oder eines Papierstreifens[2] Ihre Ringgröße. Anhand der Tabelle 5.1 können Sie Ihr amerikanisches Ringmaß bestimmen und über RING MEASUREMENTS → SIZE einstellen (Bild 5.3, rechts). Die zahlreichen Zwischengrößen finden Sie in der Originalquelle der Tabelle.
   - Über die Einstellungen HEIGHT, BACKGROUND und THICKNESS können Sie den Ring in seiner Höhe, in seiner Dicke und, durch einen zusätzlichen Hintergrund hinter Ihrer Grafik, in seiner Beschaffenheit verändern.

Tabelle 5.1 Ringgrößen nach Innenumfang in Millimetern sowie nach deutschem und amerikanischem Standard (Quelle: *http://www.ringsizes.co/resources.html* [19iLI87])

Innenumfang (mm)	DE-Größe	US-Größe	Innenumfang (mm)	DE-Größe	US-Größe
47,97	15 ¼	4 ½	59,34	19	9 → **L**
49,32	15 ¾	5 → **XS**	60,98	19 ½	9 ½
50,58	16	5 ½	62,33	20	10
51,87	16 ½	6 → **S**	63,46	20 ¼	10 ½
53,16	17	6 ½	64,97	20 ¾	11
54,51	17 ¼	7	66,22	21	11 ½
55,76	17 ¾	7 ½ → **M**	67,51	21 ¼	12
57,15	18	8	68,77	21 ¾	12 ½
58,21	18 ½	8 ½	70,15	22	13

2 Legen Sie sich einfach einen Papierstreifen um den Finger und markieren Sie die Überlappungsstelle mit einem Stift. Danach kann der Innenumfang mit einem Lineal abgelesen werden. Alternativ gibt es unter *http://www.ringsizes.co/sizingtool.pdf* [1gBG2Uo] eine Schablone zum Ausdrucken.

5. Über die Optionen BORDERS und ENGRAVINGS können weitere Details hinzugefügt werden. Neben Rändern an der Ober- und Unterseite können so auch Gravierungen auf der Innenseite in vier verschiedenen Schriftarten vorgenommen werden.

Material festlegen und 3D-Druckbarkeit sicherstellen

6. Im Menü MATERIALS steht Ihnen eine große Auswahl an möglichen Farben, Beschichtungen und Materialien zur Verfügung: Vom günstigen, aber dennoch sehr schönen, Nylonausdruck für wenige Euro, über vergoldete, metallische Materialien für circa 10 bis 30 Euro, bis hin zu Ringen aus Sterlingsilber, die je nach Größe und Dicke auch mal über 100 Euro kosten, ist alles geboten.

7. Im letzten Schritt vor der Bestellung wird in den sogenannten 3D PRINTING CHECKS die Druckbarkeit Ihrer Kreation bewertet und über eine Grafik angezeigt, wo eventuell Probleme auftreten können.
   - Der Customizer bestätigt entweder die Druckbarkeit (Bild 5.4, links) oder weist auf auftretende Probleme hin (Bild 5.4, rechts). Es werden Ihnen darüber hinaus auch Hilfestellungen gegeben, wie Sie doch noch zu einem guten Ergebnis kommen. Meistens müssen Sie zu kleine Stellen aufdicken oder miteinander verbinden. Dies kann durch die Optionen unter RING MEASUREMENTS erfolgen oder durch erneute Arbeit in Ihrem Bildbearbeitungsprogramm.
   - Die einfachste Möglichkeit, ein Design druckbar zu machen, ist jedoch das Spiel mit den verschiedenen Materialien. Wenn Sie sich also noch nicht auf eine bestimmte Optik festgelegt haben, werden Sie feststellen, dass manche Materialien weniger Probleme mit kleinen Details haben, als andere. Insbesondere Polyamide (bezeichnet als *Strong & Flexible Plastic*) sowie die hochwertigen Silberausdrucke machen nahezu alles mit.
   - Bei nur kleinen Mängeln können Sie das Risiko auch auf sich nehmen und den Druck dennoch in Auftrag geben. Meine bisherige Erfahrung hat gezeigt, dass oft noch ein klein bisschen mehr möglich ist, als es Ihnen die Dienstleister verbindlich garantieren möchten.

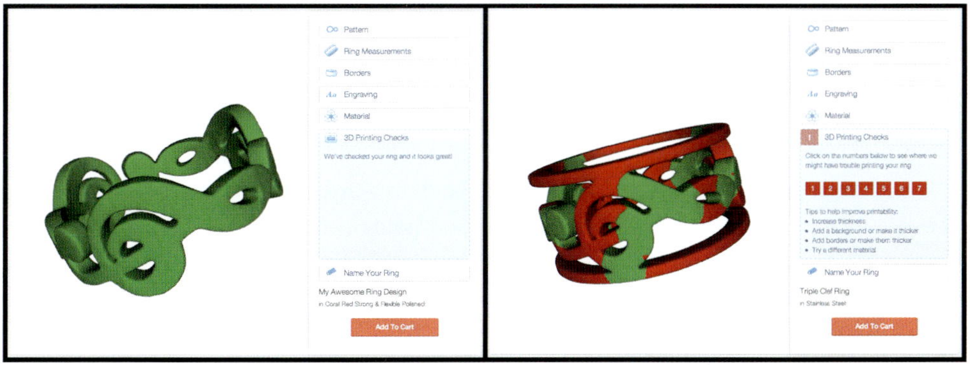

Bild 5.4 links: Das fragile Design ist in Nylon einwandfrei druckbar, rechts: Selbst mit Verstärkungen macht die Verwendung von Edelstahl Probleme.

Prototypen anfertigen

Wenn Sie sich bei der Größe Ihres Rings noch nicht ganz sicher sind, können Sie das Polyamid als günstige Prototyping-Lösung nutzen und den Ring nach der Anprobe in einer weiteren Bestellung aus hochwertigeren und damit teureren Materialien fertigen lassen.

Eine weitere Möglichkeit, um die groben Maße des Rings vorab zu überprüfen, ist die Download-Funktion, mit der das 3D-Modell heruntergeladen und auf einem eigenen Drucker vorab gedruckt werden kann. Hierzu müssen Sie den Ring in den Warenkorb legen. Doch anstatt ihn gleich zu kaufen, gelangen Sie durch einen Klick auf den Namen zum Download. Das *X3D*-Dateiformat lässt sich ganz einfach mit netfabb Studio Basic öffnen und als *STL*-Datei abspeichern.

8. Nachdem Sie Ihren Ring über die Funktion NAME YOUR RING mit einem Namen versehen haben, können Sie ihn in den Warenkorb legen (ADD TO CART). Nach Ihrer Anmeldung im Onlineshop haben Sie dann die Möglichkeit, weitere Varianten, zum Beispiel in anderen Farben oder Größen, hinzuzufügen.

Bild 5.5 Farbenfrohe Druckergebnisse – so ein Geschenk kommt bei jedem an!

9. Fertig! Nach der abgeschlossenen Bestellung heißt es warten, bis der Postbote kommt.

Ist es nicht faszinierend, wie Sie innerhalb weniger Minuten einen vollkommen individuellen Ring anfertigen können? Zu bezahlbaren Preisen können Sie diesen nicht nur in Kunststoff, sondern auch in wunderschönen Edelmetallen herstellen lassen. Und es wird noch besser: Mit nur wenigen weiteren Klicks können Sie Ihr Design entweder kostenfrei oder gegen eine von Ihnen zu bestimmende Gebühr auch anderen Interessierten über einen der Dienstleister anbieten.

Auch wenn Ihnen der Customizer keine unendliche Freiheit lässt, so ist insbesondere mit der Option, die Graustufen in einer Grafik zu nutzen, einiges machbar (vgl. Bild 5.3). In Bild 5.6 habe ich so zum Beispiel, durch eine leichte Anpassung der Graustufen, die tragenden Striche im Hintergrund subtil von den Buchstaben des Schriftzugs »HypeCask« abgehoben. Der Effekt kommt insbesondere beim goldplatinierten Messing perfekt zur Geltung.

Bild 5.6 Oben die 2D-Grafik und unten das schöne Ergebnis

Neben dem Custom Ring werden bei allen großen 3D-Druck-Dienstleistern noch eine Vielzahl weiterer Customizer angeboten. Von Vasen, über Manschettenknöpfe, bis hin zu Ohrringen, ist einiges geboten. Verschaffen Sie sich auf den entsprechenden Webseiten am besten einen eigenen Überblick. In Tabelle 3.2 (Abschnitt 3.2.1.1) finden Sie eine Auswahl der wichtigsten Anlaufstellen.

Rent a Designer

Falls Sie an Ihrem eigenen Talent im Umgang mit Bildbearbeitungsprogrammen (ver-) zweifeln, können die Webseiten der 3D-Druck-Dienstleister auch eine gute Möglichkeit sein, nach talentierten Designern Ausschau zu halten, die man mit der Umsetzung eigener Ideen beauftragen kann. Zu diesem Zweck sind bei interessierten Designern entsprechende Kontaktmöglichkeiten hinterlegt.

Bild 5.7 Der CHARACTER-Ring aus Silber (Foto: © scope for design)

In Form ihres Projekts *scope for design* bieten Manuel Breit und Simon Bauer z. B. ihre Designkünste an und richten dabei den Fokus auf personalisierte Ringe und Lampen. Der Kunde muss nur die gewünschten Namen oder Botschaften angeben und bekommt sein hochwertig gefertigtes Einzelstück dann nach Hause geliefert.

Webseite: *http://www.scopefordesign.de/*

5.2 Übung 8: Vom 3D-Scan bis zum fertigen Ausdruck

In dieser Übung zeige ich Ihnen, wie Sie aus Ihrer Digitalkamera ohne weitere Kosten einen brauchbaren 3D-Scanner machen, und so innerhalb kürzester Zeit Scans von Objekten oder Personen aus Ihrer Umwelt anfertigen können. Das Ganze ist so überraschend einfach, dass ich Ihnen dringend empfehle, es selbst mal auszuprobieren – am besten jetzt gleich! Schnappen Sie sich eine Digitalkamera und wir legen los ...

Bild 5.8 Ein Shootingstar – der große Meister wird von allen Seiten fotografiert

Übung 8: Vom 3D-Scan bis zum fertigen Ausdruck

Ziel: Erste Erfahrungen mit 3D-Scanning und dem anschließenden Ausdrucken sammeln

Verwendete Hardware:

- Computer
- Digitalkamera
- Optional: iPhone oder iPad

Verwendete Software:

- Autodesk 123D Catch
- MeshLab

Wichtige Links:

- *http://www.123dapp.com/catch* [17ascBl]
- *http://www.123dapp.com/howto/catch* [18HWnCO]

Objekt aussuchen und Fotos machen

1. Als Erstes benötigen Sie ein geeignetes Objekt für Ihren ersten 3D-Scanversuch. Wählen Sie etwas aus, das nach Möglichkeit folgende Kriterien erfüllt:
   - Ihr Zielobjekt sollte unbewegt sein. Solange die Person oder z. B. Ihr Hund für circa 3 bis 4 Minuten ruhig stehen oder sitzen bleiben kann, ist das auch in Ordnung. Für den Anfang ist eine Skulptur natürlich hervorragend geeignet.
   - Ihr Zielobjekt sollte weder eine durchsichtige noch reflektierende Oberfläche besitzen. Glas oder spiegelnde Lackierungen bereiten der eingesetzten Software große Probleme.
   - Das Zielobjekt sollte rundherum möglichst frei zugänglich sein. Sie müssen das Objekt für einen erfolgreichen Scan einmal aus allen Blickwinkeln fotografieren. Idealerweise fertigen Sie in einer zweiten Runde aus einer etwas tieferen oder höheren Perspektive weitere Fotos an. Für den Anfang eignen sich daher Gegenstände, die kleiner sind als Sie. So können Sie einmal auf halber Höhe und einmal eher von oben einen Rundlauf starten. Alternativ können auch Aufnahmen von nicht vollständig zugänglichen Objekten gemacht werden, um reliefartige 3D-Modelle zu erzeugen.

Auswahl mit Bedacht treffen

In meinem Fall habe ich mich für eine kleine Skulptur des Künstlers Prof. Ottmar Hörl entschieden, die den Komponisten Richard Wagner in dirigierender Pose darstellt. Während der Festspielzeit 2013 standen 500 von ihnen in ganz Bayreuth herum und erfreuten die Festspielbesucher und Einwohner. Sie waren sogar so populär, dass etliche der circa 1 Meter hohen Figuren, trotz des eigens dafür abgestellten Sicherheitspersonals, entführt wurden und bis heute nicht mehr aufgetaucht sind.[3]

Eines schönen Tages lief ich an einer der Figuren vorbei und erkannte in ihr das perfekte Modell für meine geplante 3D-Scanning-Übung. Die Fotos waren dank Smartphone schnell gemacht, doch zuhause angekommen überkamen mich auf einmal Zweifel, inwiefern ich mich zum digitalen Dieb gemacht hatte. Wir erinnern uns an Abschnitt 2.1 und die vom Experten Dr. Bagh thematisierten Urheberrechtsverletzungen. Da selbst ich als Laie die Schöpfungshöhe

3 Man nennt das wohl auch Diebstahl: *http://www.nordbayerischer-kurier.de/nachrichten/wagner_ist_weg_176146* [GMtKe0].

des Kunstwerks sofort anerkannte, blieb mir nur der Weg, den Künstler um Erlaubnis zu bitten. Wie Sie sehen, hat dies erfolgreich geklappt![4]

Vergessen Sie nicht, diese Thematik im Blick zu behalten, und sich, auch im eigenen Interesse, gegenüber den Urhebern Ihrer Lieblings-Scanobjekte fair zu verhalten.

Weitere Werke und Projekte von Ottmar Hörl finden Sie unter *http://www.ottmarhoerl.de/*.

2. Sobald Sie sich für ein Motiv entschieden haben, können Sie beginnen, Ihre erste Serie von circa 20 bis 30 Fotos um das Objekt herum aufzunehmen (vgl. Bild 5.8). Dabei sollten folgende Punkte beachtet werden:
   - Gehen Sie in kleinen und gleichmäßigen Schritten rund um das Modell herum. Verändern Sie außerdem nicht den Abstand zum Objekt und versuchen Sie es immer voll im Bild zu haben. Ob es nun 21 oder 27 Fotos werden, spielt keine Rolle.
   - Um Reflektionen und ungleichmäßige Belichtung zu vermeiden, sollten Sie auf gar keinen Fall einen Blitz verwenden. Auch starkes Gegenlicht durch die Sonne sollte vermieden werden.
   - Besonders weitwinklige Objektive oder Objektive mit Fischaugeneffekt sollten nicht verwendet werden. Während des Fotografierens einer Serie darf der Zoom nicht verändert werden und der Fokus sollte immer gleichmäßig auf dem Scan-Gegenstand liegen. Auch besondere Tiefenunschärfe sollte vermieden werden, da sich die Software später auch am Hintergrund orientieren wird.
   - Wenn das Objekt von allen Seiten sehr ähnlich aussieht, hilft es, unterschiedlich gefärbte Zettel oder kleine Gegenstände an oder vor dem Objekt anzubringen, um der Software bei der Unterscheidung zu helfen. In Bild 5.8 und Bild 5.9 sehen Sie bei genauerer Betrachtung eine Brille, einen Stoffbeutel, einen Geldbeutel und einen vertrockneten Ast, die in meinem Scanvorgang als Orientierungshilfen zum Einsatz kamen.
   - So aufwendig, wie es jetzt klingt, ist es aber gar nicht! In meinem Fall habe ich recht schlampige Aufnahmen mit einem günstigen Smartphone[5] gemacht und auf keinen dieser Punkte besonderen Wert gelegt. Dennoch helfen die Empfehlungen natürlich dabei, zu einem bestmöglichen Ergebnis zu kommen. Weitere Details zur optimalen Ausführung finden Sie auf YouTube: *http://youtu.be/7TfXXJxDsXw* [1bofvGq]
   - Nachdem Sie einmal um den Gegenstand herumgelaufen sind, empfiehlt es sich, eine weitere Serie von 20 bis 30 Fotos aus einem anderen Winkel aufzunehmen. Nur so können zuvor verdeckte Bereiche im 3D-Modell Berücksichtigung finden.

4 Ein herzliches Dankeschön geht an Herrn Hörl und seine Frau Cornelia Regner-Hörl, die mir die Verwendung im Buch gestatteten.

5 Apropos Smartphone: Wenn Sie ein iPad oder iPhone besitzen, können Sie die Fotos auch direkt mit der 123D Catch App anfertigen: *https://itunes.apple.com/us/app/123d-catch/id513913018* [GCVYYK].

Bildbearbeitung in 123D Catch und Nachbearbeitung in netfabb Studio Basic

3. Nun kommt die 3D-Scanning-Software *123D Catch* zum Einsatz. Unter *http://www.123dapp.com/catch* [17ascBl] haben Sie die Auswahl zwischen einer Online- und Offline-Version. Letztere läuft allerdings nur auf Windows-Systemen. Aufgrund dieser Einschränkung werde ich im Folgenden die Arbeit mit der Browser-Variante demonstrieren. Sie bietet sowieso fast alle Funktionen.[6] Ein Internetanschluss ist in beiden Fällen Voraussetzung, da die Scandaten auf Autodesk-Servern aufbereitet werden müssen.
   - Nutzen Sie einen WebGL-fähigen Browser, zum Beispiel eine aktuelle Version von Google Chrome oder Mozilla Firefox. Ich empfehle Ihnen außerdem, sich bei Autodesk kostenfrei anzumelden. Ansonsten können Sie Ihre Scans nicht speichern.[7]
   - Mit einem Klick auf LAUNCH 123D CATCH ONLINE starten Sie die Web-Applikation. Fahren Sie mit einem Klick auf START A NEW PROJECT fort und wählen Sie Ihre Fotoserien über + SELECT PHOTOS aus. Über START UPLOAD starten Sie den Transfer auf die Autodesk-Server. Das Hochladen der Fotos und die Berechnung des 3D-Modells kann einige Minuten in Anspruch nehmen. Danach wird Ihnen das fertige Ergebnis im Browser angezeigt (Bild 5.9)

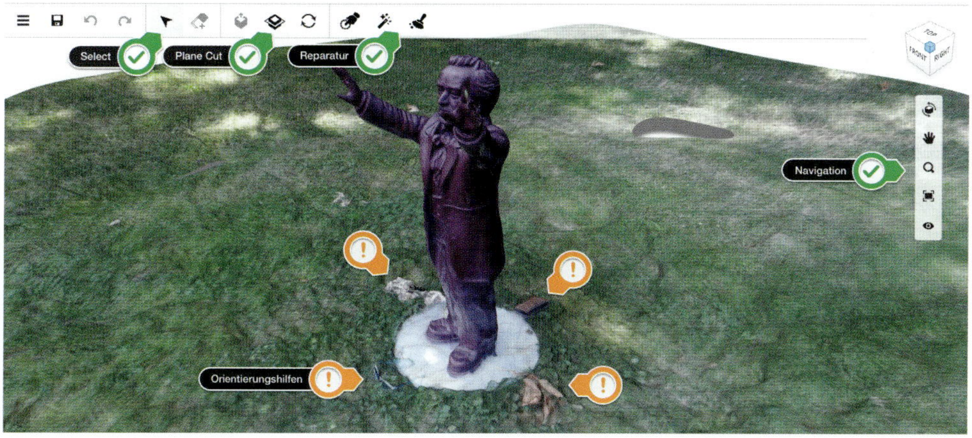

Bild 5.9 Nach kurzer Wartezeit zeigt sich, wie gut Ihre Fotos waren. Nachträglich kann noch optimiert werden.

   - Begutachten Sie Ihr Scanergebnis über die Navigationsschaltflächen in der rechten Seitenleiste.
   - Entscheiden Sie danach, wo Sie über die Beschnittfunktion (= *Plane Cut*) Teile abtrennen können. Bei Löchern und freischwebenden Rückständen im Modell helfen die Reparaturfunktionen HEAL MESH und AUTO CLEAN-UP. Manuelle Änderungen können über die Auswahlfunktion SELECT vorgenommen werden. Mit der ENTFERNEN-Taste lassen sich die so markierten Teile löschen. Weitere Hilfestellungen und Profitipps erhalten Sie in

6 Die Windows-Version bietet einen Modus, mit dem sich einzelne Teile des Modells in noch höherer Qualität nachberechnen lassen: *http://youtu.be/zlarVKBAEtM* [1gc2Xli].

7 Autodesk plant, zukünftig nur noch maximal drei Scans in den kostenfreien Accounts anzubieten. Weitere Scans sind dann nur noch über die kostenpflichtigen Premium-Accounts möglich.

den exzellenten Videotutorials von Autodesk: *http://www.youtube.com/user/123DCatch* [19wvaCk].

- Über den Menüknopf ganz links können Sie das Ergebnis speichern (SAVE) und anschließend durch einen Klick auf SAVE STL exportieren.
- **Hinweis:** Der vollfarbige Export als OBJ-Datei soll in Zukunft nur noch Premium-Abonnenten zur Verfügung stehen. Momentan können Sie die Funktion aber noch nutzen, um bunte Ausdrucke Ihrer Scans über einen Dienstleister Ihrer Wahl zu bestellen. Durch die Auswahl von 3D PRINT → ORDER A 3D PRINT über das Hauptmenü können Sie vollfarbige Ausdrucke auch bequem bei den Autodesk-Partnerunternehmen bestellen.

4. Mit netfabb Studio Basic können Sie das Modell durch Drehung, Skalierung und Beschneidung weiter auf den Druck vorbereiten, falls Sie dies in Autodesk 123D Catch nicht schon zu Ihrer vollen Zufriedenheit erledigen konnten.
   - Aufgrund der hohen Anzahl an Dreiecken in 3D-Scanning-Daten kann es vorkommen, dass sich Ihr Slicer an der hohen Datenmenge verschluckt. Die Anzahl der Polygone lässt sich in der kostenpflichtigen netfabb Private-Version verringern (Bild 5.10 links). Dieser Vorgang ist oft ohne einen erkennbaren Qualitätsverlust möglich, hilft dem Slicer aber enorm.
   - Alternativ können Sie dies auch mit MeshLab über die Funktion FILTERS → REMESHING, SIMPLIFICATION AND CONSTRUCTION → QUADRATIC EDGE COLLAPSE DETECTION erledigen (Bild 5.10 rechts). Halbieren Sie im Menü einfach die *Target number of faces* und bestätigen Sie mit APPLY.[8]

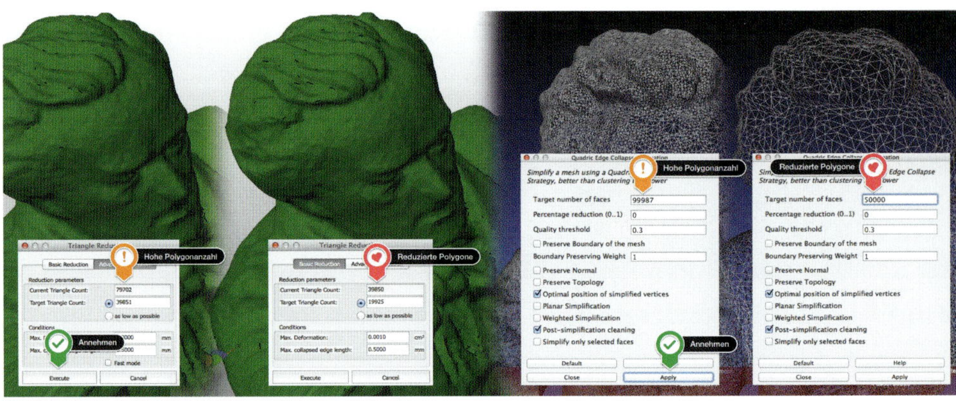

Bild 5.10 Die Anzahl der Polygone zu reduzieren, geht sehr schnell und macht Ihrem Slicer das Leben leichter (link im Bild: netfabb Private, rechts: MeshLab).

5. Der Ausdruck wird nun wie gewohnt über Ihren Lieblings-Slicer eingeleitet. Die Einstellungen dort richten sich maßgeblich nach den Eigenschaften Ihres Modells. In meinem Fall wählte ich schön dicke 0,3 mm-Schichten und keine Füllung, um den riesigen, 55 cm hohen Aufbau im Delta Tower in einer überschaubaren Zeit von circa neun Stunden zu meistern (Bild 5.11).

8 Detailliertere Informationen zu den MeshLab-Einstellungen erhalten Sie unter *https://www.shapeways.com/tutorials/polygon_reduction_with_meshlab* [1aAKn5w].

6. Damit sind wir am Ende dieser Übung angekommen. So einfach kann 3D-Scanning sein! Was wollen Sie als Nächstes scannen? Wie wäre es mit einem digitalen Familienfoto? Die größte Schwierigkeit wird hierbei sicherlich nicht die Technik sein, sondern das Geschick aller Beteiligten, einmal für 5 Minuten ruhig zu halten ...

Besonders unterhaltsam ist die Manipulation eigener 3D-Scanergebnisse mithilfe der in Abschnitt 4.5.6 vorgestellten Meshmixer Software.

Bild 5.11 Das Original trifft seinen Klon – eine Begegnung fast auf Augenhöhe (Foto Mitte: © Simeon Johnke/*www.simeonjohnke.de*).

5.3 Übung 9: CD-Ständer und weitere Last-Minute-Geschenke

Stellen Sie sich vor, es ist Sonntag, und Ihnen fällt auf einmal ein, dass morgen Tante Herta, die süße Nachbarin aus dem 5. Stock oder der eigene Ehemann Geburtstag hat. Die Läden sind geschlossen, die Onlineshops liefern nicht mehr schnell genug, und das Tankstellensortiment überzeugt Sie auch nicht. Es muss etwas Persönliches her, aber das selbst gebastelte Gutscheinheft kam schon beim letzten Geburtstag zum Einsatz ...

5.3.1 Schnelle Konstruktion eines CD-Ständers mit Inkscape und Tinkercad

Ihr 3D-Drucker kann Sie in einer solchen Situation retten![9] Mit ein wenig Kreativität und etwas Übung können Sie innerhalb kürzester Zeit eigene kreative Ideen auf schnelle Weise

9 Warnung: Wer einen 3D-Drucker besitzt, weckt in seinem sozialen Umfeld oft die Erwartung, man könne am laufenden Band Wünsche erfüllen.

am Computer umsetzen und hochwertig herstellen. Wir versuchen es in der folgenden Übung mit einem eigenen CD-Ständer. Mit nur kleinen Änderungen könnte dies aber zum Beispiel auch ein Buchständer werden. Flexibilität ist hier der Schlüssel zum Erfolg.

Bild 5.12 Wenn es mal schnell gehen muss: Ein bisschen Kreativität und ein 3D-Drucker zaubern in Windeseile persönliche Geschenke.

Übung 9: Personalisierter CD-Ständer in 10 Minuten

Ziel: Aus vektorbasierten Grafiken dreidimensionale Gegenstände erstellen

Verwendete Hardware: Computer

Verwendete Software und Web-App:

- Inkscape
- Tinkercad

Hilfreiche Werkzeuge: Maus mit Scrollrad

Wichtige Links:

- *http://inkscape.org/*
- *https://tinkercad.com/*
- *https://www.google.de/advanced_image_search* [1aAFDwP]

Vorbereitung

1. Installieren Sie den Open-Source-Vektorgrafikeditor *Inkscape*.
   - Inkscape läuft auf allen gängigen Betriebssystemen (*Windows*, *Mac OS X* und *Linux*). Die aktuelle Version finden Sie unter *http://inkscape.org/download/* [19HKwSs]. Die Installation sollte mit wenigen Klicks erledigt sein.
   - Wenn Sie mit *Mac OS X* arbeiten, benötigen Sie zusätzlich noch *XQuartz*, das Sie ebenfalls kostenfrei unter *http://xquartz.macosforge.org/landing/* [1eiKTrM] finden.

2. Legen Sie sich einen kostenfreien Account bei *https://tinkercad.com/* an. Bei *Tinkercad*[10] handelt es sich um eine 3D-Konstruktionssoftware, die mit *SketchUp Make*, das wir in Übung 1 kennengelernt haben, vergleichbar ist. Der Unterschied: Tinkercad läuft ohne Installation irgendwelcher Zusatzkomponenten in Ihrem Internetbrowser und ist sehr intuitiv bedienbar. Dies ist sehr praktisch, wenn es mal schnell gehen muss[11].
   - Sie können den Online-3D-Editor auch ohne Anmeldung öffnen. Hiervon ist aber abzuraten, da Sie Ihr Projekt später nicht speichern oder exportieren können.
   - Falls Sie sich umfassender mit den Funktionen von Tinkercad vertraut machen möchten, sind die interaktiven Unterrichtseinheiten sehr empfehlenswert. Sie werden nach der ersten Anmeldung angeboten oder sind später unter *https://tinkercad.com/quests/* [1hN-QxBZ] abrufbar.

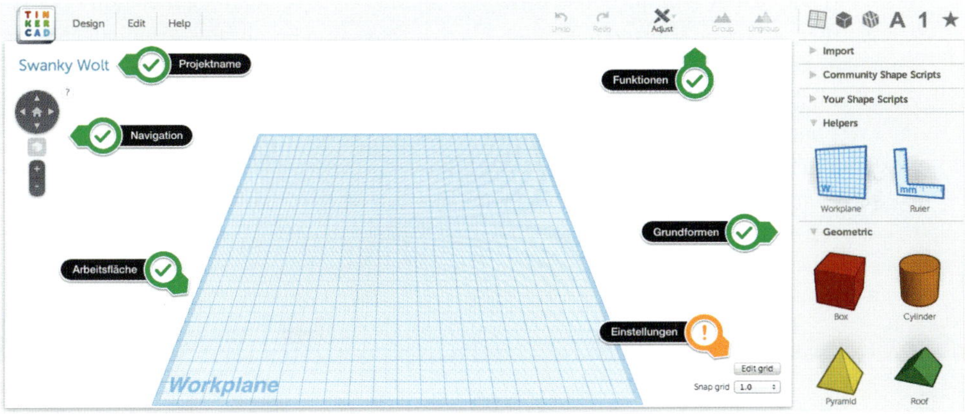

Bild 5.13 Tinkercad – viel freier Platz für unsere Kreativität!

3. Los geht's! Starten Sie den Tinkercad-Editor und orientieren Sie sich kurz (Bild 5.13).
   - Ein Klick auf CREATE NEW DESIGN startet den Editor.
   - Die wenigen Funktionen sind übersichtlich angeordnet und sollten Ihnen durch den Einsatz von SketchUp teilweise bereits bekannt vorkommen. Erkunden Sie die Menüs und Optionen ruhig auf eigene Faust. So richtig kaputt gehen, kann ja auf einer Webseite nichts. Im schlimmsten Fall laden Sie die Seite einfach neu.
   - Klicken Sie auf EDIT GRID und geben Sie dort als Einheiten MILLIMETERS an. Bei der Arbeitsflächengröße (= *size*) wählen Sie TYPE A MACHINES SERIES, um ein bisschen mehr Platz zu haben. So richtig freie Wahl haben wir bei der Größe nicht, wie Sie sehen, aber für diese Übung reicht es. Mit UPDATE GRID bestätigen Sie die Änderungen.

10 Tinkercad sollte eigentlich eingestellt werden, wurde jedoch kurz zuvor im Mai 2013 von Autodesk Inc. übernommen und wird seitdem aktiv weiterentwickelt: *http://blog.tinkercad.com/2013/05/18/autodesk_tinkercad/* [1fuswTz].

11 ... oder in der Arbeit, wenn Sie Ihre Konstruktionsfähigkeiten ausbauen wollen, Ihr IT-Verantwortlicher aber die Installation fremder Software verboten hat. Nur so ein Gedanke!

- Über DESIGN → PROPERTIES können Name, Lizenzierung und Sichtbarkeit des Projekts geändert werden. Durch DESIGN → SAVE können Sie einen beliebigen Zwischenstand online speichern.

Box für Box zum Ziel

4. Im nächsten Schritt erstellen wir den CD-Halter (Bild 5.14).
   - Wählen Sie aus der Kategorie *Geometric* die rote BOX aus und bewegen Sie diese nach links auf die blaue *Workplane*.
   - **Hinweis:** Mit dem Mausrad können Sie etwas aus dem Bild zoomen, um einen guten Überblick zu behalten. Mit gedrückter mittlerer Maustaste bewegen Sie, mit gedrückter rechter Maustaste drehen Sie den Raum. Sie können jederzeit einzelne Schritte durch die Tasten STRG + Z bei Windows bzw. CMD + Z bei Mac OS X rückgängig machen.
   - Mit gedrückter linker Maustaste können Sie den roten Quader auf der Arbeitsfläche verschieben. An den kleinen weißen Punkten können Sie die Größe des Quaders verändern. Durch gleichzeitiges Halten der SHIFT-Taste gestaltet sich das einfacher. Probieren Sie es mal! Wir benötigen einen Quader von 150 × 150 × 20 mm.
   - Noch einfacher geht es, wenn Sie den RULER aus der Kategorie *Helpers* auf der Arbeitsfläche bewegen. So gestaltet sich die genaue Bemaßung des Quaders sehr übersichtlich.

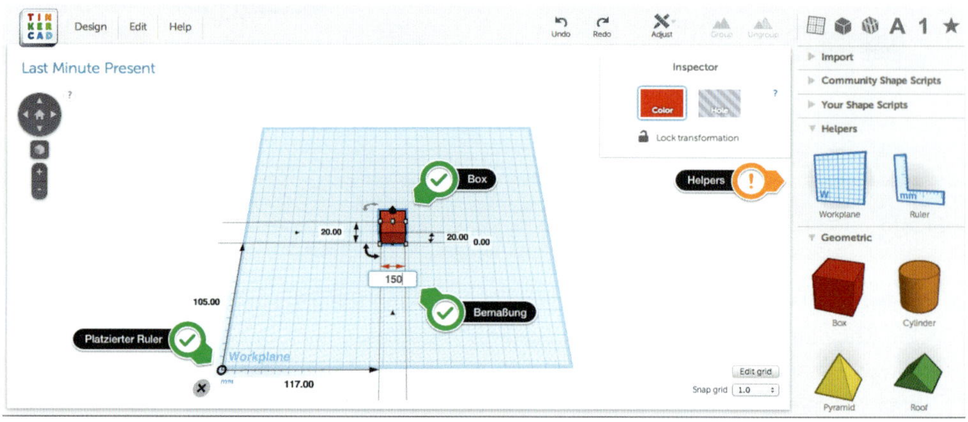

Bild 5.14 Mit einem Ruler auf der Arbeitsfläche fällt die Bemaßung leicht.

5. Als Nächstes schneiden wir ein Loch in unsere rote Box (Bild 5.15).
   - Fügen Sie hierzu eine weitere Box hinzu. Über die Option COLOR können Sie deren Farbe verändern. Die Maße der nun gelben Box sollen 130 × 130 mm betragen.
   - Mit gedrückter SHIFT-Taste markieren Sie beide Boxen und wählen anschließend über ADJUST → ALIGN... das Werkzeug zur Ausrichtung zweier Gegenstände aus. Durch einen Klick auf die mittleren schwarzen Punkte liegt die gelbe Box jetzt genau in der Mitte der roten Box.

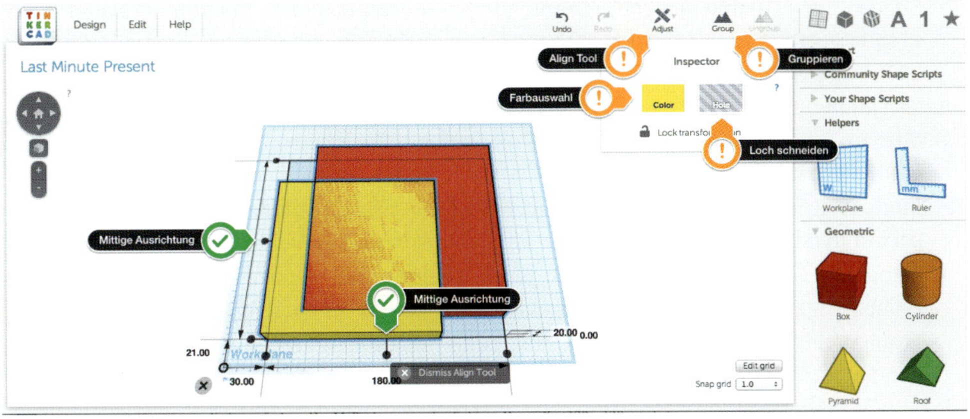

Bild 5.15 Weitere Farben helfen, den Überblick zu behalten.

- Nun markieren Sie die gelbe Box und wählen die Funktion HOLE im Inspektor aus, um ein Loch zu schneiden. Das Loch ist vorerst noch nicht sichtbar. Sie müssen erst beide Boxen markieren (SHIFT-Taste bei der Auswahl gedrückt halten) und über die Funktion GROUP in einer Gruppe zusammenfassen (Bild 5.15).
- Den neuen Rahmen bemaßen wir jetzt noch auf 100 mm Höhe und drehen ihn über einen der schwarzen Pfeile um -20° (Bild 5.16). Der erste Zwischenschritt ist geschafft!

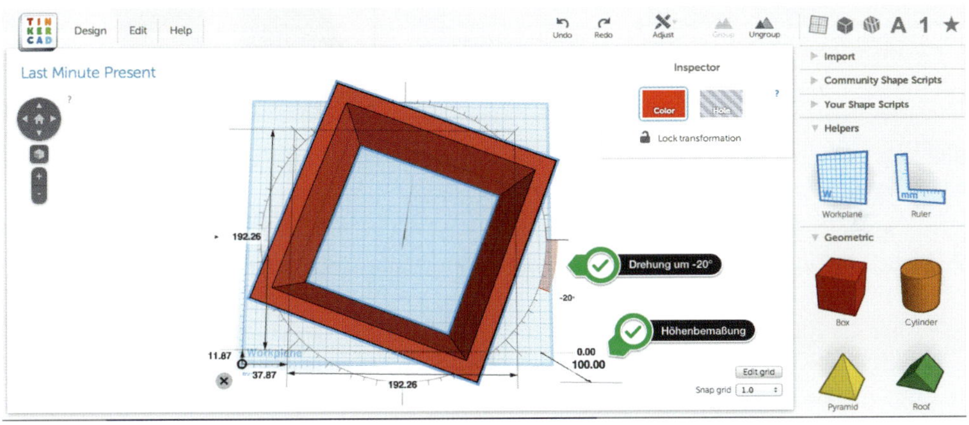

Bild 5.16 Die Drehung erfolgt über den runden Pfeil rechts unten am Rahmen.

Neue Formen durch Vektoren

6. Im folgenden Schritt werden wir aus einer *Pixelgrafik* eine *SVG-Vektorgrafik*[12] erzeugen, welche wir dann in Tinkercad dreidimensional extrudieren.

12 Mehr über die grundlegenden Unterschiede erfahren Sie unter *http://de.wikipedia.org/wiki/Vektorgrafik* [17zURiy].

- Suchen Sie sich eine geeignete Grafik, die Sie nutzen möchten, um den CD-Halter in gekippter Position zu stützen. Ich gebe mich von meiner musikalischen Seite und verwende als Beispiel wieder einen Notenschlüssel[13], den ich als Schwarz-Weiß-Grafik im Internet gefunden habe.[14]
- Starten Sie Inkscape, und öffnen Sie die zuvor gespeicherte Grafik. Die Abfrage beim Öffnen der Grafik bestätigen Sie mit OK.
- Markieren Sie die Grafik, und wählen Sie PATH → TRACE BITMAP, um den Notenschlüssel mit den in Bild 5.17 dargestellten Einstellungen in eine Vektorgrafik umzuwandeln.
- Durch die *Vektorisierung* haben wir einen qualitativ hochwertigen Pfad (vgl. Bild 5.17, rechts) erstellt, den wir in der 3D-Konstruktion weiterverwenden können.
- Löschen Sie die immer noch im Hintergrund befindliche Pixelgrafik und speichern Sie den neuen Vektor über FILE → SAVE AS als *Inkscape SVG*-Datei ab.

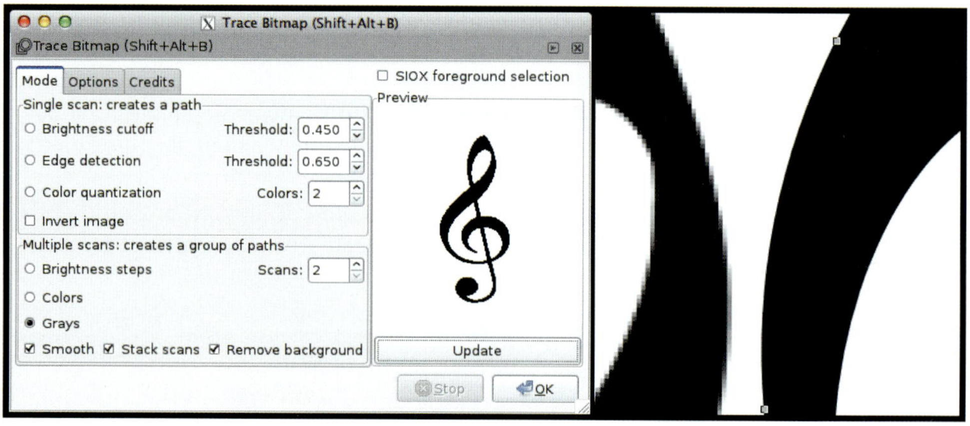

Bild 5.17 links: Empfohlene Einstellungen – durch einen Klick auf UPDATE erhalten Sie eine Vorschau, rechts: Vergleich zwischen Pixel- und Vektorgrafik

7. Zurück in Tinkercad werden wir nun den Vektor importieren und als Stütze nutzen (Bild 5.17).
   - Über die Kategorie *Import* können Sie Ihre *SVG*-Grafik importieren[15], skalieren und die extrudierte Höhe festlegen. Für meine Datei wählte ich einen Skalierungsfaktor von 35 % und 65 mm Höhe. Probieren Sie einfach ein bisschen herum!
   - Durch eine leichte Drehung erhalten Sie ein optisch stimmiges Bild für Ihre Stütze. Sobald Sie zufrieden sind, duplizieren Sie den Notenschlüssel mit den Tasten STRG + D bei

13 Den Notenschlüssel finden Sie auch im Download-Bereich der Webseite zum Buch *(http://3dprintingbook.de)*. Trauen Sie sich aber ruhig, eine eigene Idee zu verfolgen!

14 Wieder kann Ihnen eine Bildersuchmaschine wie Google Bilder behilflich sein. Sie können sogar gezielt nach Schwarz-Weiß-Grafiken oder bereits vektorisierten Grafiken suchen: *https://www.google.de/advanced_image_search* [1aAFDwP].

15 Falls Sie Schritt 7 nicht erfolgreich abschließen konnten, können Sie alternativ auch folgende URL angeben: *http://hypecask.com/wp-content/uploads/2013/09/notenschluessel.svg* [18aLGtc].

Windows bzw. CMD + D bei Mac OS X und bewegen die Kopie zur Seite. Sie benötigen sie später noch für den Ausdruck.

- Mit der Funktion HOLE und einer anschließenden Gruppierung schneiden Sie den originalen Notenschlüssel aus dem CD-Halter heraus. So erhalten Sie ein Design, bei dem Sie später den CD-Halter und den Notenschlüssel getrennt voneinander in zwei verschiedenen Farben drucken und dann die beiden Teile ganz einfach ineinanderstecken können.

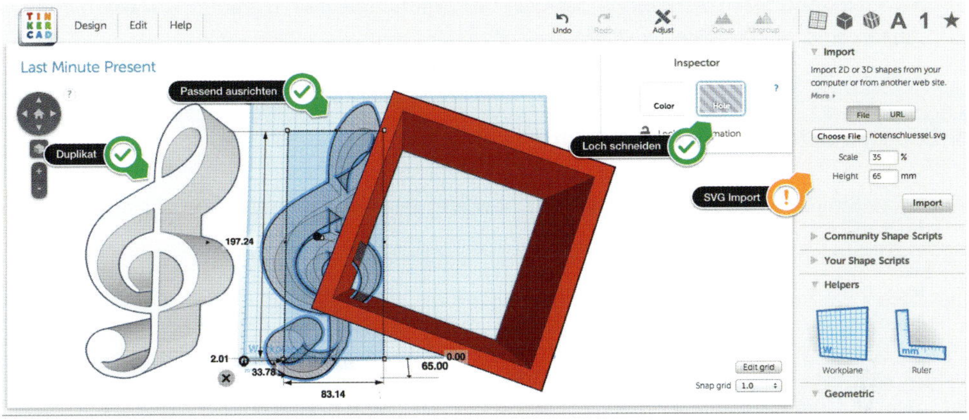

Bild 5.18 Nach dem erfolgreichen Import unserer SVG-Vektorgrafik wird mit der neuen Form ein Loch geschnitten.

8. Wir sind fertig! Zugegeben, es hat beim ersten Mal sicher ein bisschen länger als zehn Minuten gedauert. Aber schon im zweiten Durchgang würden Sie es sicher in dieser Zeit schaffen. Über DESIGN → DOWNLOAD FOR 3D PRINTING können Sie die *STL*-Datei oder alternativ eines der anderen Formate herunterladen. Über DESIGN → ORDER 3D PRINT kann man die Teile auch direkt bei einem 3D-Druck-Dienstleister bestellen.

Lust auf mehr?

Natürlich können Sie nun noch nach Belieben weiter an Ihrem CD-Ständer herumbasteln. In meinem Fall habe ich auf die Oberseite eine Gravur für das *Festival Junger Künstler*[16] in Bayreuth vorgenommen und zur Visualisierung für das Buch ein paar CDs einsortiert. Das fertige Ergebnis finden Sie online bei *Tinkercad*[17]. Experimentieren Sie doch einfach mal mit folgenden Funktionen und Möglichkeiten:

- Versuchen Sie, eine Vektorisierung komplexerer Logos oder Texte mit eigenen Schriftarten über Inkscape vorzunehmen. Beachten Sie, dass Schriften über PATH → OBJECT TO PATH erst in einen Vektor konvertiert werden müssen, bevor Tinkercad sie korrekt importiert.

16 Das Festival ist ein durch die Bundesverdienstkreuzträgerin Dr. h. c. Sissy Thammer organisiertes internationales Event für junge Musiker: *http://youngartistsbayreuth.de/*

17 Das Last-Minute-Geschenk bei Tinkercad: *https://tinkercad.com/things/icLHIvp4pnN-last-minute-present-assembly* [19HMqSS].

- Versuchen Sie doch mal, anstelle einer *SVG*-Datei, eine dreidimensionale *STL*-Datei in Tinkercad zu importieren. Vollkommen neue Möglichkeiten warten auf Sie …
- Die neu eingeführte Funktion *Smart Duplicate* ermöglicht es, Muster auf unkomplizierte Weise zu erstellen. Informationen zur Anwendung finden Sie im Tinkercad-Blog.[18]
- Richtig spannend wird Tinkercad mit den COMMUNITY SCRIPTS (siehe rechte Seitenleiste) beziehungsweise der Möglichkeit, durch einfache Programmierung eigene neue Formen generieren zu können. Weitere Informationen hierzu finden Sie unter *https://tinkercad.com/developer/* [19CILtH].

5.3.2 Drucktipps zum CD-Ständer

Nachdem Sie die *STL*-Datei von Tinkercad heruntergeladen haben, sind es nur noch wenige Schritte, bis Sie den Druckauftrag starten können.

1. Über die CUTS-Funktion in netfabb Studio Basic zerteilen Sie das zusammenhängende Modell in zwei Einzelteile (Bild 5.19, links) und speichern diese jeweils ab.

Bild 5.19 Eine zusammenhängende STL-Datei lässt sich bequem in netfabb Studio Basic teilen (links). Der Bauraum des Ultimaker wird fast voll beansprucht (rechts).

2. Aufgrund der Größe werden Sie die Teile in den meisten 3D-Druckern nicht gleichzeitig drucken können (Bild 5.19, rechts). Das gibt Ihnen aber auch die Möglichkeit, zwischen den beiden Druckaufträgen das Filament zu wechseln und so ein zweifarbiges Design herzustellen.

18 Smart Duplicate im Tinkercad-Blog: *http://blog.tinkercad.com/2012/08/08/new-feature-smart-duplicate/* [GVkNzQ].

Spezialeffekte nutzen

Einige Materialhersteller haben Kunststoffe mit Spezialeffekten im Sortiment. Die britischen Filament-Experten von faberdashery haben zum Beispiel ihr PLA mit Glitzer oder einem fluoreszierenden Farbstoff angereichert. Durch Materialien mit bildhaften Namen wie *Galaxy Blue* und *Glowbug Yellow* können hervorragend Akzente gesetzt werden. Für den Notenschlüssel habe ich mich daher für das blaue Glitzermaterial entschieden.

3. Bezüglich der Druckeinstellungen ist nicht viel zu beachten, da die Formen sehr unproblematisch sind. Dennoch gebe ich ein paar allgemeine Hinweise:
   - **Schichthöhe:** 0,2 bis 0,35 mm sind vollkommen ausreichend, wenn Sie keinerlei Verzierungen auf den Außenwänden des Gehäuses angebracht haben. Bei der Verwendung von kleinen Schriftzügen oder aufwendigen Logos müssen Sie mit der Schichthöhe etwas weiter runter gehen, um alle Details voll abzubilden. Dadurch steigt aber natürlich auch die Druckzeit.
   - **Fülldichte:** Da bei einem CD-Ständer von keiner großen Belastung während der Benutzung auszugehen ist, würde ich empfehlen, bei der Fülldichte zu sparen. Mehr als 5 % ist eigentlich gar nicht nötig.
   - **Deckelstärke:** Um bei geringer Füllung dennoch gut verschlossene Oberflächen zu erhalten, sollten Sie bei der Deckelstärke nicht sparen. Ich würde bei einer angenommenen Schichthöhe von 0,2 mm mindestens eine Deckelstärke von 1,2 bis 2 mm empfehlen. Innerhalb der 6 bis 10 Deckschichten sollte der Drucker es schaffen, eine schöne Oberfläche auf die magere Ausfüllung aufzubauen.

Bild 5.20 Ein persönliches Geschenk, das sich auf jedem Regel gut sehen lassen kann (Foto: © Kira »Electro Spark« Gilch)

5.3.3 Weitere Ideen zum Verschenken

Es gibt eine ganze Reihe an Geschenkideen, die sich auch auf die Schnelle selbst erstellen und ausdrucken lassen. Hier finden Sie ein paar gedankliche Anregungen:

- **Vasen:** Eine selbst designte Vase macht auch einen kleinen Blumenstrauß zu einer ganz großen Geste. Neben den unzähligen herunterladbaren Designs sind eigene Vasen wirklich schnell selbst gemacht. Wichtige Drucktipps haben Sie bereits in Übung 6 (Abschnitt 4.5.8) erhalten. Eine sehr hilfreiche Modellierungstechnik für Vasen werden Sie mit den rotationssymetrischen Formen in Übung 10 (Abschnitt 5.4) kennenlernen.
- **Lithophanie:** Diese aus der Mitte des 19. Jahrhunderts stammende Technik aus der Porzellanherstellung[19] lässt sich auch kinderleicht auf Ihrem 3D-Drucker nutzen.

Bild 5.21 Lithophanie macht aus Fotos und Grafiken kleine Kunstwerke (Foto: © Brian Woods).

  Ihre Vorlage, in Form eines Fotos, wird in ein Höhenprofil zerlegt, welches Sie dann auf dem Druckbett liegend ausdrucken lassen können. Durch die unterschiedlich dicken Bereiche entsteht ein reliefartiges Bild, das insbesondere vor Lichtquellen schön zur Geltung kommt. Auf Thingiverse gibt es gleich zwei gute Möglichkeiten, Fotos in Lithogramme umzuwandeln:

  - Sehr leicht zu bedienender Customizer von MakerBot: *http://www.thingiverse.com/thing:74322* [17zRS9O]
  - Etwas leistungsfähigere Windows Software von Brian Woods: *http://www.thingiverse.com/thing:66115* [1aje1Lg]

- **3D-gedruckter Adventskalender:** Konzeptionell finde ich die Idee von Peter Leppik genial. Weihnachten 2012 erheiterte er die Community täglich mit einem neuen Teil seines 3D-druckbaren Adventskalenders (Bild 5.22). Menschen aus der ganzen Welt machten mit. Gerade bei langen Druckzeiten und kleine Bauräumen kann es also auch eine gute Idee sein, etwas Großes in vielen kleinen Teilen herzustellen.

19 Mehr zur Geschichte der Lithophanie erfahren Sie unter *http://de.wikipedia.org/wiki/Lithophanie* [17ns5SZ].

Bild 5.22 Erst eins, dann zwei, dann drei, dann vier ...: Der 3D-gedruckte Adventskalender von Peter Leppik brachte weihnachtliche Stimmung in die 3D-Druck-Commuity (Quelle: *http://www.thingiverse.com/thing:36554* [GSXztS], Fotos: © Richard Horne/RichRap).

5.4 Übung 10: Ersatzteil für den Haushalt drucken

Jetzt kommt der Klassiker! Ein Haushaltsgerät geht kaputt und nur einer kann helfen: Sie beziehungsweise Ihr 3D-Drucker. In dieser Übung zeige ich Ihnen, wie Sie mithilfe Ihres 3D-Druckers den kaputtgegangenen Knauf eines Kochtopfdeckels reparieren können.

Übung 10: Ersatzteil für den Haushalt drucken

Ziel: Rotationssymmetrisch modellieren und nebenbei einen Kochtopfdeckel reparieren

Verwendete Hardware:

- Computer
- Stift und Papier

Verwendete Software: Autodesk 123D Design

Hilfreiche Werkzeuge: Maus mit Scrollrad

Wichtige Links:

- *http://www.123dapp.com/design* [1bPFYkD]
- *http://www.123dapp.com/howto/design* [17zSbBl]

Installation von 123D Design und Maße nehmen

1. Als Erstes besuchen Sie *http://www.123dapp.com/design* [1bPFYkD] und laden sich entweder die Windows- oder Mac OS X-Version der kostenlosen Konstruktionssoftware *Autodesk 123D Design* herunter.

   Eine Anmeldung ist nicht notwendig, schadet aber auch nicht, da Sie auf diese Weise zum Beispiel auch auf Projekte aus anderen Programmen der Autodesk 123D-Familie zugreifen können.

2. In unserem Beispiel will ich den Knauf eines Kochtopfdeckels nachmodellieren und ausdrucken. Hierzu nehme ich mithilfe eines Messschiebers sorgfältig die nötigen Maße ab und skizziere Sie zur Übersicht erst einmal auf einem Stück Papier (Bild 5.23).

   Das Besondere an diesem Bauteil wird sein, dass Sie nur eine Hälfte des Profils skizzieren und bemaßen. Der dreidimensionale Knauf wird erst durch eine Rotation entlang der rot markierten Achse entstehen (Bild 5.23). Diese spezielle Funktion ist oft nur in Programmen für fortgeschrittene Anwender enthalten.

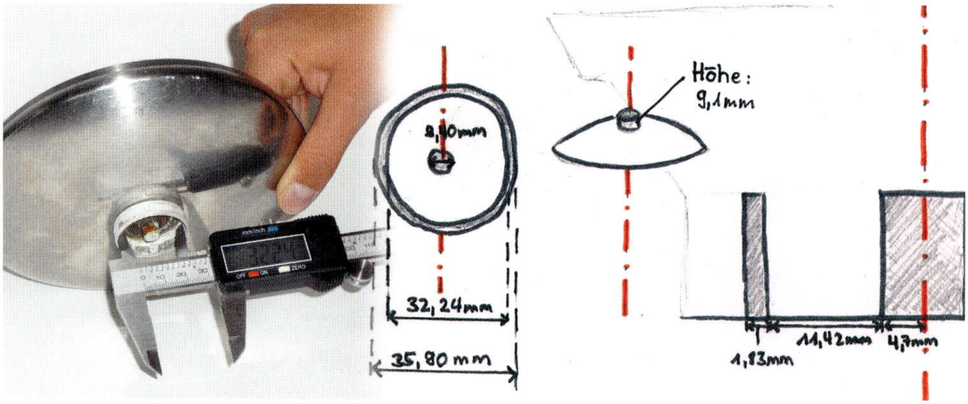

Bild 5.23 Problem analysieren, ausmessen und mögliche Lösung skizzieren (Skizze: © Josepha Hilmer)

3. Danach starten Sie Autodesk 123D Design. Über START A NEW PROJECT gelangen Sie in den Zeichenmodus.
   - Über die Navigationsleiste auf der rechten Seite beziehungsweise durch einen Klick auf die Oberseite des Navigationswürfels (TOP) können Sie die Zeichenfläche von oben betrachten.
   - Mit den Werkzeugen des SKETCH-Menüs können Sie unsere Papierskizze Stück für Stück auf den Computer übertragen und die Teilstücke jeweils bemaßen (Bild 5.24). So setzt sich aus Linien (POLYLINE) und Kurven (SPLINE bzw. THREE POINT ARC) nach und nach die Skizze zusammen.
   - Achten Sie darauf, dass Ihre Skizze nach der Fertigstellung geschlossen ist. Nur so wird sie als Fläche (= beige Farbe) erkannt.

Bild 5.24 Der Zeichenmodus ist wie eine digitale 2D-Papierskizze.

4. Jetzt kommt die angekündigte rotationssymmetrische Konstruktionsfunktion zum Einsatz (Bild 5.25). Klicken Sie hierzu auf CONSTRUCT → REVOLVE, um das Rotationswerkzeug auszuwählen.
   - Anschließend markieren Sie die eben skizzierte Fläche (PROFILE) und wählen dann über AXIS die zuvor in der Handskizze rot markierte Achse aus.
   - In dem nun erscheinenden Feld ersetzen Sie *0 deg* durch *360 deg*, um eine volle 360°-Umdrehung zu erzeugen. Das Ergebnis bestätigen Sie mit der ENTER-Taste.

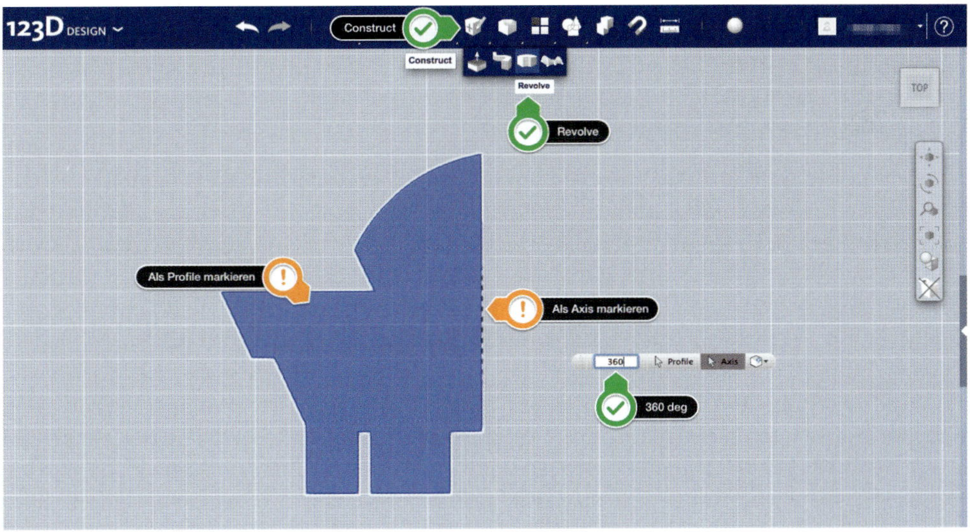

Bild 5.25 Das Rotationswerkzeug in Aktion: Erst wird die Fläche markiert, dann die Rotationsache und abschließend der Drehwinkel.

5. Und schon ist unser Knauf fertig! Das war mal wieder recht einfach, oder?
   - Exportieren Sie Ihr Modell über einen Klick auf 123D DESIGN → EXPORT STL als STL-Datei.
   - Die Projektdatei können Sie (für den Fall einer späteren Nachbesserung) über 123D DESIGN → SAVE → TO MY COMPUTER ebenfalls speichern.

PRAXISTIPP: Mit dem Rotationswerkzeug werden Sie noch eine Menge Spaß haben. Es gibt keine einfachere Möglichkeit, um zum Beispiel Vasen zu designen, als mit dieser Funktion. Das Einzige, was Sie tun müssen, ist, eine Hälfte des Profils zu skizzieren und dann das Ganze einmal um die Mittelachse zu rotieren.

Tipp: Mit dem Kurvenwerkzeug (SKETCH → SPLINE, vgl. Bild 5.26 rechts) lassen sich schöne Rundungen erzeugen.

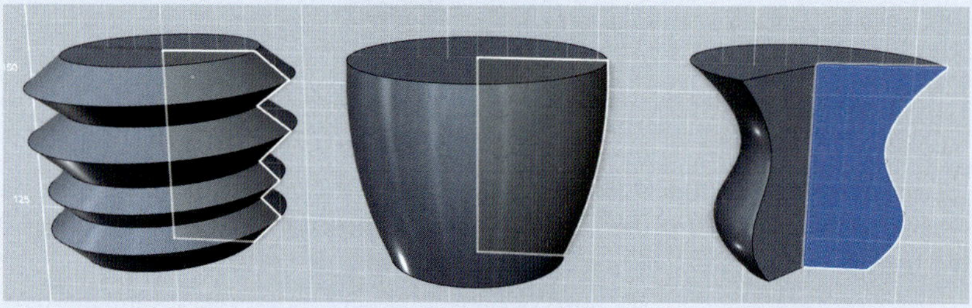

Bild 5.26 Rotieren, was das Zeug hält! Mit dem Rotationswerkzeug (REVOLVE) können Sie auf schnelle Weise eigene Vasen zaubern.

6. Der Ausdruck unseres Knaufs erfolgt wie gewohnt über den Slicer. Beim Slicing achte ich darauf, dass ich den Filament-Durchmesser akkurat messe, um eine übermäßige Materialausgabe bei den kleinen Zwischenräumen zu vermeiden. Um den Überhang zu unterstützen, aktiviere ich die Support-Funktion.

7. Der Knopf kann nun aufgesteckt werden und in einer zweiten Runde eventuell noch den eigenen Wünschen angepasst werden. Gerade bei kleinen Bemaßungen kann es sein, dass ein bisschen nachgearbeitet werden muss (Bild 5.27).

Jetzt werden Sie sich fragen, was Ihnen ein Kochtopf mit einem Kunststoffknopf nutzt, der schon bei circa 80 °C weich wird. Gut mitgedacht! Aber sehen Sie es einmal so: Mit dieser Technik konnten wir uns schnell und günstig einen Prototypen anfertigen, an dem wir die Passgenauigkeit und das Design verifizieren konnten. Sollten Sie mit dem Entwurf zufrieden sein, können Sie diesen einfach in einem temperaturbeständigen Material[20] wie Keramik bei einem der 3D-Druck-Dienstleister bestellen und durch einen Zweikomponentenkleber am Deckel anbringen. Ebenso können Sie mit jedem anderen Ersatzteil im Haushalt verfahren. Über

20 In der Branche wird gemunkelt, dass schon bald Filamente mit einer Glasübergangstemperatur von über 100 °C verfügbar sein werden.

die große Materialauswahl der Dienstleister lässt sich auf diese Weise nahezu jeder Gegenstand reparieren.

Bild 5.27 Der Knauf wird zur Probe aufgesetzt. Wenn Sie sauber gemessen haben und der Drucker gut gedruckt hat, sollte alles passen. Dieser Knauf ist vielleicht ein bisschen groß geraten, oder? (Modell: © Josepha Hilmer)

5.5 Übung 11: Der Retraction-Test anhand der Klein Bottle

Im Verlauf des Buches haben Sie die Arbeit des bekannten 3D-Designers und Künstlers Asher Nahmias (*Dizingof*) bereits mehrfach kennengelernt. Nun wollen wir uns mit dem Ausdruck eines seiner anspruchsvollsten Werke, seiner Interpretation der Klein Bottle, beschäftigen. Diese ist neben über 300 weiteren Kreationen in seinem Onlineshop unter *http://3dizingof.com* für Preise zwischen 5 und 45 US-Dollar als digitaler Download zum selbst Ausdrucken erhältlich. Denken Sie schon über Ihre erste kleine Investition in eine eigene 3D-Druck-Kunstsammlung nach? Bevor Sie Ihren Geldbeutel zücken, darf ich Ihnen freudig verkünden, dass Asher Nahmias Ihnen im Rahmen dieser Übung mit einem kostenlosen Exemplar der Kleinschen Flasche ein Geschenk machen möchte.

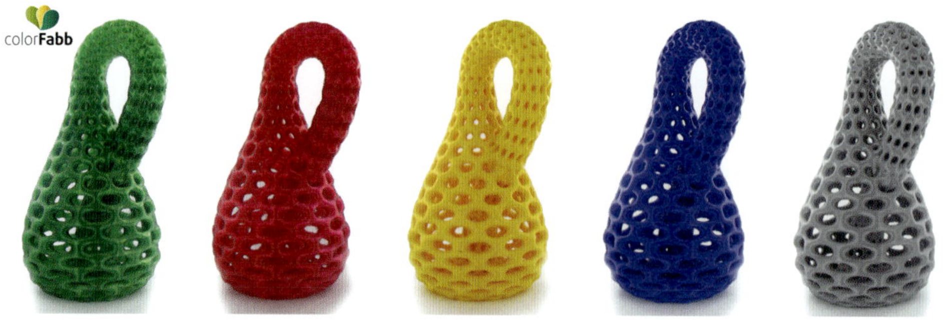

Bild 5.28 Die Klein Bottle in Perfektion: Dies ist nur mit qualitativ hochwertigem Material möglich, wie in diesem Fall den colorFabb-Filamenten (Foto: © colorFabb).

Übung 11: Der Retraction-Test

Ziel: Alle Rückzugsparameter anhand der Klein Bottle verstehen, beherrschen und optimieren

Verwendete Hardware:

- Computer
- 3D-Drucker

Verwendete Software: Ihr bevorzugter Slicer

Wichtige Links:

http://3dprintingbook.de
Der Download des Modells erfolgt unter den Bedingungen der CC-Lizenz *Namensnennung - Nicht-kommerziell - Keine Bearbeitung 3.0 Unported*

- *http://3dizingof.com*

Download des STL-Modells

1. Laden Sie sich das STL-Modell der Klein Bottle aus dem Downloadbereich der Webseite zum Buch (*http://3dprintingbook.de*) herunter.
   - Um sicherzustellen, dass nicht die ganze Welt ungehinderten Zugriff auf Ihr exklusives Geschenk besitzt, müssen Sie ein kleines Rätsel zum Buch lösen.[21]
   - Bitte nehmen Sie zur Kenntnis, dass Asher Nahmias Ihnen das Modell unter der CC BY-NC-ND 3.0-Lizenz[22] zur Verfügung stellt. Diese Lizenz verpflichtet Sie bei Weitergabe der

21 Wer von Ihnen hat Monkey Island gespielt und fand die Kopierschutzdrehscheibe (*http://www.spieletipps.de/artikel/4113/3/* [1cKBuLz]) auch so cool wie ich?

22 Die CC BY-NC-ND 3.0-Lizenz im Detail: *http://creativecommons.org/licenses/by-nc-nd/3.0/deed.de* [1699Lg2].

Datei oder eines Ausdrucks, den Namen des Urhebers zu nennen und verbietet die kommerzielle Nutzung. Es dürfen also weder die Datei noch Ihre Druckergebnisse weiterverkauft werden.

Slicing-Einstellungen

2. Um die exzellenten Druckergebnisse aus Bild 5.28 zu erzielen, müssen Sie einige Einstellungen in ein perfektes Zusammenspiel bringen.
   - **Schichthöhe:** Den starken Überhängen in jedem einzelnen der Löcher müssen wir über eine möglichst geringe Schichthöhe entgegenwirken. Meine Empfehlung: 0,1 mm oder noch dünner (je nach dem, ob Ihr 3D-Drucker damit umgehen kann).
   - **Erste Schichten:** Da die Auflagefläche der Klein Bottle nur sehr klein ist, kann es schwer fallen, eine gute Haftung herzustellen. Hinzu kommen die sehr steilen Überhänge an der Außenseite, die gleich zu Beginn des Drucks zu bewältigen sind. Die Funktion BRIM (alternativ RAFT) und ein wenig Support (in der abgeschwächten Variante TOUCHING BUILDPLATE) können helfen, den Start gut zu meistern (Bild 5.29).

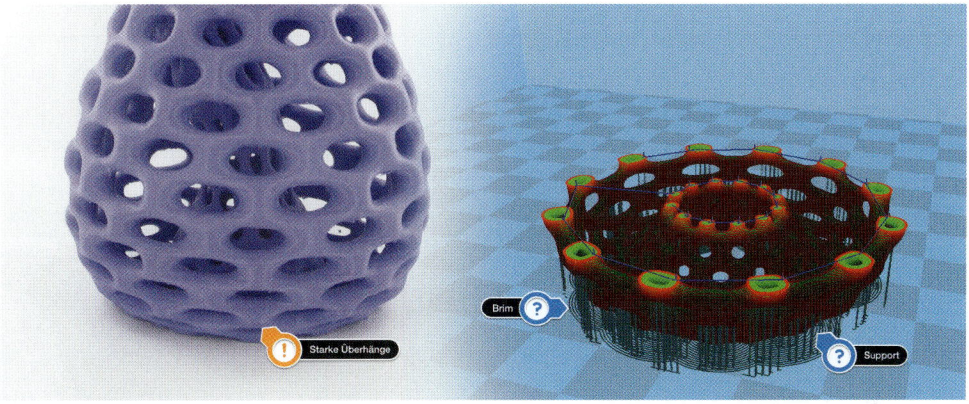

Bild 5.29 Brim (oder Raft) und Support können Ihnen beim Start in die sehr steilen Überhänge helfen. (Foto links: © colorFabb)

   - **Filament:** Insbesondere bei retractionlastigen Ausdrucken muss die Filament-Qualität möglichst hoch sein. Sobald der Filament-Durchmesser zu stark variiert, ist Fädenbildung oder ungenügende Extrusion an allen Übergängen zu erkennen. Bei der Wahl der Temperatur sollten Sie eher am unteren Rand der möglichen Drucktemperaturen arbeiten.
   - **Retraction:** Nutzen Sie beim ersten Versuch die Empfehlungen Ihres Herstellers oder der Community. In einem zweiten Schritt können Sie die Einstellungen optimieren. Wichtig ist, dass Sie die Einstellungen zur Mindestlänge, bevor ein Rückzug ausgelöst wird (= Minimal Travel after Retraction), auf 0 setzen – sofern diese Einstellung in Ihrem Slicer verfügbar ist. So stellen Sie sicher, dass das Filament auch bei kleinen Löchern zurückgezogen wird. Zusätzlich zu den Retraction-Einstellungen wird es helfen, wenn Sie die Geschwindigkeit der Laufwege (= *travel speed*) möglichst hoch einstellen, um einen schnellen Wechsel zwischen den Einzelflächen zu erreichen.

Optimierung der Retraction-Ergebnisse

3. Wenn Sie mit den Rückzugsergebnissen nicht zufrieden sind, sollten Sie ein wenig Zeit darin investieren, die optimalen Einstellungen über ein einfaches Modell experimentell zu bestimmen.
   - Laden Sie sich die *Hollow Calibration Pyramid* unter *http://www.thingiverse.com/thing:11846* [1b6aVMZ] herunter. Durch ihre kleine Größe eignet sie sich für eine schnelle Verifizierung Ihrer Einstellungen. Durch die nach oben zulaufenden Streben stellen Sie sicher, dass sowohl große wie auch kleine Lücken keine Fädenbildung hervorrufen.
   - In einer ersten Testreihe bestimmen Sie eine möglichst hohe Rückzugsgeschwindigkeit (= *retraction speed*) des Filaments, bei der es noch zuverlässig und ohne Beschädigungen vom Drucker verarbeitet werden kann. Wenn Sie Ihre Finger an den Filament-Einzug halten, können Sie prüfen, ob das Material ordentlich zurückgezogen und anschließend auch wieder ausgegeben wird. Das Filament sollte nicht durch zu hohe Geschwindigkeiten oder zu hohen Anpressdruck im Fördermechanismus aufgerieben oder in seiner runden Form beeinträchtigt werden. Nutzen Sie Bild 5.30 als Vergleichsgrundlage für Ihr Filament.

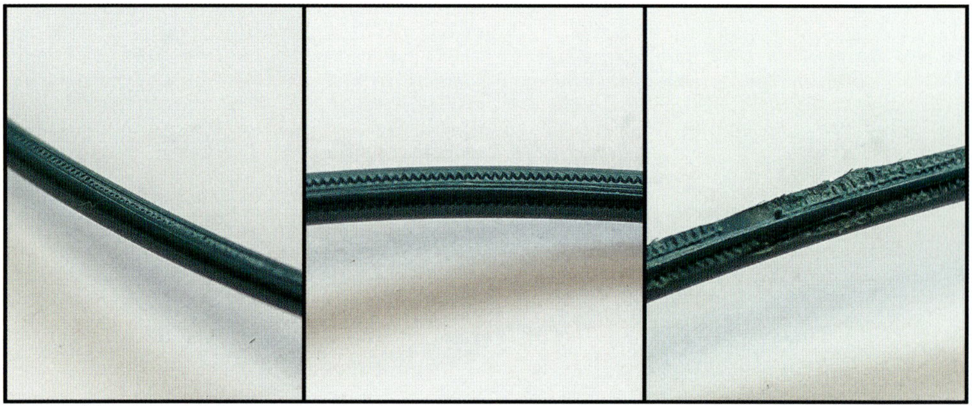

Bild 5.30 Einbissspuren im Filament im Vergleich (von links nach rechts): Etwas schwach, perfekt und viel zu stark.

   - In einer zweiten Testreihe gehen Sie mit der Rückzugsstrecke (= *retraction distance*) so lange in 0,5 mm-Schritten nach oben, bis Sie keine Fädenbildung mehr beobachten können. Typische Werte liegen zwischen 0,5 bis 3 mm. Bei Druckern, die das Bowden-Prinzip einsetzen, können es auch einmal mehr als 5 mm sein.
   - Vergleichen Sie Ihre Ergebnisse mit Bild 4.43 und optimieren Sie Werte wie die Temperatur, Druck- und Laufweggeschwindigkeit bis Sie zufrieden sind.

4. Nutzen Sie Ihre neuen Erkenntnisse für einen weiteren Druckversuch der Klein Bottle. Ich drücke Ihnen die Daumen!

Weitere anspruchsvolle Designs finden Sie auf der Webseite von *Dizingof* (*http://3dizingof.com*). Neben kostenpflichtigen Werken finden Sie dort auch eine Hand voll kostenloser 3D-Modelle.

5.6 3D-gedruckte Multicopter – wenn Ideen fliegen lernen

Gerade für Modellbauer ist der 3D-Druck ein Paradies. Vom Bootsrumpf bis zum Tunneleingang ist alles möglich und kann individueller als jemals zuvor an die eigenen Anlagen und Komponenten angepasst werden. Besonders im Flugmodellbau wirkt es sich positiv aus, dass die Füllmuster und damit auch das Gewicht Ihrer Bauteile frei wählbar sind. So können besonders leichte, aber dennoch starke Strukturen geschaffen werden. Durch Gewichtseinsparungen kann darüber hinaus auch die Flugzeit des Modells verlängert werden.

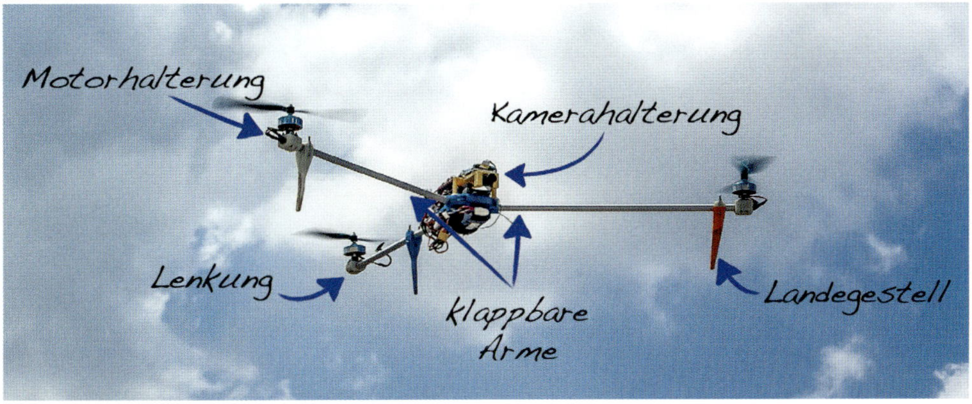

Bild 5.31 Mein 3D-gedruckter Tricopter – ein Multicopter mit nur drei Propellern: Außer der Elektronik und den Aluminiumarmen ist alles 3D-gedruckt.

In diesem Abschnitt will ich Ihnen den Weg in den faszinierenden Bereich der ferngesteuerten Multicopter ebnen. Als Multicopter werden senkrechtstartende Modelle mit mehreren Propellern bezeichnet. In den Medien wird öfters auch von Drohnen gesprochen – ein Begriff, der in der Community in Abgrenzung zu den tödlichen Kampfrobotern (UAVs) diverser Armeen jedoch vermieden wird.

Anhand meines eigenen Tricopters (Bild 5.31) werde ich Ihnen die 3D-druckspezifische Besonderheiten auf kompakte Weise vermitteln und Ihnen in Form einiger Linkempfehlungen weitere Informationsquellen zur Verfügung stellen.

Designverbesserungen durch 3D-Druck

Durch das Design von Clips in der Mittelplatte (Bild 5.31) lassen sich die Arme einklappen. Dies ist nicht nur für den Transport, sondern auch im Falle eines Absturzes sehr hilfreich. Sobald der Copter nach einem missglückten Flugmanöver auf den Boden aufschlägt, brechen die Arme nicht mehr, sondern klappen einfach nach hinten weg. Auch bei der Auswahl der Motoren können Sie nun ausschließlich nach dem Preis oder nach Leistungswerten gehen, denn eine passende Halterung lässt sich ganz einfach drucken (Bild 5.32).

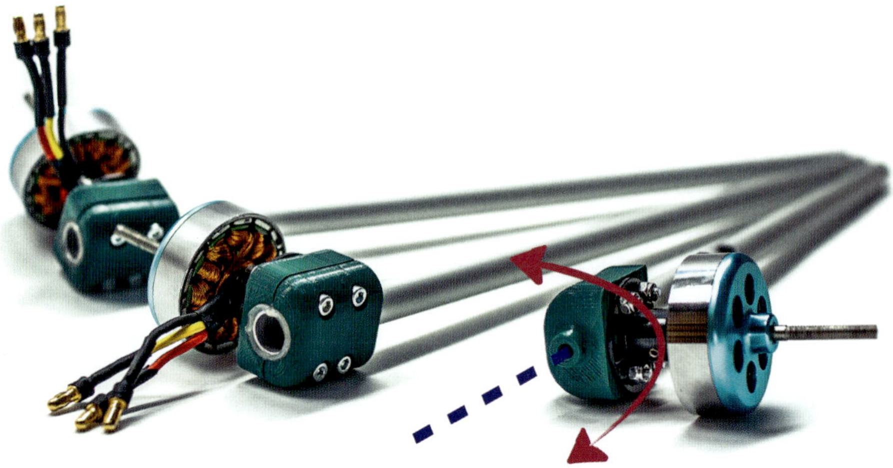

Bild 5.32 Egal welchen Motor Sie kaufen – durch die ausgedruckten Motorhalterungen wird er immer perfekt passen. Der Heckmotor kann sich auf der Achse drehen.

Durch die Verwendung eigener Teile konnte ich den neigbaren Heckmotor (Bild 5.32, rechts) direkt auf die Achse des Arms platzieren und so den Aufbau nicht nur eleganter, sondern auch optimaler im Hinblick auf die Gewichtsverteilung gestalten. Selbst den kleinen Adapter (Bild 5.33, links), durch den der Heckmotor über eine Welle mit einem Servomotor verbunden wird, konnte ich mit einem FDM-Drucker herstellen.[23]

Bild 5.33 Detailarbeit: Selbst die winzig kleinen Zähne des Servo-Adapters meisterte der FDM-Drucker (links). Rechts sehen Sie im Vergleich das gleiche Teil aus Polyamide bzw. Alumide, die aus der SLS-Fertigung eines Dienstleisters stammen.

Wie steige ich ins Thema ein?

Das Thema Multicopter ist so umfassend, dass man damit ein weiteres, spannendes Buch füllen könnte. Doch glücklicherweise gibt es im Internet schon ganz großartige Anleitungen, wie man günstig zu einem ersten Copter kommt. Ich empfehle Ihnen daher, eines dieser De-

23 Meine Erfahrungen mit dem winzigen Servo-Adapter finden Sie unter *http://www.thingiverse.com/thing:26408* [15yP9AV].

signs nachzubauen und möglichst schnell erste Flugerfahrungen zu sammeln. Sobald Sie Ihren ersten verheerenden Absturz hinter sich haben, sollten Sie die Gelegenheit nutzen, um aus den elektronischen Überbleibseln[24] mithilfe Ihres 3D-Druckers ein Design nach Ihren Vorstellungen auf die Beine zu stellen. Die besten Einstiegshilfen finden Sie unter folgenden Links:

- Die Grundlage meines Copters ist das Tricopter 2.6HV Design des sympathischen Schweden David Windestål: *http://rcexplorer.se/projects/2012/07/the-tricopter-v2-6hv/* [GViug9]
- Gemeinsam mit den Amerikanern Josh Bixler, Josh Scott und Chad Kapper moderiert David seit Anfang 2013 *Flite Test*, den YouTube-Kanal für Modellbau (Bild 5.34), in dem es gerade für Einsteiger wertvolle Tipps zu allen Bereichen des Flugmodellbaus gibt. Auf ihrer Webseite *http://www.flitetest.com/* gibt es neben unzähligen nutzergenerierten Anleitungen auch einen Onlineshop, in dem Sie günstig solide Multicopterrahmen kaufen können.

Bild 5.34 Der YouTube-Kanal Flite Test ist eine unverzichtbare Inspirationsquelle für Modellbaufans: *http://www.youtube.com/user/flitetest/* [17zSH2f] (Foto: © Flite Test)

- Auf *Thingiverse.com* finden Sie unter den Suchbegriffen *Multicopter*, *Quadro-* oder *Tricopter* vorgefertigte Entwürfe anderer Nutzer, die Sie nur noch ausdrucken und um einige Schrauben sowie die Elektronik ergänzen müssen. Zum Beispiel gibt es dort auch eine 3d-druckbare Variante des Tricopter 2.6 HV Designs: *http://www.thingiverse.com/thing:67010* [1boh47b]
- In der deutschsprachigen FPV-Community gibt es ebenfalls einen YouTube-Kanal, ein Forum zum Informationsaustausch und mit vielen Details zum Thema FPV (= *first person view*), also der Steuerung Ihres Flugmodells mithilfe einer Videobrille: *http://fpv-community.de/*

24 Die Elektronik wird bei einem Absturz in der Regel nicht beschädigt. Oft brechen nur die Propeller und Arme der Multicopter.

OpenPilot.org – der Open Source-Flight Controller

Damit der Multicopter in der Luft bleibt, benötigt er eine zentrale Steuerungselektronik, die durch eine Vielzahl von Sensoren seine Position im Raum bestimmt und alle verfügbaren Motoren in ihrer Leistung genau abmischen kann, sodass der Copter ruhig in der Luft stehen bleibt und keine Saltos schlägt.

Neben einigen kommerziell vertriebenen Komplettlösungen hat über die letzten Jahre insbesondere das Open Source-Projekt *OpenPilot* durch fortschrittliche Elektronik und geniale Software auf sich aufmerksam gemacht.

Bild 5.35 Eine Revolution in der Multicopter-Szene – OpenPilot V8 GPS, Revolution Flight Controller und die Funkverbindung OPLink (von links nach rechts).

Mit dem gleichen Spirit, mit dem in der 3D-Druck-Community täglich am Hobby weiterentwickelt wird, treffen sich auch auf *OpenPilot.org* talentierte Programmierer, Elektronikexperten, aber auch viele flugverrückte Modellbauer, um gemeinsam am Traum vom Fliegen zu arbeiten. Mit der neuesten Generation der Elektronik, dem sogenannten Revolution Board, das neben verbesserten Stabilisierungseigenschaften auch GPS-Daten verarbeiten kann und über eine eigens entwickelte Funkverbindung Kontakt zum Piloten hält, ist man der Vision eines autonomen Flugs schon sehr nahe. Am besten gucken Sie mal vorbei und machen sich selbst ein Bild von der lebhaften Community.

Projektwebseite: *http://www.openpilot.org/*

Forum: *http://forums.openpilot.org/* [1hNRKt8]

5.7 OctoPrint – die Fernsteuerung für den 3D-Drucker

Zusätzlich zur Möglichkeit, Ihren Drucker per USB-Verbindung oder SD-Karte mit neuen Druckdaten zu versorgen, gibt es noch eine dritte Variante: Sie können einen kleinen Server an Ihren 3D-Drucker anschließen, um diesen danach über WLAN oder ein kabelgebundenes Netzwerk über Ihren Browser steuern zu können. Die kinderleicht zu bedienende Open Source-Fernbedienung wurde maßgeblich von Gina Häußge[25] entwickelt und hört auf den Namen *OctoPrint*[26] (Bild 5.36).

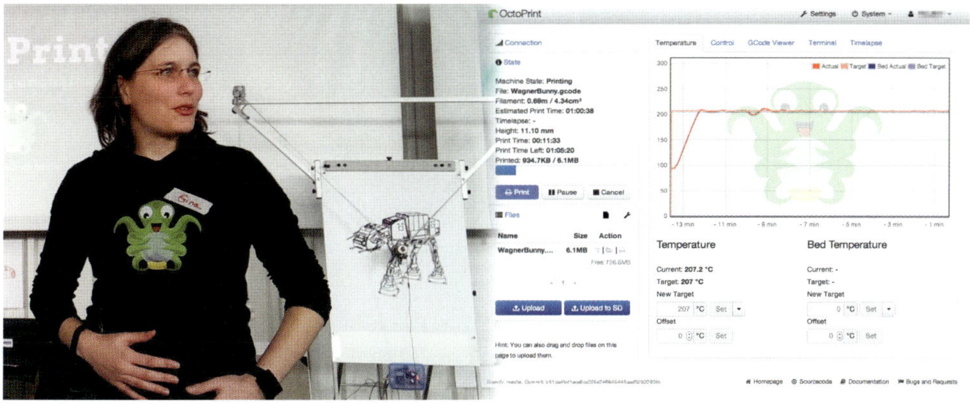

Bild 5.36 Gina Häußge, Community-Mitglied und Entwicklerin des OctoPrint-Webinterface. (Foto links: © Nils Hitze)

Als ob die Fernsteuerung nicht schon genug wäre, kommen ständig neue Funktionen hinzu. Sobald Sie zum Beispiel eine Webcam (Bild 5.37) an den Server anschließen, können Sie dem Drucker auch bei der Arbeit zugucken und sogar Zeitraffervideos[27] Ihrer Drucke automatisch erstellen lassen. Dank der kostengünstigen Raspberry Pi-Mini-Computer ist das Ganze auch ein bezahlbares Projekt, das Ihren 3D-Drucker noch bequemer bedienbar machen wird. Durch die Schnittstellen zu den weit verbreiteten Marlin- und Repetier-Firmwares (siehe Abschnitt 4.8.1) ist OctoPrint mit nahezu jedem 3D-Drucker kompatibel[28].

25 Gina Häußge: *http://bit.ly/octo-gina*

26 Die OctoPrint-Projektseite finden Sie unter *http://octoprint.org/*

27 Hier sehen Sie zum Beispiel den Druck eines kleinen Multicopterrahmens in nur 30 Sekunden zusammengefasst: *http://youtu.be/8Rb2eudh_lg* [15yPqDV].

28 Durch deren geschlossene Firmware und G-code-Architektur sind die MakerBot-Geräte leider von der Nutzung ausgeschlossen.

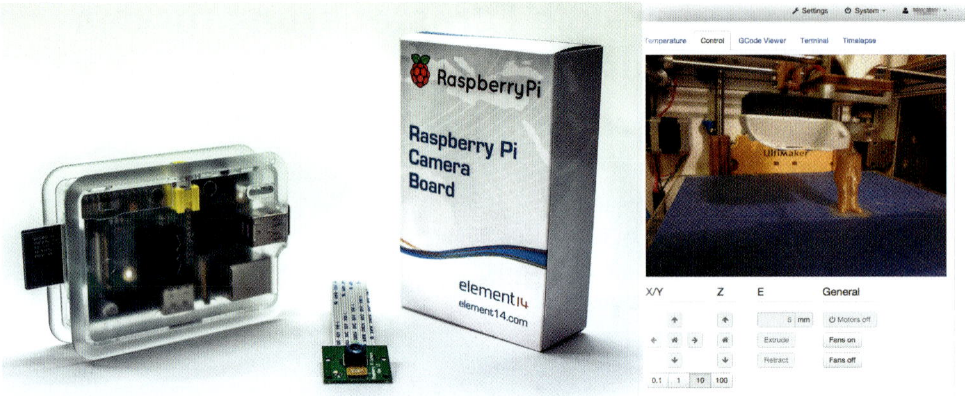

Bild 5.37 Eine alte Webcam oder die spezielle Raspberry Pi-Kamera (kleine Platine in der Mitte des Bildes) ermöglichen es Ihnen, den Drucker auch visuell im Auge zu behalten.[29]

In vier Schritten zum eigenen OctoPrint-Server

1. Beschaffen Sie sich zunächst die nötigen Einzelteile aus Tabelle 5.2. Inklusive Webcam und Versandkosten sollte dies unter 100 Euro möglich sein.

Tabelle 5.2 Einkaufsliste für Ihr OctoPrint-Projekt

Bestandteil	Bemerkung	Preis in Euro (circa)
Raspberry Pi, Typ B	Herzstück des Servers (der leistungsstärkere Typ B ist zu empfehlen)	33 Euro
WLAN USB-Stick	z. B. Edimax EW-7811UN	10 Euro
SD-Karte	8 GB bieten auch für zukünftige Experimente genügend Platz.	10 Euro
Micro-USB Netzteil	z. B. Ansmann Dual-USB-Lader mit Micro-USB	6 Euro
USB-Hub	Notwendig, um USB-Tastatur, Maus und optional USB-Webcam anzuschließen	6 Euro
Optionales Zubehör		
Raspberry Pi Camera	Kostengünstige HD-Kamera, die direkt am Raspberry Pi angeschlossen wird	23 Euro
HDMI Kabel, Monitor, USB Tastatur und Maus	Nur zur Einrichtung benötigt	-
Gehäuse	Am besten selbst ausdrucken![30]	-

29 Links im Bild sehen Sie den Raspberry Pi-Mini-Computer. Ich schäme mich etwas, dass ich ein gekauftes Gehäuse verwende!

30 Sie finden eine große Anzahl an Raspberry Pi-Gehäusen im Internet. Jason Mosbrucker hat sogar eine OctoPrint-Variante (*http://www.thingiverse.com/thing:133856* [GT0cvT]) erstellt.

2. Laden Sie sich nun die bereits vorkonfigurierte Version[31] *OctoPi* von Guy Sheffer *https://github.com/guysoft/OctoPi* [1fuwbku] herunter. Kopieren Sie das Image mithilfe von Win-32DiskImager (für Windows) oder ApplePi-Baker[32] (für Mac OS X) auf Ihre SD-Karte.

3. Verbinden Sie den Raspberry Pi mit der Webcam, dem 3D-Drucker, dem Monitor, der Tastatur, der Maus und dem Netzteil. Nachdem der OctoPrint-Server gestartet ist und Sie sich erfolgreich eingeloggt haben (User: *pi*, Standardpasswort: *raspberry*), können Sie Ihre WLAN Verbindung über das WIFI CONFIG-Programm oder die Kommandozeile herstellen[33]. Alternativ kann auch ein Netzwerkabel zur Verbindung genutzt werden.

4. Fertig! Über die Adresse *http://octopi.local/* ist OctoPrint nun von allen Geräten im gleichen Netzwerk erreichbar. Sie können sich ähnlich wie bei Ihrem Host-Programm mit dem Drucker verbinden und Druckaufträge starten.

Nutzen Sie bei Problemen und zur weiteren Konfiguration die Informationen im OctoPrint-Wiki: *https://github.com/foosel/OctoPrint/wiki* [15ySgso]

Falls Ihnen die OctoPrint-Lösung zu kompliziert erscheint, erhalten Sie mit der *Doodle3D Box* schon bald eine Plug-and-Print-Alternative (Bild 5.38). Zusätzlich zur Fernbedienung werden hier auch innovative Apps mitgeliefert, die das Drucken von einem Smartphone oder Tablet ermöglichen: *http://doodle3d.nl/*

Für Anwender der Repetier-Firmware kommt alternativ auch der Repetier-Server in Frage: *http://www.repetier.com/repetier-server-download/*

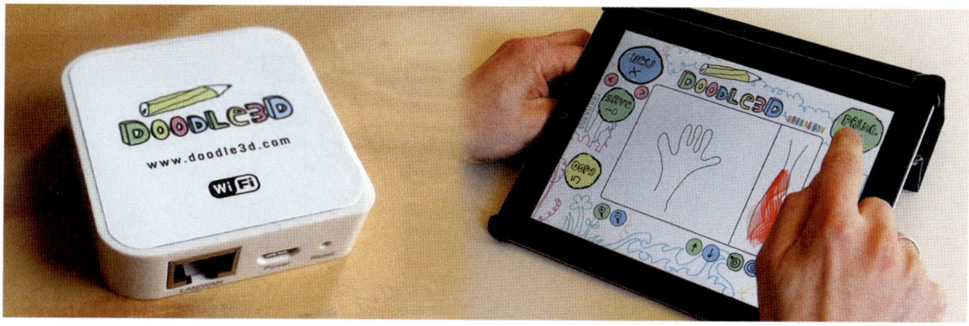

Bild 5.38 Die Doodle3D Box macht es Ihnen noch leichter als OctoPrint und bietet lustige Zusatzfunktionen (Foto: © Doodle3D).

31 Alternativ können Sie OctoPrint auch manuell nach folgender Anleitung installieren: *http://www.3drucken.ch/2013/03/netzwerkfahiger-drucker-in-10-schritten.html* [1cgrdUK].

32 Den Download und eine Anleitung finden Sie unter *http://elinux.org/RPi_Easy_SD_Card_Setup#Using_the_Win32DiskImager_program* [1bPJ5Jg] bzw. *http://www.tweaking4all.com/hardware/raspberry-pi/macosx-apple-pi-baker/* [1q7rnla].

33 Durch Eingabe des Befehls `startx` starten Sie die grafische Nutzeroberfläche. Profis lösen das Ganze über die Kommandozeile. Mit der passenden Anleitung schaffen das auch Anfänger: *http://www.datenreise.de/raspberry-pi-wlan-einrichten-edimax* [1qwswFf]

Warnung – Ihr Drucker braucht Schutz!

Die Systeme, mit denen zum Beispiel in Fabriken große Maschinen und ganze Herstellungsprozesse überwacht und gesteuert werden, werden als SCADA (= *supervisory control and data acquisition*) bezeichnet. Sind diese Geräte durch Fehlkonfiguration oder Nachlässigkeit im Internet öffentlich zugänglich, kann die ganze Welt den Betrieb lahmlegen oder anderweitig sabotieren. Daher genießen diese zentralen Steuerungskomponenten einen hohen Schutzbedarf.[34]

Bild 5.39 Auszug aus »SCADA and Me« vom IT-Security-Experten Robert M. Lee (Illustration: © Robert M. Lee/Jeff Haas)

Ganz ähnlich verhält es sich mit Ihrem kleinen OctoPrint-Server. Er übernimmt zwar nur die Steuerung der kleinen Fabrik in Ihrem Wohnzimmer, dennoch sind bei vollem Zugriff alle Funktionen aus der Ferne steuerbar. Wie die Illustration (siehe Bild 5.39) aus dem Kinder- und Managerbuch[35] des IT-Security-Experten Robert M. Lee es schon sagt: *Wenn du es steuern kannst, können das auch böse Leute.*

34 Anschauliche Beispiele aus der Praxis liefert heise Security: *http://www.heise.de/security/meldung/Verwundbare-Industrieanlagen-Fernsteuerbares-Gotteshaus-1902245.html* [16FEfdt].

35 SCADA Security für Einsteiger verständlich illustriert – Lee, Robert M.: *SCADA and Me. A Book for Children and Management.* CreateSpace Independent Publishing Platform 2013.

Bitte achten Sie deshalb darauf, dass Ihr Drucker nicht ohne Schutzmechanismen mit dem Internet verbunden wird. Zumindest eine Zugriffbeschränkung durch ein sicheres Passwort ist absolute Pflicht! Andernfalls kann jeder mit dem richtigen Link zu Ihrem Server den Drucker starten und stoppen, die Heizfunktion aktivieren und so vielleicht auch erheblichen Schaden anrichten.

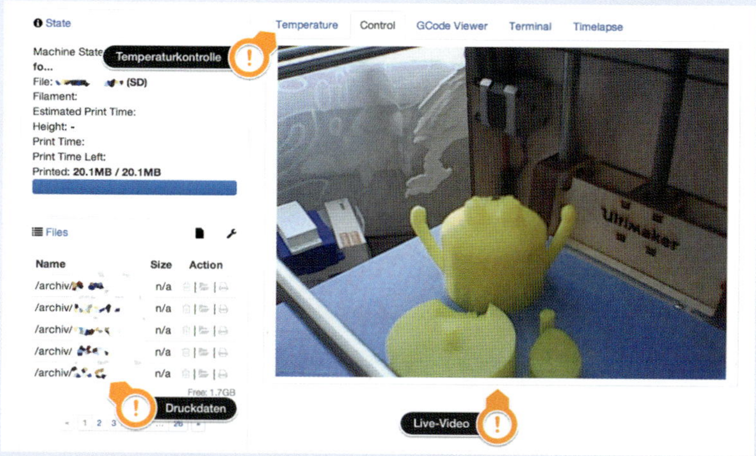

Bild 5.40 Der Blick in fremde Wohnzimmer gelang dem ERNW-Team erschreckend schnell (Screenshot: © ERNW GmbH).

Wer denkt, dass der eigene OctoPrint-Server im Internet für andere unsichtbar ist, täuscht sich. Meine Kollegen beim IT-Security-Spezialisten ERNW GmbH haben innerhalb weniger Minuten einen geeigneten Weg gefunden, um die kleinen Server über sogenanntes Google-Hacking[36] ausfindig zu machen. Nehmen Sie das Thema also bitte ernst.

Die Verwendung der OctoPrint Access Controls und das Abändern des Raspberry-Standardpassworts durch den Befehl `passwd` sind absolute Pflicht.

Weitere Details zum Vorgehen und Handlungsempfehlungen erhalten Sie unter *http://www.insinuator.net/2013/11/3d-printers-in-the-cloud/* [octosec].

5.8 Pasten extrudieren

Durch leichte Umbauten an Ihrem 3D-Drucker ist es möglich, neben den verfügbaren Kunststoff-Filamenten auch pastenartige Substanzen zu drucken. So können Sie zum Beispiel Keramik, Teig oder auch Schokolade in Schichten übereinander aufbauen. Das Ganze ist natürlich

36 Die Grundlagen des Google-Hackings auf Wikipedia.org: *http://en.wikipedia.org/wiki/Google_hacking* [17nsS6r].

sehr experimentell und lässt sich auf RepRap-Druckern oder anderen selbstgebauten Druckern leichter umsetzen als auf einem vollkommen geschlossenen Gerät, bei dem Sie keinen Zugang zu den Firmware-Einstellungen und dergleichen haben. Mit ein wenig Eigeninitiative und Freude am Experimentieren sollte eines der folgenden Projekte aber auf jeden Fall umsetzbar für Sie sein.

Der einfachste Weg, um Pasten zu extrudieren

Bei der einfachsten Variante nutzen Sie die Drehbewegung Ihrer Fördereinheit, um eine Schnur aufzuwickeln, die über einen entsprechenden Mechanismus eine Spritze am Druckkopf zusammenpresst. Noch ein Stückchen einfacher kann man es sich machen, wenn es durch den Aufbau des Druckers möglich ist, das Filament direkt auf die Spritze drücken zu lassen. Lassen Sie sich am besten von den Projekten von Joris van Tubergen oder alternativ Lukas Süss inspirieren.[37] Durch kleine Anpassungen am Design sollten diese Konzepte auch an Ihrem Drucker realisierbar sein.

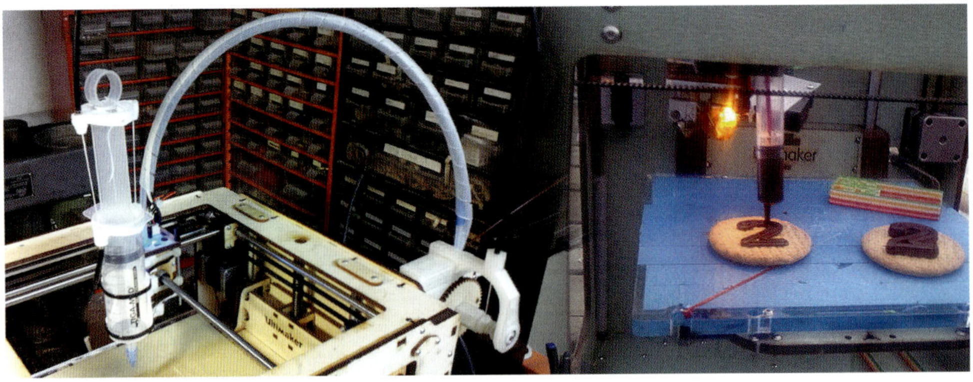

Bild 5.41 Die vorhandene Fördereinheit wird genutzt, um eine Spritze zusammenzudrücken (Foto links: © Lukas Süss, Foto rechts: © Joris van Tubergen).

BotBQ – Burger aus dem 3D-Drucker

Ebenfalls über einen Schnurmechanismus arbeitet der Extruder des *BotBQ* getauften Projekts des in Deutschland ansässigen RepRap-Enthusiasten Jason Mosbrucker. Aus einer lustigen Diskussion[38] mit einigen Community-Mitgliedern auf Google+ entstand die Idee, einen Drucker zu bauen, der beliebig geformte Burger Patties herstellen kann. Das Projekt befindet sich noch in der Entwicklung, aber wie Sie im Video (siehe Bild 5.42) sehen können, laufen bereits erste Tests. Vielleicht wird ja schon in der nächsten Saison angegrillt!

Projektwebseite: *http://botbq.org/*

Jason Mosbrucker auf Google+: *http://bit.ly/jason3D*

37 Die Projekte von Joris van Tubergen (*http://www.thingiverse.com/thing:14421* [16FC35H]) und Lukas Süss (*http://www.thingiverse.com/thing:21302* [16Yc0Jh]) finden Sie auf *Thingiverse.com*.

38 Die Entstehung des BotBQ auf Google+: *https://plus.google.com/112899217323877236232/posts/Cf7nWHkHBC1* [1fuu4x9].

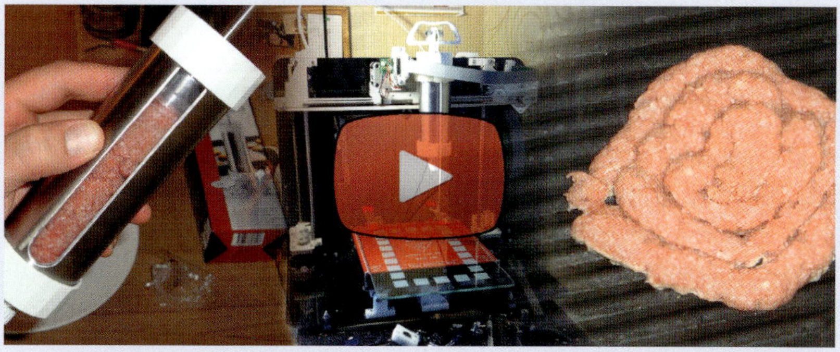

Bild 5.42 Hackfleisch extrudieren: Das BotBQ-Projekt von Jason Mosbrucker haut 3D-Druck in die Pfanne: *https://www.youtube.com/watch?v=ehBvUEpl01I* [1qK5xbG] (Fotos: © Jason Mosbrucker). Für alle Vegetarier sei noch erwähnt, dass sich auch eine gut gemischte Tofumasse extrudieren lässt. Oder man geht direkt zum Nachtisch über und druckt mit dem PancakeBot einen Pfannkuchen: *http://pancakebot.com/*)

Spezielle Pasten-Extruder

Etwas aufwendiger, aber auch wesentlich leistungsfähiger, gestalten sich die Extruderkonzepte, die voll auf die Ausgabe von pastenartigen Materialien optimiert wurden. So hat zum Beispiel Jonathan Keep, aufbauend auf die Vorarbeit des belgischen Design-Studios *unfold*[39], einen eigenen Open-Source-Drucker[40] namens *Ceramic Delta* konzipiert, bei dem ein Druckluftsystem für den nötigen Materialvorschub sorgt (Bild 5.43).

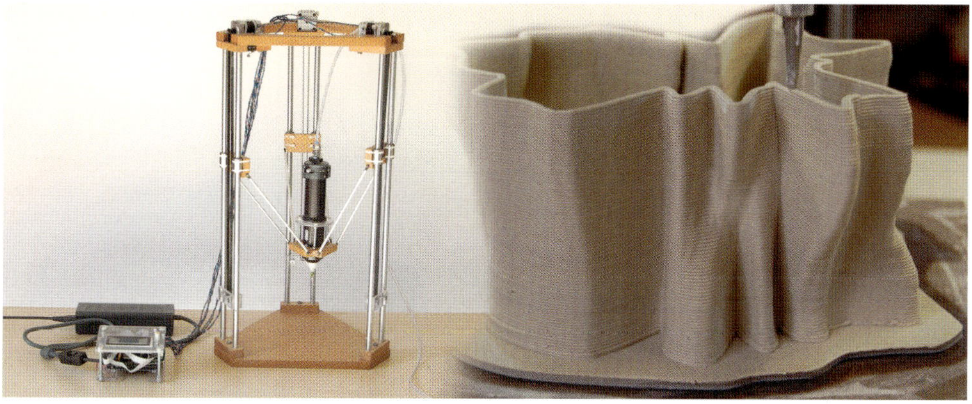

Bild 5.43 Der 3D-Drucker *Ceramic Delta* (links) von Jonathan Keep erzeugt beeindruckende Keramik-Skulpturen (rechts). (Fotos: © Jonathan Keep)

39 Das Design-Studio leistete Pionierarbeit bei der Extrusion von Keramik (*http://www.unfold.be/pages/projects/items/stratigraphic-porcelain* [GVjb9i]) und hat alle Designs dazu veröffentlicht (*http://www.thingiverse.com/unfold/collections/paste-extrusion/* [16FCcG8]).

40 Alle Pläne und Komponenten des Ceramic Delta sind unter *http://www.keep-art.co.uk/Self_build.html* [17nt71l] ausführlich beschrieben.

Auch Richard Horne (RichRap) hat sich diesem Thema schon früh angenommen. Mit dem *Universal Paste Extruder* und einer vollständig 3d-gedruckten Schlauchpumpe hat er der Community bereits 2012 erste lauffähige Prototypen frei zugänglich gemacht.[41] Mitte 2014 sind weitere Bastler aus Spanien und Kanada auf den Geschmack gekommen und bieten die eigenen Pasten-Extruder in Form von fertigen Erweiterungskits an. Zu Preisen zwischen circa 100 bis 300 Euro können Sie Ihren 3D-Drucker bei RepRap BCN oder bei Structur3D aufrüsten.[42]

Ich hoffe, ich habe Ihnen etwas Lust gemacht, Ihren 3D-Drucker auch als eine Plattform für Experimente zu verstehen, und in ihm nicht nur eine weitere langweilige Maschine mit einem fest definierten Anwendungsziel zu sehen. Sobald Sie einen Pasten-Extruder für Ihren Drucker hergestellt haben, beziehungsweise ein vorhandenes Design aus der Community übernommen haben, sind Ihnen keine Grenzen mehr gesetzt: Ob Knete, Teig oder auch Hackfleisch - alles ist möglich!

Die Informationen und weiterführenden Links in Abschnitt 4.8.1 zum Thema E-Steps werden Ihnen helfen, die Materialausgabe Ihrer Pumpe richtig in der Firmware einzustellen.

Die neuesten Entwicklungen im Bereich 3D-Foodprinting können Sie auf *http://3digitalcooks.com/* verfolgen.

Mikrodosiertechnik im 3D-Druck

Neben den Ambitionen vieler Bastler gibt es natürlich auch im Profibereich ein großes Verlangen, die große Bandbreite an flüssigen und pastenartigen Materialien zu erschließen. Anstelle der gewitzten Konstruktionen aus Spritzen und ähnlichen Hilfsmitteln treten dann Hightech-Produkte aus der Mikrodosiertechnik.

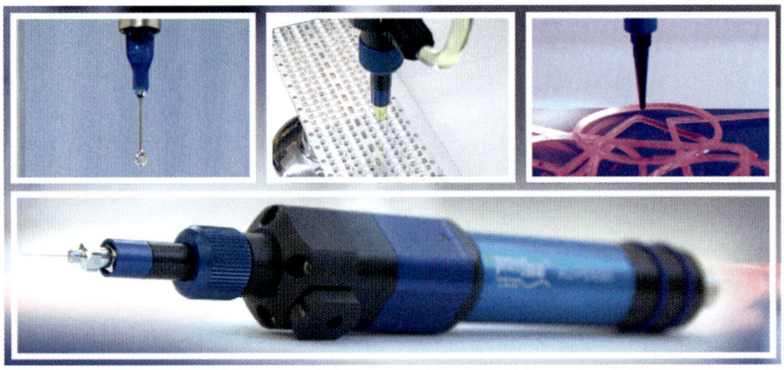

Bild 5.44 Die Dispenser der preeflow eco-PEN-Reihe eignen sich hervorragend für High End-Dosieraufgaben – natürlich auch in 3D. (Foto: © ViscoTec Pumpen- u. Dosiertechnik GmbH)

Das oberbayrische Unternehmen ViscoTec[43], ein Dosiertechnik-Spezialist mit über zwei Jahrzehnten Erfahrung, entwickelt und vertreibt seit 2008 die kleinen *preeflow eco-PEN*-Dispenser[44]. Diese werden hauptsächlich für Anwendungen wie das Auftragen von Klebstoffen, Löt-

41 Die Pasten-Extruder von RichRap finden Sie auf seinem Blog unter *http://richrap.blogspot.de/search?q=paste* [17zTArN].

42 Die Erweiterungskits sind unter *http://www.reprapbcn.com/ und http://www.structur3d.io/* erhältlich.

43 Das breite Sortiment an Dosieranlagen von ViscoTec finden Sie auf *http://www.viscotec.de/*

44 Datenblätter und sonstige Informationen zu den preeflow eco-PENs finden Sie auf *http://www.preeflow.com/*

pasten und Ähnlichem konzipiert. Vermehrt werden die Produkte aber auch als Druckkopf für neuartige 3D-Drucker eingesetzt. Insbesondere der innovative Endloskolben im Inneren der Dispenser sorgt für eine hochpräzise und tropffreie Förderung einer schier endlosen Anzahl von Materialien. So ergeben sich vollkommen neue Anwendungsfelder im Bereich Bioprinting und Food Printing, aber auch im Aufbau von Silikonteilen oder durch die dreidimensionale Verarbeitung von mit Metall angereicherten Pasten.

Materialien, die sich erst durch Kontakt mit einem zweiten Werkstoff verfestigen, können durch sogenannte 2K Dispenser aus der *preeflow eco-DUO*-Reihe verarbeitet werden. Die Zuführung kann je nach Flussverhalten der Materialien auch durch Druckluft unterstützt werden.

Insbesondere durch die große Materialvielfalt erwarte ich in dem Bereich der pasten- und flüssigkeitsfördernden 3D-Drucker, sowohl im Hobby- wie auch Profibereich, große Entwicklungssprünge und hoffentlich wenig Geklecker.

5.9 Ausblick

Die entwicklungsfreudige 3D-Druck-Community und eine Vielzahl von innovativen Unternehmen schmücken sich im Wochentakt mit neuen technologischen Durchbrüchen. Da wundert es nicht, dass nicht jede Neuerung ab Tag 1 für alle nutzbar ist oder ihr genauer Anwendungszweck schon voll erkannt wurde.

Im folgenden Ausblick will ich Ihnen eine Übersicht geben, in welchen Bereichen ich die größten Verheißungen für die nächsten Jahre sehe.

5.9.1 Dual Extrusion

Ich hätte mir gewünscht, das Thema *Dual Extrusion* in vollem Umfang in meinem Buch beschreiben zu können, aber im aktuellen Entwicklungszustand gibt es noch zu viele Stellen, an denen ich auf Beschränkungen und Probleme hätte hinweisen müssen, die aber hoffentlich in der nächsten Drucker-Generation vollkommen ausgemerzt sein werden. Die Dual Extrusion soll Ihnen die Möglichkeit bieten, zweifarbig zu drucken oder (was vielleicht noch sinnvoller ist) mit zwei unterschiedlichen Materialien zu arbeiten. Ich sehe die Technik in beiden Bereichen noch nicht ganz am Ziel angekommen.

Im Folgenden will ich dennoch kurz auf einige der Herausforderungen eingehen, die der Druck mit zwei Druckköpfen mit sich bringt. So können Sie bei der Auswahl eines geeigneten Druckers besonderes Augenmerk auf die relevanten Punkte legen.

- **3D-Modell:** Schon bei der Software gibt es die erste Enttäuschung. Denn zweifarbige Designs beziehungsweise CAD-Konstruktionen, in denen zwei Materialien eingestellt wurden, können nicht einfach so übernommen werden. Sie müssen als zwei einzelne STL-Dateien zur Verfügung stehen und werden dann wie in Bild 5.44 ineinandergelegt. Jedem Modell wird einer der beiden Druckköpfe zugeordnet. Was hingegen schon sehr unkompliziert in der Software funktioniert, ist die Möglichkeit, dem einen Druckkopf Supportstrukturen und dem anderen Druckkopf das eigentliche Druckobjekt zuzuordnen.

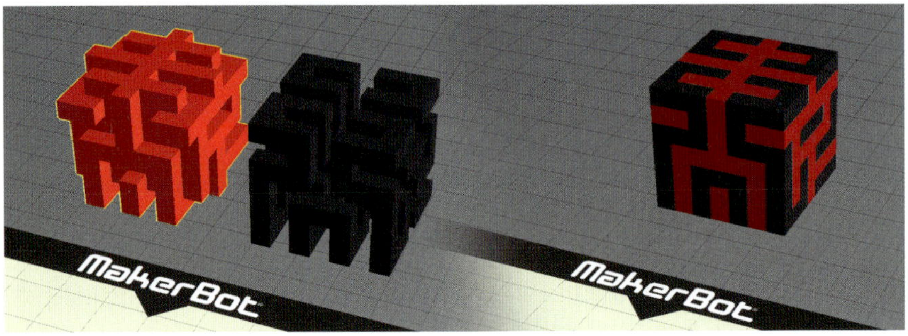

Bild 5.45 Ein zweifarbiger Dual-Extrusion-Druck besteht aus zwei einzelnen STL-Dateien (links), die ineinander passen (rechts). (Screenshots: © Hafner's Büro)

- **Hardware:** Viele der am Markt verfügbaren Drucker sind schon grundlegend für einen zweiten Druckkopf vorbereitet worden. So verfügt zum Beispiel die Elektronik über einen weiteren Stromkreislauf für den zweiten Druckkopf und auch für den zusätzlichen Fördermechanismus ist bereits ein Anschluss vorgesehen. Daher sollten Sie die Augen nach sogenannten Upgrade Kits der Hersteller offen halten (Bild 5.45, links).

  Das Upgrade bringt aber auch Nachteile mit sich. So verkleinert sich zum Beispiel durch den Abstand der beiden Druckköpfe zueinander auch der maximale Druckraum in der Achse, in der sie nebeneinander angeordnet sind.

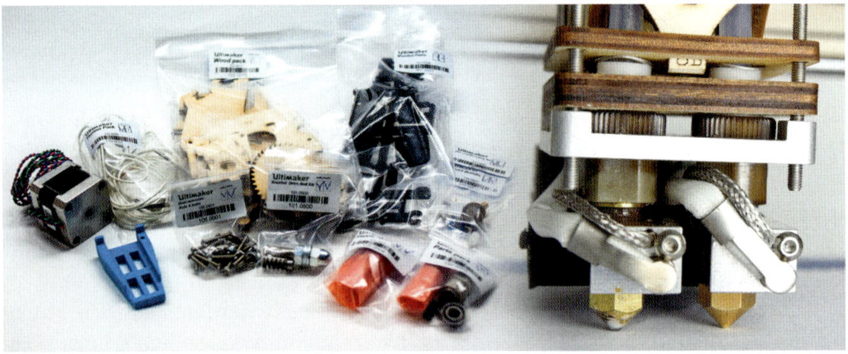

Bild 5.46 Das Ultimaker Dual Extrusion Upgrade Kit (links) und die Nivellierung der beiden verbauten Düsen (rechts). (Foto rechts: © Ultimaker B.V.)

- **Nivellierung:** Der wohl kritischste Punkt der Dual Extrusion ist die gleich hohe Ausrichtung der beiden Düsen. Es gilt zu vermeiden, dass einer der beiden Druckköpfe tiefer liegt als der andere (siehe Bild 5.45). Schon ein Unterschied von nur einem Zehntel Millimetern führt zu sehr schlechten Druckergebnissen, da die eine Düse immer durch den Druck der anderen fährt. Ansätze, bei denen die Düsen über Schmirgelpapier fahren gelassen werden, bis beide Düsen die gleiche Höhe erreichen, sind weder nachhaltig noch benutzerfreundlich. Es gilt also bei der Auswahl eines Dual Extrusion-Druckers darauf zu achten, dass ein schlüssiges Konzept zur Nivellierung beider Düsen bereits im Hardwaredesign vorgesehen ist.

- **Druckprofile:** Wie immer beim 3D-Druck, liegt im Slicing das meiste Know-How - nicht anders bei der Verwendung eines Dual-Extruders. Neben dem Abstand (= *offset*) beider Druckköpfe[45] müssen die sogenannten Wechselroutinen definiert werden, in denen festgelegt wird, was mit dem jeweils inaktiven Druckkopf passieren soll. Typische Ansätze sind der Rückzug des Filaments und eine teilweise Abkühlung, um das Nachlaufen von Material zu unterbinden (vgl. Bild 5.47, Mitte). Allerdings verlängert sich die Druckzeit durch die ständigen Abkühl- und Aufheizphasen der beiden Druckköpfe massiv. Hier gilt es passend zum Drucker und zum verwendeten Druckmaterial eine optimale Routine zu finden.

Bild 5.47 Eine ungünstige Materialwahl lässt kleine Farbausläufe (Mitte) deutlich sichtbar werden. Anspruchsvolle Testdrucke (rechts) zeigen die schnellen Fortschritte in der Entwicklung[46] (Fotos: © Marrit Hoffmans/Ultimaker B.V.).

Die Stimmung in der Branche ist hoffnungsvoll, dass schon bald auf allen Gebieten zuverlässige Lösungen gefunden werden, die auch für Einsteigern leicht nutzbar sind. Dual-fähige Druckermodelle wie der MakerBot Replicator 2X oder der Ultimaker Original mit Dual Extrusion-Upgrade weisen noch deutlich auf mögliche Einstiegsschwierigkeiten hin. So steht das *X* im Namen des Replicators nicht etwas für **X**tra cool, sondern für **X**perimental. Sie sollten den verheißungsvollen Marketingfotos also kritisch gegenüberstehen. Oft werden nur die allerbesten Modelle (Bild 5.48, links) gezeigt oder Schwierigkeiten im Dual-Extrusion-Betrieb durch eine geschickte Modellwahl (Bild 5.48, Mitte) verschleiert. Im Falle der Verkehrshütchen ist zum Beispiel gar kein Bereich im Modell vorhanden, in dem beide Farben gleichzeitig in einer Schicht zum Einsatz kommen. So werden natürlich auch ständige Druckkopfwechsel und die damit verbundenen Kleckereien vermieden.

Wenn in naher Zukunft alles klappt wie geplant, wird sich das FDM-Verfahren noch besser gegen seine Mitbewerber behaupten können. Die Visionen von weiteren Druckköpfen oder Mischsystemen im Kopf für vollfarbige Materialausgabe werden bereits diskutiert.

45 Der Druckkopfabstand kann alternativ auch in der Firmware konfiguriert werden.

46 Der Eis-Roboter ist auf Youmagine verfügbar (*https://www.youmagine.com/designs/robot-ice-winter-is-coming* [1cgobzC]). Das Modell rechts im Bild stammt von Stijn van der Linden (Virtox, *http://blog.virtox.net/*).

Bild 5.48 Dreierlei Paar Schuhe: Die Schokoladenseite (links), realistische Ergebnisse nach dem Tuning (Mitte) und die bittere Wahrheit beim ersten Versuch (rechts). (Foto links und Mitte: © Makerbot Industries)

Dual-Druck im Praxistest

Seit der ersten Auflage des Buches (Ende 2013) hat sich im Bereich Dual Printing sehr viel getan. Auf den Markt drängen immer mehr FDM-Drucker mit dem Versprechen zwei-, drei- oder gar mehrfarbig drucken zu können. Einzelne Unternehmen haben es schon geschafft, ordentliche und zuverlässige Ergebnisse zu produzieren, aber im Wirrwarr der schnelllebigen Nachrichtenwelt ist es für Neueinsteiger kaum zu unterscheiden, welches Gerät gute Dienste erweisen wird. So sind neben einigen guten Geräten auch echte Katastrophen erhältlich – bis hin zu betrugsähnlichen Geschäftspraktiken, bei denen ein Traum schon lange vor der Verwirklichung gegen Zahlung vorbestellbar ist.[47]

Dennoch kann ich Sie beruhigen: Mit etwas Geduld und ein wenig Glück stehen die Chancen für einen guten zweifarbigen Ausdruck gar nicht so schlecht. Insbesondere die Software hat große Fortschritte gemacht. Um Ihnen eine gute Ausgangsbasis zu schaffen, beschreibe ich die neuen Funktionen anhand des zuvor bereits verwendeten Slicers Cura:

1. Laden Sie sich die aktuellste Version von Cura auf *http://software.ultimaker.com/* herunter.
2. Nach der Installation können Sie Ihren dual-fähigen 3D-Drucker über die Option MACHINE → MACHINE SETTINGS → ADD NEW MACHINE hinzufügen.
3. Auf der Übersichtsseite der MACHINE SETTINGS können Sie anschließend über EXTRUDER COUNT die Anzahl der Druckköpfe auf *2* erhöhen. Sobald Sie diese Änderung vorgenommen haben, erscheinen in der erweiterten Ansicht (siehe EXPERT → SWITCH TO FULL SETTINGS) neue Einstellungsmöglichkeiten:
   - **2nd nozzle temperature:** Hier wird die Druckkopftemperatur für den zweiten Druckkopf eingestellt. Insbesondere, wenn zwei verschiedene Materialien zum Einsatz kommen, ist eine getrennte Einstellungsmöglichkeit essentiell.

47 An dem „true Full-Color“ ProDesk3D des Unternehmens botObjects scheiden sich nach wie vor die Geister. Viele befürchten einen Betrugsfall, andere glauben noch an eine Auslieferung. Aktuelle Berichterstattung: *http://3dprintingindustry.com/?s=botobjects* [botObjects]

- **Support dual extrusion:** Über die Option wird gesteuert, welcher der beiden Druckköpfe eventuell vorhandene Supportstrukturen übernehmen soll. Bei Verwendung eines dedizierten Supportmaterials müssen Sie natürlich den entsprechenden Druckkopf dafür auswählen.

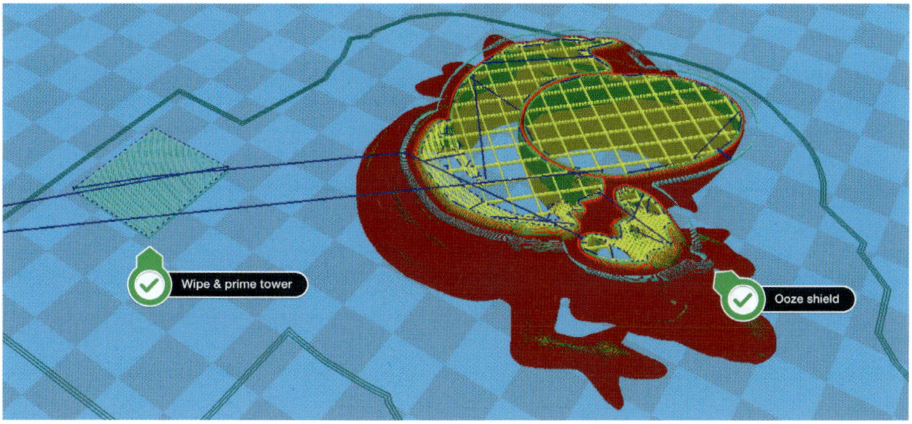

Bild 5.49 Zwei wichtige Helferlein: Der wipe & prime tower zur Linken. Das ooze shield um das Modell herum bietet sich nicht bei allen Objekten an.

- **Wipe & prime tower:** Eine sehr hilfreiche Erfindung ist der *wipe & prime tower* (vgl. Bild 5.49), der es nach einem Druckkopfwechsel ermöglicht, dem neu aktivierten Druckkopf etwas Zeit zu geben, bis das Material gut läuft. Außerdem wird im besten Fall noch austretendes Restmaterial des gerade deaktivierten Druckkopfs an dem Turm abgestreift, anstatt das Druckobjekt zu verunstalten. Unter EXPERT → OPEN EXPERT SETTINGS kann im Feld *wipe & prime tower volume per layer* der Turm entsprechend den Anforderungen Ihres 3D-Druckers vergrößert werden.
- **Ooze shield:** Das *ooze shield* fungiert wie ein eng um Ihr Druckojekt gelegter *wipe tower*. Das Schutzschild soll ebenfalls Reste am inaktiven Druckkopf abstreifen und so eine nicht gewünschte Vermischung der beiden Druckmaterialien verhindern. Durch den dünnwandigen Aufbau eignet sich das *ooze shield* nur bei Druckern, die keine schräg zulaufende Oberseite haben, da sonst der Aufbau des Schildes schon zum Problem wird. In dem in Bild 5.49 gezeigten Beispiel würde sich dementsprechend eine Deaktivierung empfehlen.
- **Diameter 2:** Wie der Name schon suggeriert, geht es hier schlichtweg um den Durchmesser des zweiten Filaments, mit dem die Software die benötigte Extrusion berechnet. Wird der Wert auf *0* gesetzt, verwendet Cura einfach den gleichen Durchmesser wie beim ersten Druckkopf.
- **Dual extrusion switch amount:** Dieser Wert legt fest, um wie viele Millimeter das Filament bei einem Kopfwechsel zurückgezogen wird. Hier muss je nach Druckkopfdesign ein guter Wert gefunden werden, der einerseits ein Nachtropfen am inaktiven Kopf minimiert, aber auch nicht zur Verstopfung bei Reaktivierung führt, wenn das Filament zu weit nach hinten gezogen wurde und dann klemmt.
- **Dual extrusion overlap:** Ähnlich wie bei dem in den EXPERT SETTINGS hinterlegten *infill overlap* (zuständig für die Überlappung zwischen Umrandung und Füllung) kann

über diesen Wert eingestellt werden, wie weit sich die beiden Teilobjekte, die in der Summe das Gesamtmodell ergeben, überlappen sollen. Ein zu geringer Wert führt dazu, dass die beiden Farben nicht richtig verbunden werden und sich, je nach Geometrie, in zwei Einzelteile lösen können. Ein zu hoher Wert führt zu verschmierten Farbübergängen, da zu viel Material an einer Stelle ausgegeben wird.

- **Neue Möglichkeiten im Start- und End-G-code:** Ein ganz wichtiger Punkt sind die Anpassungen in den Start- und End-G-codes. Sobald ein zweifarbiger Druck gestartet wird, nutzt Cura die beiden im *start2.gcode* beziehungsweise *end2.gcode* hinterlegten Routinen. So wird im *end2.gcode* zum Beispiel nicht nur ein Druckkopf nach der Fertigstellung des Auftrags abgeschaltet (vgl. *end.gcode* → `M104 S0`), sondern beide:

```
M104 T0 S0                        ;extruder heater 1 off
M104 T1 S0                        ;extruder heater 2 off
```

- Das `T0` beziehungsweise `T1` aktiviert hier jeweils einen der beiden Druckköpfe. Im *start2.gcode* finden Sie vergleichbare Anweisungen, die sicherstellen, dass beide Druckköpfe vor dem Start aufgeheizt werden.

4. **Wechselroutinen im preSwitchExtruder und postSwitchExtruder G-code:** Ob Sie einen exzellenten oder miserablen Dual-Druck erzielen, wird genau hier entschieden. In dem *preSwitchExtruder.gcode* kann das Verhalten des aktiven Druckkopfs kurz vor dem Wechsel auf die andere Farbe beziehungsweise das andere Material gesteuert werden. Ebenso steuert der *postSwitchExtruder.gcode* das Verhalten des neu aktivierten Druckkopfs. In einer perfekten Welt sollten hier keine Befehle notwendig sein. Die Praxis aber zeigt, dass sich ein optimaler Dual-Druck nur erzielen lässt, wenn hier, je nach Druckermodell, sinnvolle Routinen gefahren werden, um spezifische Schwächen auszugleichen.

Oft wird zum Beispiel über ein `M104 S165`-Kommando (wobei die *165* beispielhaft für eine reduzierte Temperatur von 165 °C steht) im *preSwitchExtruder.gcode* sichergestellt, dass der bereits gefahrene Druckkopf bis zu seinem nächsten Einsatz die Temperatur vermindert. So kann ein Auslaufen des Restmaterials vermieden oder zumindest reduziert werden. Entsprechend muss aber auch im *postSwitchExtruder.gcode* vermerkt sein, dass der dann aktive Druckkopf wieder auf Drucktemperatur gebracht wird, zum Beispiel über ein `M104 S{print_temperature}`-Kommando.

HINWEIS: Ich empfehle an dieser Stelle, den Hersteller nach den empfohlenen Routinen zu fragen, oder gemeinsam mit anderen Nutzern des gleichen Druckers nach optimalen Einstellungen zu forschen. Nehmen Sie diese Einstellungen nicht auf die leichte Schulter, da sie durch den direkten Zugriff auf die Temperatursteuerung auch sicherheitsrelevant sein können.

5. Nachdem alle neuen Einstellungen gesetzt sind, wird es Zeit, zwei geeignete STL-Dateien in Cura zu laden. In unserem Beispiel habe ich mich für das *Pet Monster Valentine*[48] des talentierten 3D-Künstlers Andreas Böhler[49] entschieden.

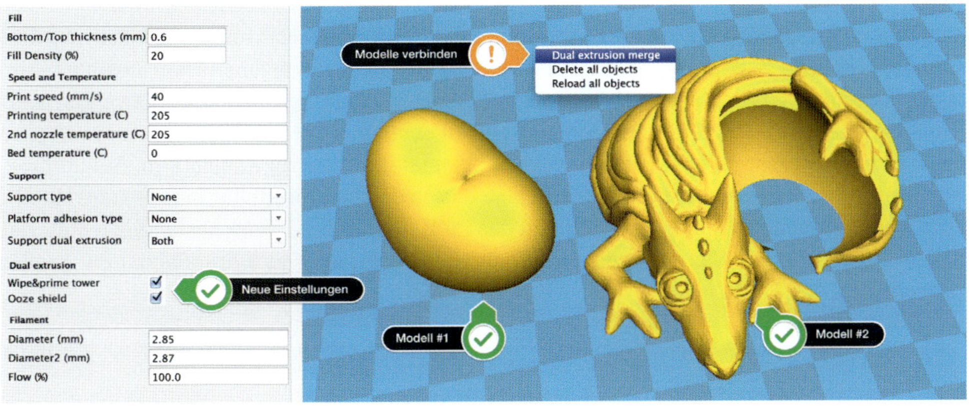

Bild 5.50 Neben etlichen neuen Einstellungen im Slicer bieten auch die Kontextmenüs durch Rechtsklick neue Optionen.

- Sie werden feststellen, dass die zwei STL-Dateien (vgl. Modell #1 und Modell #2), ähnlich wie in Bild 5.50, nebeneinander angeordnet werden und vorerst noch keine Einheit bilden.
- Ein RECHTSKLICK in den Bereich außerhalb oder direkt auf eines der Modelle öffnet ein Menü, in dem wiederum der Befehl DUAL EXTRUSION MERGE angewählt werden muss.

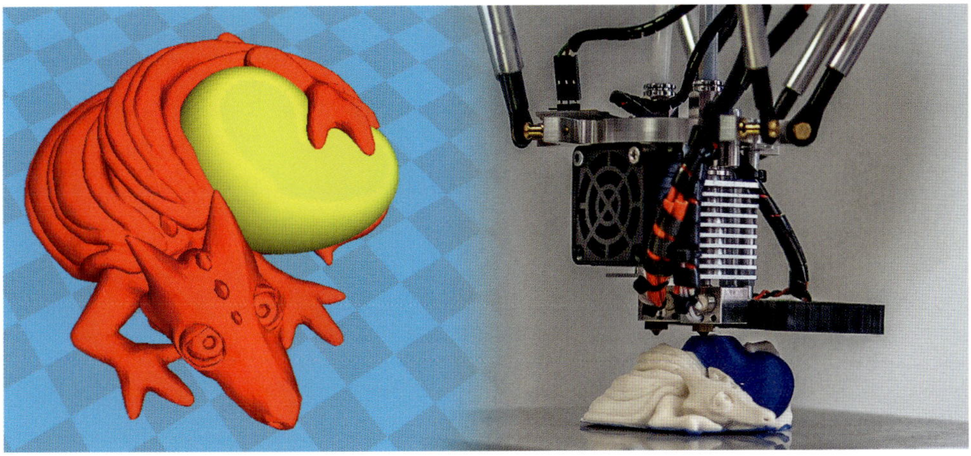

Bild 5.51 Der fertig zusammengesetze Drache im Slicer (links) und kurz vor der Vollendung im Drucker (rechts).

48 Der kleine dual-fähige Drache mit Herz ist auf Thingiverse zu finden: *http://www.thingiverse.com/thing:17309* [petHEART]. Die Originaldatei finden Sie im Portfolio von Andreas Böhler: *http://www.thingiverse.com/andreas/designs/* [3Dboehler]

49 Andreas Böhler ist freiberuflicher 3D-Artist und Designer: *http://www.andreas-boehler.de/*

6. Wenn alles so funktioniert wie gewünscht, sollten Sie ein gutes Druckergebnis erhalten. Geben Sie nicht zu früh auf. Durch einen zweiten Druckkopf wird 3D-Drucken nun mal nicht leichter, sondern die möglichen Fehlerquellen vervielfachen sich erst einmal.

Das Thema, mit mehreren Materialien oder Farben im FDM-Verfahren zu drucken, wird in Zukunft weiter an Bedeutung gewinnen. Es lohnt sich also, früh eigene Erfahrungen zu sammeln, bevor die wirklich spannenden Anwendungen Wirklichkeit für jeden Anwender werden. In meinen kühnsten Träumen denke ich da an einen vierfachen Materialmix: Ein Objekt, das durch ein wasser- oder säurelösliches Supportmaterial voll abgestützt wird, das im Inneren Ströme durch gedruckte Leiterbahnen jagt, das an der Außenseite für eine bessere Haptik auch über gummierte Flächen verfügt, und das im Hauptteil aus einem beständigen Material wie PET gedruckt ist. Was es macht, weiß ich noch nicht, aber es wäre allemal ein großer Fortschritt in der FDM-Welt!

5.9.2 Do-It-Yourself-Filament-Herstellung

Woher kommt eigentlich das Filament auf Rollen? Das fragte sich auch die Community und stellte schnell fest, dass die Maschinen zur Herstellung eigentlich nichts anderes sind als ein riesiger Druckkopf ohne 3D-Drucker außen herum. Die sogenannten Strangextruder bestehen hauptsächlich aus einer Förderschnecke, die das Kunststoff-Rohmaterial als Granulat (Bild 5.48, links) durch ein Rohr in Richtung eines großen Heizelements bewegt. Dort wird es aufgeschmolzen und durch eine große Düse extrudiert (je nach dem, welches Filament Sie herstellen möchten, handelt es sich dabei um eine 1,75 mm- oder 3 mm-Düse).

Bild 5.52 Vom Granulat zum fertigen Filament ist es nur ein kleiner Schritt (Foto rechts: © David Campbell/supraflyer).

Natürlich muss auch bei diesem Verfahren sehr viel beachtet werden. Der Strang muss nach dem Verlassen des Extruders, je nach Material, mehr oder weniger gekühlt werden. Eine separate Aufwickelvorrichtung sollte für die nötige Ordnung sorgen, darf aber gleichzeitig auch nicht zu fest am noch weichen Filament ziehen. Diese Herausforderung und die oft mehr als zehnmal günstigeren Kilopreise für Pellets im Vergleich zu fertigem Filament lockten gleich mehrere Bastler an, die sich in verschiedenen Projekten kleine Filament-Extruder bauten und diese auch in Bausätzen zum Verkauf anbieten.

Im Folgenden finden Sie eine kleine Übersicht der populärsten Projekte:

- **LYMAN Filament Extruder:** Bereits in der dritten Version bietet Hugh Lyman sein eigenes Design kostenlos über *Thingiverse.com* an.[50] Mit der ersten Version gewann der damals 83-Jährige den mit 40000 US-Dollar dotierten Desktop Factory-Wettbewerb, bei dem es darum ging, einen Filament-Extruder unter 250 US-Dollar herzustellen.[51]
- **Vollständige Bausätze:** Eine Vielzahl von Projekten hat die Entwicklung ihrer Maschinen über die Crowdfunding-Plattform *Kickstarter.com* finanziert und verkauft nun kostengünstige Komplettbausätze über das Internet. Bekannte Vertreter sind der *Filastruder* (Bild 5.49), der *Filabot*, und der *Extrusionbot*.[52]
- **Fertige Geräte:** Mehr und mehr fertig aufgebaute Filament-Extruder sind bereits erhältlich oder in Planung. In einem robusten Blechgehäuse kommt der Noztek Pro aus England daher.[53] Ähnlich wie beim Filastruder werden zusätzlich automatisierte Wickeleinrichtungen angeboten. Für knapp 400 Euro will Omni Dynamics, ein junges Start-up aus England, ihren voll aufgebauten Strooder Extruder ab November 2014 anbieten.[54]
- **Recycling-Konzept:** Der *FilaMaker*[55] von Marek Senický hat zusätzlich zum Extruder einen Häcksler eingebaut, mit dem sich Kunststoffmüll zerkleinern lässt und anschließend zu Filament verarbeitet werden kann. Das in Entwicklung befindliche Gerät soll interessierten Bastlern über Crowdfunding zugänglich gemacht werden.

Gerade bei der Recyclingidee ist zu beachten, dass Sie nicht jeden beliebigen Plastikmüll einfach einschmelzen sollten, ohne zu wissen, welche Gase sich dabei bilden können. Von diesem Punkt abgesehen, kann es für ambitionierte Bastler sehr reizvoll sein, eigene Filamente herzustellen und, insbesondere durch die Zugabe von Farbstoffen, sogenannten Masterbatches, für bunte Abwechslung zu sorgen.

Da die großen Rohstoffhändler sich weigern, kleine Mengen Kunststoffgranulate und passende Masterbatches an Privatpersonen zu liefern, wurde diese Lücke natürlich von findigen Unternehmen geschlossen. In Deutschland bietet die Polymer Makers GmbH hochwertige PLA- und ABS-Granulate sowie zahlreiche Farbpigmente in handlichen Mengen an. Die niederländischen Filament-Experten colorFabb bieten neben vorgefärbtem PLA/PHA-Granulat auch die hauseigenen Kunststoffe colorFabb_XT und woodFill in Körnchenform an.[56]

50 LYMAN Fliament Extruder v3: *http://www.thingiverse.com/thing:145500* [19HLK02].

51 Artikel des Time Magazine über Hugh Lyman: *http://techland.time.com/2013/03/04/how-an-83-year-old-inventor-beat-the-high-cost-of-3d-printing/* [17zTPTL].

52 Die Webseiten der Bausatzanbieter von kostengünstigen Filament-Extrudern: *http://www.filastruder.com/*, *http://www.filabot.com/* und *http://www.extrusionbot:net/*

53 Die Noztek-Produkte sind auf *http://www.noztek.com/* und beim deutschen Vertriebspartner *http://www.polymer-makers.de/* erhältlich.

54 Der Strooder muss sich erst noch beweisen. Erste Einblicke gibt es auf *http://strooder.com/*.

55 Der FilaMaker auf Facebook: *https://www.facebook.com/FilaMaker* [1aAITlp].

56 Granulatnachschub für Ihren Extruder finden Sie auf *http://shop.polymer-makers.de/ oder auf http://colorfabb.com/pellets* [CFpell].

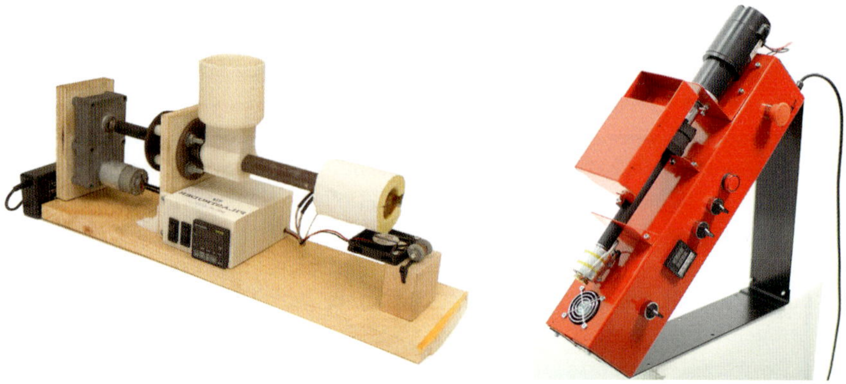

Bild 5.53 Ein erschwinglicher Luxus: Der Filastruder (links) eignet sich hervorragend für eigene Materialexperimente. Der Noztek Pro (rechts) produziert ein Kilo Filament in circa 45 Minuten (Fotos: © Filastruder/Noztek).

5.9.3 Do-It-Yourself-Stereolithographie – eine Marktübersicht

Wie bereits in Abschnitt 3.1.4 beschrieben, bin ich aufgrund der gesundheitlichen Risiken nicht der allergrößte Fan der SLA-Technik im Hausgebrauch. Die qualitativ oft sehr schönen Druckergebnisse sind jedoch für viele ein Grund, sich dennoch mit diesem Thema auseinanderzusetzen. Beim richtigen Umgang mit den Harzen ist grundlegend auch nichts dagegen einzuwenden. Außerdem besteht immer noch die Hoffnung, dass durch die erhöhte Nachfrage nach diesem Verfahren mehr Forschung zu umweltfreundlichen Alternativen der aktuell verfügbaren Resinen betrieben wird. Es lohnt sich also auf jeden Fall, diesen Bereich des 3D-Drucks aufmerksam zu verfolgen, denn die Preise der Drucker sind gar nicht mehr so weit von denen der FDM-Drucker entfernt. Neben Bauplänen zum Eigenbau gibt es auch Anbieter von Bausätzen und mit Formlabs ein Unternehmen, das eine Plug-and-Print-Lösung verkauft. Fast wöchentlich kommen neue Angebote hinzu.

Auch im Materialbereich tauchen zunehmend neue Akteure auf, die den Preis nach unten und die Auswahl nach oben treiben. In Tabelle 5.3 sind einige der bekanntesten SLA-Projekte aufgeführt.

Für ein Kilo Resin werden im Durchschnitt circa 80 Euro verlangt (Stand: August 2014). Der neue Anbieter MakerJuice unterbietet diese Preise deutlich, muss sich aber erst noch in Tests auf allen gängigen Druckermodellen beweisen. Die Leistung der Resine ist nämlich viel stärker vom Aufbau der SLA-Drucker abhängig als die FDM-Drucker von der Qualität ihrer Filamente.

Tabelle 5.3 Übersicht von SLA-Druckern und Materialherstellern

Name	Hersteller	Webseite	Bemerkung
SLA-Drucker			
Lemon Curry	Community	*https://code.google.com/p/lemoncurry/* [GMtnQI]	Open-Source-Community-Projekt mit einer Vielzahl von Varianten
mUVe 1 3D	mUVe 3D LLC	*http://www.muve3d.net/*	Bausatz ab circa 1000 Euro erhältlich
B9Creator	B9Creations LLC	*http://b9creator.com/*	Sowohl als Bausatz als auch als fertiges Gerät erhältlich. Bausatz ab circa 2700 Euro erhältlich.
Ilios HD	rdGizmo For You LTD	*http://www.os-rc.com/*	Zahlreiche Varianten möglich. Bausatz ab circa 3300 Euro erhältlich.
Form 1+	Formlabs	*http://formlabs.com/*	Das aktualisierte Vorzeigemodell ist ab circa 3400 Euro erhältlich.
Freeformer Pico und PRO	Asiga	*https://www.asiga.com/* bzw. *http://asiga.de*	Professionelle Maschinen im Preisbereich von circa 7000 bis 24 000 Euro
Resin-Hersteller			
Diverse Resins	Buck Town Polymers	*http://bucktownpolymers.com/*	Amerikanisches Hersteller, Produkte in kleiner Stückzahl nur über Reseller erhältlich
MS Resin, Fire-Cast, Tough Resin	MadeSolid	*http://madesolid.com/*	Amerikanischer Hersteller mit innovativen Produkten und exzellenter Kundenkommunikation
SubSF, SubG(+), SubFlex	MakerJuice	*http://makerjuice.com/*	Neuer amerikanischer Hersteller mit eigenem Onlineshop und sehr günstigen Preisen
Spot-GP, Spot-HT, Spot-E, Spot-IC	Spot-A Materials	*http://spotamaterials.com/*	Spanischer Hersteller mit eigenem Onlineshop und großer Auswahl

Reinigung und Nachbehandlung

Was einem oft verschwiegen wird, ist der hohe Ausschuss an nicht mehr weiterverwendbarem Resin, das sich nach dem Druck noch im Harzbecken befindet (Bild 5.54, rechts). Sobald eine teilweise Aushärtung stattgefunden hat, oder kleine Partikel im Resin schwimmen, kann es nicht mehr verwendet werden und erhöht so indirekt den Verbrauch. Um sicherzustellen, dass eine neue Schicht während des Drucks nicht am Gerät selbst festklebt, kommt das sogenannte *PDMS* (Polydimethylsiloxane)[57] bei vielen SLA-Druckern zum Einsatz. Es muss regelmäßig erneuert werden und erhöht abermals die Druck- und Wartungskosten.

57 Technische Informationen zum PDMS finden Sie unter *http://bdml.stanford.edu/twiki/bin/view/Rise/PDMSProceSS.html* [1aAJdHa].

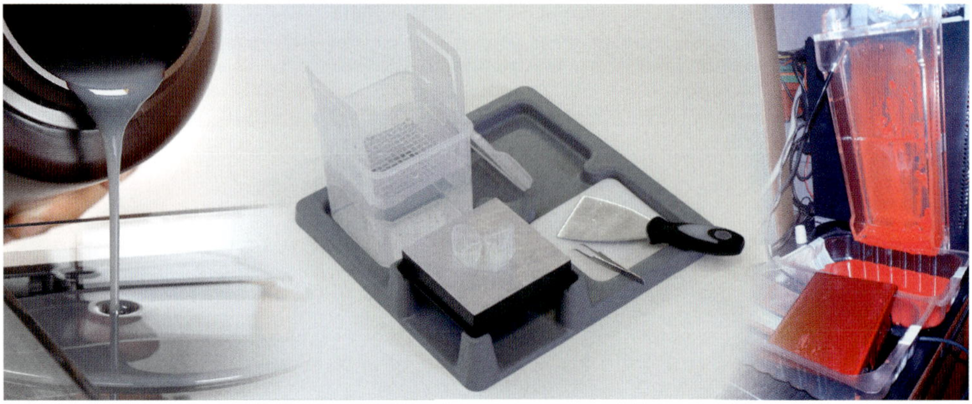

Bild 5.54 Klinisch sauber suggerieren die Marketingbilder eine heile Welt, während es beim Heimanwender eher nach Schlachthaus aussieht (Fotos links: © Formlabs, Foto rechts: © Walther Mathieu).

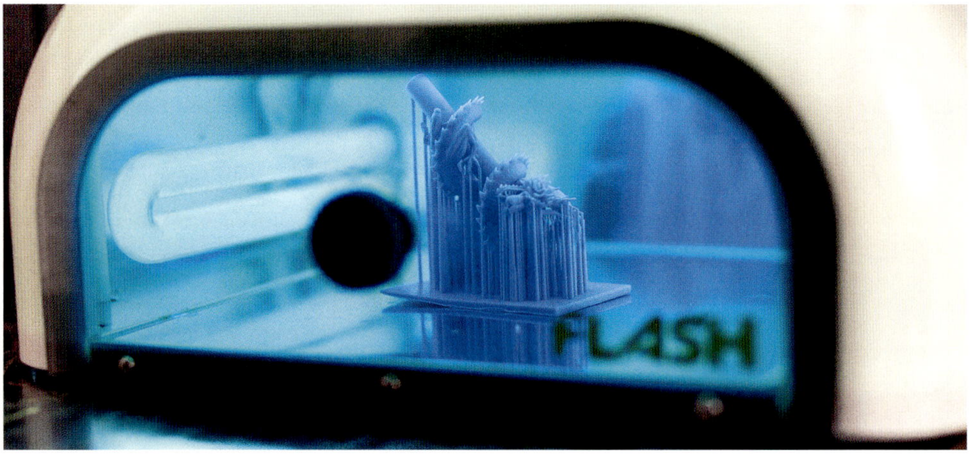

Bild 5.55 Der Asiga Pico Flash funktioniert wie ein Brutkasten für Ihre 3D-Drucke: Über eine UV-Licht werden die Druckergebnisse nachgehärtet (Modell: © Sascha Vogt, *www.unikumschmuck.de*).

Nach dem Druck muss eine Reinigung mit Isopropylalkohol durchgeführt werden, was weiteren Aufwand und Kosten verursacht. Das vollständigste Produkt in dieser Hinsicht bietet Formlabs mit seinem *Form1+*-Drucker an. Selbst die Reinigungsstation (Bild 5.54, Mitte) ist im Lieferumfang inbegriffen.[58] Nach der Reinigung müssen die Drucke, je nach Material, auch noch im Sonnenlicht oder in einer speziellen UV-Kammer (vgl. Bild 5.55) bis zur vollen Vernetzung der Photopolymere nachgeheilt werden. Auf diese Weise können auch flüssige Abfälle in einer Schale oder Tüte vollständig ausgehärtet und dann über den Restmüll entsorgt werden.

58 Die notwendigen Reinigungsschritte werden auf der Formlabs-Webseite beschrieben: *https://support.formlabs.com/entries/24140627-Carefully-Removing-Supports* [1fuuKCp]

Der Blog des Materialherstellers MadeSolid ist eine großartige Quelle für weitere praxisnahe Tipps[59] im Umgang mit Ihrem SLA-Drucker: *http://blog.madesolid.com/*

Entwicklungen im SLA-Bereich

Nach dem positiven Ausgang eines Rechtstreits zwischen Formlabs und 3D Systems[60] sind die Geräte nun besser verfügbar, dennoch finden sich in etlichen Nutzerforen auch viele kritischen Stimmen zu der Produktqualität.[61] Neue Mitbewerber gesellen sich im Monatstakt hinzu, vermehrt auch im Bereich unter 1000 Euro. Drei besonders preiswerte Ansätze wurden mit dem *Peachy Printer* (circa 100 Euro), dem *LumiFold*-System (circa 400 Euro zzgl. Projektor) oder dem *LittleRP* (circa 900 Euro inkl. Projektor) über Crowdfunding finanziert und befinden sich noch in der Entwicklungsphase.[62]

Autodesk Spark – mehr als ein Funken Hoffnung

Bild 5.56 Ein erstes Rendering zeigt das Autodesk Spark-Konzept (Rendering: © Autodesk Inc.).

Anfang 2014 sorgte der charismatische Autodesk-CEO Carl Bass mit einem Vortrag auf der MakerCon für großes Aufsehen in der 3D-Druck-Community.[63] Neben einem umfangreichen und kostenlosen Softwarepaket plant der amerikanische Softwarehersteller seine ersten Schritte in der Hardware-Welt.

59 Zum Beispiel zur Reinigung von Drucken (*http://blog.madesolid.com/2014/04/quick-cleaning-method/* [SLAclean]) oder wie man zwei SLA-Drucke miteinander verbindet (*http://blog.madesolid.com/2014/06/weld-sla-prints-together/* [SLAbond]).

60 Hintergründe zum Rechtstreit finden Sie auf dem Blog »Law in the Making«: *http://lawitm.com/pauls-post-one-part-two-making-printers-and-then-getting-sued-3d-systems-v-formlabs/* [1ajfMb8].

61 Aller Anfang ist schwer: Die Situation im Formlabs Support Forum verbessert sich allmählich. Aktuelle Diskussionen finden Sie unter *http://forum.formlabs.com/category/support-troubleshooting* [formSUP].

62 Der Peachy Printer (*http://www.peachyprinter.com/*), das LumiFold-System (*http://www.indiegogo.com/projects/lumifold-the-foldable-photo-activated-resin-based-3d-printer* [18aKRRO]) und der LittleRP (*http://www.littlerp.com/*) machen durch niedrige Preise auf sich aufmerksam.

63 Carl Bass präsentiert Autodesk Spark auf der MakerCon Bay Area: *http://youtu.be/GzsA_MBk1IE* [ADspark].

Über die Projektwebseite *www.autodesk.com/campaigns/spark* soll sowohl die Software als auch ein Referenzdesign zu einem SLA-3D-Drucker veröffentlicht werden. Große und kleine Hardwarehersteller, aber auch Bastler können sich dann an diesem Design orientieren und ihre Abwandlung in eine lauffähige Produktform bringen.

Durch das Engagement eines Schwergewichts wie Autodesk ist sichergestellt, dass das Verfahren über die nächsten Jahre deutlich an Bedeutung für Privatanwender gewinnen wird.[64]

Ganz uneigennützig sind die Pläne natürlich nicht. Carl Bass äußerte sich gegenüber der BBC wie folgt:

„If 3D printing succeeds we succeed, because the only way you can print is if you have a 3D model, and our customers are the largest makers of 3D models in the world.“[65]

Sinngemäß übersetzt: Eine hohe Verbreitung von leistungsfähigen und günstigen 3D-Druckern wird dem Absatz von Autodesk 3D-Software sicher nicht schaden ...

Zwischen den zunehmenden Einsteigerangeboten und den Anlagen der großen Hersteller, die oft mehrere zehntausend Euro kosten, hat sich Asiga[66] mit Geräten ab circa 7000 Euro platziert. Für ambitionierte Heimanwender oder Anwender, die einen kommerziellen Einsatz planen, lassen sich mit Asiga zu überschaubaren Kosten alle Vorteile einer bereits voll entwickelten Anlage nutzen.

Insbesondere der Vorsprung bei der Softwareentwicklung und die Zuverlässigkeit der Druckmaterialien ermöglichen spannende Anwendungen. Durch das *SuperCAST* getaufte Material von Asiga ist es zum Beispiel möglich, ausschmelzbare Objekte herzustellen. Das Druckergebnis wird mit einem feuerfesten Material umgossen und anschließend ausgebrannt. Der zurückbleibende Hohlraum kann mit einer Vielzahl von Edelmetallen gefüllt werden (vgl. Bild 5.57) – der Traum eines jeden Schmuckdesigners!

Egal in welcher Preisklasse – es sind spannende Zeiten im Bereich der SLA-Drucker zu erwarten. Bleiben Sie am Ball!

64 Eine Einschätzung zu den Autodesk-Plänen hat 3D Printing Industry abgegeben: *http://3dprintingindustry.com/2014/05/15/autodesk-3d-printer/* [ADspark2].

65 Das vollständige BBC-Interview finden Sie hier: *http://www.bbc.com/news/technology-27412849* [BBCarl].

66 Mehr Informationen zu Asiga finden Sie in Abschnitt 3.1.4 oder auf den Webseiten *https://www.asiga.com/* bzw. *http://asiga.de*.

Bild 5.57 links: Das mit SuperCAST gedruckte Modell beinhaltet noch einige Stützen bzw. Kanäle, um den Materialfluss beim Guss zu verbessern. rechts: Der fertige Ring aus 925 Silber (Foto rechts: © Nicola Vogt, www.unikumschmuck.de).

5.9.4 Zukunftsmusik mit 3Doodler, Oculus Rift und Leap Motion

Auch im Bereich der 3D-Visualisierungs- und Modellierungsmöglichkeiten wird sich über die nächsten Jahre viel tun. Dies wird dafür sorgen, dass die Eintrittshemmnisse in die dritte Dimension nach und nach kleiner werden. Der *3Doodler*-Stift[67], der Anfang 2013 innerhalb von 34 Tagen 2,3 Millionen US-Dollar auf *Kickstarter.com* einspielte, gibt einem die Möglichkeit, sich schon in der Konzeptphase dreidimensionaler auszudrücken als dies bisher möglich war (Bild 5.51). In dem stiftähnlichen Gerät befindet sich ein Extruder, der kleine Filamentstücke einschmilzt und wie bei einem 3D-Drucker als dünnen Faden an der Spitze ausgibt. Mit ein bisschen Übung lassen sich so kleine Skizzen in die Luft zeichnen. Bei aufwendigeren Objekten wird empfohlen, auf ein Blatt zu malen, und später die Einzelteile mit weiterem Material miteinander zu verschmelzen. Für circa 100 Euro ist der 3Doodler ein wertvolles Werkzeug, um 3D-Drucke nachzubearbeiten oder das nächste Projekt schnell vorab zu skizzieren. Besonders interessant ist ein eingebautes Interface, das die Materialausgabe über eine Steckverbindung elektronisch regelbar macht. Eine ganze Reihe von Nachahmerprodukten ist mittlerweile erhältlich. Den nächsten Entwicklungsschritt hat die aus Singapur stammende Firma CreoPop[68] bereits angedacht. Mit dem gleichnamigen 3D-Stift werden lichthärtende Tinten durch eine eingebaute UV-Lampe verfestigt. So soll das oft ernüchternde Aufbauverhalten der thermisch arbeitenden 3D-Stifte verbessert und die verfügbare Materialauswahl erhöht werden.

67 Der 3Doodler kann unter *http://www.the3doodler.com/* bestellt werden. Die Auslieferung erfolgt seit September 2013.

68 Der CreoPop-Stift soll ab März 2015 für circa 115 Euro erhältlich sein: *http://www.creopop.com/*

Bild 5.58 3Doodler (Foto: © WobbleWorks LLC)

Neue Geräte wie die eigentlich für Computerspiele entwickelte 3D-Brille *Oculus Rift*[69] sowie das 3D-Eingabegerät *LEAP Motion*[70] werden auch bei der Modellierung am Computer einiges verändern (Bild 5.59). Über die Oculus Rift-Brille ist es nicht nur möglich, randlos dreidimensional zu sehen, sondern Sie können sich damit auch umsehen. Wenn Sie Ihren Kopf in echt drehen, schauen Sie sich also auch in der virtuellen Welt um – ein unbeschreibliches Erlebnis, das die Visualisierung von Konstruktionsanwendungen auf das nächste Level heben wird. Eine ebenso revolutionäre Entwicklung könnte dem kleinen Aluminiumblock mit dem Namen LEAP Motion bevorstehen. Das kleine Eingabegerät kann bis zu zehn Finger ohne Kontakt räumlich wahrnehmen und ermöglicht so eine vollkommen neue Art der Mensch-Maschinen-Interaktion.

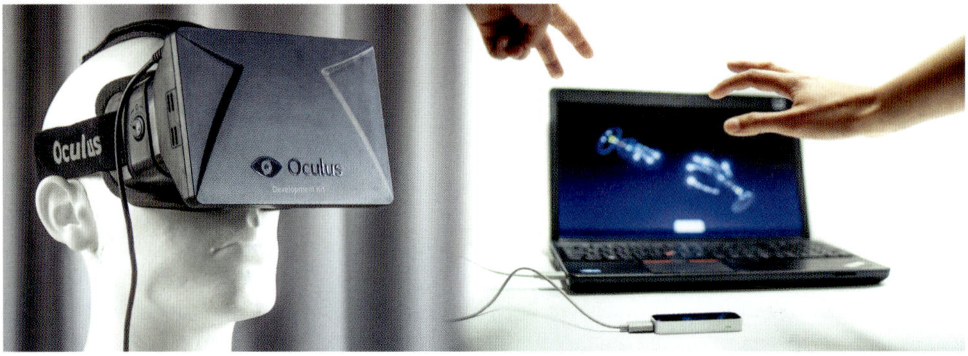

Bild 5.59 Zukunftsweisend – die Oculus Rift-Brille und das LEAP Motion-Eingabegerät (Foto links: © Dominic Springer, Foto rechts: © HypeCask)

69 Oculus VR befindet sich noch in der Entwicklung einer überarbeiteten Version für den Massenmarkt: *http://www.oculusvr.com/*. Oculus VR wurde mittlerweile für bis zu 2,3 Milliarden US-Dollar durch Facebook übernommen. Die Zukunft wird spannend!

70 Ein Beispielvideo ist auf der Webseite von LEAP Motion *(https://www.leapmotion.com/)* zu sehen.

Hinzu kommen die 3D-Scanning-Möglichkeiten, die bereits in Abschnitt 2.5.5 beschrieben wurden. Die Kombination mit diesen Techniken wird eine intuitivere Art der Modellierung ermöglichen. Mithilfe noch aufwendigerer Sensorik wie dem *STEM System*[71] gibt es schon erste beeindruckende Beispielvideos im Internet: *http://youtu.be/l9ijgmYIOOc* [19HMa6x]

Es gibt also Grund zur Hoffnung, dass es in naher Zukunft bei der Bedienung der 3D-Modellierungs- und Konstruktionsprogramme sehr guten Ersatz für die bisher so geliebte Maus-Tastatur-Kombination geben wird.

Happy Printing!

An dieser Stelle endet unsere gemeinsame Reise durch die bunte Welt des 3D-Drucks. Ich hoffe, ich konnte Sie für mein Lieblingshobby begeistern, und Sie vor allem dazu anregen, auch einiges selbst auszuprobieren.

Bild 5.60 Genug geschrieben! Ich bin dann mal wieder drucken …

Ich lade Sie herzlich dazu ein, über die Webseite zum Buch Kontakt mit mir aufzunehmen, und mir Ihr persönliches Feedback zukommen zu lassen. Es würde mich sehr freuen, Sie auf einem der vielen Community-Events persönlich kennenzulernen. Meine Teilnahme an Events, Neuigkeiten rund um den 3D-Druck sowie den einen oder anderen Tipp werde ich gerne mit Ihnen über die sozialen Netzwerke teilen.

Webseite: *http://3dprintingbook.de*

Newsletter: *http://news.3dprintingbook.de*

Facebook: *http://fb.3dprintingbook.de*

Google+: *http://plus.3dprintingbook.de*

Twitter: *@flouSH*

E-Mail: *book@mailbox.org*

Ich bedanke mich für Ihr Interesse und wünsche Ihnen viel Freude beim 3D-Drucken!

Ihr Florian Horsch

71 Das STEM System *(http://sixense.com/)* kann kabellos mehrere Punkte am ganzen Körper im Raum wahrnehmen.

Index